Torsten J. Gerpott

Strategisches Technologie- und Innovationsmanagement

2., überarbeitete und erweiterte Auflage

2005
Schäffer-Poeschel Verlag Stuttgart

Autor:
Univ.-Prof. Dr. **Torsten J. Gerpott**, Lehrstuhl Planung und Organisation, Schwerpunkt Telekommunikationswirtschaft, Universität Duisburg-Essen

Bibliografische Information Der Deutschen Bibliothek
Die Deutsche Bibliothek verzeichnet diese Publikation in der Deutschen Nationalbibliografie; detaillierte bibliografische Daten sind im Internet über <http://dnb.ddb.de> abrufbar.

Gedruckt auf chlorfrei gebleichtem,
säurefreiem und alterungsbeständigem Papier

ISBN-13: 978-3-7910-9245-4
ISBN-10: 3-7910-9245-6

www.schaeffer-poeschel.de
info@schaeffer-poeschel.de
Einbandgestaltung: Willy Löffelhardt
Druck und Bindung: CH Beck, Nördlingen
Printed in Germany
September/2005

Schäffer-Poeschel Verlag Stuttgart
Ein Tochterunternehmen der Verlagsgruppe Handelsblatt

SCHÄFFER
POESCHEL

Sammlung
Poeschel
162

Vorwort zur zweiten Auflage

Die Menge der betriebswirtschaftlichen Arbeiten, die Wissenschaftler und Unternehmenspraktiker seit Ende der 1990er Jahre zu Fragen des Technologie- und Innovationsmanagements veröffentlicht haben, ist enorm. Da zwischen dem Erscheinen der ersten und dem Redaktionsschluss zur zweiten Auflage dieses Buches im Mai 2005 mehr als sechs Jahre verstrichen sind, war es folglich notwendig, den gesamten Text im Licht der zwischen Anfang 1999 und Mitte 2005 erschienenen Fachbeiträge dahingehend zu analysieren, inwieweit er noch dem aktuellen betriebswirtschaftlichen Erkenntnisstand zum Technologie- und Innovationsmanagement gerecht wurde.

Diese Analyse hatte das Ergebnis, dass die Gesamtkonzeption des Buches unverändert als zeitgemäß und tragfähig einzustufen ist. Ungeachtet der Konstanz in der Architektur des Buches erwies es sich aber auch als geboten, sämtliche F&E-statistischen Daten und Literaturangaben zu überprüfen und z.gr.T. zu aktualisieren sowie zu ergänzen. Weiter habe ich zahlreiche inhaltliche Detailverbesserungen und -erweiterungen vorgenommen. Darüber hinaus wurden in die zweite Auflage u.a. Abschnitte zum Neuheitsgrad von technologischen Innovationsvorhaben, zum Einsatz von Balanced Scorecards bei der Messung technologischer Innovationsaktivitäten und -erfolge von Unternehmen, zu Innovationsdiffusionsfunktionen und zu technologieorientierten Unternehmensakquisitionen integriert. Die deutlichste Erweiterung erfuhr das Kapitel 5.2.1, welches sich mit Auswahlentscheidungen eines Unternehmens im Hinblick auf zu bearbeitende innovative Technologiefelder beschäftigt. Dort gehe ich in der Neuauflage zusätzlich auf Entscheidungsbaumanalysen und die Anwendung von Preismodellen, die ursprünglich für Finanzoptionen entwickelt wurden, in Prozessen zur Bewertung und Auswahl von F&E-/Innovationsprojekten ein.

Meine Sekretärin *Monika Bunn* hat die Druckvorlage des überarbeiteten und erweiterten Buchs wieder umsichtig erstellt. Sie hat dabei mit freundlicher Geduld und einem Blick für Details mein Bemühen um ein auch hinsichtlich formaler Aspekte möglichst makelloses Werk unterstützt. Meine wissenschaftliche Mitarbeiterinnen Frau Dipl.-Kff. *Sandra E. Thomas* und Frau Dipl.-Kff. *Ilaha Mahmudova* beteiligten sich motiviert an der Suche nach Tipp- und Formfehlern. Ihnen bin ich für ihre Hilfe zu Dank verpflichtet.

Wohl jeder Fachbuchautor hofft bei der Neuauflage einer Schrift, dass sie durch die vorgenommenen Veränderungen besser geworden ist, rechnet aber kaum damit, dass sie perfekt ist. Deshalb freue ich mich über Anregungen und Kritik zur zweiten Auflage, die Sie mir gern auch per E-Mail (gerpott@uni-duisburg.de) zuschicken können.

Duisburg, im Juni 2005 *Torsten J. Gerpott*

Vorwort zur ersten Auflage

Der Hinweis auf die enorme Bedeutung des Managements technologischer Innovationen für den wirtschaftlichen Erfolg von Unternehmen aus hochindustrialisierten Staaten ist seit langer Zeit zu einem Standardbaustein in Reden von Politikern, Spitzenführungskräften und Wissenschaftlern geworden. Entsprechend herrscht auf den ersten Blick auch kein Mangel an Fachbüchern, die sich zur Steuerung von Technologieinnovationen durch und in Unternehmen äußern. Bei näherem Hinsehen ist allerdings festzustellen, daß sich die z.gr.T. sehr lesenswerten deutschsprachigen Monographien von Wissenschaftlern überwiegend auf das (operative) Management von Forschung & Entwicklung oder von Innovationen im allgemeinen beschränken, ohne eine Brücke zwischen beiden Themenkreisen zu schlagen oder sich exklusiv auf strategische Managementfragen zu konzentrieren. Daneben gibt es etliche von Unternehmensberatern verfaßte Bücher, die sich durch einen z.T. naiven Kochrezeptcharakter nach dem Motto „Wie Ihr Unternehmen in fünf Schritten mit technologischen Innovationen erfolgreicher wird" auszeichnen, welcher der komplexen Wirklichkeit nicht gerecht wird. Hingegen existieren bislang nur verhältnismäßig wenige, betriebswirtschaftlich ausgerichtete Fachbücher, welche die Hauptthemen eines strategischen Technologie- und Innovationsmanagements einerseits konzentriert auf deren Grundzüge darstellen und andererseits auch Ergebnisse der neueren einschlägigen betriebswirtschaftlichen Forschung berücksichtigen.

Das Buch, das Sie jetzt in der Hand halten, ist der Versuch, einen Beitrag zur Schließung dieser Literaturlücke zu leisten. Es wurde mit der Absicht geschrieben, (a) Studierenden der Betriebswirtschaftslehre oder technischer Disziplinen eine einführende betriebswirtschaftliche Gesamtsicht des strategischen Technologie- und Innovationsmanagements und (b) Führungs- und Fachkräften in der Praxis Hintergrundwissen zur Einordnung und Reflexion des strategischen Technologie- und Innovationsmanagements in ihren Unternehmen zu bieten.

Das Buch ist so angelegt, daß betriebswirtschaftliche Kenntnisse auf dem Niveau der Diplomvorprüfung wirtschaftswissenschaftlicher Studiengänge vorausgesetzt werden. Meine Ausführungen zielen auf eine wissenschaftlich fundierte, systematisierende Beschreibung von Problemen des strategischen Technologie- und Innovationsmanagements und von Grundprinzipien zur Verbesserung der Analyse und des Verständnisses dieser Probleme; sie erheben nicht den Anspruch, fertige Managementlösungen zu liefern.

Bei der im Oktober 1998 abgeschlossenen Erstellung der druckfertigen Verlagsvorlage dieses Buches hat mich ein weiteres Mal meine Sekretärin, Frau *Monika Bunn*, mit großem Engagement unterstützt. Meine wissenschaftliche Mitarbeiterin Frau Dipl.-Kff. *Elke Schneider* durchforstete das Manuskript akribisch auf Schreib- und Grammatikfehler. Den beiden „guten Geistern" danke ich dafür sehr. Viel Geduld und Verständnis hat diese Arbeit erneut meiner Frau *Heike* und unseren vier Sprößlingen abverlangt: Ein herzlicher Dank deshalb an sie dafür, daß ich mir durch ihre Toleranz mit der Erstellung dieses Buches einen schon lange gehegten Wunsch erfüllen konnte.

Duisburg, im November 1998 *Torsten J. Gerpott*

Inhaltsverzeichnis

1. Einführung

1.1 Notwendigkeit des Managements von technologischen Innovationen in Unternehmen

Fähigkeiten zur Entwicklung und Beherrschung technologischer Innovationen haben für die Wettbewerbs- und Überlebenschancen von Unternehmen in Industrienationen eine enorme Bedeutung: Durch technologische Innovationen lassen sich neue Produkt-Markt-Felder eröffnen oder auf vorhandenen Märkten Differenzierungs- oder Kostenvorteile gegenüber Konkurrenten erzielen. Das **Management** von Neuerungen, also die systematische betriebswirtschaftliche Planung, Organisation, (Durch-)Führung und Kontrolle sämtlicher Aktivitäten in einem Unternehmen, die primär auf die Schaffung und Nutzung technologischer Innovationen gerichtet sind, ist ein bedeutendes und komplexes Aufgabenfeld, dessen Bewältigung Unternehmen in der Praxis schwer fällt. Zur Untermauerung und Illustration dieser allgemeinen Aussage sind m.E. vor allem drei Indizien und Beobachtungen geeignet.

(1) Schwierigkeiten erfolgreicher Unternehmen beim Management technologischer Innovationen

Zahlreiche Fallstudien von in einem bestimmten Zeitabschnitt wirtschaftlich überdurchschnittlich erfolgreichen Unternehmen deuten darauf hin, dass diese Anbieter ihre Führerrolle im Markt nicht zuletzt auch aufgrund von Fehlern beim Management technologischer Innovationen einbüßten, z.T. sogar von neuen Wettbewerbern akquiriert wurden oder auf anderen Wegen vollständig aus dem Markt „verschwanden".

So dominierte etwa das Unternehmen IBM über Jahrzehnte weltweit den Markt für Computer-Hardware. 1972 war IBM das nach Umsatz größte Unternehmen in den USA. 1982 wurde IBM bei einer Befragung von Spitzenführungskräften durch eine Wirtschaftszeitschrift als das weltweit am besten geführte Unternehmen ausgezeichnet. 1992, also nur 10 Jahre später, nahm IBM nicht einmal mehr Rang 20 unter den umsatzstärksten US-Unternehmen ein. Allein im Geschäftsjahr 1993 wies das Unternehmen einen Verlust von $ 8,1 Mrd. aus; zwischen 1986 und 1994 entließ IBM mehr als 200.000 Mitarbeiter (s. *Tushman/O'Reilly*, 1997, 1f.). Eine wesentliche Ursache für die wirtschaftlichen Schwierigkeiten von IBM war die Unfähigkeit, sich von in der Vergangenheit erfolgreichen technologischen Lösungen zu distanzieren, um fundamental neue Technologien zu entwickeln und in die eigenen Produkte und Herstellungs- sowie Vermarktungsprozesse zu integrieren.

Entsprechende Beobachtungen zu den Schwierigkeiten von (erfolgreichen) etablierten mittleren und großen Unternehmen technologische Innovationen zu „managen", kann man nicht nur bei IBM in der Computerindustrie machen, sondern auch bei zahlreichen anderen Unternehmen – und zwar unabhängig vom Wachstum und der Technologie-/Forschungs- und Entwicklungsintensität der Branche, in der die jeweils betrachteten Unternehmen operieren. Beispielsweise offenbart ein Blick auf die Halbleiterindustrie (s. Abb. 1-1), dass sich unter den Mitte der 90er Jahre führenden Anbietern kein Unternehmen befand, das bereits 40 Jahre zuvor ebenfalls eine Führerrolle bei relevanten Vorgängertechnologien (Vakuumröhren, Transistoren) inne hatte. Ähnlich zeigt die Entwicklung von Kameraherstellern wie Leica, dass alt eingesessene Unternehmen angesichts des Aufkommens digitaler Fotoapparate große Schwierigkeiten haben, ihre bisherige Marktposition zu behaupten.

Demnach gelingt es Unternehmen ganz allgemein häufig nicht, Erfolgspotenziale durch eine interne Entwicklung neuer Technologien oder durch ein Aufgreifen extern vorhandenen Technologiewissens zu erschließen. Besonders schwer scheint das Management technologischer Innovationen den Unternehmen zu fallen, (1) wenn sie in der Vergangenheit mit Produkten, die auf einem bestimmten allgemein anerkannten wissenschaftlichen Denkraster und Funktionsprinzip (= **Paradigma**) beruhten, sehr erfolgreich waren und (2) wenn neu aufkommende Produkte oder Verfahren mit einem andersartigen technologischen Paradigma verbunden sind (vgl. *Hill/Rothaermel*, 2003, 258-262). Hier spricht man auch von der Schwierigkeit der Bewältigung eines **technologischen Paradigmawechsels**. Beispielsweise können der Übergang von zentralen, isolierten zu dezentralen, vernetzten Computerarchitekturen, von analoger zu digitaler Vermitt-

Jahr	1955 →	1955 →	1965 →	1975 →	1985 →	1995
Produktgeneration	Röhren	Transistoren	Halbleiter	Integrierte Schaltkreise	VLSI[a]	Submikron-Leiter
Unternehmen	• RCA • Sylvania • General Electric (GE) • Raytheon • Westinghouse • Amperex • National Video • Rawland • Eimac • Landsdale	• Hughes • Transitron • Philco • Sylvania • Texas Instruments (TI) • GE • RCA • Westinghouse • Motorola • Clevite	• TI • Fairchild • Motorola • GI • GE • RCA • Sprague • Philco • Transitron • Raytheon	• TI • Fairchild • National • Intel • Motorola • Rockwell • GI • RCA • Philips • AMD	• Motorola • TI • NEC • Hitachi • National • Toshiba • Intel • Philips • Fujitsu • Fairchild	• Intel • NEC • Toshiba • Hitachi • Motorola • Samsung • TI • Fujitsu • Mitsubishi • Philips

a) VLSI = *V*ery *L*arge *S*cale *I*ntegrated Circuits.

Quelle: Tushman/O'Reilly, 1997, 18

Abb. 1-1: Weltweit größte 10 Anbieter von Halbleitern und Vorgänger-/Nachfolgerprodukten zwischen 1955 und 1995

lungstechnik in Telekommunikationsnetzen oder von der Silberhalogenit- zur Digital-Fotografie jeweils als technologischer Paradigmawechsel interpretiert werden.

Typische Folgen solcher tiefgreifenden technologischen Veränderungen lassen sich am Beispiel der Hersteller mechanischer Uhren oder elektrischer/mechanischer Schreibmaschinen illustrieren. Diese Unternehmen konnten, bedingt durch Fortschritte in der Halbleiter- und Computertechnik, seit Beginn der 70er Jahre ihre Produkte nicht mehr unverändert absetzen. Viele Produzenten von Uhren bzw. Schreibmaschinen verloren ihre Existenzgrundlage, weil sie in Perioden, in denen positive Ergebnisse erwirtschaftet worden waren, nicht rechtzeitig und in hinreichendem Umfang Finanzmittel und Personal zur Verbesserung der eigenen Fähigkeiten auf neuen Technologiefeldern bereitgestellt hatten.

Offenbar besteht in vielen (großen) Unternehmen ein negativer Zusammenhang zwischen dem aktuell erreichten wirtschaftlichen Erfolgsniveau und der Bereitschaft zur Nutzung neuer, risikobehafteter Technologien als Basis für die Entwicklung innovativer Produkte, die das bisherige Geschäft des Unternehmens z.gr.T. ersetzen (s. Abb. 1-2). Erst wenn Unternehmen durch zurückgehende Markterfolge massiv in wirtschaftliche Schwierigkeiten geraten, werden ernsthafte Versuche unternommen, risikobehaftete neue Technologien zur Verbesserung eigener Marktpositionen einzusetzen (vgl. a. *Perlitz/Löbler* 1985). Genauer wirken Verschlechterungen des Erfolgs von Unternehmen in erster Linie dann als Auslöser von Innovationen, wenn (s. *Mone* et al., 1998, 118-126; *Hill/Rothaermel*, 2003, 263-270)

- der Geschäftszweck (= „die Mission") eines Unternehmens von dessen Top-Managern als *nicht* sakrosankt, also als veränderbar eingestuft wird.
- die Machtverteilung in einem Unternehmen stark zentralisiert ist.
- ein Unternehmen noch über freie Ressourcen zur Entwicklung und Umsetzung von Neuerungen verfügt.
- die Führungskräfte in einem Unternehmen potenzielle Investitionen in technische Neuerungsprojekte als Schritt zur Erhaltung von Handlungsmöglichkeiten interpretieren.
- Ursachen für den Erfolgsrückgang eines Unternehmens eindeutig identifiziert und durch dessen Anstrengungen beeinflusst werden können.

Als Beispiel kann hier noch einmal auf das Unternehmen IBM verwiesen werden: Die existenzbedrohende Krise des Unternehmens, die etwa 1993/94 ihren Höhepunkt erreichte, setzte enorme Innovationskräfte bei IBM frei, sodass das Unternehmen u.a. durch eine verstärkte Ausrichtung auf technologisch anspruchsvolle, neue computerbezogene Dienstleistungen Umsätze, Gewinne und Börsenwert bis Ende 1997 wieder erheblich verbes-

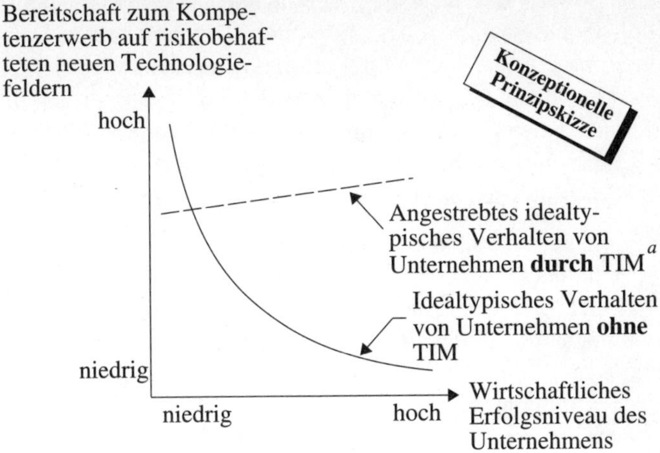

a) TIM = Technologie- und Innovationsmanagement.

Abb. 1-2: Unternehmenserfolg und Bereitschaft zum Kompetenzerwerb auf neuen, risikobehafteten Technologiefeldern

sern konnte. Ähnlich intensivierten die Unternehmen Motorola (Telekommunikationsausrüstung, Halbleiter) bzw. Kodak (Fotografie) Mitte der 90er Jahre bzw. nach dem Jahr 2000 ihre Innovationsanstrengungen erheblich, um einer zuvor eingetretenen Verschlechterung ihrer ursprünglich guten wirtschaftlichen Lage entgegenzuwirken.

Ein bewusstes Warten oder gar aktives Herbeiführen von echten Unternehmenskrisen ist aber äußerst riskant. In Krisensituation fehlen häufig die für technologische Innovationen erforderlichen Finanzmittel, Mitarbeiter verlassen „proaktiv" das bedrohte Unternehmen, und Kunden verlieren das Vertrauen in die Leistungsfähigkeit eines Anbieters, sodass Krisen nicht selten auch zur Liquidation oder zum Verlust der wirtschaftlichen Selbstständigkeit der betroffenen Unternehmen führen (s. etwa das Beispiel des Computerherstellers Nixdorf, der von Siemens gekauft wurde).

Folglich besteht ein Grundanliegen des Technologie- und Innovationsmanagements darin, eine negative Erfolgsniveau-Risikobereitschafts-Korrelation in Unternehmen zu „durchbrechen": Es soll darauf hinwirken, dass tiefgreifende, risikobehaftete technologische Produkt- und Verfahrensinnovationen so rechtzeitig weitgehend unabhängig von dem aktuellen Erfolgsniveau des Unternehmens identifiziert und in Angriff genommen werden, dass das Unternehmen möglichst nie infolge verpasster technologischer Innovationschancen in seiner Existenz gefährdet wird.

(2) Effizienzunterschiede bei der Umsetzung von Forschungs- & Entwicklungsanstrengungen in Markterfolge

Ein zweiter Beleg für die Notwendigkeit eines systematischen Technologie- und Innovationsmanagements in Unternehmen lässt sich aus den zahlreichen Studien ableiten, die Zusammenhänge zwischen Indikatoren, die den Umfang des Einsatzes von Produktionsfaktoren (= Inputs) zum Hervorbringen technologischer Innovationen in einem Unternehmen abbilden (sollen), und verschiedenen Maßen des wirtschaftlichen Erfolgs/*Outputs* von Unternehmen untersucht haben. Als Input-Indikatoren für „technological activities" (*Patel/Pavitt*, 1995, 21) von Unternehmen werden dabei zumeist deren Aufwendungen für Forschung & Entwicklung (F&E) und als Output-Kriterien aus dem externen Rechnungswesen/Jahresabschluss entnommene Kennzahlen (z.B. Gesamtkapital- oder Umsatzrentabilität, Umsatzwachstum) verwendet (s.a. Kap. 3). Wenn nun ein enger positiver Zusammenhang zwischen F&E-Inputs und wirtschaftlichem Unternehmenserfolg nachweisbar ist, dann ist das ein Indiz dafür, dass die erfassten Unternehmen eine weitgehend übereinstimmende Effizienz bei der Umwandlung von F&E-Inputs in wirtschaftlich verwertbare technologische Innovationen aufweisen, weil die Qualität des Technologie- und Innovationsmanagements in allen Unternehmen ähnlich ist (vgl. Abb. 1-3, obere Hälfte).

Die Ergebnisse der einschlägigen Untersuchungen lassen sich insgesamt dahingehend zusammenfassen, dass zwar statistisch signifikante positive Korrelationen zwischen F&E-Inputmaßen und Erfolgskriterien von Unternehmen nachweisbar sind, dass aber nur ein praktisch weitgehend unbedeutender Anteil der Unternehmenserfolgsunterschiede durch F&E-Inputunterschiede zwischen Unternehmen statistisch erklärbar ist (vgl. *Capon* et al.,

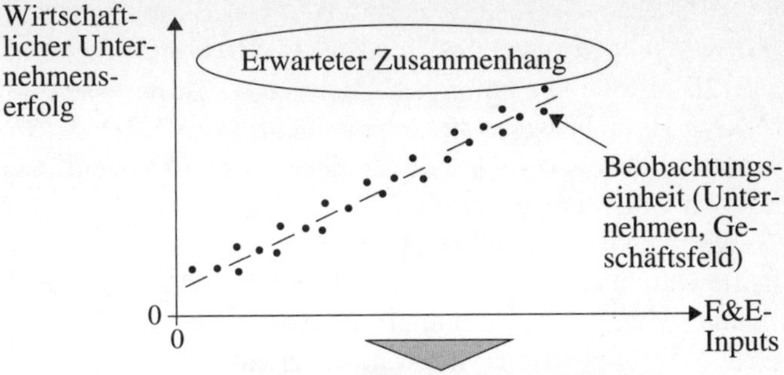

Schlussfolgerung

- Ähnliche Effizienz bei der Umsetzung von F&E-Inputs in neue Produkte/Herstellungsverfahren in allen Unternehmen

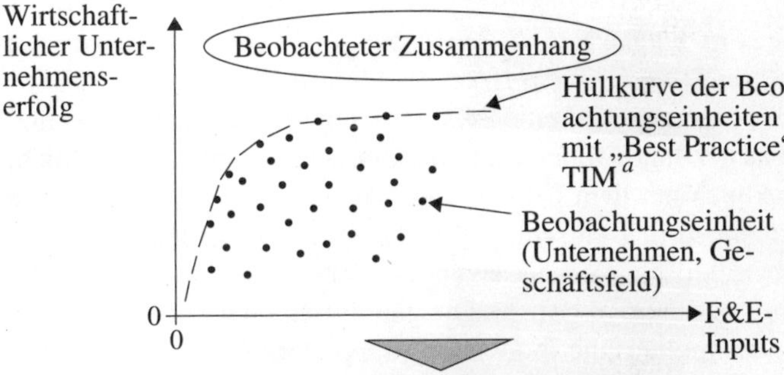

Schlussfolgerung

- Große Effizienzunterschiede bei der Umsetzung von F&E-Inputs in neue Produkte/Herstellungsverfahren zwischen den Unternehmen u.a. aufgrund von TIM-Unterschieden

a) TIM = Technologie- und Innovationsmanagement.

Abb. 1-3: Technologie- und Innovationsmanagement als Mittel zur überdurchschnittlich wirksamen Transformation von F&E-Inputs in unternehmenserfolgssteigernde Outputs

1990, 1148-1156; *Griliches*, 1995, 56-62; *Ettlie*, 1998, 2f.; *Brockhoff*, 1999, 317-320; *Gerpott/Walter*, 1999, 1104; *Bausch/Rosenbusch*, 2005, 8f.). Die empirische Befundlage ist demnach mit der These vereinbar, dass hohe bzw. niedrige F&E-Inputs (Finanzmittel, Personal) *nicht* notwendigerweise mit hohem bzw. niedrigem Unternehmenserfolg einhergehen, weil es Unternehmen unterschiedlich gut gelingt, F&E-Inputs in wirtschaftlich vorteilhafte Outputs zu transformieren. Diese Transformationseffizienzunterschiede können einmal auf unternehmensexterne Faktoren (z.B. technologisches Innovationsverhalten von Wettbewerbern) und zum anderen aber auch und gerade auf die Qualität des Technologie- und Innovationsmanage-ments in Unternehmen zurückgeführt werden (s. Abb. 1-3, untere Hälfte). Das Technologie- und Innovationsmanagement kann und soll somit die Kombination von Produktionsfaktoren für technologische Innovationen so gestalten, dass ein Unternehmen durch technologische Innovationen nachhaltige Wettbewerbsvorteile erzielt.

(3) Erheblicher Ressourceneinsatz für die Generierung von neuen Produkten und Herstellungsverfahren

Die Notwendigkeit eines systematischen Managements technologischer Innovationen durch Unternehmen lässt sich schlichtweg auch mit dem Umfang der Ressourcen begründen, die Unternehmen in Deutschland zur Generierung naturwissenschaftlich-technischer Voraussetzungen für neue Produkte und Herstellungsverfahren einsetzen. Die gängigsten Globalindikatoren für das technologische Innovationsaktivitätenniveau von Industrieunternehmen sind deren (1) Aufwendungen für Forschung & Entwicklung (F&E; s.a. genauer Kap. 2.2) und (2) Bestand an Mitarbeitern, die F&E-Aufgaben wahrnehmen (s. für viele *Patel/Pavitt*, 1995, 20-29; *OECD*, 2002, 20-22; *Specht* et al., 2002, 8-11).

Abb. 1-4 und 1-5 visualisieren die Entwicklung der **F&E-Aufwendungen** und des **F&E-Personals** im deutschen Wirtschaftssektor von 1997/98 bis 2002/03. Demnach stellten Unternehmen des Wirtschaftssektors in Deutschland 2003 46,7 Mrd. Euro zur Finanzierung von F&E bereit. Der F&E-Gesamtaufwand in der deutschen Wirtschaft nahm nominal und z.T. real (= unter Berücksichtigung der Geldentwertung) von 1998 bis 2001

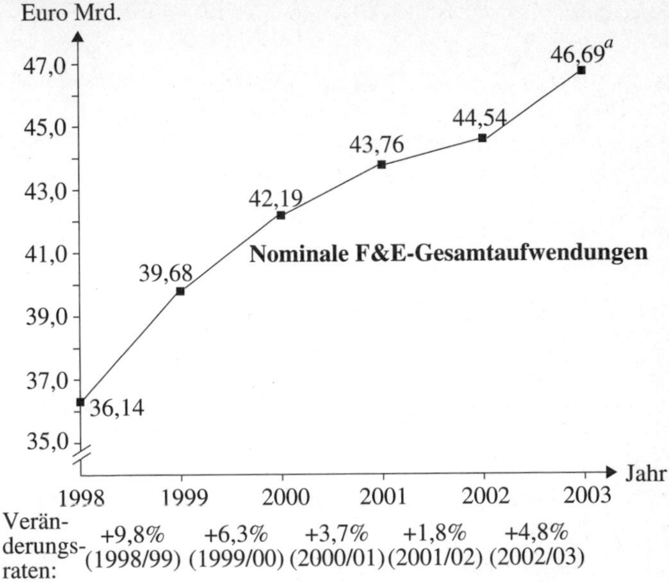

a) Vorläufiges Ergebnis: Auswertungsstand Februar 2005.

Quelle: Marquardt/Wudtke, 2004, 3; Grenzmann/Marquardt, 2005, 3; eigene Berechnungen

Abb. 1-4: Nominale F&E-Gesamtaufwendungen des Wirtschaftssektors in Deutschland

zunächst merklich, 2002 schwächer sowie 2003 erneut im Vorjahresvergleich erkennbar zu (vgl. Abb. 1-4 sowie *Grenzmann* et al., 2004, 18). Die Gesamtzahl des von Unternehmen in Deutschland beschäftigten F&E-Personals stieg seit dem Erreichen eines Tiefpunktes von 0,27 Mio. Mitarbeitern im Jahr 1996 um durchschnittlich 3,1% pro Jahr auf 0,31 Mio. Personen im Jahr 2000. Danach ging der F&E-Personalbestand im deutschen Wirtschaftssektor im Mittel um 1,0% pro Jahr auf 298.810 im Jahr 2003 zurück (vgl. a. Abb. 1-5).

Wie Abb. 1-6 erkennen lässt, hat aber der Umfang der vom Wirtschaftssektor in Deutschland bereitgestellten Personalressourcen *relativ* zum Bestand sämtlicher von Unternehmen mit eigener F&E beschäftigten Mitarbeiter im Zeitraum von 1995 bis 2001 im Mittel über alle Unternehmen von 5,9% auf 7,2%

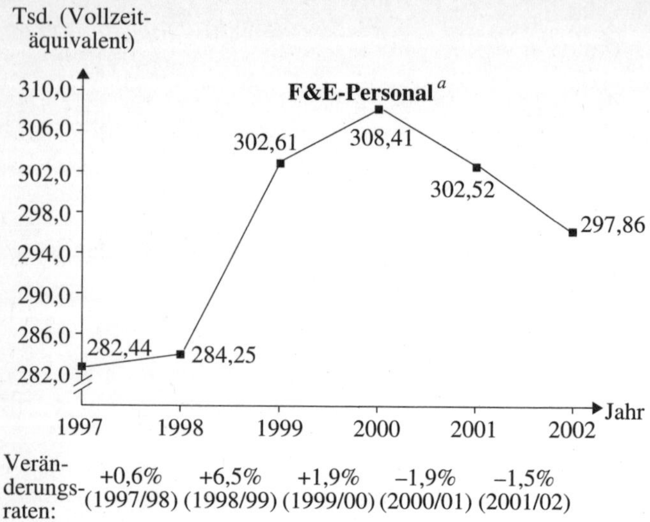

a) Ohne Personal in Institutionen für Gemeinschaftsforschung, deren Mitarbeiterbestand von 3.831 im Jahr 1997 auf 4.740 im Jahr 2003 anstieg.

b) Der vorläufige Schätzwert für die F&E-Personalzahl im Wirtschaftssektor für das Jahr 2003 beträgt 298,81 Tsd.

Quelle: Marquardt/Wudtke, 2004, 8; Grenzmann/Marquardt, 2005, 4; eigene Berechnungen

Abb. 1-5: F&E-Personal des Wirtschaftssektors in Deutschland

zugenommen; dieser relative Anstieg war bei Unternehmen ab 250 Mitarbeitern und verschiedener Branchen zu verzeichnen. Die F&E-Aufwendungen pro Euro Umsatz nahmen hingegen im gleichen Zeitraum bei Unternehmen des deutschen Wirtschaftssektors nur von 3,7% auf 4,2% zu. Die unterschiedlichen Anstiege für die beiden F&E-Intensitätsmaße in Abb. 1-6 deuten i.V. mit den Daten in den Abb. 1-4 und 1-5 daraufhin, dass deutsche Unternehmen zwischen 1995 und 2000 bei steigenden F&E-Aufwendungen einen größer werdenden Aufwandsanteil für F&E-Personal und einen abnehmenden Anteil für F&E-Sachmittel und -Investitionen eingesetzt haben. Erst ab dem Jahr 2001 kam es zu einem Abbau von F&E-Personal, der aber weniger stark ausfiel als die Reduktion von Mitarbeitern in anderen Unternehmensbereichen.

Der Anteil der vom Wirtschaftssektor finanzierten F&E-Aufwendungen am Bruttoinlandsprodukt (BIP) Deutschlands belief

Betrachtete Unternehmen	F&E-Aufwands-intensität[a] 1995	F&E-Aufwands-intensität[a] 2001	F&E-Personal-intensität[b] 1995	F&E-Personal-intensität[b] 2001
• Alle Unternehmen	3,7%	4,2%	5,9%	7,2%
• Unternehmen nach Größenklasse				
– < 250 Beschäftigte	4,9%	4,5%	7,7%	7,4%
– 250–499 Beschäftigte	2,6%	2,9%	4,5%	4,8%
– ≥ 500 Beschäftigte	3,7%	4,0%	5,8%	7,4%
• Unternehmen ausgewählter Branchen				
– Elektrotechnik	6,4%	7,2%	11,0%	12,5%
– Chemische Industrie	5,6%	6,6%	11,9%	10,9%
– Herstellung von Kraftwagen und deren Teilen	5,5%	6,8%	7,9%	10,7%
– Maschinenbau	3,3%	3,7%	5,2%	6,0%

a) F&E-Gesamtaufwendungen als Prozentanteil am Umsatz von F&E-betreibenden Unternehmen.
b) F&E-Personal (Vollzeitäquivalent) als Prozentanteil der insgesamt von F&E-betreibenden Unternehmen beschäftigten Mitarbeiter.

Quelle: Grenzmann et al., 1997, Tabelle 9 sowie 2004, Tabellen 9 und 16

Abb. 1-6: F&E-Intensitäten im Wirtschaftssektor in Deutschland in den Jahren 1995 und 2001

sich im Jahr 2002 auf 1,65% und liegt damit um etwa 50 Prozentpunkte über dem Durchschnittswert der EU-15-Staaten. Der Indikator erreicht allerdings bei weitem nicht die Ausprägungen, die Schweden (3,07%) und Finnland (2,40%) aufweisen. Ebenso besteht ein Rückstand bei den F&E-Inputs des Wirtschaftssektors in Deutschland relativ zum BIP gegenüber Japan bzw. den USA, für die sich die entsprechenden Indikatorausprägungen auf 2,31% bzw. 1,72% belaufen (vgl. *Rößler*, 2004, 3).

Insgesamt stehen damit die F&E-statistischen Zahlen in den Abb. 1-4 bis 1-6 im Einklang mit folgender These: Das finanzielle und personelle F&E-Engagement von Industrieunternehmen wird zwar auch merklich von den Wachstumsperspektiven der Volkswirtschaft ihres Stammlandes und der Weltwirtschaft beeinflusst (vgl. a. *Brockhoff/Pearson*, 1998, 374f.). Der deutsche Wirtschaftssektor stellt aber ungeachtet kurzfristiger Veränderungen der makroökonomischen Rahmenbedingungen insgesamt recht kontinuierlich erhebliche Mittel für F&E-Aktivitäten zur Verfügung, die allerdings im Vergleich zu wichtigen außereuropäischen Wettbewerbernationen nicht herausragend hoch sind. Die relative Knappheit der für F&E-Aktivitäten zur Verfügung stehenden Finanzressourcen und die parallel gestiegene Notwendigkeit für Unternehmen, die unter den allgemeinen Rahmenbedingungen des Standortes Deutschland operieren, sich durch F&E-basierte Innovationen im internationalen Wettbewerb zu differenzieren, führen dazu, dass die Relevanz eines systematischen Technologie- und Innovationsmanagements für die Sicherung des wirtschaftlichen Erfolgs deutscher Unternehmen zumindest seit Jahrzehnten sehr hoch geblieben ist, wenn nicht noch zugenommen hat.

Der wettbewerbsstrategische Stellenwert und die praktischen Schwierigkeiten eines Managements technologischer Innovationen in einem Unternehmen variieren natürlich in Abhängigkeit von der Technologie-/F&E-Intensität und -Dynamik der Branche, in der ein Unternehmen agiert (s.a. Kap. 2.2 und 3). Aber auch in traditionell wenig technologie-/F&E-bestimmten Industrien eröffnen unternehmensspezifische Applikationen neuer Querschnittstechnologien zunehmend bislang nicht vorhandene Möglichkeiten der Geschäftssystemredefinition zur Gewinnung von Wettbewerbsvorteilen. So können etwa Handels- und Finanzdienstleistungsunternehmen durch Einsatz neuer Telekommunikationstechnologien ihre Vertriebsreichweite und -kosten deutlich beeinflussen, um dadurch letztlich wiederum ihren Erfolg zu verbessern.

1.2 Charakterisierung des vorliegenden Buches

Die im vorangehenden Abschnitt aufgezeigte **generell hohe Bedeutung von technologischen Innovationen für die Unternehmenserfolgssicherung** spiegelt sich auch darin wider, dass die Zahl der betriebswirtschaftlich ausgerichteten Publikationen zu Einzelaspekten des Technologie- und Innovationsmanagements in Unternehmen längst nicht mehr überschaubar ist. So liegen auch seit längerem etliche einschlägige lehrbuchmäßige Überblicksmonographien oder Aufsatzsammlungen zum F&E-, Technologie- oder Innovationsmanagement in Industrieunternehmen vor (s. etwa *Kern/Schröder*, 1977; *Bullinger* 1994; *Burgelman* et al., 1995; *Lowe*, 1995; *Bürgel* et al., 1996; *Tschirky/Koruna*, 1998; *Brockhoff*, 1999; *Specht* et al., 2002; *Afuah*, 2003; *Strebel*, 2003; *Gerybadze*, 2004; *Hauschildt*, 2004). Die bisher veröffentlichten z.T. einschlägigen deutschsprachigen Lehrbücher sind aber durchweg thematisch breit angelegt und stellen oft auch allgemeine Grundlagen der Unternehmensführung dar. Ziel der vorliegenden Schrift ist dagegen nur ein „konzentrierter Überblick" bezüglich solcher Themen und Instrumente eines strategischen Technologie- und Innovationsmanagements, die weitgehend übereinstimmend in deutsch- und englischsprachigen Grundlagenwerken behandelt werden. Im Vordergrund stehen die prinzipiellen betriebswirtschaftlichen Gestaltungsthemen des Technologie- und Innovationsmanagements mit eher langfristigem Charakter.

Ausgeblendet werden Detailfragen (z.B. Eignung verschiedener Personalauswahlverfahren zur Bestimmung des Leiters eines Produktinnovationsteams). Es geht also anschließend eher um gemeinhin als „**strategisch**" und nicht als „operativ" klassifizierte Themen des Technologie- und Innovationsmanagements, wobei auch auf der „strategischen Ebene" noch eine Eingrenzung durch **Betonung proaktiv-planerischer, entscheidungsvorbereitender Fragen** bei gleichzeitiger Zurückstellung der Managementfunktionen der Organisation, (Durch-)Führung und Kontrolle erfolgt.

Angesichts dieser Gegenstandseingrenzung wird auch nicht der Anspruch einer nur halbwegs *vollständigen* Nennung der Forschungsliteratur erhoben. Stattdessen wird lediglich der Versuch unternommen, durch *selektiven* Nachweis m.E. wichtiger Quellen dem Leser die Möglichkeit einer gezielten Themenvertiefung zu eröffnen. Zahlreiche Forschungsergebnisse und Praxisbeispiele zu *Einzelfragen* des Technologie- und Innovationsmanagements sind insbesondere dem von *Specht/Möhrle* (2002) herausgegebenen „Lexikon Technologiemanagement" sowie dem von *Gaynor* (1996) editierten „Handbook of Technology Management" zu entnehmen. Zudem werden aktuelle einschlägige

Forschungsergebnisse und z.T. auch Praktikererfahrungen laufend in folgenden englischsprachigen wissenschaftlichen Fachzeitschriften berichtet (vgl. a. *Linton/Thongpapanl*, 2004):

- IEEE Transactions on Engineering Management [seit 1954].
- International Journal of Technology Management [seit 1986].
- Journal of Engineering and Technology Management [seit 1984].
- Journal of High Technology Management (Research) [seit 1990].
- Journal of Product Innovation Management [seit 1984].
- R&D Management [seit 1970].
- Research Policy [seit 1972].
- Research Technology Management (zuvor: Research Management) [seit 1958].
- Technological Forecasting and Social Change [seit 1969].
- Technology Analysis & Strategic Management [seit 1989].
- Technovation [seit 1981].

Um das eigene Ziel eines „konzentrierten Überblicks“ zu erreichen, werden in *Kapitel 2* Grundbegriffe des Technologie- und Innovationsmanagements als Basis für eine Abgrenzung seiner wesentlichen Aufgaben und eine Profilierung seiner Besonderheiten im Vergleich zu funktions- oder industriespezifischen Managementproblemen erläutert. In *Kapitel 3* diskutiere ich Möglichkeiten zur zurückschauenden (= retrospektiven) Messung realisierter technologischer Innovationsaktivitäten und -erfolge von Unternehmen, da solche Aktivitätenerfassungen und -erfolgsbeurteilungen (1) in sämtlichen Phasen von strategischen Technologie- und Innovationsmanagementprozessen zur Schaffung informatorischer Entscheidungsgrundlagen erforderlich sind und (2) komplexe Gestaltungsfragen aufwerfen. In *Kapitel 4* werden dann i.S. einer phasenorientierten Betrachtung prinzipielle Vorgehensschritte zur Vorbereitung von Entscheidungen des strategischen Technologiemanagements aufgegriffen: So werden dort methodische Vorgehensweisen und in Wissenschaft und Praxis häufiger diskutierte Instrumente für Analysen der Unternehmensumwelt sowie des eigenen Unternehmens mit Blick auf technologiebedingte unternehmensexterne Innovationschancen und -risiken sowie technologiebezogene unternehmensinterne Innovationsstärken und -schwächen beschrieben. Die Ergebnisse technologieorientierter Umwelt- und Unternehmensanalysen stellen Eingangsgrößen für die Ableitung von Entscheidungen zur Schaffung *strategischer* Erfolgspotenziale für ein Unternehmen durch Technologieinnovationen dar. Entsprechende Entscheidungsfelder bei der Formulierung technologischer Innovationsstrategien werden in *Kapitel 5* diskutiert.

Aspekte der *taktisch-operativen* Umsetzung der Erfolgspotenziale technologischer Innovationen durch Formulierung funktionsbezogener Handlungsprogramme (z.B. Kommunikationsmaßnahmen für Produktinnovationen als Teil der Absatz-/Marketingplanung; Bewertungsverfahren für Lieferanten technologisch innovativer Vorprodukte als Teil der Beschaffungsplanung) werden im Folgenden ausgeklammert, da sich dieses Buch auf die einführende Darstellung von Themen des Technologie- und Innovationsmanagements aus der strategischen Gesamtperspektive von General Managern beschränkt.

2. Thematische Eckpunkte, Grundbegriffe und -zusammenhänge

Mit den Wörtern „Technologie“ und „Innovation“ werden vor allem in der Wirtschaftspresse, aber z.T. auch in der betriebswirtschaftlichen Fachliteratur häufig nur recht vage umrissene, teilweise divergierende, aber insgesamt eher positive Inhalte wie etwa die Schaffung einer Voraussetzung für Beschäftigung und Wachstum auf der Ebene eines einzelnen Unternehmens, einer Industrie oder einer Volkswirtschaft verbunden. In einer solchen Situation ist es erforderlich, die wesentlichen Begriffe, die im Zusammenhang mit dem Technologie- und Innovationsmanagement von Unternehmen diskutiert werden, zunächst genauer zu erläutern (s. Kap. 2.1–2.3) und ihre Überschneidungsbereiche aufzuzeigen (s. Kap. 2.4). Auf dieser Grundlage lassen sich dann Aufgaben und Besonderheiten des betriebswirtschaftlichen Technologie- und Innovationsmanagements (s. Kap. 2.5) herausarbeiten.

2.1 Technologie und Technik

2.1.1 Prinzipielle Abgrenzungsproblematik

Wohl in der Mehrzahl der einschlägigen deutschsprachigen betriebswirtschaftlichen Fachveröffentlichungen wird, abweichend vom Sprachgebrauch in der Wirtschaftspraxis, der Versuch einer analytischen Trennung von Technologie einerseits und Technik andererseits vorgenommen (vgl. für andere *Mittag*, 1985, 17f.; *Wolfrum*, 1991, 3f.; *Weisenfeld-Schenk*, 1995, 129-131; *Zahn*, 1995, 4f.; *Bürgel* et al., 1996, 13, 85f.; *Pohl*, 1996, 18-20; *Schröder*, 1996, 1995f.; *Brockhoff*, 1999, 27; *Specht* et al., 2002, 13; *Perl*, 2003, 15f.).

Danach bezeichnet **Technologie i.e.S.** allgemein wissenschaftlich fundierte Erkenntnisse über Ziel-/Mittelbeziehungen, die bei der Lösung praktischer Probleme von Unternehmen angewendet werden können. Wissenschaftsbereiche, die zu anwendungsorientierten Ziel-Mittelaussagen beitragen können, sind prinzipiell neben den Naturwissenschaften (z.B. Physik, Biologie), den Formalwissenschaften (insbesondere Mathematik) und den Ingenieurwissenschaften (z.B. Maschinenbau) auch die Sozialwissenschaften. Daher ordnen einige Quellen auch so genannte **Sozialtechnologien** (z.B. Gesundheitszirkel zur Beeinflussung des Krankenstandes in Unternehmen) als spezifische Varianten von Technologien ein (s. etwa *Lowe*, 1995, 11; *Maier*, 1995, 31; *Zahn*, 1995, 5; *Perl*, 2003, 45; *Hauschildt*, 2004, 13). Sozialtechnologien sind nach herrschender Meinung jedoch eindeutig **kein** Betrachtungsfeld, auf das sich das betriebswirtschaftliche Technologie- und Innovationsmanagement in besonderer Art und Weise zu konzentrieren hat, sodass sie auch hier *nicht* als eigenständige Technologiekategorie berücksichtigt werden.

Von der Technologie als Wissenschaft von der oder Wissen über die Technik wird **Technik** selbst zumeist als in Produkten oder Verfahren materialisierte und auf die Lösung bestimmter praktischer Probleme ausgerichtete Anwendung von Technologie(n) abgegrenzt. Technologien wären demnach nicht mit Produkten oder mit im Rahmen der Herstellungsprozesse eines Unternehmens genutzten Anlagen gleichzusetzen. Vielmehr fließen in ein Produkt oder Herstellungsverfahren i.d.R. zahlreiche, für Kunden nicht direkt sichtbare Technologien bzw. Technologiekombinationen ein, welche die (natur)wissenschaftlichen Grundlagen für die wirtschaftliche Verwertbarkeit von Produkten oder Prozessen beinhalten.

In der englischsprachigen Fachliteratur wird die Trennung zwischen immaterieller Technologie und materieller Technik häufiger nicht konsequent nachvollzogen, sondern Technologie als Oberbegriff für die „structured application of scientific principles and practical knowledge to *physical* entities and systems" (*Lowe*, 1995, 9 [Hervorhebung nicht im Original]; vgl. a. *Dussauge* et al., 1992, 5-14) verstanden, unter den auch Technik(en) zu subsumieren ist (sind). Bei dieser Interpretation konkretisieren sich auch Technologien in materiellen Komponenten eines Produktes oder Verfahrens, sind also einerseits mehr als reines *Wissen* über mögliche Ziel-Mittelbeziehungen, entsprechen aber andererseits nicht dem vollständigen Gesamtprodukt aus Kundensicht. Beispielsweise wäre demnach auch ein Anti-Blockier-System (ABS) in dem Produkt Personenkraftwagen eine Technologie, die auf verschiedenen Wissenschaftsfeldern wie der Physik oder der Elektrotechnik aufbaut (vgl. *Dussauge* et al., 1992, 14).

Aus betriebswirtschaftlicher Sicht ist die Abgrenzung zwischen Technologie (i.e.S.) und Technik m.E. von nachrangiger Bedeutung, da Unternehmen auch Technologien letztlich **immer** unter dem Gesichtspunkt ihrer kommerziellen Relevanz für das eigene Unternehmen bzw. der Umsetzbarkeit in (innovative) Technik betrachten. Zudem mangelt es an hinreichend operationalen Kriterien, um empirisch präzise zu bestimmen, wann eine technologische in eine technische Lösung übergeht. Greift man auf das eben erwähnte ABS-Beispiel zurück, so ist im konkreten Einzelfall schwer zu klären, inwieweit der ABS-Prototyp eines Unternehmens schon eine Technik und nicht mehr eine Technologie darstellt, wenn er noch nicht für ein bestimmtes Automodell optimiert entwickelt wurde.

Insgesamt ist festzuhalten, dass technologische Konzepte sich gegenüber technischen Lösungen zwar durch eine graduell schwächere Ausrichtung auf eine spezifische kommerzielle Anwendung auszeichnen, dass aber die Übergänge zwischen Technologie (i.e.S.) und Technik fast immer fließend sind. In diesem Buch wird daher immer, wenn ohne nähere Spezifikation von Technologie die Rede ist, eine weite Begriffsauffassung zugrunde gelegt, die sowohl Technologie i.e.S. als auch Technik umfasst (s. im Ergebnis übereinstimmend *Pohl*, 1996, 19; *Schröder*, 1996, 1995f.).

2.1.2 Hochtechnologie

In Politik, Wirtschaft und Wissenschaft wird häufig nicht nur von Technologie, sondern von **Hoch-** oder **Spitzentechnologie/-technik** (englisch: High Tech[nology]) gesprochen, ohne dass präzisiert wird, was mit diesem Schlagwort gemeint ist. Mit dem Begriff der Hochtechnologie werden dabei folgende vier zunehmend umfassender definierte Objektklassen oder Typen von Betrachtungseinheiten zeitpunktbezogen gekennzeichnet (vgl. a. *Brockhoff*, 1986, 431-435; *Grupp* et al., 1987, 38-46; *Bullinger*, 1994, 21-28; *Weisenfeld-Schenk*, 1995, 133-141):

– Produkte oder Herstellungsverfahren (z.B. Eurofighter/Jagdflugzeuge oder bio-/gentechnologische Verfahren zur Herstellung von Lebensmitteln).

- Geschäftsfelder von Unternehmen (z.B. Geschäftsfeld Verkehrstelematik im Arbeitsgebiet Information und Kommunikation des Siemens-Konzerns).
- Unternehmen (z.B. Porsche, SAP).
- Branchen (z.B. pharmazeutische Industrie).

Für jede dieser vier Ebenen besteht die Möglichkeit einer **zweiwertigen** (= dichotomen) **Unterscheidung** der Betrachtungsobjekte nach ihrem Technologieniveau und ihrer Technologieintensität in Hoch- und Niedrigtechnologiefälle. Dabei gibt es keine allgemein akzeptierte, optimale Vorgehensweise, um ein Betrachtungsobjekt als „hochtechnologisch" zu definieren. Vielmehr existieren etliche Ansätze zur empirischen Abgrenzung von Hochtechnologie nebeneinander, die sich in stärker *quantitativ-zählende* und *qualitativ-einschätzende Vorgehensmuster* systematisieren lassen.

Der für Geschäftsfelder, Unternehmen und Branchen wahrscheinlich am häufigsten verwendete *quantitative* Indikator zur *input*orientierten Bestimmung von Hochtechnologieobjekten ist der F&E-Aufwand relativ zum Umsatz oder zu den gesamten Aufwendungen einer Erhebungseinheit in einem definierten Zeitabschnitt (zumeist ein Kalenderjahr). So wurde etwa von der OECD vorgeschlagen, Industriezweige, deren F&E-Aufwendungen sich auf mindestens 4% ihrer Umsatzerlöse in einem Jahr belaufen, als „High Technology"-Branchen zu klassifizieren (s. *Grupp* et al., 1987, 42; vgl. ähnlich *Godin*, 2004, 1222-1224; *Grupp*, 1997, 200-209; *Weisenfeld-Schenk*, 1995, 136; *Bullinger*, 1994, 21). Damit wären in Deutschland im Jahr 2001 z.B. die Branchen Chemie, Fahrzeugbau, Elektrotechnik und Maschinenbau durchweg als „High Tech"-Industrien einzustufen gewesen (s.o. Abb. 1-6). Dieser OECD-Klassifizierungsansatz ist zwar formal leicht verständlich und basiert auf bei Industrieverbänden und Unternehmen ohnehin häufig vorhandenen statistischen Daten. Er ist aber inhaltlich problematisch (s.a. Kap. 3), da

- die tatsächliche Anwendung der F&E-Mittel (= Inputs) in den Produkten und Prozessen eines Unternehmens (= Outputs) *nicht* erfasst wird.

- der Einsatz von neuen Technologien *außerhalb* von F&E-Abteilungen unberücksichtigt bleibt (z.B. Konstruktionsfortschritte bei Einzelfertigung im Anlagenbau).
- die „Abschneideregel" dem kontinuierlichen Charakter des Technologieniveaus von Branchen, Unternehmen und Geschäftsfeldern keine Rechnung trägt und zudem *theoretisch unbegründet* gewählt wurde.
- innerhalb der jeweils betrachteten Objektklasse (z.B. Branche) erhebliche F&E-Aufwandsunterschiede zwischen verschiedenen Objektteilklassen (z.B. Hersteller von Satelliten vs. Telefonapparaten innerhalb der nachrichtentechnischen Industrie) bestehen können, die aufgrund des hohen Aggregationsniveaus bei der Indikatorenbildung unberücksichtigt bleiben.

Angesichts der Unzulänglichkeiten einer Operationalisierung von Hochtechnologie über den Indikator F&E-Aufwand relativ zum Umsatz ≥ 4% ist für Zwecke des betriebswirtschaftlichen Technologie- und Innovationsmanagements zu empfehlen,

- auf eine starre Zweiteilung in Hoch- vs. Niedrigtechnologie zu verzichten.
- eine relativierende Einordnung des Technologieniveaus des eigenen Unternehmens nur unter Rückgriff auf solche Referenzgrößen vorzunehmen, die einen engen Bezug zur eigenen Wettbewerbssituation haben (z.B. mittleres Technologieniveau der drei stärksten Konkurrenten).
- diese Variable nicht isoliert zu verwenden, sondern durch Kennzahlen zu ergänzen, die Intensität und Niveau des Einsatzes von Technologien in einer Betrachtungseinheit auch außerhalb von F&E widerspiegeln; für unternehmensübergreifende Analysen, bei denen nur auf publizierte Jahresabschlüsse zurückgegriffen werden kann, sind als entsprechende ergänzende Indikatoren u.a. zu nennen:
  - Quotient aus dem bilanziell ausgewiesenen Wert der technischen Anlagen, Maschinen und gewerblichen Schutzrechte im Zähler und dem Gesamtvermögenswert im Nenner.
  - Quotient aus den Abschreibungen im Zähler und den betrieblichen Gesamtaufwendungen im Nenner.

- Quotient aus den Investitionen in technische Anlagen, Maschinen und gewerbliche Schutzrechte im Zähler und den Umsatzerlösen im Nenner.

Eine Variation des Konzepts der Hochtechnologiebranchen oder -unternehmen sind die in der jüngeren Literatur häufiger verwendeten Begriffe der **wissensbasierten Industrien oder Unternehmen** (englisch: knowledge-based industries/enterprises), die sich durch folgende drei Merkmale auszeichnen sollen: „(1) a high level of investment in innovation, (2) intensive use of acquired technology, and (3) a highly-educated workforce" (*Godin*, 2004, 1225; s.a. auf Unternehmensebene für viele *Reid* et al., 2001, 80). Da diese Charakteristika auch auf Hochtechnologiebranchen/-unternehmen zutreffen, wird mit dem Konzept wissensbasierter Industrien/Unternehmen *kein neues Phänomen* angesprochen. Vielmehr scheint es darum zu gehen, durch veränderte Bezeichnungen von aus F&E-Aufwandsintensitätsindikatoren abgeleiteten Klassifikationen für Branchen oder Unternehmen, sich rhetorische Vorteile bei der Durchsetzung eigener normativer Vorstellungen in politischen Auseinandersetzungen zu verschaffen.

Für *einzelne Produkte oder Verfahren* lässt sich deren Technologieniveau einmal quantitativ abbilden, indem man für verschiedene, aus Kundensicht kaufrelevante technische Merkmale jeweils ermittelt, inwieweit das untersuchte Objekt im Vergleich zu funktionsähnlichen Produkten, die am Markt verfügbar sind, oder Prozessen, die in anderen Unternehmen eingesetzt werden, möglichst hohe Leistungsausprägungen/-vorsprünge aufweist und damit dem „neuesten Stand der Technik" entspricht. Beispielsweise könnten mobile Endgeräte („Handies") für zellulare Funktelefonnetze u.a. anhand der Merkmale Sprechzeit, Gewicht, Größe/geometrische Abmessungen, Zahl der abgedeckten Funknetztypen sowie Displaygröße und -auflösung dahingehend untersucht werden, ob sie als Hochtechnologie-Produkte einzustufen sind. Zweitens kann man alternativ für einzelne Produkte oder Verfahren die Relation von produkt-/verfahrensbezogenen F&E-Aufwendungen und Umsätzen/Gesamtkosten als quantitativen Indikator für deren Technologieniveau heranziehen (s. *Godin*, 2004, 1224). Auch bei der Erfassung des Technologieniveaus von Produkten ist die Grenzziehung zwischen Hochtechnologie-Angeboten und anderen Produkten bestenfalls schwierig und schlimmstenfalls willkürlich.

Stärker qualitativ ausgerichtete Methoden zur Bestimmung von Hoch-/Spitzentechnologie grenzen Letztere ab, indem sie untersuchen, wie

- die Geschwindigkeit und das Ausmaß des technologischen Wandels und
- des damit verbundenen Veraltens von technologischen Wissensbeständen und Anlagen eines Unternehmens(geschäftsfeldes) sowie
- der Grad der Sicherheit im Hinblick auf zukünftig dominierende Technologien, Wertschöpfungs- und Wettbewerbsstrukturen für ein Betrachtungsobjekt

von unternehmensinternen Entscheidungsträgern oder -externen Experten wahrgenommen werden. Dabei wird aber darauf verzichtet, objektiv nachvollziehbare Messungen von Technologiespezifikationen vorzunehmen und diese nach einem definierten Rechenverfahren (= „Algorithmus“) zu verdichten. Statt dessen rückt man die (subjektive) Wahrnehmung von Technologien in den Vordergrund, in die natürlich auch deren objektive Merkmale einfließen. Je rascher und tiefgreifender der technologische Wandel, je kürzer die Produkt- und Anlagelebenszyklen und je größer die Unsicherheit über die Technologietrends für die betrachtete Objektklasse (z.B. Branche) wahrgenommen wird, desto sicherer ist davon auszugehen, dass es sich um Hochtechnologieprodukte, -geschäftsfelder, -unternehmen oder -branchen handelt. Problematisch an den stärker qualitativ-einschätzenden Vorgehensmustern zur Definition von Hochtechnologie sind

- die unklaren Kriterien zur Auswahl der zu erfassenden Wahrnehmungsdimensionen.
- die hohen Wissensanforderungen an die Personen, die eine vergleichende Beurteilung des Technologieniveaus verschiedener Beobachtungseinheiten vornehmen sollen.

Zusammenfassend ist festzustellen, dass der Begriff der Hoch-/Spitzentechnologie dafür sensibilisiert, dass in Produkten, Geschäftsfeldern, Unternehmen und Branchen jeweils Technologien in unterschiedlichem Ausmaß als Mittel zum Erzielen von Wettbewerbsvorteilen eingesetzt werden können. Ansonsten lassen sich aus der Existenz von Technologieniveau- und -einsatzintensitätsunterschieden auf jeder der vier genannten Betrachtungsebenen *keine spezifischen* Anforderungen an das Technologie- und Innovationsmanagement von Unternehmen dahingehend ableiten, dass es generell einen Rückgriff auf Hochtechnologie forcieren sollte: Ein starkes Engagement auf Hochtechnologiefeldern ist weder notwendige noch hinreichende Bedingung für einen überdurchschnittlichen Unternehmenserfolg (s.a. Kap. 5.2.2).

Den optimalen Ansatz zur Messung der Technologieintensität und des Entwicklungsniveaus der Technologien für Produkte, Geschäftsfelder, Unternehmen und Branchen gibt es nicht. Daher ist es sinnvoll, **Technologieintensitäten** (Leitfrage: In welchem Ausmaß werden Technologien in Wertschöpfungsprozessen eingesetzt?) und **Technologieniveaus** (Leitfrage: Inwieweit wird in den eingesetzten Technologien der neueste Wissenstand berücksichtigt?) *nicht* über eine dichotome Klassifikation von Hoch-/ Spitzen- vs. Niedrigtechnologie, sondern zweckgebunden entsprechend der Betrachtungsebene jeweils (also getrennt) über mehrere quantitative Indikatoren und qualitative Merkmale als kontinuierliche Größen zu erfassen.

2.1.3 Systematisierung von Technologiearten

Als eine wichtige Grundlage für das Technologie- und Innovationsmanagement wird oft das Verständnis für die unterschiedlichen **Technologiearten**, die ein Unternehmen einsetzt oder zu nutzen beabsichtigt, hervorgehoben (vgl. *Perl*, 2003, 45-48; *Schröder*, 1999, 996; *Tschirky*, 1998, 228-236; *Zahn*, 1995, 6-8; *Dussauge* et al., 1992, 14-16; *Wolfrum*, 1991, 4-6; *Mittag*, 1985, 37). Abb. 2-1 erläutert sieben Kriterien, anhand derer sich Technologiearten systematisieren lassen. Die Kriterien können und sollten simultan zur Charakterisierung einer Technologie herangezogen werden.

Eine zukunftsgerichtete Technologieklassifikation im Hinblick auf die in Abb. 2-1 genannten Kriterien setzt Analysen zum Abbau von Unsicherheiten bezüglich der Eigenschaften von Technologien voraus (s. Kap. 4.1 u. 4.3), wobei eine halbwegs treffsichere Technologieartenbestimmung nur zurückschauend für Betrachtungszeiträume in der Vergangenheit erfolgen kann. Beispielsweise besteht seit dem letzten Drittel der 90er Jahre unter Experten kein Konsens und damit Unsicherheit darüber, ob bei Zugrundelegung eines Betrachtungshorizontes bis etwa zum Jahr 2010 die Internet-Telefonie als neue Substitutions- oder als verbesserte Komplementärtechnologie zur herkömmlichen Telefonie über Festnetze großer Telekommunikationsunternehmen einzustufen ist. Empfehlungen zur Ressourcenzuordnung auf und Steuerung von Technologien sind allerdings allein aufgrund einer genaueren Technologieartenbestimmung ohne detaillierte Untersuchung von Nachfrage-, Wettbewerbs- und Unternehmensgegebenheiten auf keinen Fall ableitbar. Voraussetzungen/Inputs für alle Technologiearten sind hingegen stets Forschungs- & Entwicklungsaktivitäten/-ergebnisse; daher sollen derartige Aktivitäten im nächsten Abschnitt näher erläutert werden.

2.2 Forschung und Entwicklung (F&E)

2.2.1 Überblick

Als **Forschung & Entwicklung (F&E)** von Unternehmen bezeichnet man die systematischen Aktivitäten, die Unternehmen intern entfalten oder von externen Institutionen (z.B. staatliche Forschungseinrichtungen, andere Unternehmen) durchführen lassen, um für das jeweilige Unternehmen **neues**, natur- und ingenieurwissenschaftliches Wissen zu erwerben und/oder solches Wissen in vom eigenen Unternehmen direkt oder indirekt vermarkteten Produkten oder genutzten Herstellungsverfahren in neuartiger Weise anzuwenden (s. *OECD*, 2002, 30-50; *Specht* et al., 2002, 14; *Kern/Schröder*, 1977, 14-16). F&E-Aktivitäten unterscheiden sich *idealtypisch* von anderen Aufgabenfeldern in Unternehmen durch einen höheren Neuheitsgrad (bzw. umgekehrt einen niedrigeren Routinegrad) und einen daraus resultierenden höheren Unstrukturiertheits- und Komplexitätsgrad (s. *Gerpott*, 1995a, 15).

Industrielle F&E zielt darauf, **technische Inventionen (= Erfindungen)** als Ergebnisse hervorzubringen, wobei mit Invention, losgelöst von patentrechtlichen Voraussetzungen für das Vorlie-

Systematisierungskriterium	Kriterienausprägungen	Erläuterungen
• Einsatzgebiet	• Produkt- vs. Prozess-/Verfahrenstechnologien	• Produkttechnologien sind in der verkauften Leistung enthalten; Prozesstechnologien werden zur Leistungserstellung genutzt, sind aber nicht direkt Teil der Leistung
• Interdependenzen	• Komplementär- vs. Substitutions/Konkurrenztechnologien	• Komplementärtechnologien ergänzen sich bei der Lösung eines Kundenproblems; Konkurrenz-/Substitutionstechnologien lösen ähnliche Kundenprobleme durch unterschiedliche Mittel
	• Kompatible vs. inkompatible Technologien (KT vs. IKT)	• KT weisen eine hohe Anschlussfähigkeit an Vorläufertechnologien auf oder lassen sich in ein größeres System einfügen; IKT entwerten Vorläufertechnologien oder sind nicht in ein größeres System integrierbar
	• System- vs. Einzeltechnologien	• Systemtechnologie entsteht durch Integration verschiedener Technologien; Einzeltechnologie wird isoliert von anderen Technologien eingesetzt
• Lebenszyklusphase	• Schrittmacher- vs. Schlüssel- vs. Basistechnologien (SMT vs. ST vs. BT)	• SMT: Neu entstehende Technologie mit großem Weiterentwicklungspotenzial und erst vage definierten Anwendungsfeldern; ST: Zunehmend am Markt eingesetzte, aber noch eher neue Technologie mit einigem Weiterentwicklungs- und Wettbewerbsdifferenzierungspotenzial; BT: Von allen Wettbewerbern am Markt beherrschte, ausgereifte Technologie

Abb. 2-1: Systematisierung von Technologiearten

Systematisierungs-kriterium	Kriterienausprägungen	Erläuterungen
• Lebenszyklusphase	• Neue vs. verbesserte vs. verdrängte/alte Technologie	• Neue Technologie: Erst kürzlich gefundene Ziel-Mittel-Wirkungskette; verbesserte Technologie: Auf bekannter Ziel-Mittel-Wirkungskette aufbauende Technologie mit marginalen Leistungszuwächsen; verdrängte Technologie: Nicht/kaum mehr am Markt eingesetzte, leistungsschwächere frühere Technologie
• Branchenbezogene Anwendungsbreite	• Querschnitts- vs. spezifische Technologie	• Querschnittstechnologie: Branchenübergreifend einsetzbare Technologie, auf der oft andere Technologien basieren; spezifische Technologie: Branchenbezogen nutzbare Technologie
• Unternehmensinterne Anwendungsbreite/ Wettbewerbspotenzial	• Kernkompetenz- vs. Randkompetenztechnologie (KKT vs. RKT)	• KKT: Geschäfts-/Produkt-Marktfeld übergreifend einsetzbare, schwer imitierbare Technologie mit hohem Potenzial zur Erringung von nachhaltigen Wettbewerbsvorteilen; RKT: Geschäfts-/Produkt-Marktfeld spezifisch einsetzbare Technologie ohne hohe Relevanz für die Entwicklung des Gesamtunternehmens
• Grad des Produktbezugs	• Kern- vs. Unterstützungstechnologie (KeT vs. UT)	• KeT: Technologie, die im Produkt selbst enthalten ist; UT: Technologie zur Erleichterung der Nutzung des eigentlichen (Haupt-)Produktes
• Rechtliche Schützbarkeit	• Rechtlich schützbare vs. ungeschützte Technologien (RST vs. UST)	• RST: Steuerung der Nutzung neuer Technologien durch Dritte über Schutzrechte (Patente, Gebrauchsmuster); UST: Industrielles Problemlösungswissen (Know-how)

Abb. 2-1 (Fortsetzung)

gen einer Erfindung (Neuheit, erfinderische Tätigkeit, wirtschaftliche Anwendbarkeit; s. *Specht* et al., 2002, 242; *Lowe*, 1995, 21), lediglich die Realisierung von Lösungen für aus Unternehmenssicht wirtschaftlich relevante **naturwissenschaftlich-technische Probleme** gemeint ist. Nachfolgend *nicht* berücksichtigt wird damit neben der „Marktforschung" vor allem *geistes-* und *sozialwissenschaftliche F&E*, da vom Wirtschaftssektor für derartige F&E keine nennenswerten Ressourcen eingesetzt werden.

Quantitative statistische Daten zur Bereitstellung von Finanzmitteln und Personal für naturwissenschaftlich-technische F&E in der deutschen Wirtschaft publiziert seit 1966 regelmäßig die in Essen ansässige „Wissenschaftsstatistik gemeinnützige GmbH im Stifterverband für die Deutsche Wissenschaft" (bzw. deren Vorläuferorganisation). Internationale Vergleiche von F&E-Anstrengungen der Wirtschafts- und Staatssektoren in verschiedenen Ländern werden hingegen in erster Linie von der „Organization for Economic Co-Operation and Development (OECD)" zusammengestellt.

Industrielle F&E findet in Deutschland ebenso wie in anderen Staaten mit einer leistungsstarken Volkswirtschaft in erster Linie im „verarbeitenden Gewerbe" statt. So entfielen im Dreijahreszeitraum von 2001 bis 2003 in jedem Jahr etwa 91% der vom Wirtschaftssektor in Deutschland finanzierten F&E-Aufwendungen auf das verarbeitende Gewerbe (*Marquardt/Wudtke*, 2004, 3). Allerdings stieg der Anteil anderer Branchen (z.B. Unternehmensdienstleistungen, Verkehr und Nachrichtenübermittlung) an den F&E-Aufwendungen der Wirtschaft von 5,1% im Jahr 1995 auf 8,7% im Jahr 2003. Innerhalb des verarbeitenden Gewerbes konzentrieren sich die F&E-Aufwendungen der Wirtschaft ebenfalls auf wenige Branchen: Wie Abb. 2-2 zu entnehmen ist, entfielen 2003 etwa 84% der vom deutschen Wirtschaftssektor finanzierten F&E-Aufwendungen in Höhe von 46,7 Mrd. Euro auf nur fünf Wirtschaftszweige, nämlich (1) Fahrzeugbau, zu dem neben der Kraftwagenherstellung auch der Luft- und Raumfahrzeugbau gehört, (2) Elektro-/Datenverarbeitungstechnik (einschließlich Telekommunikation), (3) Chemie (einschließlich Pharmazie), (4) Maschinenbau und (5) Verkehr/Nachrichtenübermittlung.

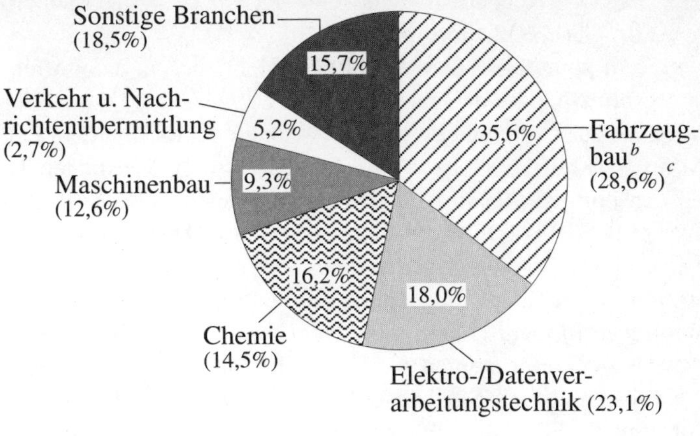

100% = Euro 46,69 Mrd.[a]

a) Vorläufiges Ergebnis.

b) Branchengliederung nach der ab 1995 einheitlich in der Europäischen Union gültigen Wirtschaftszweigklassifikation.

c) Zahlenangabe in Klammern: Anteil einer Branche am F&E-Personal im Wirtschaftssektor in Deutschland im Jahr 2003; 100% = 298.810 Mitarbeiter (Vollzeitäquivalent ohne F&E-Beschäftigte in Institutionen für Gemeinschaftsforschung).

Quelle: Marquardt/Wudtke, 2004, 3 u. 8; Grenzmann/Marquardt, 2005, 6; eigene Berechnungen

Abb. 2-2: Branchen mit den größten Anteilen an den F&E-Aufwendungen des Wirtschaftssektors in Deutschland im Jahr 2003

Zur Gegenüberstellung der F&E-Anstrengungen in *verschiedenen* Ländern wird häufig der Anteil der F&E-Aufwendungen im Wirtschaftssektor als Anteil am Bruttoinlandsprodukt (= Wert aller innerhalb des Gebiets eines Staats in einem bestimmten Zeitraum gegen Entgelt erzeugten Güter und Dienstleistungen nach Abzug von Vorleistungen) eines Staats verwendet. Ein **internationaler Vergleich** dieses Indikators kann in seiner Aussagekraft verringert werden, wenn dessen Zähler oder Nenner infolge unterschiedlicher Definitionen von F&E oder des Bruttoinlandsproduktes (BIP) in den betrachteten Ländern graduell mehr oder minder abweichende Bedeutung haben. So wird z.B. in vielen US-amerikanischen Unternehmen F&E u.a. durch Einbezug von

Qualitätssicherungstätigkeiten weiter gefasst als in den Ländern der Europäischen Union.

Stellt man dieses methodische Problem zurück, dann offenbart Abb. 2-3, dass in Deutschland von 1997 bis 2001 der Quotient aus F&E-Aufwendungen im Wirtschaftssektor und dem BIP von 1,53% auf 1,75% bzw. um 14,4 Prozentpunkte gestiegen ist. In den übrigen vier in Abb. 2-3 einbezogenen Industriestaaten waren zwar ebenfalls Zuwächse bei den F&E-Anstrengungen zu verzeichnen. Sie fielen aber weniger hoch aus als im Wirtschaftssektor Deutschlands. Im Betrachtungszeitraum lag das F&E-Inputniveau in Deutschland durchweg *über* dem entsprechenden Niveau in Großbritannien und Frankreich, aber *unter* den Werten für Japan und die USA. Dieser Vergleich *eines* globalen Indikators für die F&E-Bemühungen des Wirtschaftssektors lässt allein noch **keine** Rückschlüsse auf die Wettbewerbsposition der erfassten Volkswirtschaften bei innovativen Technologien zu. Zur Ableitung solcher Implikationen sind branchen- und technologiebezogene Detailanalysen von F&E-Inputs *und* -Outputs (z.B. Patente, Markteinführung neuer Hochtechnologieprodukte; s.a. unten Kap. 3) unverzichtbar.

	Jahr [a]			**Veränderung**
Land	**1997**	**1999**	**2001**	**2001 vs. 1997** [b]
Deutschland	1,53%	1,69%	1,75%	+14,4
Frankreich	1,38%	1,37%	1,41%	+2,2
Großbritannien	1,17%	1,25%	1,27%	+8,5
Japan	2,03%	2,09%	2,15%	+5,9
USA	1,91%	1,97%	2,01%	+5,2

a) Es werden nur interne F&E-Aufwendungen, also Aufwendungen für F&E-Aktivitäten, die in den Unternehmen des Wirtschaftssektors durchgeführt werden, berücksichtigt.
b) Prozentpunkte.

Quelle: Marquardt/Wudtke, 2004, 10; eigene Berechnungen

Abb. 2-3: F&E-Aufwendungen im Wirtschaftssektor als Anteil am Bruttoinlandsprodukt für fünf Länder

2.2.2 F&E-Phasen

Das Spektrum industrieller F&E-Aktivitäten wird gemeinhin in drei Teilklassen oder aufeinander aufbauende **Phasen** untergliedert, die jeweils in sich ähnlichere Aufgabenarten umfassen sollen: Vor allem beeinflusst durch F&E-statistische Klassifikationsvorschläge (supra)staatlicher Institutionen (OECD, BMFT/BMBF) differenziert man zumeist nach dem zunehmenden Grad der unmittelbaren wirtschaftlichen Anwendbarkeit der Ergebnisse in (1) Grundlagenforschung, (2) angewandte Forschung und (3) experimentelle oder konstruktive Entwicklung (s. für viele *Specht* et al., 2002, 15f.; *Brockhoff*, 1999, 51-53; *Bürgel* et al., 1996, 9-14; *Gerpott*, 1995a, 13; *Kern/Schröder*, 1977, 22-24). **Grundlagenforschung (angewandte Forschung)** ist auf die Erweiterung des wissenschaftlichen Kenntnisstandes ohne (mit) vornehmlichen Bezug zu einer konkreten praktischen Anwendung gerichtet. Anstelle von angewandter Forschung wird vereinzelt auch von **Technologie- und/oder Vorentwicklung** gesprochen (s. etwa *Specht* et al., 2002, 15f.). **Entwicklung** i.e.S. zielt auf die Nutzung naturwissenschaftlich-technischen Wissens zur Generierung von neuen Produkten oder Herstellungsverfahren, die direkt zur Sicherung des wirtschaftlichen Unternehmenserfolgs beitragen sollen.

Um bei statistischen Erhebungen eine konsistente Zuordnung von konkreten F&E-Aktivitäten auf eine der drei eben genannten F&E-Phasen in der Praxis zu fördern, wurden von der OECD im Jahr 1963 „Allgemeine Richtlinien für statistische Übersichten in Forschung und experimenteller Entwicklung" vorgeschlagen, die unter der Bezeichnung „**Frascati-Handbuch**" in Wissenschaft und Praxis erhebliche Beachtung gefunden haben und in der Folgezeit mehrfach überarbeitet wurden. Das Frascati-Handbuch, dessen „Fassung 1980" auch seit 1982 in einer deutschen Übersetzung vorliegt (*BMFT* 1982) und dessen zum Zeitpunkt der Erstellung dieser Schrift letzte englischsprachige Fassung im Jahr 2002 von der OECD publiziert wurde, enthält zwar u.a. Erläuterungen zur Trennung der drei genannten Phasen (s. *OECD*, 2002, 77-79). Letztlich lassen sich bei unternehmensübergreifenden F&E-Vergleichen weder durch das Frascati-Handbuch noch durch F&E-Phasengliederungen, die auf Branchenebene von Verbänden empfohlen wurden, Schwierigkeiten bei der Klassifikation von F&E-Vorhaben als Grundlagenforschung, angewandte Forschung oder Entwicklung völlig beseitigen. Für das Technologie- und Innovationsmanagement ist daraus der Schluss zu ziehen, dass

– die abstrakte Unterscheidung von F&E-Phasen für die Auswahl und Steuerung von F&E-Vorhaben wenig hilfreich ist, sondern dass Führungsentscheidungen sich eher einzelfallorientiert an (1) der erwarteten Dauer des Vorhabens und (2) dem Konkretheitsgrad der Vorstellungen über die Anwendung von Ergebnissen des Vorhabens in Produkten oder Prozessen des Unternehmens auszurichten haben.
– unternehmensspezifische explizite Abgrenzungsregeln für Phasen im F&E-Prozess zu erarbeiten und anzuwenden sind.

Ungeachtet aller Detailfragen bei der Abgrenzung von F&E-Phasen ist aber unbestritten, dass *nicht* die Grundlagenforschung, sondern in erster Linie die Entwicklung und in zweiter Priorität die angewandte Forschung die schwerpunktmäßig von Industrieunternehmen bearbeiteten F&E-Aufgabentypen darstellen: So wurde zwischen 1983 und 2001 in jedem Jahr nur ein Anteil von 4,1% (im Jahr 1985) bis 5,8% (im Jahr 1988) der von Unternehmen in Deutschland für F&E im Wirtschaftssektor bereitgestellten Finanzmittel für Grundlagenforschung und der Rest für Vorhaben in den beiden nachgelagerten F&E-Phasen verwendet. Im Jahr 2001 belief sich der entsprechende Anteil für Grundlagenforschung auf 4,6% (s. *Grenzmann* et al., 2004, 32). Die Hauptgründe für das geringe Engagement von Industrieunternehmen in der Phase der Grundlagenforschung sind:

– Die sehr große **Unsicherheit** im Hinblick auf (1) die Erreichbarkeit von **wissenschaftlich-technologischen Zielen** von Grundlagenforschungsvorhaben und (2) die **wirtschaftlichen Verwertungspotenziale** von Ergebnissen aus der Grundlagenforschung.
– Die **lange Zeitdauer** bis zum Vorliegen von tragfähigen Erkenntnissen aus der Grundlagenforschung, die oft die Planungszeiträume für F&E in Industrieunternehmen überschreitet.

- Die tatsächliche oder zumindest subjektiv als sehr wahrscheinlich gestufte Verwendbarkeit von Ergebnissen aus der Grundlagenforschung auch für andere Unternehmen/Wettbewerber, die so Vorleistungen des eigenen Unternehmens „umsonst" zu ihrem Vorteil nutzen können (unzureichende Möglichkeiten zur Durchsetzung des „**Ausschliesslichkeitsprinzips**" für Resultate der Grundlagenforschung).
- Der nicht oder nur sehr schwach erkennbare Bezug von Grundlagenforschung zu den Finanz- und Sachzielen für die aktuellen Produkt-Markt-Felder eines Unternehmens.

Wenn Industrieunternehmen z.T. dennoch (in kleinem Umfang) eigene Grundlagenforschung betreiben, dann lässt sich dies damit erklären, dass der Einsatz von Mitteln in dieser F&E-Phase dazu beitragen kann (vgl. *Brockhoff*, 1997, 456-461; *Eggers*, 1997, 18-36),

- Technologien mit hohem Neuheitsgrad frühzeitig zu identifizieren und im Hinblick auf ihre wettbewerbsstrategische Relevanz zu bewerten (= **Frühaufklärungsfunktion**).
- neue naturwissenschaftlich-technologische Erkenntnisse so für das eigene Unternehmen zu interpretieren und herauszuarbeiten, dass es zur Vermittlung von Denkanstößen an F&E-Mitarbeiter mit anwendungsnahen Entwicklungsaufgaben weitergegeben werden kann (= **Übersetzungsfunktion**).
- fundamental neues Wissen hervorzubringen, das zur Ableitung von Ideen für völlig neue Geschäfte oder zur nachhaltigen technologischen Positionsverbesserung in vorhandenen Geschäften nutzbar ist (= **Transformationsfunktion**).

Das Innovations- und Technologiemanagement hat die Relevanz dieser allgemeinen Hauptfunktionen von Grundlagenforschung unternehmensspezifisch einzustufen. Mit zunehmender Bedeutung der Potenziale von Grundlagenforschung sind auch in steigendem Umfang Ressourcen für Vorhaben/Themen, die den frühen Phasen des F&E-Prozesses zuzuordnen sind, bereitzustellen.

2.2.3 F&E-Träger

Ein zweiter, häufig benutzter Ansatzpunkt zur differenzierteren Betrachtung industrieller F&E-Aktivitäten ist deren Untergliederung nach ihren **Trägern**, die zu weitgehend identischen Ergebnissen wie Systematisierungen von so genannten Technologie-/ **F&E-Bezugsquellen** führt (vgl. *Brockhoff*, 1999, 59-65; *Bürgel* et al., 1996, 336-338; *Gerpott*, 1995a, 17-24; *Hermes*, 1995, 47-57; *Kern/Schröder*, 1977, 25f.). Wird F&E ausschließlich von Mitarbeitern des eigenen Unternehmens durchgeführt, dann spricht man von **interner F&E** (s. Abb. 2-4, linkes Drittel); finanziert das eigene Unternehmen zwar die F&E, lässt sie aber unter Sicherung eines exklusiven Verfügungsrechts über die Ergebnisse von einem wirtschaftlich selbstständigen anderen Unternehmen durchführen, so handelt es sich um **externe F&E** (synonym: **Vertrags-/Kontrakt-F&E**; s. Abb. 2-4, rechtes Drittel). In der deutschen Wirtschaft hat der Anteil der externen F&E-Aufwendungen an den insgesamt finanzierten F&E-Aufwendungen seit Mitte der 80er Jahre von etwa 8–9% auf etwa 17% in den Jahren 2001 bis 2003 zugenommen (s. *Grenzmann* et al., 2004, 29f.; *Marquardt/Wudtke*, 2004, 3; *Gerpott*, 1995a, 5). Bis Ende 2003 war somit in der deutschen Industrie (1) eine klare Dominanz der internen F&E- gegenüber der externen F&E-Trägerschaft und (2) ein Trend in Richtung auf eine Verstärkung des Einkaufs von F&E-Leistungen festzustellen.

Bei interner F&E ist weiter danach zu unterscheiden, ob die Aktivitäten zwar unter Rückgriff auf eigene Mitarbeiter und sonstige Ressourcen, aber für fremde Rechnung erfolgen und deshalb intern i.d.R. nicht in eigenen Produkten verwertbar sind (= **Auftrags-F&E**) oder ob F&E auf eigene Rechnung mit dem Ziel der direkten Ergebnisnutzung im eigenen Unternehmen realisiert wird (= **autonome F&E**). Zwischen interner und externer F&E liegen mehrere **Varianten der unternehmensübergreifenden F&E-Organisation**, bei denen verschiedene Unternehmen bewusst und gezielt beim Erwerb neuen Wissens und/oder der Anwendung dieses Wissens jeweils mit gemeinsamem Zugriffsrecht auf F&E-Ergebnisse kooperieren. Hierbei gibt es wiederum drei Unterfälle (s. Abb. 2-4):

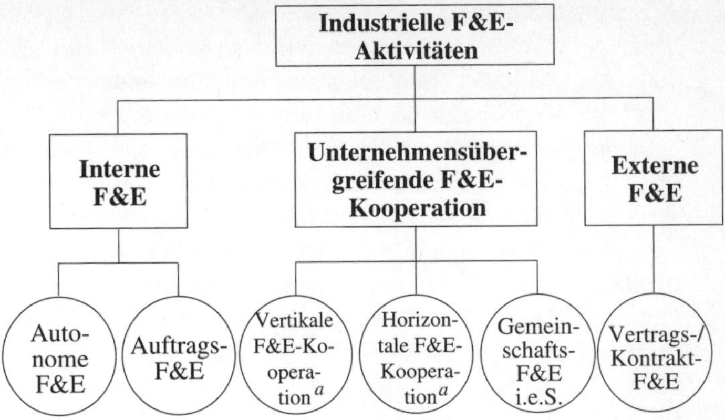

a) Vertikale und horizontale F&E-Kooperationen können jeweils mit oder ohne Gründung eines gesellschaftsrechtlich institutionalisierten F&E-Gemeinschaftsunternehmens/-Joint Venture erfolgen.

Abb. 2-4: Gliederung industrieller F&E nach Trägern

- **Vertikale F&E-Kooperationen**, bei denen das eigene Unternehmen in systematischer Weise mit Partnern zusammenarbeitet, die in der Wertkette einer Industrie relativ zur eigenen Position entweder vorgelagert sind und damit Zulieferer darstellen oder nachgelagert und damit Kunden sind. Ein Beispiel für eine solche vertikale Kooperation stellt die Zusammenarbeit zwischen der Deutschen Telekom und Texas Instruments bei der Entwicklung von Halbleiter-Bauelementen dar, die besonders für die Bereitstellung von Multimedia-Telekommunikationsdiensten geeignet sein sollen. Vertikale F&E-Kooperationen werden zumeist durch Arbeitsteilungsvereinbarungen zwischen den Partnerunternehmen zu Beginn eines F&E-Vorhabens und regelmäßige Fortschrittskontrolle im Projektverlauf ohne formelle Gründung eines F&E-Gemeinschaftsunternehmens, in das jedes Unternehmen Ressourcen auslagert, realisiert.
- **Horizontale F&E-Kooperationen**, bei denen ein Unternehmen mit anderen Anbietern aus der eigenen Industrie zusammenarbeitet, die zwar jeweils ein Interesse an der gemeinsamen Lösung bestimmter naturwissenschaftlich-tech-

nischer (Grundlagen-)Probleme haben, aber ansonsten im Markt als Wettbewerber agieren. Ein einschlägiges Beispiel aus den Computer- und Telekommunikationsindustrien ist die F&E-Kooperation der Unternehmen Psion, Ericsson, Nokia und Motorola, die zur Entwicklung einer neuen Generation von mobilen Datenkommunikationsgeräten mit Computer- und Telefoneigenschaften bzw. Positionsverbesserung gegenüber einem dominanten Wettbewerber (Microsoft) 1998 gegründet wurde. Auch bei horizontalen F&E-Kooperationen kann ein gesellschaftsrechtlich institutionalisiertes Gemeinschaftsunternehmen (= Joint Venture) als Träger auftreten oder aber ohne Unternehmensgründung eine abgestimmte F&E-Ressourcenverwendung/Arbeitsteilung in den beteiligten Unternehmen erfolgen.

– **Gemeinschafts-F&E i.e.S.**, deren Kernmerkmal die regelmäßige auf längere Dauer angelegte finanzielle Beteiligung des eigenen Unternehmens am Etat einer von einer großen Zahl von Unternehmen getragenen F&E-Institution ist. Diese F&E-Einheit bearbeitet Themen, die für einen möglichst großen Teil der zumeist derselben Industrie angehörenden Mittelgeber von Interesse sind. Die Ergebnisse von F&E-Vorhaben, die Gemeinschafts-F&E-Institutionen durchführen, sind typischerweise allen Mittelgebern dieser Institution zugänglich, so dass sich Gemeinschafts-F&E i.e.S. auch kaum zur Begründung unternehmensspezifischer Wettbewerbsvorteile eignet. Folglich werden Gemeinschafts-F&E-Institutionen von ihren Mitgliedern auch eher allgemeine, mehr wissenschaftsnahe Forschungs- und weniger unternehmensspezifische Entwicklungsaufgaben zugeordnet. In Deutschland nimmt die „Arbeitsgemeinschaft industrieller Forschungsvereinigungen“ (AIF) als Dachverband industrieller Gemeinschafts-F&E-Institute/Vereinigungen die Aufgaben der Interessenvertretung und der übergreifenden Abstimmung dieser Institutionen wahr.

Gemeinschafts-F&E-Institutionen sind als Träger von F&E-Aktivitäten in der deutschen Wirtschaft von nachrangiger Bedeutung: So entfielen 2003 nur 1,11% (= 520 Mio. Euro) der gesamten F&E-Aufwendungen der deutschen Wirtschaft auf solche Institutionen, während 1983 der entsprechende Anteil noch bei 1,70% lag. Von 1995 bis 2003 stiegen die F&E-Aufwendungen der Institutionen für Gemeinschafts-F&E i.e.S. zwar um nominal 4,6% pro Jahr, aber diese Wachstumsrate lag *unter* der jährlichen Veränderungsrate der gesamten F&E-Aufwendungen im Wirtschaftssektor von 5,0%. Die Mitarbeiterzahl der Institutionen für Gemeinschafts-F&E i.e.S. nahm von 1995–2003 mit 2,6% pro Jahr allerdings stärker zu als die Zahl des F&E-Personals im Wirtschaftssektor, die sich nur um jährlich 0,9% erhöhte (s.o. Abb. 1-5, Fußnote a und die zu Abb. 1-5 genannten Quellen).

Der unternehmensexterne Erwerb technischen Wissens über (1) Lizenzen oder (2) den Kauf anderer Unternehmen, die über relevante F&E-Ergebnisse/-Potenziale verfügen, wird hier zwar dem Technologiemanagement zugeordnet, er ist aber nicht als unternehmensübergreifende oder externe F&E einzustufen (s.a. Kap. 2.4). Bei diesen externen Formen der Wissensbeschaffung kann nämlich der Prozess der Generierung neuen Wissens als eigentlicher Kernbereich von F&E-Aktivitäten vom eigenen Unternehmen kaum noch gezielt gestaltet werden.

Die Outputs/Ergebnisse von F&E-Aktivitäten stellen die „technischen Rohstoffe/Inputs" für *Innovationen* dar, so dass es sinnvoll ist, in einem nächsten Schritt die Bedeutung des Innovationsbegriffs genauer zu klären.

2.3 Innovation und Innovationsprozess

2.3.1 Ergebnisorientierte Sicht

Aus betriebswirtschaftlicher Sicht sind **Innovationen** von Unternehmen mit der Absicht der Verbesserung des eigenen wirtschaftlichen Erfolgs am Markt oder intern im Unternehmen eingeführte qualitative Neuerungen. Da hier die *eingeführte Neuerung* als Ergebnis vielfältiger Anstrengungen eines Unternehmens in den Vordergrund gerückt wird, kann man auch von einer **ergebnis-** oder **outputorientierten** Betrachtung von Innovationen sprechen. Dieses allgemeine ergebnisorientierte Verständnis von Innovation lässt sich in dreierlei Hinsicht präzisieren (vgl. für viele *Lowe*, 1995, 23; *Maier*, 1995, 28-37; *Bürgel* et al., 1996, 14; *Specht* et al., 2002, 13f.; *Perl*, 2003, 35-38; *Hauschildt*, 2004, 3-27; *Vahs/Burmester*, 2005, 72-84):

(1) Differenzierung nach dem Innovationsobjekt
Hier wird zwischen neu von einem Unternehmen auf dem Absatzmarkt unter neuartiger Nutzung vorhandener oder selbst erarbeiteter naturwissenschaftlich-technischer Erkenntnisse eingeführten Produkten (= [technische] **Produktinnovationen**) und neu im Unternehmen genutzten Leistungserstellungsverfahren (= **Prozessinnovationen**) unterschieden. Prozess- oder Verfahrensinnovationen umfassen wiederum einerseits technische und andererseits administrative Verfahrensneuerungen, wobei Letztere auch als **Sozialinnovationen** (Beispiel: Einführung von Gruppenarbeit im Fertigungsbereich) oder „administrative innovations" (*Damanpour*, 1991, 560) bezeichnet werden.

Spezifische Probleme des Managements von Sozialinnovationen zur Verbesserung von Führung und Zusammenarbeit in Unternehmen unter direkter Beteiligung betroffener Mitarbeiter werden in Wissenschaft und Praxis häufig unter dem Begriff der **Organisationsentwicklung** diskutiert (z.B. abteilungsübergreifende Workshops von F&E- und Marketing-Mitarbeitern zum Abbau von Konflikten bei Neuprodukt-Einführungen). Die Gestaltung von reinen Sozialinnovationen gehört nach herrschender Meinung nicht zu den genuinen Aufgaben des betriebswirtschaftlichen Technologie- und Innovationsmanagements. Deshalb werden Sozialinnovationen, die nicht mit technischen Prozess- oder Produktinnovationen einhergehen, in diesem Buch *nich*t weiter berücksichtigt.

Unternehmen stellen im Durchschnitt mehr Mittel für Produkt- als für Prozessinnovationen bereit: So setzten Unternehmen des deutschen Wirtschaftssektors im Jahr 2001 nach eigenen Angaben von ihren internen F&E-Aufwendungen 66% für Produktinnovationen, 21% für Prozessinnovationen und 13% für Innovationsvorhaben ein, die gleichermaßen auf die Verbesserung von Produkten und Verfahren zielten (s. *Grenzmann* et al., 2004, 54). Theoretische Überlegungen zur Veränderung der „Wettbewerbshebel“ (Qualität, Preis/Kosten, Service etc.) im Laufe des „Lebens“ einer Industrie, die als **Industrieentwicklungs- oder -lebenszyklusmodelle** Beachtung gefunden haben (s. für viele *Wolfrum*, 1991, 110-116; *Utterback*, 1994, 79-101; *Bürgel* et al., 1996, 148-152; *Brockhoff*, 1999, 202-206; *Zotter*, 2003, 60-65), und empirische Indizien deuten darauf hin, dass die Bedeutung von Prozessinnovationen in Abhängigkeit vom Reifegrad der Industrie, in der ein Unternehmen operiert, abhängt. Abb. 2-5 visualisiert die theoretische Vorstellung, wonach Unternehmen in jungen Industrien durch Produktinnovationen qualitative Differenzierungsvorteile und in reifen Branchen durch Prozessinnovationen Kosten-/Preisvorteile suchen.

Zur empirischen Illustration der in Abb. 2-5 aufgezeigten Bedeutungsvariationen von Innovationsobjekten kann in einer Querschnittsanalyse der Anteil der Aufwendungen für Verfahrens-F&E und Produkt-F&E an den F&E-Gesamtaufwendungen von Unternehmen aus Industrien mit unterschiedlichen Reifegraden verglichen werden: So setzten im Jahr 2001 in Deutschland die technologisch eher reifen Industriezweige „Metallerzeugung und -bearbeitung“ bzw. „Energie- und Wasserversorgung“ bzw. „Bergbau“ von ihren internen F&E-Aufwendungen 50% bzw. 75% bzw. 87% für Vorhaben ein, die ausschließlich oder in erheblichem Ausmaß auch auf Verfahrensinnovationen zielten, und nur 50% bzw. 25% bzw. 13% für reine Produktinnovationen. Hingegen beliefen sich in den technologisch dynamischeren und damit eher noch als „jünger“ einzustufenden Wirtschaftszweigen Elektrotechnik bzw. Maschinenbau die entsprechenden Anteile auf 23% bzw. 25% für ausschließliche oder anteilige Verfahrensinnovationsvorhaben und auf 77% bzw. 75% für reine Produktinnovationen (s. *Grenzmann* et al., 2004, 54).

Empirische Studien zu den Fragen, ob und unter welchen Bedingungen in einer gegebenen Branche Unternehmen, die von der in Abb. 2-5 angedeuteten typischen Verteilung von Innovationsaktivitäten auf Produkt- und Prozessneuerungen erheblich abweichen, auch signifikant vom mittleren Innovationserfolgsniveau in einer Branche divergieren, existieren m.E. nicht. Folglich implizieren (1) die Unterscheidung von Produkt- und Prozessinnovationen und (2) die behauptete Bedeutungsvariation der beiden

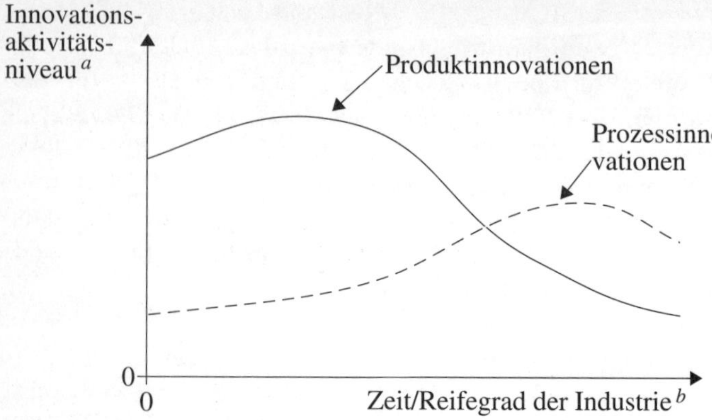

a) Inputs wie vor allem F&E-Aufwendungen und Outputs wie Zahl der in einer Periode neu am Markt bzw. im Unternehmen eingeführten Produkte bzw. Prozesse für den jeweils betrachteten Industriezweig.

b) Zur Bestimmung des Reifegrades von Industrien gibt es kein allgemein akzeptiertes Verfahren. Ausgewählte Reifegradindikatoren sind u.a. das Durchschnittsalter, die mittleren F&E-Aufwendungen, die Durchschnittsgröße und die Zahl der Unternehmen in einem Industriezweig.

Quelle: In Anlehnung an Utterback, 1994, 91

Abb. 2-5: Idealtypische Veränderung der Bedeutung von Produkt- und Prozeßinnovationen in einer Industrie in Zeitablauf

Innovationsarten in Abhängigkeit vom Reifegrad der Industrie eines Unternehmens

- allein noch **keinerlei strategische Schwerpunkte** für das Technologie- und Innovationsmanagement; solche Akzentsetzungen setzen vielmehr genauere Analysen der Branchenstruktur, Wettbewerbs- und Nachfragesituation und technologischen Kompetenzprofile des jeweiligen Unternehmens voraus.
- dass das Technologie- und Innovationsmanagement auf die Abstimmung der Entwicklung neuer Produkte *und* Verfahren durch entsprechend integrierte Informationssysteme zur Produkt- und Produktionsmittelentwicklung und -konstruktion, organisatorische und personalwirtschaftliche Maßnahmen zu achten hat (s.a. Kap. 5.3.4).

(2) Differenzierung nach dem Innovationsgrad

Der Neuheitsgrad eines Produktes oder Prozesses kann sich auf einem *Kontinuum* zwischen den Extrempolen einer geringfügigen (= inkrementalen) und einer fundamentalen (= radikalen/revolutionären) Abweichung von den bisherigen Outputs und Verfahren des Unternehmens bewegen. Je mehr Produkt-/Prozessbausteine neu gestaltet werden (= quantitativer Innovationsgrad) und je stärker neue naturwissenschaftlich-technische Erkenntnisse in das Produkt oder den Prozess einfließen (= qualitativer Innovationsgrad), desto eher ist eine Neuerung als revolutionär oder radikal zu klassifizieren. Radikale Innovationen werden auch als **Basis-, Durchbruch- oder Pionierinnovationen** bezeichnet (s. *Gerybadze*, 2004, 77-83; *Hauschildt*, 2004, 5; *Buchholz*, 1996, 27; *Maier*, 1995, 31).

Inkrementale Produktinnovationen sind vor allem auf seit längerer Zeit etablierten Produkt-Markt-Feldern zu beobachten (z.B. neue Automobilmodelle). Sie werden häufig eingeleitet, weil Unternehmen veränderte und/oder nur z.T. befriedigte Kundenbedürfnisse identifiziert (zu) haben (glauben), denen sie durch ein modifiziertes Produkt besser als der Wettbewerb Rechnung tragen wollen. Insofern kann man inkrementale Produktinnovationen auch als „**Market Pull**" (= von einem Markt angezogene oder nachgefragte) **Neuerungen** charakterisieren. Basisinnovationen definieren völlig neue Märkte (z.B. Personal-Computer-Markt) und/oder verändern die Wettbewerbssituation in einer Industrie durch das Auftreten neuer Anbieter und/oder durch neue Arbeitsteilungsvarianten zwischen Unternehmen in der Wertkette einer Industrie grundlegend (z.B. teilweise Konvergenz der Telekommunikations-, Computer- und Unterhaltungselektronikindustrie durch neue Computer- und Optoelektronik-Technologien). Sie werden oft durch technologische Wissensfortschritte und Möglichkeiten angestoßen, die von Wissenschaftlern *nicht* gezielt im Hinblick auf die Erfüllung zuvor systematisch erkundeter Kundenanforderungen entwickelt wurden. Deshalb lassen sich revolutionäre Produkt- und Prozessinnovationen auch als „**Technology Push**" (= von einer Technologie vorangetriebene oder angebotene) **Neuerungen** kennzeichnen (s. *Herstatt/Lettl*, 2004, 156-166 sowie unten Kap. 2.3.2). Abb. 2-6 zeigt die idealtypischen Ausprägungen von neun Merkmalen, die sich zur technologie- und absatzmarktbezogenen Charakterisierung von Neue-

Beschreibungsmerkmale	Radikale Innovationen („Technology Push“)	Inkrementale Innovationen („Market Pull“)
• Technologische Unsicherheit	Hoch	Niedrig
• F&E-Aufwendungen	Hoch	Niedrig
• F&E-Zeitdauer	Lang	Kurz
• Absatzmarktbezogene Unsicherheit	Hoch	Niedrig
• Vermarktungsstartzeitpunkt	Unsicher/ unbekannt	Sicher/bekannt
• Kundenintegration in F&E	Schwierig	Einfach
• Art der Marktforschung	Qualitativ-entdeckend	Quantitativ-prüfend
• Kundenverhaltens-/-kompetenzveränderungen	In erheblichem Ausmaß erforderlich	Kaum erforderlich
• Art des Innovationsprozesses	„Versuchs- und Lernprozess“	„Strukturierter Meilensteinprozess“

Quelle: In Anlehnung an Herstatt/Lettl, 2004, 157 u. 166

Abb. 2-6: Idealtypische Merkmalsausprägungen von Innovationen mit sehr hohem und sehr niedrigem Neuheitsgrad

rungen heranziehen lassen, bei radikalen und inkrementalen Innovationen zusammenfassend auf.

Im praktischen Einzelfall ist die Klassifikation einer Innovation als inkremental oder radikal bzw. die Erfassung des **Innovationsgrades** von Produkten oder Verfahren, der synonym auch als **Neuheitsgrad** bezeichnet wird, meist schwierig, da es an allgemein akzeptierten Methoden zur Gewinnung operationaler und objektiver Messkriterien des Innovationsgrades fehlt (s. *Brockhoff/Zanger*, 1993, 835-839; *Salomo*, 2003, 402f.). Konsens besteht aber zumeist insoweit, als dass die Eigenschaft der Neuheit durchweg als eine **halbwegs stetige, zumindest ordinal skalierte** und *nicht* nur als eine diskrete nominal skalierte **Größe** interpretiert wird. D.h. Produkte und Verfahren weisen einen mehr oder minder hohen Neuheitsgrad (= Ordinalskala) auf und sind nicht einfach „neu“ oder „alt“ (= Nominalskala). Weiter deuten mehrere empirische Studien übereinstimmend darauf hin, dass der Innovationsgrad von Produkten und Prozessen **verschiedene, voneinander unabhängige Dimensionen** umfasst. D.h. Produkte und Verfahren können im Hinblick auf einzelne Aspekte einen hohen und bezüglich anderer Merkmale einen niedrigen Neuheitsgrad aufweisen bzw. aus der Ausprägung eines Neuheitsaspektes kann nicht zwingend auf den Wert eines anderen neuheitsgradbezogenen Merkmals geschlossen werden. Als **Hauptdimensionen des Innovationsgrades** gelten das Ausmaß der durch eine Neuerung verursachten bzw. von ihr vorausgesetzten (vgl. *Hauschildt*, 2004, 16-21; *Salomo*, 2003, 402-427):

- Veränderungen technisch-infrastruktureller sowie gesellschaftlich-regulativer Rahmenbedingungen.
- Veränderungen der in einem Produkt oder Prozess eingesetzten technologischen Prinzipien und Wissensgrundlagen.
- Veränderungen der F&E-Anstrengungen eines Unternehmens in inhaltlicher, monetärer und zeitlicher Hinsicht.
- Veränderungen des Leistungs- oder Kostenprofils von Produkten oder Prozessen eines Unternehmens.
- Veränderungen der durch ein Unternehmen adressierten Kundengruppen, eingesetzten Vertriebskanäle, Marktkommunikations- und Preisgestaltungsmaßnahmen.

- Veränderungen der von einem Unternehmen genutzten Zulieferer und abzuwehrenden Wettbewerber.
- Veränderungen der Produktionsverfahren/-anlagen, Planungsmethoden, Organisationsstrukturen und -prozesse sowie Mitarbeiterkompetenzen in einem Unternehmen.

Unabhängig von der Frage der Dimensionalität des Innovationsgrades von Produkten und Prozessen kann man zur zumindest ordinalen Messung von Neuheitsgradaspekten zurückgreifen auf

- **objektiv-quantitative Indikatoren**, von denen begründet angenommen wird, dass sie mit Neuheitseigenschaften korrelieren. Beispiele für solche Hilfsgrößen sind (1) der Anteil der unverändert aus dem Vorgängerprodukt übernommenen Baugruppen an der Gesamtzahl der Baugruppen eines Produktes (wobei *höhere* Kennzahlenausprägungen einen *niedrigeren* Neuheitsgrad bedeuten), (2) das Ausmaß der Unterschiede zwischen einem neuen und einem früheren Produkt im Hinblick auf technisch eindeutig definierte Leistungsmerkmale (z.B. Feinstaubausstoß bei einem PKW-Motor) und (3) die Zahl der Patente, die im Verlauf der F&E-Arbeiten für ein neues Produkt von dem Unternehmen beantragt und ihm erteilt wurden.
- **subjektiv-semiquantitative oder -qualitative Beurteilung**, bei denen bestimmte Personengruppen nach ihrer Einschätzung des Neuheitsgrades einer Innovation befragt werden (s. in diesem Kapitel unten Punkt Nr. 3 auf S. 45). Werden die qualitativen Aussagen etwa durch Vorgabe einer sechsstufigen Schulnotenskala in Zahlen „übersetzt“, dann liegen semiquantitative Beurteilungen des Neuheitsgrades vor. Sie sind zwar *formal* leichter vergleich- und eindeutiger mitteilbar als ausschließlich verbal-qualitative Aussagen, deren Ausprägungen aber inhaltlich trotzdem von der Person des Befragten und nicht nur vom betrachteten Innovationsobjekt abhängen können.

Keiner der beiden Ansätze zur Messung von Neuheitsgraden ist generell besser oder schlechter als der jeweils andere Ansatz. Vielmehr hängt deren Eignungs-/Zweckmäßigkeitsbeurteilung von der Problemstellung ab, für die über die Erfassung der Neuheitsgrade von Innovationen eine Informationsgrundlage geschaffen werden soll: Je mehr es sich um eine Innovationsgrad-Abbildung aus **technischer** Sicht handelt, desto mehr sind i.d.R. objektiv-quantitative Indikatoren vorzuziehen. In Zweifelsfällen liegt es nahe, sowohl objektive Indikatoren als auch subjektive Beurteilungen des Innovationsgrades zu erheben, sowie deren Übereinstimmungen und Abweichungen zu interpretieren.

Ungeachtet der Schwierigkeiten bei der Erfassung des Innovationsgrades von Produkten/Verfahren ist für das Technologie- und Innovationsmanagement aber auf jeden Fall die Erkenntnis bedeutsam, dass ein linearer positiver Zusammenhang zwischen dem Neuheitsgrad von Produkten/Prozessen und deren wirtschaftlichem Erfolg von der betriebswirtschaftlichen Forschung bislang **nicht** nachgewiesen wurde (s. *Brockhoff/Zanger*, 1993, 849; *Brockhoff*, 1999, 235-237): Unternehmen können durch inkrementale und radikale Innovationen, je nach Wettbewerbs-, Nachfrage- und Unternehmenskompetenzsituation, gleichermaßen ihren wirtschaftlichen Erfolg verbessern. Aus dieser Beobachtung und der eben grob nachgezeichneten allgemeinen wissenschaftlichen Diskussion zur Differenzierung von Innovationsergebnissen nach ihren Innovationsgraden können für das Technologie- und Innovationsmanagement in der Praxis drei Schlussfolgerungen abgeleitet werden:

(1) Innovationsgrade von Produkten und Prozessen eines Unternehmens sind zu **optimieren**.

(2) Situationen, in denen *sämtliche* Produkte und Prozesse eines Unternehmens **extrem** hohe oder niedrige Neuheitsgrade aufweisen, sind i.d.R. zu vermeiden.

(3) Bei der Prognose der wirtschaftlichen Effekte einer Innovation sind mehr deren inhaltlich direkt begründeten **wettbewerbsstrategischen Implikationen** als deren Neuheitsgrade an sich zu analysieren.

Konsequenterweise wird in meinen nachfolgenden Ausführungen auch *keine* Beschränkung der Betrachtung auf Produkte oder Prozesse mit einem bestimmten Mindest- oder Höchstinnovationsgrad vorgenommen.

(3) Differenzierung nach der Bezugseinheit für die Feststellung der Neuheitseigenschaft

Bei diesem Präzisierungskriterium wird darauf abgestellt, ob ein Produkt oder Prozess (1) aus Sicht des betroffenen Unternehmens und/oder (2) aus Sicht von Kunden und/oder (3) aus der Perspektive von Wettbewerbern in einem räumlich und/oder sachlich abgegrenzten Produkt-Markt-Feld als (mehr oder minder) „neu" einzustufen ist. Mit anderen Worten: Es wird nach der **Perspektive** für die Feststellung der Neuheitseigenschaft gefragt. Messungen des Neuheitsgrades von Produkten oder Prozessen können damit nicht nur nach der *Art* (objektiv vs. subjektiv), sondern *gleichzeitig* auch nach der *Perspektive* der Messung (eigenes Unternehmen, Kunden, Wettbewerber) systematisiert werden. Stellt man nur auf die Bezugseinheit ab, so sind drei Optionen zur Feststellung der Neuheitseigenschaft zu unterscheiden (vgl. a. *Salavou*, 2004, 38-40):

– **Unternehmensorientierte Perspektive**: Hier werden über objektive Indikatoren (s.o. Punkt 2) oder subjektive Befragungen von Entscheidungsträgern eines Unternehmens (z.B. Einschätzung des Abweichungsgrades der technologischen Prinzipien, der Herstellungsprozesse, der Kundengruppen und der Vermarktungsprinzipien zwischen dem zu klassifizierenden Produkt und dem Vorläuferprodukt oder dem „typischen Produktionsprogramm" eines Unternehmens) Ausprägungen der Neuheitseigenschaften eines Produktes/Prozesses für das Unternehmen, welches die Innovation gestaltet, ermittelt.
– **Kundenorientierte Perspektive**: Hier wird durch Befragungen von Kunden oder von „Marktexperten", von denen man meint, dass sie Kundenreaktionen auf ein Produkt gut beurteilen können, erhoben, in welchem Ausmaß eine Innovation Wissens- und/oder Verhaltensänderungen bei Kunden erfordert und Kunden bereits über Erfahrungen mit Produkten/Technologien mit ähnlichen Eigenschaften wie die betrachtete Innovation verfügen (vgl. a. oben Abb. 2-6).
– **Wettbewerbsorientierte Perspektive**: Hier wird durch Dokumentenanalysen oder Interviews eingegrenzt, ob und gegebenenfalls wie lange eine Technologie oder ein Produkt/

Verfahren mit einem definierten Bündel technologischer Eigenschaften bereits in einer definierten geographischen Region (z.B. Staat, Kontinent, Welt) von anderen Anbietern als dem eigenen Unternehmen vermarktet wird.

M.E. ist es für das betriebliche Technologie- und Innovationsmanagement bei der Frage nach dem Träger der Beurteilung des Innovationscharakters eines Produktes oder Prozesses zwar in erster Näherung zumeist zweckmäßig von der Perspektive des einzelnen Unternehmens auszugehen. Andernfalls wäre in der Unternehmenspraxis eine halbwegs sichere Abgrenzung des Gegenstandsbereichs des technischen Innovationsmanagements wegen einer zumeist kaum erreichbaren Kenntnis der technischen Merkmale sämtlicher in einem Markt relevanten Kundenwahrnehmungen, verfügbaren Produkte und von Unternehmen eingesetzten Verfahren nicht möglich.

Die Wahl der Perspektive des einzelnen Unternehmens zur Innovationsdefinition schließt nicht aus, dass es je nach Problemstellung des Technologie- und Innovationsmanagements im Einzelfall sinnvoll sein kann, (1) auch die Einstufung der Neuheitseigenschaft aus Kunden- oder Wettbewerbssicht bei der Ableitung von Gestaltungsmaßnahmen in den Vordergrund treten zu lassen und (2) den Übereinstimmungsgrad der Neuheitsbeurteilungen für ein Produkt/einen Prozess durch verschiedene Bezugseinheiten zu bestimmen und zu interpretieren. Beispielsweise ist bei der Gestaltung von Kundenschulungen für ein aus Unternehmenssicht „neues" Produkt eine Ausleuchtung der Neuheitseigenschaft aus Kundensicht wichtiger als aus Wettbewerbsperspektive oder aus Sicht der F&E-Mitarbeiter des Unternehmens.

Die unternehmensspezifische Sicht von Innovation bei der Feststellung der Neuheitseigenschaft eines Produktes wird zumeist auch herangezogen, wenn es darum geht, eine Innovation von ihrem „natürlichen Komplement", der Imitation, abzugrenzen: Demnach liegt eine **Imitation** dann vor (s. z.B. *Buchholz*, 1996, 27; *Perl*, 2003, 19-21), wenn ein Unternehmen ein Produkt bzw. einen Prozess einführt,

- in dem es *bewusst* die Technologien einer durch ein anderes Unternehmen generierten Originalinnovation weitgehend übernimmt,

– mit dem es *absichtlich* sehr ähnliche Verwendungsfelder abzudecken plant wie mit der Originalinnovation und
– das bzw. der von den Entscheidungsträgern eines Unternehmens als eigene Reaktion auf eine spezifische Innovation mindestens eines anderen Unternehmens *wahrgenommen* wird.

Die Definition von Imitationen aus Sicht der betroffenen Unternehmen ist zweckmäßig, wenn es in wissenschaftlichen Studien darum geht, empirisch festzustellen, (1) in welchen Situationen, (2) mit welchen Ausprägungen und (3) mit welchen Erfolgswirkungen Unternehmen technologische Imitationsstrategien einsetzen. Auch hier kann es aber bei Problemen, für die das Verhalten von Kunden oder Wettbewerbern bedeutsam ist (z.B. Kommunikationspolitik für ein Imitationsprodukt eines Unternehmens, F&E-Gemeinschaftsunternehmen mit einem Wettbewerber), vorteilhaft sein, von der eben genannten „Standard-Interpretation" von Imitationen zugunsten einer anderen Bezugseinheit für die Feststellung der Imitationseigenschaft abzuweichen.

2.3.2 Prozessorientierte Sicht

Neben dem bislang zugrunde gelegten *ergebnisorientierten* Innovationsverständnis gibt es eine stärker *prozessorientierte* Betrachtung von Innovationen. Danach betrifft ein **Innovationsprozess** bzw. eine Innovation eine in logischem und zumeist auch zeitlichem Zusammenhang stehende Folge von Aktivitäten und Entscheidungen, die zur Vermarktung eines neuen Produktes oder Nutzung eines neuen Prozesses durch ein Unternehmen führen soll. In Abhängigkeit von der Definition des Start- und des Endpunktes einer derartigen Aktivitätenfolge lassen sich drei unterschiedlich weit gefasste und in Abb. 2-7 visualisierte Abgrenzungen eines Innovationsprozesses differenzieren (s.a. *Wolfrum*, 1991, 11-13; *Maier*, 1995, 42-46; *Buchholz*, 1996, 28-30; *Brockhoff*, 1999, 36-45; *Specht* et al., 2002, 13f.; *Zotter*, 2003, 49-59; *Hauschildt*, 2004, 24f.):

– **Innovationsprozess im engeren Sinn**: Startpunkt des Prozesses ist die Verfügbarkeit eines Produktes oder Verfahrens, das auf der Anwendung neu gewonnener und/oder der neuartigen Kombination vorhandener naturwissenschaftlich-

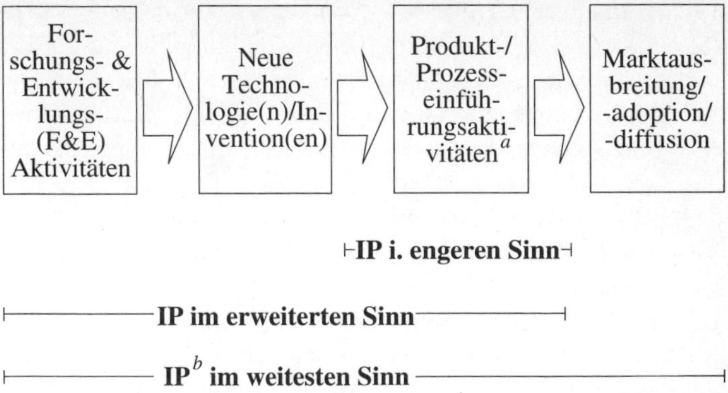

a) Vorbereitung der Produkteinführung auf dem Absatzmarkt bzw. der Prozesseinführung im Unternehmen.
b) IP = Innovationsprozess.

Abb. 2-7: Unterschiedliche Abgrenzungen von betriebswirtschaftlichen Innovationsprozessen

technischer F&E-Erkenntnisse beruht. Der Innovationsprozess i.e.S. umfasst die sich an den eben genannten Ablaufstartpunkt anschließenden Schritte, die ein Unternehmen zur Einführung eines neuen Produktes am Markt oder eines intern genutzten Prozesses unternimmt. Wichtige Aktivitätenblöcke in Produktinnovationsprozessen sind die Entwicklung einer Marketing- und Vertriebskonzeption, die Beschaffung von Produktionsmitteln, die Auswahl von Zulieferern und ggf. die Nullserienfertigung bzw. die Produktion von Lagerbeständen vor dem Absatzstart. Das Prozessende wird durch die Verfügbarkeit des Produktes in den Distributionskanälen bzw. den Einsatzbeginn eines neuen Verfahrens im Unternehmen im „routinemäßigen Wirkbetrieb" markiert.

– **Innovationsprozess im erweiterten Sinn**: Dieser Prozess umfasst neben sämtlichen Elementen des Innovationsablaufs i.e.S. zusätzlich auch die von einem Unternehmen finanzierten F&E-Aktivitäten, die als Ergebnis eine **Invention (Erfindung)** bzw. einen aus technischer Sicht funktionsfähigen Produkt-/Prozessprototyp hervorbringen sollen (vgl. a. oben Kap. 2.2). Startpunkt der F&E ist wiederum die Suche nach Ideen und Informationen, die als Anregung für neue

Produkte oder Prozesse dienen können. Diese Ideen sind in einem zweiten Schritt im Hinblick auf ihren Beitrag zur Erreichung von F&E-/Unternehmenszielen zu *bewerten*. Die positiv bewerteten Ideen werden dann unter Berücksichtigung von Ressourcenverfügbarkeitsbeschränkungen in konkrete technische Konzepte und darauf aufbauende F&E-Vorhaben umgesetzt, die auf kommerziell für das Unternehmen vorteilhaft verwertbare technische Innovationsergebnisse zielen.

– **Innovationsprozess im weitesten Sinn**: Dieses Innovationsprozessverständnis weicht hinsichtlich des Prozessendpunktes von der eben erläuterten Sichtweise dadurch ab, dass zusätzlich noch die erstmalige Ausbreitung bzw. der Erstkauf eines Produktes durch Kunden mit in die Betrachtung einbezogen wird. Einerseits ist die explizite Berücksichtigung der **Innovationsadoption/-diffusion** insofern positiv zu bewerten, als dass so auch der Markterfolg und Schlüsselfaktoren, welche die Akzeptanz eines Neupro-duktes beeinflussen, mit in die Analyse einbezogen werden (vgl. a. unten Kap. 4.1.1.3). Andererseits lässt sich bei Interpretation der Adoption/Diffusion von neuen Produkten im Markt als Teil des Innovationsprozesses nur schwer eine zeitliche oder inhaltliche Grenze zwischen dem „außergewöhnlichen" Management von Produktinnovationen und dem routinemäßigen Management eingeführter Produkte ausmachen (vgl. a. *Brockhoff*, 1999, 45; *Hauschildt*, 2004, 25).

Allerdings kann man das **Ende der Marktausbreitungsphase** oft zumindest näherungsweise durch periodenbezogene Vergleiche (1) der Zahl der Erstkäufer einer Produktinnovation mit der Zahl der Wiederholungs-/Ersatzkäufer oder (2) der Zahl der Nutzer der Vorläufergeneration einer Produktinnovation mit der Zahl der Nutzer der aktuellen Innovation bestimmen: Überschreitet jeweils die zweite Vergleichsgröße den zuerst genannten Vergleichsparameter, dann ist das ein Indiz dafür, dass auch der Innovationsprozess im weitesten Sinn als abgeschlossen zu gelten hat (vgl. *Gerpott*, 2005a).

Diese Schrift konzentriert sich primär auf den Innovationsprozess im erweiterten Sinn, wobei Grunderkenntnisse der Forschung zur Adoption/Diffusion von Neuerungen als ein Hilfsmittel zur Entwicklung von Technologie-/technischen Innovationsstrategien von Unternehmen Berücksichtigung finden. Die in Abb. 2-7 veranschaulichte grobe Unterteilung des Innovationsprozesses im erweiterten Sinn wird in der wissenschaftlichen Literatur in vielfältigster Weise und z.T. noch feiner, in mehr oder minder übereinstimmend bezeichnete weitere **Prozessphasen oder -schritte** modifiziert (s. für viele *Coombs* et al., 1998, 178-185; *Zotter*, 2003, 49-56). Diese Schritte unterscheiden sich zwar im Detail fast immer, führen vom Ergebnis her aber zu einer ähnlichen Vorstellung über den Ablauf von Innovationen. Die theoretische Abgrenzung der Innovationsprozessphasen erfolgt dabei *alternativ* oder *kombinativ* anhand (s. *Saren*, 1984, 11-21)

- ihrer typischen **Aktivitäten**/Aufgabenstellungen (z.B. Ermittlung der technologischen Verbesserbarkeit eines Produktes).
- von **Entscheidungen**, die bei Erreichen von bestimmten Prozess(zwischen)ergebnissen oder so genannten **Meilensteinen** (z.B. Vorlage eines voll funktionsfähigen Prototyps des neuen Produktes) zu treffen sind.
- der schwerpunktmäßig als (Sub-)Prozessträger beteiligten **Organisationseinheiten** in einem Unternehmen (z.B. F&E, Design, Produktion, Marketing).

So lässt sich der Innovationsprozess im erweiterten Sinn gemäß Abb. 2-7 *ergänzend* (und nicht alternativ) in folgende drei idealtypischen Schritte strukturieren:

- **Ideengenerierung** (Ideensuche und -vorauswahl): An dieser Phase können alle Funktionsbereiche eines Unternehmens(geschäftsfeldes), die über Markt- und/oder Technikkontakte verfügen, beteiligt sein. Wurde die Innovationsidee mehr durch technologische Erwägungen angestoßen, so klassifiziert man die Neuerung als **angebotsinduzierte „Technology Push Innovation“**; waren hingegen Überlegungen zu (unbefriedigten) Kundenbedürfnissen und Wettbewerberangeboten primärer Auslöser der Innovationsidee, so spricht man von einer **nachfrageinduzierten „Market Pull**

Innovation" (vgl. oben Abb. 2-6). In der Praxis ist die eindeutige Klassifikation einer Innovationsidee als technologie- vs. marktgetrieben schwer möglich, da zumeist *gleichermaßen* Technologie- *und* Marktgesichtspunkte zu einer Innovationsidee geführt haben. Empirische Studien deuten darauf hin, dass das wirtschaftliche Erfolgsniveau von Innovationen, die auf einer technologiegetriebenen Ideengenerierung beruhen, sich **generell nicht signifikant** von dem Erfolgsniveau von „Market Pull" Innovationen unterscheidet. Die empirischen Befunde sprechen eher dafür, dass Innovationen, deren Zustandekommen sowohl durch marktbezogene als auch technologische Faktoren ausgelöst wurde, im Mittel überdurchschnittlich erfolgreich sind (s. *Kirchmann*, 1994, 1-7 u. 80-90; *Bleicher*, 1995, 587-588; *Brockhoff*, 1999, 43f.; *Moorman/Slotegraf*, 1999, 248-254; *Perl*, 2003, 38f.; *Hauschildt*, 2004, 257-259).

Die Phase der Ideengenerierung endet i.d.R. mit einer positiven oder negativen Entscheidung zur Ideenkonkretisierung durch weitere F&E- und Marktforschungsaktivitäten. In Abb. 2-7 ist diese Phase nicht explizit ausgewiesen, da es m.E. irreführend ist, die Aktivität der Ideengewinnung nur am Beginn eines Innovationsprozesses anzusiedeln. Vielmehr ist sie m.E. für alle Innovationsprozessschritte bis zur Markteinführung gleichermaßen relevant.

– **Ideenkonkretisierung**: In dieser Phase erfolgen (1) die technologische Realisierung einer Innovationsidee über konzeptionelle Arbeiten und experimentelle Tests bis hin zu Prototypen und (2) die genauere Erkundung der wirtschaftlichen Erfolgschancen einer technologischen Innovation. Typischerweise wird der größte Anteil der Ressourcen, die in der Ideenkonkretisierungsphase zur Verfügung stehen, für F&E-Aktivitäten eingesetzt. Entsprechend ist in mittleren und großen Unternehmen die F&E-Abteilung auch zumeist der Hauptträger dieser Phase. Das Ende der Phase der Ideenkonkretisierung wird durch die Entscheidung über die (Nicht-)Einführung einer Produktinnovation auf dem Markt und/oder einer Prozessinnovation im eigenen Unternehmen markiert. Im Regelfall erreicht aus technischen oder wirtschaftlichen Gründen nur ein kleiner Teil der in der Konkretisierungsphase untersuchten Innovationskonzepte und erarbeiteten -prototypen auch die nächste Prozessstufe der Einführung im Markt oder Unternehmen (s. *Zotter*, 2003, 56; *Gerybadze*, 2004, 9f.). In Abb. 2-7 gehören die beiden linken Boxen zur Ideenkonkretisierungsphase, die aber insofern weiter gefasst ist als die Darstellung in Abb. 2-7, als dass zu ihr auch noch Arbeiten zur kommerziellen Bewertung einer potenziellen Innovation gehören (s.o.).

(3) **Ideenkommerzialisierung**: Diese Phase umfasst die Vorbereitung des Produktionsanlaufs und der Markteinführung einer Innovation. Entsprechend sind in größeren Unternehmen die Funktionen Produktionsmittelentwicklung, Produktion und Marketing die Hauptträger der Phase, während der F&E zumeist nur mehr eine punktuelle Unterstützungsfunktion zukommt. In Abb. 2-7 ist die Ideenkommerzialisierungsphase identisch mit dem Innovationsprozess i.e.S., sodass unter Verweis auf die oben in diesem Kapitel auf S. 48 gemachten Ausführungen hier auf eine weitere Phasendarstellung verzichtet werden kann.

Die praktische Bedeutsamkeit der wissenschaftlichen Diskussion zur Gliederung von Innovationsprozessen ist m.E. *eher zurückhaltend* einzustufen, da Phasenmodelle

- eine unzulängliche Hilfestellung zur Abgrenzung einzelner Prozessschritte im konkreten Anwendungsfall leisten.
- durch die Betonung diskreter Prozessschritte zu einer starken Vernachlässigung des in der Realität mehr stetigen, sich über einen längeren Zeitraum erstreckenden Übergangs zwischen verschiedenen Phasen beitragen.
- nicht angemessen berücksichtigen, dass in der Realität eine streng lineare Abfolge der Prozessschritte die Ausnahme darstellt und Wiederholungsschleifen (= Iterationen), Rück- und Vorkopplungen sowie Parallelaktivitäten in Innovationsprozessen der Regelfall sind.
- den (irreführenden) Eindruck erwecken, dass Vorgehensweise und Instrumente des Technologie- und Innovationsmanagements sich zwischen den Innovationsprozessschritten nachhaltig unterscheiden (sollten), obwohl hierfür keine oder

sogar entgegengesetzte Befunde aus empirischen Studien vorliegen (s. *Hauschildt*, 2004, 106).

– die erheblichen Branchenunterschiede hinsichtlich des Ablaufs von Innovationsprozessen allenfalls andeutungsweise abbilden.

Trotz dieser Schwächen von Innovationsprozessmodellen sind insgesamt aus der prozessorientierten Betrachtung **drei Erkenntnisse mit Relevanz für das Technologie- und Innovationsmanagement** abzuleiten:

– Produkt- und Prozessinnovationen setzen sehr unterschiedliche technologische, betriebswirtschaftliche und rechtliche Aktivitäten, Entscheidungen und Kompetenzen voraus, um von einer Idee zu einer wirtschaftlich (positiv) bedeutsamen Neuerung zu gelangen.
– Der wirtschaftliche Erfolg von Innovationen wird wesentlich davon beeinflusst, inwieweit es einem Unternehmen gelingt, Innovationsprozessphasen generell sowie die Phase der Schaffung naturwissenschaftlich-technologischer Grundlagen für neue Produkte/Prozesse und die Phase der kommerziellen Innovationsverwertung im Besonderen nahtlos durch Integrations-/Schnittstellenmaßnahmen miteinander zu verzahnen.
– Die Abarbeitung sämtlicher Innovationsprozessschritte ist zeitaufwendig, so dass in bestimmten Situationen (s. Kap. 5.3.2) eine Innovationszeitverkürzung durch Verstärkung der Überlappung von Prozessphasen in Erwägung zu ziehen ist.

2.4 Begriffszusammenhänge

In der Literatur findet man verschiedene Ansichten zum Ausmaß der Überlappungen von Planungs-, Organisations-, Durchführungs- und Kontrollaktivitäten (= Managementfunktionen) in Unternehmen, die sich auf Technologie(n), F&E und Innovation(en) beziehen. Übereinstimmung besteht noch dahingehend, dass

– F&E Teil von betriebswirtschaftlichen Innovationsprozessen ist, die wiederum „mehr“ umfassen als nur F&E.
– F&E und Technologie dadurch miteinander verwoben sind,

dass neue Technologien der Output von F&E-Aktivitäten sind.

Uneinigkeit besteht hingegen darüber, ob F&E in Unternehmen die Generierung und innovative praktische Anwendung von Technologien vollständig mit abdeckt oder F&E als Schnittmenge von Innovationen einerseits und Technologien andererseits angesehen werden sollte. Abb. 2-8 veranschaulicht diese beiden Positionen:

- Zum einen wird die Generierung von neuen Technologien gemäß Sichtweise 1 in Abb. 2-8 als eine noch eher anwendungs- und marktferne Phase der F&E etwa i.S. von angewandter Forschung interpretiert (s. *Vahs/Burmester*, 2005, 49f.; *Specht* et al., 2002, 16f.; *Bürgel* et al., 1996, 14f.; *Maier*, 1995, 47). F&E wiederum schafft technische Voraussetzungen für die Markteinführung neuer Produkte oder Nutzung neuer Verfahren, ohne aber diese Einführung/Nutzung selbst zu steuern und umzusetzen.
- Zum anderen wird gemäß Sichtweise 2 in Abb. 2-8 argumentiert, dass Technologiemanagement, aber *nicht* F&E-Management und *nicht* Innovationsmanagement u.a. auch
  - (Weiter-)Nutzungsentscheidungen für bereits *seit längerem* am Markt oder im Unternehmen verfügbare und damit nicht mehr als neuartig zu klassifizierende Technologien i.S. eines ganzheitlichen Lebenszyklusmanagements einschließt und/oder
  - Nutzungsentscheidungen hinsichtlich unternehmensexterner Bezugs- und Verwertungsmöglichkeiten neuer Technologien umfasst, die *nicht* durch unternehmensinterne F&E/Geschäftsfelder vollständig abgedeckt werden (s. *Gerybadze*, 2004, 5f.; *Hauschildt*, 2004, 30-32; *Perl*, 2003, 23; *Brockhoff*, 1999, 70f. u. 153f.; *Lowe*, 1995, 70; *Zahn*, 1995, 15).

Hier wird der zuletzt genannten Argumentationslinie gefolgt und damit F&E-Management als Bindeglied von Technologie- und Innovationsmanagement verstanden. Die beiden zuletzt genannten Managementfelder schließen jedoch Aspekte ein, die *nicht* Gegenstand des jeweils anderen Managementfeldes und auch *nicht* des F&E-Managements sind (s. Abb. 2-8). Beispiels-

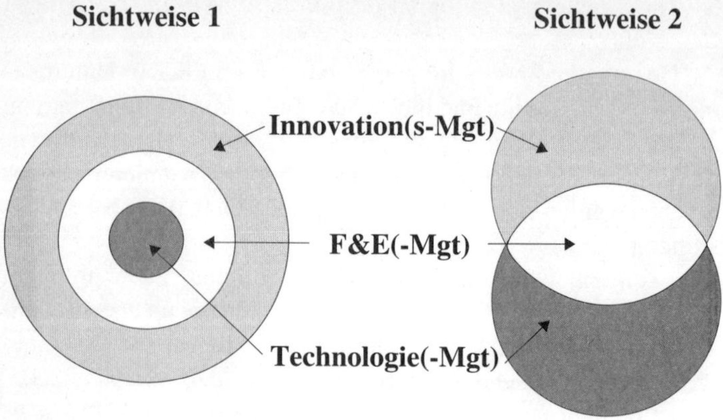

Abb. 2-8: Zwei Sichtweisen von Überschneidungen zwischen Technologie, F&E und Innovation(s-Management)

weise wird die Einführung eines neuen Produktes auf dem Markt exklusiv *nur* dem Innovationsmanagement und die externe Beschaffung von neuem naturwissenschaftlichem Wissen durch eine Unternehmensakquisition *ausschließlich* dem Technologiemanagement zugeordnet. Entscheidungen über die Fortführung etablierter Produktlinien oder Prozesse haben nur dann einen Bezug zum Technologie- und Innovationsmanagement, wenn sie durch die Verfügbarkeit *merklich neuartiger* Produkte oder Prozesse angestoßen werden. Für die vorgeschlagene Interpretation der Überlappungen von F&E, Innovation und Technologie spricht, dass sie

- die Berücksichtigung wichtiger strategischer Entscheidungsdimensionen (unternehmensexterne Technologiebeschaffung und -verwertung) als Teil des Technologiemanagements gewährleistet.
- Innovationsmanagement auf die Generierung und Einführung technischer Neuerungen *im* eigenen Unternehmen fokussiert und damit Innovationsmanagern eines Unternehmens *nicht* die wegen fehlender nachhaltiger, direkter Steuerungsmöglichkeiten kaum bewältigbare Aufgabe der Schaffung von Inventionen in *anderen* Unternehmen auferlegt wird.

- nicht *jegliche* Marketing- oder Investitionsentscheidung in Unternehmen zu einem Thema des Technologie- und Innovationsmanagements werden lässt.

Verbindende Elemente von Technologie-, F&E- und Innovationsmanagement sind die **Neuheit** von Technologien, die in Produkten oder Prozessen eines Unternehmens eingesetzt werden können, und die Konfrontation mit besonderen Steuerungsproblemen, die durchweg aus dem höheren ***Unsicherheitsniveau*** neuer Technologien und dem höheren Technologie***risiko*** i.S. des Erwartungswertes der quantifizierten Folgen des Nicht-Erreichens von technologiebezogenen Zielen resultieren.

2.5 Technologie und Innovationsmanagement (TIM)

2.5.1 Definition und Ziele

Aus der Erläuterung der im Zusammenhang mit Technologien, F&E und technologischen Innovationen aus betriebswirtschaftlicher Sicht typischerweise als relevant aufgegriffenen Themeneckpunkte und -zusammenhänge in den vorangegangenen Teilkapiteln lässt sich direkt der **generelle Aufgaben- oder Gegenstandsbereich** des Technologie- und Innovationsmanagements in Unternehmen ableiten: **Technologie- und Innovationsmanagement (TIM)** oder, synonym, technologiebezogenes Innovationsmanagement umfasst

- die Planung, Organisation, Führung und Kontrolle, also kurz die dispositive Gestaltung derjenigen arbeitsteilig bewältigten Aktivitäten und Prozesse eines Unternehmens, bei denen es primär geht um
- die **Bereitstellung** neuer Technologien für das Unternehmen,
- die Durchsetzung des **Einsatzes** dieser Technologien in Produkten und/oder Prozessen des Unternehmens und
- die **Verwertung** von neuen Technologien, die durch das Unternehmen erarbeitet wurden, auch durch unternehmensexterne Institutionen.

Ziel des TIM ist die Realisierung einer Technologieposition des eigenen Unternehmens, die über einen längeren Zeitraum (= **nachhaltig**) und in erheblichem Ausmaß (= **signifikant**) zur Sicherung und Verbesserung der **wirtschaftlichen Erfolgsposition** (= realisiertes Erfolgsniveau) des Unternehmens beiträgt. Die Erreichbarkeit dieses Oberziels setzt voraus, dass überhaupt in einer Branche

- sich technologische Innovationen auf das wirtschaftliche Erfolgsniveau der Unternehmen maßgeblich auswirken, d.h. als so genannter *Erfolgsfaktor* (s.a. Kap. 5.2.1.2) einzustufen sind, *und*
- für *einzelne* Unternehmen die Möglichkeit besteht, *systematisch* durch eigene Anstrengungen die Entstehungswahrscheinlichkeit innovativer Produkte oder Prozesse zu verändern, *und*
- die von einzelnen Unternehmen hervorgebrachten Produkt- oder Prozessneuerungen *nicht* innerhalb kurzer Zeit bei den meisten Wettbewerbern ebenfalls verfügbar sind.

Sind diese drei Bedingungen erfüllt, dann eröffnen technologische Innovationen dem einzelnen Unternehmen *Möglichkeiten* zur nachhaltigen und signifikanten Erfolgsverbesserung (= **Erfolgspotenziale**) und stellen eine für das strategische Management besonders wichtige (= kritische) *Erfolgsfaktorart* dar. Im Einzelfall ist die Überprüfung des (Nicht-)Zutreffens der drei o.a. Voraussetzungen eine komplexe Problemstellung, deren Bewältigung aber zur Festlegung von Ziel-Technologiepositionen und Schritten zur Zielerreichung unverzichtbar ist. Folglich ist neben der bereits eingangs angesprochenen Erschließung auch die **Identifikation technologischer Erfolgspotenziale** ein (Zwischen-) Ziel des TIM.

Das Ausmaß, in dem die drei o.g. Bedingungen für die Existenz technologischer Erfolgspotenziale in der Realität erfüllt sind, variiert in Abhängigkeit von der *Branche*, in der ein Unternehmen agiert: Dieser Sachverhalt spiegelt sich u.a. in Branchenunterschieden hinsichtlich der typischen F&E-Aufwendungen von Unternehmen eines Industriezweigs wider (s.o. Abb. 1-6 und 2-2 sowie Kap. 2.1.2). Entsprechend hat auch die **Branchenzugehörigkeit eines Unternehmens** eine erhebliche Wirkung auf die Bedeutung von TIM-Zielen im Rahmen der Gesamtführung des Unternehmens. Stark vereinfachend lässt sich das Verhalten von Branchen/Unternehmen wie folgt charakterisieren: Je mehr Finanz- und Personalressourcen in einer Branche/einem Unternehmen für technologische Innovationsaktivitäten bereitgestellt werden, desto mehr Gewicht wird dem TIM eingeräumt.

Diesen Zusammenhang kann man durch einen exemplarischen Industrievergleich veranschaulichen. In der *pharmazeutischen Industrie* existieren erhebliche technologische Erfolgspotenziale, was sich u.a. darin widerspiegelt, dass Unternehmen in dieser Branche 2001 12,1% ihrer Umsatzerlöse für F&E aufwendeten; im *Textil- und Bekleidungsgewerbe* hingegen sind technologische Erfolgspotenziale weniger ausgeprägt, und so beliefen sich die F&E-Aufwendungen in dieser Industrie 2001 auch nur auf 1,4% der Umsätze (s. *Grenzmann* et al., 2004, Tabelle 9). Entsprechend haben die Ziele und Aufgaben des TIM in der Textil- und Bekleidungsindustrie alles in allem tendenziell eine geringere Bedeutung und einen geringeren Umfang als in der pharmazeutischen Industrie. Solche Zielbedeutungs- und Aufgabenumfangsunterschiede auf Branchenebene schließen aber nicht aus, dass auf der Unternehmensebene *innerhalb* einer Industrie durch ein relativ zu Wettbewerbern überlegenes TIM auch das Erreichen einer überdurchschnittlichen Erfolgsposition gefördert werden kann.

2.5.2 Aufgabenfelder und -träger

Der generelle Gegenstandsbereich des TIM kann in folgende konkretere Aufgabenfelder untergliedert werden (s. *Wolfrum*, 1991, 69-73; *Burgelman* et al., 1995, 33; *Zahn*, 1995, 14-16; *Bürgel* et al., 1996, 100; *Specht* et al., 2002, 62; *Perl*, 2003, 23f.; *Hauschildt*, 2004, 31f.):

- **Erfassung von technologischen Entwicklungen** inner- und außerhalb der eigenen Branche und Bewertung dieser Veränderungen im Hinblick auf die Marktposition des eigenen Unternehmens insgesamt und der jeweiligen Geschäftsfelder des Unternehmens.
- **Festlegung des grundsätzlichen Stellenwerts von innovativen Technologien** für die strategische Unternehmensentwicklung insgesamt und für die Marktpositionen/Wettbewerbsstrategien der einzelnen Geschäftsfelder des Unternehmens.

- **Bewertung der technologischen Kompetenzen des eigenen Unternehmens** relativ zur Wettbewerbssituation und zu den Kundenanforderungen in den Geschäftsfeldern.
- Aufbau und Pflege von **Potenzialen zur** unternehmensinternen Erforschung, Entwicklung und (partiell) unternehmensexternen **Beschaffung neuer Technologien**.
- Aufbau und Pflege von **Potenzialen zur Umsetzung neuer Technologien**, unabhängig von ihrer Beschaffungsquelle, in Produkten oder in Prozessen des Unternehmens.
- **Auswahl von innovativen Technologiefeldern**, auf denen das Unternehmen Fähigkeiten aufbauen oder vertiefen will.
- Festlegung der Breite und Tiefe der angestrebten Beherrschung der vom Unternehmen selektierten Technologiefelder in Verbindung mit einer prinzipiellen **Ressourcenzuordnung** (Kosten- und Personalbudgets) auf Technologiefelder.
- Festlegung der Arten und der Zeitpunkte der **wirtschaftlichen Verwertung von** im Unternehmen verfügbaren neuen **Technologien/**Technologieanwendungen in Produkten/Prozessen oder durch unternehmensexternen Wissensverkauf.
- Entwicklung von **Prozessen und Instrumenten zur Planung und Kontrolle der technologischen Innovationsaktivitäten** des Unternehmens.
- Steuerung der **Arbeitsteilung und Koordination** (= Organisation) **von technologischen Innovationsaktivitäten** des Unternehmens.
- Steuerung der **Durchführung von Projekten** zur technologischen Realisierung und kommerziellen Bewertung/Umsetzungsvorbereitung von Innovationsideen.
- Schaffung von **Arbeitsbedingungen**, die der Identifikation und Kreation innovativer Technologien zuträglich sind, sowie deren Anwendung und die damit verbundene Ablösung bisher verwendeter technologischer Lösungen fördern (= technologie- und innovationsfreundliche Unternehmenskultur).

Die vier zuletzt genannten Teilaufgaben umreißen den Gegenstandsbereich des TIM mehr aus einer allgemeinen (management-)prozessorientierten Sichtweise. Die übrigen zuvor aufgezählten Teilaufgaben beschreiben ihn mehr aus der inhaltlichproblemspezifischen Perspektive der Technologiebeschaffung und -verwertung durch Unternehmen (vgl. a. *Brockhoff*, 1999, 153).

Ergebnisse eines systematischen TIM sind schriftlich dokumentierte Technologiestrategien für ein Unternehmen, dessen Geschäftsfelder und Funktionsbereiche mit hohem Innovationsbezug. Unter **Technologiestrategien** sind dabei explizit unter Beachtung der technologischen Unternehmensumwelt formulierte, langfristig und proaktiv ausgerichtete und bewusst vereinfachend auf wesentliche Eckpunkte konzentrierte Handlungskonzeptionen zu unternehmensinternen oder -externen Beschaffungs- sowie Einsatzintensitäten und -zeitpunkten von Technologiekompetenzen zu verstehen. Wenn in einem Geschäftsfeld oder einem Unternehmen insgesamt Einsatzmöglichkeiten für *mehrere* innovative Technologien bestehen, dann umfassen die Technologiestrategien der Geschäftsfelder bzw. des Unternehmens für jede (Sub)Technologie ein eigenes Handlungsprogramm (vgl. *Wolfrum*, 1991, 83f. u. 1995, 246f.). Offiziell verfolgte und tatsächlich realisierte Technologiestrategien können in der Praxis voneinander abweichen. Aus TIM-Sicht ist ein solches Abweichen zumeist nicht erwünscht.

Da TIM-Aktivitäten in einem Unternehmen *„Querschnittscharakter"* (*Vahs/Burmester*, 2005, 53; *Specht* et al., 2002, 37-40; *Schröder*, 1996, 1996; *Zahn*, 1995, 15) haben, also mehr oder minder in allen Geschäftsfeldern über verschiedene funktionale Teilorganisationseinheiten hinweg abgewickelt werden, sind die Aufgabenträger des TIM weniger einfach zu lokalisieren als diejenigen in anderen „klassischen" betriebswirtschaftlichen Funktionsbereichen (z.B. Beschaffung, Produktion, Absatz). In der Unternehmenspraxis gibt es typischerweise keine Organisationseinheit „Technologie und Innovation" und dementsprechend in Kapitalgesellschaften kein solches Geschäftsführungs-/Vorstandsressort. Die operative Umsetzung von Technologiestrategien erfolgt in den einzelnen Funktionsbereichen und Divisionen von Unternehmen.

Aufgaben des *strategischen* TIM werden von Führungs- und Fachkräften zumeist als Sekundär-/Zweitaufgabe neben einer Primär-/Erstaufgabe wahrgenommen. Eine Ausnahme stellen in großen und mittleren Unternehmen lediglich strukturorganisatorisch explizit ausgewiesene Einheiten dar, die sich mit F&E befassen (s.o. Kap. 2.2) und sich als *die* unternehmensinternen Institutionen mit Zuständigkeit für technologische Innovationen interpretieren lassen. Die Institutionalisierung von technologischen Innovationsaktivitäten in **F&E-Einheiten** ermöglicht es zwar, solche Aktivitäten in einem Unternehmen recht einfach *formal* abzugrenzen und zu erfassen. Sie trübt aber auch den Blick dafür, dass wirtschaftlich erfolgreiche Innovation bzw. TIM mehr als die technologische Realisierung einer Innovationsidee umfasst. TIM beinhaltet nämlich auch die Transformation von F&E-Erkenntnissen in Produkte, Prozesse oder anderweitige Verwertungsformen bis hin zur Innovationseinführung im Markt oder im Unternehmen (s.o. Kap. 2.3 u. 2.4).

Angesichts der in Unternehmen zumeist fehlenden strukturorganisatorischen Verankerung des TIM liegt die Forderung nach **Einrichtung eines explizit ausgewiesenen Querschnittsressorts Technologie & Innovation** nahe. Der Beitrag einer solchen Organisationslösung zur TIM-Verbesserung in Unternehmen sollte aber generell nicht überschätzt werden, da zusätzlich zahlreiche andere Faktoren wie etwa die Qualifikation der Mitarbeiter mit TIM-Aufgaben oder die eingesetzten TIM-Planungsprozesse und -instrumente die TIM-Qualität beeinflussen. Im unternehmensspezifischen Einzelfall hängt die Zweckmäßigkeit einer solchen organisatorischen Ausdifferenzierung von Technologie & Innovation über eine F&E-Funktionseinheit hinaus vor allem ab

- vom Umfang und von der Qualität (Komplexität, Neuheitsgrad, Konfliktpotenzial) der technologischen Innovationsaktivitäten des Unternehmens.
- von der Trennbarkeit der TIM-Aufgabenfelder (s.o.) von anderen Aufgaben im Unternehmen.
- von dem Koordinationsbedarf bei der Beschaffung, dem Einsatz und der Verwertung von innovativen Technologien im gesamten Unternehmen.

Je umfangreicher, qualitativ anspruchsvoller, abtrennbarer und koordinationsintensiver technologische Innovationsaktivitäten in einem Unternehmen ausfallen, desto sinnvoller dürfte es sein, über einzelne zeitlich begrenzte Innovationsprojekte und/oder eine F&E-Funktion hinaus eine Organisationseinheit Technologie &

Innovation einzurichten. Wenn neben dieser Einheit eine getrennte F&E-Funktion existiert, dann hat ein solches Ressort „Technologie & Innovation“ primär **Koordinationsaufgaben**.

In größeren Unternehmen mit mehreren Geschäftsfeldern berühren innovative Technologien nämlich zumeist verschiedene geschäftsfeldbezogen abgegrenzte Funktionseinheiten und außerdem Zentralfunktionen eines Unternehmens (insbesondere F&E, Marketing/Vertrieb), so dass ein erheblicher Abstimmungsbedarf zwischen den Wettbewerbsstrategien der Geschäftsfelder und den funktionalen Bereichsstrategien bei der Entwicklung und Umsetzung geschäftsfeldspezifischer und unternehmensweiter Technologiestrategien besteht. In einer solchen Situation kann eine Organisationseinheit Technologie & Innovation mit einem stabsartigen Unterstützungsauftrag „... zum integrierenden Faktor zwischen den einzelnen Funktionsbereichen und zwischen den Geschäftsfeldern werden“ (*Wolfrum*, 1991, 83). Eine wichtige Voraussetzung hierfür ist aber, dass die Anreizsysteme für die Führungskräfte eines Unternehmens die Nutzung von geschäftsfeld- und funktionsbereichsübergreifenden technologischen Synergiepotenzialen auch belohnen. Hier bieten sich u.a. horizontale Abstimmungsprozesse und die Bezugnahme auf organisationseinheitsübergreifende Kriterien bei der Festlegung persönlicher Leistungsziele für Führungskräfte mit Aufgaben in technologischen Innovationsprozessen an.

2.5.3 Besonderheiten der Aufgabenfelder

TIM-Aufgaben zeichnen sich gegenüber anderen Managementaufgaben in Unternehmen vor allem durch drei Besonderheiten aus:

– Im Mittelpunkt des TIM steht die Steuerung der Generierung, der Speicherung und der Anwendung von neuem **Wissen** in Unternehmen. Es geht demnach hier um das Management *„intangibler Ressourcen“* oder von *„intellektuellem Kapital“* im Gegensatz zur Disposition über herkömmliche materielle Anlagegüter (vgl. a. *Gerybadze*, 2004, 123; *Hauschildt*, 2004, 400-407; *Perl*, 2003, 25-27; *Brockhoff*, 1999, 48; *Zahn*, 1995, 5). Da die Schaffung und Verbreitung von neuem Wissen in einem Unternehmen primär auf wenig strukturierten Interaktionsprozessen zwischen Personen beruht, haben die direkte Personalführung, die Unterstützung von technologischen Innovationen durch exponierte Mitarbeiter (so genannte **Macht-/Fach-/Prozesspromotoren**; s. *Hauschildt*, 2004, 195-223) und das Informationsmanagement im Vergleich zu traditionellen „formalen" Koordinationsmechanismen (Programme, Pläne, Regeln) eine überproportionale Erfolgsrelevanz für das TIM.

- TIM ist sehr stark auf die frühzeitige *Identifikation unternehmensexterner Entwicklungen* im wissenschaftlich-technologischen Umfeld (Universitäten, Forschungsinstitute, Fachkongresse und -publikationen) angewiesen, um rechtzeitig erforderliche Veränderungen zur Einführung neuer Technologien im Markt oder im Unternehmen einleiten zu können. TIM ist insofern ein Aufgabenfeld, in dem das **Überschreiten von Organisationsgrenzen** hohe Bedeutung hat. Die Organisationsforschung spricht hier auch von *„Boundary-Spanning Activities/Individuals"* (*Gerpott*, 1995b, 570f.).

  Die grenzüberschreitende Integration von technologischem Wissen aus verschiedenen Organisationseinheiten in einem Unternehmen und aus der Unternehmensumwelt unterliegt dabei besonderen Schwierigkeiten, da die Zielsysteme, Werthaltungen, Zeithorizonte, Ausbildungs- und Berufssozialisation und die damit verbundenen „lokalen Fachdialekte und Sprachregelungen" von Mitarbeitern aus verschiedenen Funktionsbereichen oder gar Unternehmen/Institutionen deutlich voneinander abweichen. Folglich ist das Überschreiten (= „Transzendieren") von Organisationsgrenzen durch das TIM gezielt zu fördern. Eine solche Einflussnahme kann insbesondere durch (1) den Einsatz unternehmensextern rekrutierter neuer oder unternehmensintern grenzübergreifend versetzter Mitarbeiter und (2) die Erleichterung des Rückgriffs von Mitarbeitern auf technologiebezogene unternehmens- oder organisationseinheitsexterne Informationsquellen erfolgen (z.B. Messen, elektronische Bulletin Boards im Intranet eines Unternehmens; s.a. unten Abb. 5-12).

- Technologische Innovationsaktivitäten per se und die direkten Outputs sowie mittelbaren wirtschaftlichen Effekte derartiger Aktivitäten sind **weniger leicht (quantitativ) erfassbar** als andere funktionsbereichs- oder geschäftsfeldbezogene Aktivitäten in einem Unternehmen. Generell resultiert diese Erfassungsschwierigkeit vor allem
  - aus dem über große Abschnitte intangiblen Charakter der Arbeiten und Zwischenergebnisse in technologischen Innovationsprozessen, die erst gegen Ende in Form von Produkten oder Anlagen materialisiert und damit leichter mess- und bewertbar werden (s. S. 63 in diesem Kapitel und *Brockhoff*, 1998, 131).
  - daraus, dass technologische Innovationsarbeit aufgrund ihres Querschnittscharakters nicht eindeutig nur bestimmten Organisationseinheiten wie der F&E-Funktion und damit auch nur schwer bestimmten Kostenstellen mit unstrittigen Anteilen zugeordnet werden kann (s.o. Kap. 2.5.2).

  Angesichts dieser Erfassungsprobleme hat das TIM der Erfassung des Umfangs und der Erfolge realisierter technologischer Innovationsaktivitäten in einem Unternehmen besondere Aufmerksamkeit zu widmen, um nicht durch unzweckmäßige Messgrößen zur Fehlsteuerung von Ressourcenzuordnungen beizutragen.

Die zuletzt genannte Besonderheit hat dazu geführt, dass sich zahlreiche Wissenschaftler und Praktiker intensiver mit Möglichkeiten zur Messung verschiedener Aspekte technologischer Innovationen beschäftigt haben. Für das TIM relevante Ergebnisse dieser Diskussion werden im folgenden Kapitel zusammengefasst.

3. Messung des Umfangs und Erfolgs technologischer Innovationsaktivitäten von Unternehmen

3.1 Grundprobleme der Innovationsaktivitäts- und -erfolgsmessung im Überblick

Die in Kap. 2.5 angedeuteten allgemeinen Schwierigkeiten der Messung technologischer Innovationsanstrengungen und -erfolge von Unternehmen haben dazu geführt, dass in der betriebswirtschaftlichen Literatur und Unternehmenspraxis ein **kaum überschaubares Spektrum von einzelnen Kenngrößen oder Kennzahlensystemen**, die aus mehreren, z.T. miteinander definitorisch verknüpften Größen bestehen, diskutiert und eingesetzt werden (s. für viele *Griffin/Page*, 1993, 307f.; *Gentner*, 1994, 65-184; *Patel/Pavitt*, 1995, 20-29; *Bürgel* et al., 1996, 290-332; *Hauser/Zettelmeyer*, 1997, 34; *Schmelzer/Friedrich*, 1997, 336-343; *Werner/Souder*, 1997a, 34-41 u. 1997b, 29-31; *Kerssens-van Drongelen* et al., 2000, 114-132; *Pillai* et al., 2002, 166-176; *Specht* et al., 2002, 448-479; *Werner*, 2002, 56-235). Selbst bei Spezialaspekten der Messung von Innovationen wie dem Hoch- vs. Niedrigtechnologiecharakter oder dem Neuheitsgrad von Innovationen besteht kein Konsens über *den* „richtigen" Ansatz zur Abbildung dieser Merkmale (s.o. Kap. 2.1.2 und 2.3.1).

Daher ist der Versuch einer auch nur halbwegs vollständigen Aufzählung von Kennzahlen(systemen) zur Messung technologischer Innovationsaktivitäten/-erfolge von Unternehmen wenig sinnvoll. Stattdessen bietet es sich m.E. an, über ein Aufzeigen der Grundprobleme der betriebswirtschaftlichen Innovationsaktivitäts- und -erfolgsmessung und wichtiger Optionen zur Handhabung dieser Grundprobleme eine Einordnung einschlägiger Messansätze, die man in Unternehmen oder wissenschaftlichen TIM-Studien im Einzelfall vorfindet, zu ermöglichen.

Betriebswirtschaftlich ausgerichtete Messungen realisierter technologischer Innovationen von Unternehmen haben sich mit vier Grundproblemen auseinander zu setzen (vgl. a. *Kerssens-van Drongelen/Cook*, 1997, 352-356; *Hauschildt*, 2004, 501-520):

(1) Was soll mit der Messung erreicht werden? (**Messziele**)
(2) Was soll gemessen werden? (**Messkriterien/-inhalte**)
(3) Wie soll gemessen werden? (**Messmethodik**)
(4) Wer soll messen? (**Messträger**)

Jedes dieser Grundprobleme wird anschließend aus Vereinfachungsgründen zumeist *getrennt* in einem Teilkapitel kurz aufgegriffen, obwohl zwischen den Messaspekten wechselseitige Abhängigkeiten bestehen. So beeinflussen z.B. die angestrebten Messinhalte die zweckmäßigerweise heranzuziehenden Messträger und umgekehrt die zur Verfügung stehenden Messträger die erhebbaren Messinhalte. Zudem beschränke ich mich zumeist auf die Erfassung **realisierter** Innovationsanstrengungen und -erfolge, also auf **vergangenheitsorientiert zurückschauende Messungen**. Methoden zur *zukunftsorientierten Bewertung* von Innovationsvorhaben, die zumeist große Ähnlichkeiten zu ex post-Messverfahren aufweisen, werden hingegen in Kap. 5.2.1.2 diskutiert.

3.2 Messziele

Das Spektrum der Ziele i.S. von angestrebten Zuständen, die *von Unternehmen* im Einzelfall mit Innovationsmessungen verfolgt werden, lässt sich in *drei Gruppen* ordnen (s.a. *Kerssens-van Drongelen/Cook*, 1997, 349f.; *Kerssens-van Drongelen* et al., 2000, 134-137; *Godener/Söderquist*, 2004, 196f.):

– **Steuerung von Innovationsaktivitäten in einem Unternehmen**: Durch *Diagnose* der für technologische Innovationen eingesetzten Finanzmittel, Mitarbeiter und Sachmittel sowie erreichten und nicht erreichten (Zwischen-)Ergebnisse von Innovationsprozessen sollen Hinweise auf Innovationsfortschritte, -umsetzungs- und -steuerungsmängel sowie -leistungen gewonnen werden. Aus solchen Hinweisen sollen dann wieder *Entscheidungen* zur Steuerung von noch laufenden oder zukünftigen Innovationsprozessen abgeleitet werden (z.B. Fortführung oder Abbruch von Innovationsvorhaben, Veränderung der Ressourcenzuordnung auf Innovationsprojekte). Verbunden mit diesen Steuerungsentscheidungen sind die Entwicklung und Kommunikation von

Zielen, die durch Innovationsaktivitäten erreicht werden sollen.

- **Verhaltensbeeinflussung der Mitarbeiter, die Innovationsaufgaben im Unternehmen wahrnehmen**: Durch Rückmeldung (= *Feedback*) von Leistungs*verhaltensweisen* und *-ergebnissen* an Mitarbeiter, die wichtige Aufgaben in Innovationsprozessen wahrnehmen, sollen diese Personen ein besseres (Fremd-)Bild ihrer Stärken und Schwächen erhalten, um sie dadurch zu befähigen und zu motivieren, zu lernen und ihre Leistungen zu verbessern. Zudem kann an Innovationsmessungen die Vergabe von Anreizen (Entgelt, berufliche Entwicklung etc.) für Mitarbeiter in Innovationsvorhaben geknüpft werden, um das Personal zusätzlich zu motivieren, sich in seinem Verhalten an den erhobenen Kriterien zu orientieren. (Beispiel: Durch Messung und Belohnung der Termineinhaltung bei der Fertigstellung von Arbeitspaketen in F&E-Projekten kann das Verhalten von F&E-Mitarbeitern so beeinflusst werden, dass diese sich unter Vernachlässigung von Aufwandsaspekten in erster Linie um die Zeiteinhaltung in F&E-Projekten bemühen.)
- **Dokumentation des „Wertes" von Innovationsaktivitäten** gegenüber Organisationseinheiten oder Stelleninhabern, die erheblichen Einfluss auf Mittelbereitstellungsentscheidungen für Innovationsanstrengungen haben: Durch Verdeutlichung der direkten und indirekten wirtschaftlichen Vorteile von *abgeschlossenen* Innovationsprozessen sollen frühere Ressourcenzuordnungsentscheidungen noch einmal legitimiert werden, nicht zuletzt auch, um die zukünftige Mittelbereitstellung für Innovationen günstig zu beeinflussen.

Zusätzlich verfolgen **wissenschaftliche TIM-Studien** das Ziel, über Innovationsmessungen einschlägige Aktivitäten und Ergebnisse zu *beschreiben* und ihr Zustandekommen zu *erklären*, um *empirisch* fundierte Empfehlungen zu Ansatzpunkten für das TIM zur Identifikation und Erschließung technologischer Erfolgspotenziale abzuleiten.

Die Handhabung der weiteren drei in Kapitel 3.1 genannten Grundprobleme der Erfassung von Innovationsaktivitäten und

-erfolgen sollte sich m.E. an den Zielen der Datenerhebung orientieren. Diese prinzipielle Aussage ist wie folgt konkretisierbar:

- Wenn Innovationsmessungen als *Mittel zur Verhaltensbeeinflussung* von Mitarbeitern verwendet werden, dann sind
  - eher solche Kriterien (s.u. Kap. 3.3) heranzuziehen, deren Ausprägungen die betroffenen Personen jeweils zu einem erheblichen Teil durch ihre Leistungsfähigkeit (= Können) und -motivation (= Wollen) beeinflussen können.
  - bei Verwendung subjektiver, nichtmetrischer Messmethoden (s.u. Kap. 3.4) Personen(gruppen) als Messträger (s.u. Kap. 3.5) heranzuziehen, deren Urteilskompetenz die bewertete Fach-/Führungskraft akzeptiert; dies setzt in Unternehmen wiederum zumeist voraus, dass Feedbackempfänger und -sender direkt und eng zusammenarbeiten.
  - die Zeitabstände zwischen verschiedenen Messungen bzw. die Fristigkeit der Leistungsbetrachtung eher kürzer zu wählen.
- Wenn Innovationsmessungen (1) zur *Ressourcensteuerung* in laufenden oder zukünftigen Innovationsprozessen oder (2) zur *Dokumentation des Wertes* von Innovationen eingesetzt werden, dann sind
  - eher konfliktfrei personenunabhängig (= objektiv) ermittelbare Kriterien (s.u. Kap. 3.3 u. 3.4) heranzuziehen.
  - isolierte Maßzahlen für F&E-Anstrengungen/Inputs (s.u. Kap. 3.3) eher weniger einzusetzen.
  - Kriterien zu wählen, die Innovationsprozess- und -ergebnisaspekte der Organisations(teil)einheiten abbilden, für die auch die Ressourcenzuordnung oder Wertdokumentation zu leisten ist (s.u. Kap. 3.3).
- Wenn Innovationsmessungen für *wissenschaftliche Studien*, die von Unternehmensexternen nicht zu kommerziellen Zwecken durchgeführt werden, erfolgen, dann sollten die Kriterien so gewählt werden, dass an frühere Forschungsarbeiten angeknüpft werden kann.

3.3 Messkriterien

Mit der Auswahl der Messkriterien (englisch auch „metrics") werden *gleichzeitig* (1) die Bezugsebene, (2) die Dimensionierung und (3) der inhaltliche Bereich der zu erhebenden Größen festgelegt. Abb. 3-1 nennt die Hauptausprägungen dieser drei Merkmale von Kriterien und einschlägige Beispiele.

Die **Bezugsebene** einer Innovationsmessung gibt an, wessen Aktivitäten/Erfolge erfasst werden. Drei Bezugsebenen sind zu unterscheiden:

- **Mitarbeiterbezogene Kriterien**, die Innovationsaktivitäten/-erfolge *einzelner* Personen in einem Unternehmen abbilden. Ein Kriterienbeispiel zusätzlich zu dem mitarbeiterbezogenen Kriterium in Abb. 3-1 ist die Summe der Arbeitsstunden, die eine Person innerhalb einer Berichtsperiode für ein bestimmtes Innovationsprojekt eingesetzt hat.
- **Organisations(teil)einheitenbezogene Kriterien**, die Innovationsaktivitäten/-erfolge widerspiegeln, welche von *mehreren* Personen in auf Dauer angelegten Einheiten (z.B. Abteilung) oder zeitlich befristeten Projekten erbracht wurden. Weitere Kriterienbeispiele neben dem in Abb. 3-1 genannten Indikator sind (1) die Durchlaufzeit eines Innovationsprojektes von der Ideengenerierung bis zur technologischen Ideenrealisierung oder (2) die F&E-Aufwendungen eines Geschäftsfeldes eines Unternehmens pro Kalenderjahr.
- **Unternehmensbezogene Kriterien**, die Innovationsaktivitäten/-erfolge sämtlicher Funktionen und Geschäftsfelder eines Unternehmens als Ganzes erfassen. Einschlägige Kriterienbeispiele zusätzlich zu dem in der rechten Spalte des ersten Teils von Abb. 3-1 genannten dritten Beispiel von oben sind auch die beiden letzten unten in dieser Spalte aufgeführten Indikatoren.

Die **Messdimensionierung** legt fest, welche Einheit anzuwenden ist, um verschiedene Messungen sinnvoll miteinander vergleichen und inhaltlich interpretieren zu können. Die wichtigsten Kategorien für die Dimensionierung von Messungen, die Innovationsaktivitäten/-erfolge in Zahlen ausdrücken, sind *Zeiteinheiten* (z.B. Arbeitsstunden), *Währungseinheiten* für Geldgrößen,

Systematisierungs-merkmal	Hauptaus-prägungen	Beispiele[a]
• **Bezugsebene des Kriteriums**	• Mitarbeiterbezogenes Kriterium	• Zahl der Veröffentlichungen eines F&E-Mitarbeiters in begutachteten Fachzeitschriften
	• Organisations(teil)-einheitenbezogenes Kriterium ([Teil-] Projekt, Abteilung, Gruppe, o.ä.)	• Einstufung der technischen Ergebnisqualität eines Innovationsprojektes durch die Unternehmensleitung
	• Unternehmensbezogenes Kriterium	• F&E-Aufwandsintensität (= F&E-Aufwendungen/Umsatzerlöse)
• **Dimensionierung des Kriteriums**[b]	• Zeit	• Mittlere Mitarbeiterstundenzahl pro Innovationsprojekt
	• Geld/Währung	• Mittlere Aufwendungen pro F&E-Projekt [in Euro]
	• Auftretenshäufigkeit	• Zahl der zum Plantermin abgeschlossenen Innovationsprojekte
	• Technologiebezogene Messeinheit	• Schub eines Triebwerks in Kilopond
	• Zusammengesetzte Messeinheiten	• Zahl der erteilten Patente pro Euro F&E-Aufwand
	• Dimensionslose (Prozent-)Größe	• F&E-Beschäftigungsintensität (= F&E-Mitarbeiter/Unternehmensmitarbeiter [• 100])

(wird auf der nächsten Seite fortgesetzt)

Abb. 3-1: Systematisierungsmerkmale für Kriterien zur Messung von technologischen Innovationsaktivitäten und -erfolgen

Systematisierungs-merkmal	Hauptaus-prägungen	Beispiele[a]
• **Inhaltlicher Bereich des Kriteriums**	• Input-Kriterium	• F&E-Aufwendungen
	• Prozess-Kriterium	• Mittlere Terminabweichung pro Arbeitsmodul eines Innovationsvorhabens
	• Output-Kriterium	
	– Output-Effektivität	• Zahl der in den letzten n Jahren auf dem Markt eingeführten neuen Produkte
	– Output-Effizienz	• Diskontierter Umsatz durch in den letzten n Jahren auf dem Markt eingeführte Produktinnovationen/Diskontierte Aufwendungen für Produktinnovationen in den letzten n Jahren

a) Kriterien beziehen sich in der Regel auf eine definierte Berichtsperiode (z.B. ein Kalenderjahr).

b) Systematisierungsmerkmal ist auf qualitative Kriterien (s. Kap. 3.4) nur stark eingeschränkt anwendbar.

Abb. 3-1 (Fortsetzung)

Auftretenshäufigkeiten, *technologiebezogene Messeinheiten* und aus zumeist zwei oder seltener mehr als zwei der vier zuvor genannten Dimensionierungskategorien *zusammengesetzte Messeinheiten* sowie *dimensionslose (Prozent-)Größen* (s. Abb. 3-1 zu Dimensionierungsbeispielen für Kriterien). **Absolut erfasste Kriterien** werden nur in einer Messeinheit dimensioniert (z.B. F&E-Aufwendungen). **Relativ abgebildete Kriterien** werden in mehr als einer Messeinheit (z.B. F&E-Aufwendungen pro Mitarbeiter) oder in Prozent (Zahl erfolgreicher Produktinnovationen/Gesamtzahl aller Produktinnovationen) dimensioniert. Bei relativen Messdimensionierungen ist zu unterscheiden zwischen

- **Gliederungskennzahlen**, die eine Teilmenge in Bezug zu einer Gesamtmenge setzen (z.B. Aufwendungen für Grundlagenforschung/Aufwendungen für F&E).
- **Beziehungskennzahlen**, die sich als Quotient zweier wesensfremder und häufig auch unterschiedlich dimensionierter Größen ergeben (z.B. F&E-Personalkapazität [in Mitarbeiterjahren] in den letzten n Jahren/Zahl der in den letzten n Jahren auf dem Markt neu eingeführten Produkte).

Für betriebswirtschaftlich ausgerichtete Analysen hat die Dimensionierung von **Messkriterien in Geldeinheiten** natürlich besondere Relevanz. In **Zeiteinheiten** gemessene Ressourcenverwendungen für Innovationen (z.B. Mitarbeitertage/-stunden) lassen sich zumeist durch Multiplikation mit einem Aufwandssatz pro Zeiteinheit in monetär dimensionierte Größen umwandeln (s.a. *Schmelzer/Friedrich*, 1997, 338). Eine besondere Variante zur Dimensionierung von Ressourcenverwendungen für Innovationen sind **Mitarbeiter(kopf)zahlen**. Sie stellen dann eine sinnvolle Messeinheit dar, wenn die Arbeitszeiten aller Mitarbeiter (annähernd) gleich sind. Eine rechnerische Integration von Personalbestandsangaben für Mitarbeiter mit unterschiedlichen Arbeitszeiten und/oder mit nicht ausschließlich innovationsbezogenen Tätigkeiten lässt sich durch Multiplikation von Kopf-/Stellenzahlen mit einem Faktor erreichen, der angibt, inwieweit die innovationsbezogene Arbeitszeit in einer Personalkategorie mit der eines vollzeitig mit Innovationsaufgaben betrauten Mitarbeiters übereinstimmt. Anstelle von Personenzahlen werden dann „Vollzeitäquivalente" (englisch = „Full Time Equivalents [FTE]") betrachtet. Bezieht sich eine Mitarbeitererfassung auf Vollzeitäquivalente, dann ist eine Kriteriendimensionierung in Mitarbeiterzahlen vom Ergebnis her einer Messung in Zeiteinheiten sehr ähnlich.

Der **inhaltliche Bereich von Messkriterien** gibt an, welche Aspekte von Innovationen bei der Datenerhebung herausgegriffen werden. Von der Festlegung der inhaltlichen Messkriterienausrichtung werden i.d.R. auch (Vor-)Entscheidungen über die Bezugsebene und Dimensionierung von Kriterien beeinflusst. Im Hinblick auf den inhaltlichen Bereich von Kriterien zur Innovationsmessung in und von Unternehmen lassen sich input-, prozess-

und outputorientierte Typen von Kriterieninhalten unterscheiden, die im Folgenden in je einem Kapitel kurz diskutiert werden (vgl. a. *Werner/Souder*, 1997a, 34; *Brockhoff*, 1999, 77f., 303 u. 450; *Kerssens-van Drongelen* et al., 2000, 115f. u. 128f.; *Werner*, 2002, 59-148 u. 303f.).

3.3.1 Input-Kriterien

Inputorientierte Kriterien spiegeln das Ausmaß und die Struktur der Bereitstellung verschiedener Ressourcen (= Produktionsfaktoren) für technologische Innovationsaktivitäten von Unternehmen wider. Beispiele für in der Unternehmenspraxis benutzte *absolute* Inputkriterien zur Abbildung von technologischen Innovationsanstrengungen in einer Berichtsperiode sind (1) die Höhe der F&E-Aufwendungen (s.o. Abb. 2-2), (2) die Zahl der Mitarbeiter, die F&E-Aufgaben wahrnehmen, oder (3) die Zahl der von der F&E-Einheit eines Unternehmens abonnierten wissenschaftlichen Zeitschriften. Ebenfalls praxisrelevante relative Inputindikatoren, die sich jeweils auf eine Berichtsperiode beziehen, sind (vgl. a. *Kern/Schröder*, 1977, 101; *Werner*, 2002, 59-64 u. 311-314; *Grenzmann* et al., 2004, 17-35 und oben Abb. 1-6):

- *Umsatzbezogene F&E-Aufwandsintensität* =
  F&E-Aufwendungen/Umsatzerlöse (• 100 Prozent)
- *Personalbezogene F&E-Aufwandsintensität* =
  F&E-Aufwendungen/Zahl der Unternehmensmitarbeiter
- *F&E-Personal-/Beschäftigungsintensität* =
  Zahl der Mitarbeiter mit F&E-Aufgaben/Zahl der Unternehmensmitarbeiter (• 100 Prozent)
- *Mittlerer F&E-Personaleinsatz pro F&E-Vorhaben* =
  Zahl der Mitarbeiter mit F&E-Aufgaben/Zahl der bearbeiteten F&E-Vorhaben

Monetäre F&E- oder Innovations-Inputindikatoren beruhen auf der internen Aufwands- und Kostenrechnung eines Unternehmens. Entsprechend kann eine Inputmessung differenziert werden nach:

- **Aufwands-/Kostenarten** (Leitfrage: Welche Aufwendungen fallen an?).

– **Aufwands-/Kostenstellen** (Leitfrage: Wo fallen Aufwendungen an?).
– **Aufwands-/Kostenträger** (Leitfrage: Wofür fallen Aufwendungen an?).

Aufwandsarten, die in F&E-statistischen Erhebungen in Deutschland unterschieden werden, sind (s. *Grenzmann* et al., 2004, 34*):

– Personalaufwendungen (Löhne, Gehälter, Weiterbildung).
– Sachaufwendungen (Material und Ausrüstung, das bzw. die nicht bilanziell aktiviert wird, sondern komplett als Aufwand in der Betrachtungsperiode verbucht wird).
– Investitionen (erworbene oder selbst erstellte F&E-Anlagen, die bilanziell aktiviert und über ihre Nutzungsdauer abgeschrieben werden).

Im Jahr 2001 entfielen von den internen F&E-Aufwendungen der Wirtschaft in Deutschland in Höhe von 36 Mrd. Euro (vgl. *Grenzmann* et al., 2004, 16*):

– 58,5% auf die Kategorie Personalaufwendungen,
– 33,4% auf die Kategorie Sachaufwendungen und
– 8,1% auf die Kategorie Investitionen.

Diese Aufwandsartenanalyse deutet darauf hin, dass „Humanressourcen" nicht nur qualitativ, sondern auch quantitativ den bedeutendsten Inputfaktor der F&E darstellen.

Problematisch bei sämtlichen *F&E*-bezogenen Inputindikatoren ist, dass sie Inputs für Innovationsprozessschritte, die der F&E nachgelagert sind (s.a. Kap. 2.1.2 u. 2.3.2), und natürlich wirtschaftliche Innovationseffekte per definitionem nicht berücksichtigen. Zudem fehlt ihnen oft ein direkter Bezug zu *einzelnen* Innovationsprojekten. Wegen ihrer einfachen Erfassbarkeit und der Mängel anderer Kriterientypen zur Innovationsmessung werden sie dennoch in der Unternehmenspraxis zur Steuerung laufender Innovationsprozesse und zur Dokumentation der „Innovationsorientierung" häufig gerade von Unternehmen in Deutschland verwendet (s.a. *Werner*, 2002, 261-271; *Bremser/Barsky*, 2004, 231; *Hauschildt*, 2004, 521f.).

3.3.2 Prozess-Kriterien

Prozessorientierte Kriterien bilden über die **Zeitdauer**, die **Termin- sowie Kostentreue** oder den **Abarbeitungsstand/-fortgang** für einzelne oder für eine Vielzahl von technologischen Innovationsvorhaben oder -prozessen die Art und Weise der Realisierung von Innovationsideen mittelbar ab. Ein Beispiel für ein *zeitdauerorientiertes* Kriterium ist die *Durchlaufzeit* eines Innovationsvorhabens, die als der Zeitraum zwischen der Ideengenerierung für eine technologische Produktinnovation und deren Markteinführung definiert ist. Prozessorientierte Zeitdauermessungen unterscheiden sich von inputorientierten Zeitaufwandskriterien dadurch, dass bei Letzteren die Summe aller eingesetzten Zeiten unabhängig davon berücksichtigt wird, ob bestimmte Zeiten parallel verbraucht wurden, während bei Zeitdauerkriterien nur die Differenz zwischen einem definierten End- und Startzeitpunkt in einem Innovationsprozess ermittelt wird.

Zwei Beispiele für Indikatoren der **Termintreue** sind (vgl. a. *Schmelzer/Friedrich*, 1997, 336f.):

- *Mittlere absolute Terminabweichung* =
  $\sum_{i=1}^{N}$ (|Ist-Fertigstellungszeitpunkt – Plan-Fertigstellungszeitpunkt für Arbeitsschritt i|)/Zahl aller abgeschlossenen Arbeitsschritte/-pakete (= N)
  [jeweils im Berichtszeitraum]
- *Termineinhaltungsquote* =
  Zahl der termingerecht abgeschlossenen Prozessschritte oder Arbeitsmodule/Zahl der insgesamt abgeschlossenen Prozessschritte oder Arbeitsmodule
  [jeweils im Berichtszeitraum]

Zwei Beispiele für Kennzahlen zur **Kostentreue** sind:

- *Mittlere relative Kostenabweichung* =
  $\sum_{i=1}^{N}$(Ist-Kosten – Plan-Kosten für Arbeitsschritt i)/Plan-Kostensumme aller abgeschlossenen Arbeitsschritte (= N) [jeweils im Berichtszeitraum]
- *Kostenerwartungsindex* = Erwartete Gesamtprojektkosten nach Erreichen von 50% der geplanten Projektdauer/Plan-Kosten Gesamtprojekt zum Zeitpunkt des Projektstarts (• 100, um Prozentwerte zu erhalten)

Indikatoren der Kostentreue liefern andere Informationen als rein inputorientierte Aufwandskriterien, weil sie neben Ist- auch Plan-, Soll- oder Erwartungswerte von Kosten einbeziehen.

Zwei Beispiele für Kriterien, die den **Arbeitsstand** oder **Prozessfortschritt** in einem Innovationsvorhaben abbilden, sind (s.a. *Werner*, 2002, 72):

- *Prozessabarbeitungsgrad* =
  Ist-Zeitdauer aller bis Ende der Periode t abgeschlossenen Innovationsprozessschritte/Prognostizierte Zeitdauer für den gesamten Innovationsprozess
- *Prozessfortschrittsumfang* =
  Zahl der in Periode t abgeschlossenen Innovationsprozessschritte/Zahl der insgesamt seit Prozessstart bis einschließlich Periode t abgeschlossenen Innovationsprozessschritte

Bei isolierten Betrachtungen einzelner Prozess-Kriterien vernachlässigt man (1) den Finanzmittelverbrauch, der zur Erreichung eines bestimmten zeit- oder sachbezogenen Innovationsprojektstatus erforderlich war, oder die Ergebnisqualität, die im Zusammenhang mit Aspekten der Kostentreue erreicht wurde, (2) Aspekte der technologischen Prozessqualität (z.B. Neuheits- oder Komplexitätsgrad), (3) die wirtschaftliche Relevanz zeitlicher Innovationsaspekte, die je nach angestrebten Markteintrittszeitpunkten variiert (s.u. Kap. 5.3.2 und *Griffin/Page*, 1996, 485-489), und (4) die Problematik der Kriterienübertrag-/-vergleichbarkeit für unterschiedliche Innovationsprozesse.

Deshalb ist es i.d.R. sinnvoll, **verschiedene Prozessdimensionen** simultan in einer Analyse zu **integrieren**. Beispiele für solche prozessbezogenen Multi-Kriterienmessungen sind *Meilenstein-Trend-Analysen* (Kombination von Sachstand und Zeit), *Meilenstein-Kosten-Analysen* (Kombination von Kosten und Zeit) oder *Entwicklungswert-Analysen* (Kombination von Sachstand, Kosten und Zeit) (vgl. *Specht* et al., 2002, 487-490; *Werner*, 2002, 74-83; *Bürgel* et al., 1996, 312-317).

3.3.3 Output-Kriterien

Mit outputorientierten Kriterien versucht man, technologische Ergebnisse von Innovationsanstrengungen oder deren Beitrag zur

Veränderung der wirtschaftlichen Erfolgsposition eines Unternehmens abzubilden. Sie werden deshalb auch als Indikatoren für *technologische Innovationsresultate oder wirtschaftliche Innovationserfolge* bezeichnet. Technologische Innovationsoutputs sind zumeist *direkte* Ergebnisse von Innovationsarbeiten, die von der F&E-Funktion eines Unternehmens erbracht werden. Wirtschaftliche Innovationserfolge sind häufig monetär dimensionierte mittelbare „Outcomes" wie Umsatz-, Absatz- oder Cash-Flow-Erhöhungen sowie Investitionsvolumen- oder Produktionskostensenkungen. „Outcomes" entstehen aus der Weiterverwertung technologischer Innovationsresultate durch Unternehmensmitarbeiter in Funktionen wie Produktion oder Marketing/Vertrieb. Damit können Unternehmensfunktionseinheiten wie F&E, die für technologische Outputs zuständig sind, Outcome-Kriterien allenfalls teilweise und stets nur indirekt beeinflussen (s. *Kerssens-van Drongelen* et al., 2000, 116 u. 128f.; *Werner*, 2002, 89-91). Dabei sind technologische Outputs und wirtschaftliche Erfolgsaspekte/Outcomes unabhängige Dimensionen: Ein hohes technologisches Erfolgsniveau *kann* auch mit starkem wirtschaftlichen Erfolg einer Produktinnovation einhergehen (und umgekehrt), muss es aber *nicht* zwingend.

Bei Output-Kriterien von technologischen Innovationsaktivitäten wird zwischen Effektivitäts- und Effizienzkriterien unterschieden (vgl. für andere *Brockhoff*, 1999, 12; *Specht* et al., 2002, 18; *Werner*, 2002, 38-43 u. 310). Als **technologische Innovationseffektivität** bezeichnet man das Ausmaß der Erreichung von Unternehmenszielen durch technologische Innovationsanstrengungen. Der Erreichungsgrad kann dabei einmal *explizit* durch Vergleich von Ziel- oder Soll- oder Plan-Ergebnissen mit Ist-Zuständen für eine definierte Berichtsperiode gemessen werden. Zum anderen kann *implizit* davon ausgegangen werden, dass allein höhere Indikatorenausprägungen schon (ohne Bezugnahme auf Ziele) auf einen höheren Zielerreichungsgrad hindeuten. Wenn eine solche Annahme zugrunde gelegt wird, dann ist deren Haltbarkeit regelmäßig empirisch zu überprüfen. Durch solche Prüfungen kann darauf hingewirkt werden, dass man nur Output-Kriterien verwendet, die eine hohe **Validität** (= Ausmaß, in dem ein Kriterium tatsächlich den Sachverhalt erfasst, den es abbilden soll) aufweisen.

Beispielsweise wird die *Zahl der Patente*, die Unternehmen in einer Berichtsperiode erteilt werden, in TIM-Studien häufig als Indikator für den technologischen Innovationserfolg von Unternehmen verwendet (s.u. in diesem Kapitel). Da Unternehmen aber i.d.R. Patente nicht als Selbstzweck, sondern als Mittel zur Realisierung wirtschaftlicher Vorteile anstreben (z.B. Umsatzwachstum durch Neuprodukte, Verschlechterung der Marktposition von Wettbewerbern), ist die Validität von Patentzählungen nachzuweisen, indem man die Höhe ihrer *Korrelation* (= Zusammenhang zwischen den Ausprägungen zweier Größen) mit direkten Indikatoren des wirtschaftlichen Erfolgsniveaus/Zielerreichungsgrades von Unternehmen ermittelt (vgl. a. *Brockhoff*, 1998, 132f.). Beispiele für solche direkten Indikatoren, die man auch als *Validierungskriterien* bezeichnet, sind die Gesamtkapitalrentabilität gemäß dem Jahresabschluss von Unternehmen oder die Veränderung des Eigenkapitalwertes von Unternehmen aus Kapitalmarkt-/Börsensicht.

Die zahlreichen in der TIM-Literatur und in der Unternehmenspraxis diskutierten **Output-/Outcome-Effektivitätskriterien** für technologische Innovationen lassen sich nach den Phasen von Innovationsprozessen, in denen ein (Zwischen-)Ergebnis zu beobachten ist, wie folgt systematisieren (s.a. Abb. 2-7 und Kap. 2.2.2):

– *Indikatoren für Forschungserfolge*. Einschlägige Beispiele sind die Zahl der Publikationen in begutachteten wissenschaftlichen Fachzeitschriften oder die Zahl der Vorträge auf wissenschaftlichen Tagungen, denen eine fachliche Vortragsbegutachtung und -auswahl vorangestellt ist.
– *Indikatoren für Entwicklungserfolge*. Häufig verwendete Effektivitätsmetriken sind hier die Zahl der erteilten (oder/und beantragten) Patente und technologische Leistungsmerkmale einer Innovation (z.B. durchschnittlicher Kraftstoffverbrauch eines PKW-Motors unter definierten Einsatzbedingungen). Neben solchen eher branchenübergreifend relevanten Entwicklungserfolgskriterien gibt es zahlreiche industriespezifische Kriterien wie etwa die Zahl der neu erstellten Pro-

gramm-Codezeilen in Software-Projekten oder die Zahl der erarbeiteten Entwurfszeichnungsseiten im DIN A1-Format in Maschinenbau-Projekten.

– *Indikatoren für Marktausbreitungsergebnisse.* Relevante Indikatoren sind absolute Absatz- und Umsatzzahlen von Produktinnovationen, Marktanteilsveränderungen durch neue Produkte oder Lizenzeinnahmen aus Innovationen in einer Berichtsperiode. Werden nicht Produkt-, sondern Prozessinnovationen betrachtet, die sich gewissermaßen auf „unternehmensinternen Märkten“ auszubreiten haben, dann liegt die Bezugnahme auf durch neue Verfahren hervorgerufene Kostenverringerungen nahe.

Ein in Wissenschaft und Praxis besonders beachtetes Maß der Innovationseffektivität bei der Marktausbreitung ist die **Produktinnovationsrate** oder Neuprodukt-Umsatzquote, für die man in der englischen Literatur auch die Bezeichnung „R&D Innovation Index“ (*Werner/Souder*, 1997a, 36) findet. Sie ist für eine Berichtsperiode (z.B. ein Kalenderjahr) wie folgt definiert (s. für viele *Brockhoff*, 1985, 451f.; *Schröder*, 1999, 1009; *Grenzmann* et al., 2004, 53-57):

Produktinnovationsrate = Umsatzerlöse in der Berichtsperiode durch in den letzten n Jahren auf dem Markt eingeführte neue Produkte/Gesamtumsatzerlöse in der Berichtsperiode

Abb. 3-2 weist die durchschnittliche Produktinnovationsrate von Unternehmen mit eigenen F&E-Aktivitäten aus fünf Wirtschaftszweigen sowie insgesamt in Deutschland für die Berichtsperioden/Jahre 1995, 1999 und 2001 aus. Die Abbildung verdeutlicht, dass die Produktinnovationsrate von Unternehmen (1) von ihrer Branchenzugehörigkeit bzw. von Branchenunterschieden hinsichtlich der durchschnittlichen Vermarktungsdauer von Produkten beeinflusst wird und (2) branchenübergreifend seit 1995 um 2,1 Prozentpunkte auf 27,5% im Jahr 2001 zurückging, wobei die Reduktion in der Luft- und Raumfahrzeugbauindustrie besonders stark ausfiel. Bei Unternehmen, die keine eigene F&E betreiben, belief sich die Produktinnovationsrate 2001 auf ca. 9%. Für jede der in Abb. 3-2 ausgewiesenen Branchen lag die Rate 2001 in Unternehmen mit eigener F&E im Durchschnitt mindestens mehr als doppelt so hoch wie bei Unternehmen ohne eigene

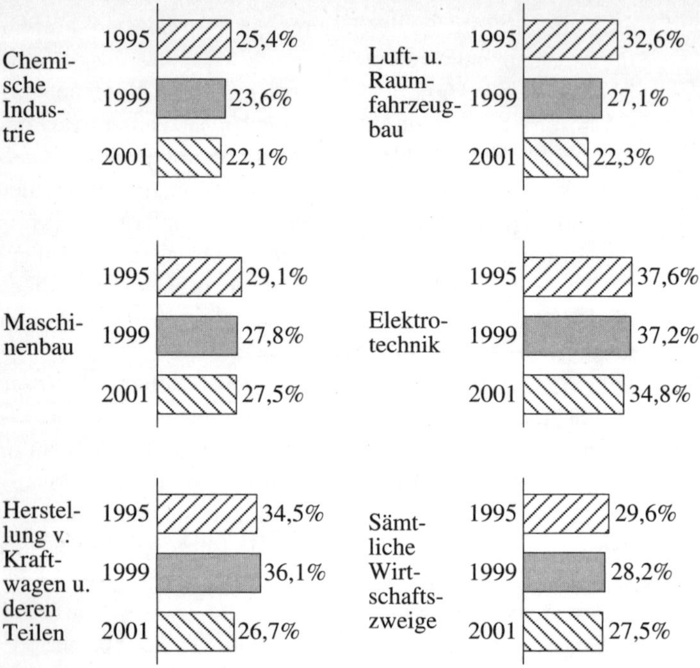

Quelle: Grenzmann et al., 1997, 36 und 2004, 56; eigene Darstellung

Abb. 3-2: Produktinnovationsraten von Unternehmen mit eigenen F&E-Aktivitäten aus fünf Wirtschaftszweigen in Deutschland für drei Kalenderjahre

F&E (s. *Grenzmann* et al., 2004, 56-58). Diese Unterschiede hinsichtlich der Produktinnovationsraten lassen sich als Indizien dafür interpretieren, dass in deutschen Unternehmen eigene F&E-Aktivitäten stärker zur Erneuerung des eigenen Angebotsprogramms genutzt werden als andere Formen des externen Erwerbs innovativer Technologien (z.B. Kauf von Lizenzen oder Hochtechnologieunternehmen).

Output-Effizienzkriterien oder, synonym, Indikatoren der **technologischen Innovationseffizienz** erfassen in Beziehungskennzahlen das Verhältnis von Outputs und Inputs bei technologischen Innovationen eines Unternehmens. Eine Sondervariante von

Effizienzindikatoren sind Kennzahlen zur **technologischen Innovationsproduktivität**, die *nicht-monetäre* Outputs/Leistungsgrößen (z.B. Zahl der Prototypen, Entwurfszeichnungen, eingeführten Produktinnovationen) in Bezug zu Inputs von technologischen Innovationsprozessen (z.B. Mitarbeiterstunden, finanzielle Innovationsaufwendungen) setzen. Output-Effizienzkriterien erweitern Effektivitätsbetrachtungen also insofern, als dass erstere ausdrücklich Wirtschaftlichkeits- und Produktivitätsaspekte in den Vordergrund rücken. Auch bei Indikatoren der Innovationseffizienz ist es aber zumeist notwendig zu analysieren, welchen Bezug sie zu den Zielen eines Unternehmens haben.

Beispiele von **Output-Effizienzkriterien**, die sich entweder auf *einzelne* Phasen von Innovationsprozessen oder phasenübergreifend auf den gesamten Innovationsprozess oder gar mehrere Prozesse beziehen können, sind (vgl. auch *Werner*, 2002, 120 u. 147; *Hauser/Zettelmeyer*, 1997, 34; *Werner/Souder*, 1997a, 36; *Gentner*, 1994, 58-109):

- *Produktinnovationseffizienz* =
  Barwert der Umsatzerlöse durch in den letzten n Jahren auf dem Markt eingeführte neue Produkte/Barwert der F&E- und Markteinführungsaufwendungen in den letzten n Jahren
- *Entwurfsproduktivität* =
  Zahl der Entwurfszeichnungen/Mitarbeiterstundenzahl für Entwurfszeichnungen [im Berichtszeitraum]
- *Patentproduktivität* =
  Zahl der erteilten Patente/F&E-Aufwendungen [im Berichtszeitraum]

Schließlich kann man *einzelne* Innovationen als *Investitionsprojekte* interpretieren, deren Erfolgsniveau sich über die Summe der abgezinsten jährlichen Differenzen aus Ein- und Auszahlungen, die durch das Projekt von der Ideengenerierung bis zur Beendigung des Produktverkaufs auf dem Markt verursacht werden, abbilden lässt. Bei einer solchen Vorgehensweise werden dann aus der dynamischen Investitionsrechnung allgemein bekannte Kenngrößen wie der **Kapitalwert** oder die **interne Verzinsung** einer Innovation über deren gesamte Lebenszeit oder die Zeitspanne bis zum erstmaligen Erreichen eines positiven Projektkapitalwertes (= **Break-Even-Time**) relevant, wenn sich entsprechende Informationen ermitteln lassen (vgl. *Kern/Schröder*, 1977, 173-185; *Gentner*, 1994, 145-148; *Werner*, 2002, 121-123 u. 151-156; *Hauschildt*, 2004, 530-533 sowie unten Kap. 5.2.1.2).

Die **Aussagekraft** von Output-Effektivitäts- und Effizienzkriterien für Innovationen sowie deren Einsetzbarkeit in der Unternehmenspraxis lässt sich indikatorenübergreifend allgemein und indikatorenspezifisch analysieren. Als **generelle, indikatorenübergreifende Probleme bei Output-Messungen für Innovationen** sind zu nennen (vgl. a. *Kerssens-van Drongelen/Cook*, 1997, 348):

- Mit zunehmendem Marktreaktions- und Profitabilitätsbezug von Output-Kriterien hängen deren Ausprägungen auch wesentlich von nicht-technologiebezogenen Managemententscheidungen und von Faktoren ab, die durch Unternehmen nicht oder kaum beeinflusst werden können (**Multikausalitätsproblem der Erfolgsmessung technologischer Innovationen**).
- Mit zunehmender Marktferne von Output-Kriterien steigt die Unsicherheit, ob ein Kriterium tatsächlich aus Unternehmenssicht betriebswirtschaftlich relevante Effekte von Innovationen erfasst (**Irrelevanzproblem der Erfolgsmessung technologischer Innovationen**).
- Technologische Innovationen wirken sich vielfach direkt oder indirekt auf *mehrere* Produkte oder Prozesse eines Unternehmens aus; dieser Wirkungsstreuung werden auf einzelne Produkt- oder Prozessinnovationen oder gar Innovationsprozessabschnitte bezogene Erfolgsmaße kaum gerecht (**Zuordnungsproblem der Erfolgsmessung technologischer Innovationen**).
- Wirkungen technologischer Innovationen treten zumeist erst mit erheblicher Zeitverzögerung im Markt oder Unternehmen auf; ausschließlich periodenbezogene Indikatoren (= *Querschnittsdaten*) bzw. Messungen ohne Kenntnis der Länge dieser Wirkungsverzögerungen haben deshalb eine zweifelhafte Aussagekraft (**Time-Lag-Problem der Erfolgsmessung technologischer Innovationen**).

Weiterhin hat jedes der hier exemplarisch herausgegriffenen populären Output-Kriterien *spezifische* Nachteile (und Vorteile), was für einige Kriterien kurz verdeutlicht werden soll. Betrachtet man etwa das auf die Forschungsphase von Innovationen bezogene Kriterium „*Zahl der Publikationen in wissenschaftlichen Fachzeitschriften*", dann ist für diesen Indikator nicht nur die offensichtliche Kritik der fehlenden betriebswirtschaftlichen Relevanz von Veröffentlichungen in Fachzeitschriften/auf Kongressen, deren Gutachter bei der Beurteilung von Innovationsergebnissen andere Anforderungen (z.B. wissenschaftliche Originalität, Angemessenheit der Forschungsmethodik) zugrunde legen, einschlägig. Vielmehr wird die Eignung dieses Indikators für Erfolgsvergleiche zwischen Personen, Organisationseinheiten oder Unternehmen noch zusätzlich erheblich dadurch beeinträchtigt, dass (1) die qualitativen Anforderungen von Fachzeitschriften/-kongressen an präsentationswürdige Forschungsergebnisse enorm innerhalb und noch mehr zwischen verschiedenen Wissenschaftsgebieten divergieren, und (2) die Bereitschaft von Unternehmen, wissenschaftliche Veröffentlichungen ihrer (Forschungs-)Mitarbeiter zu fördern oder wenigstens zu tolerieren, sich zwischen verschiedenen Unternehmen deutlich unterscheidet (s. *Eggers*, 1997, 132-140). Das vermeintlich objektive Output-Kriterium „Zahl der Publikationen" weist also bei näherer Analyse erhebliche „subjektive Facetten" auf.

Auch gegen absolute *Patentzählungen* oder relative *-produktivitätsmaße* gibt es gute Argumente, die Anlass zu erheblichen Zweifeln an der Validität dieser Output-Kriterien geben (s. zusammenfassend für viele mit weiteren Literaturverweisen *Patel/Pavitt*, 1995, 22f.; *Ernst*, 1996, 183-187; *Pieper*, 1998, 114-117; *Brockhoff*, 1999, 294-300; *Reitzig*, 2002, 88-134): So berücksichtigen sie Unterschiede im wirtschaftlichen Wert von Patenten oder Unternehmensunterschiede hinsichtlich der Bereitschaft, Erfindungen der eigenen (F&E-)Mitarbeiter durch Patentanmeldungen zu schützen, nicht.

Das Output-Effektivitätskriterium *Produktinnovationsrate* kann wiederum durch Faktoren wie Veränderungen der Wettbewerbsintensität oder gesetzlicher Rahmenbedingungen beeinflusst werden, die nicht durch das TIM steuerbar sind. Zudem berücksichtigt die Rate kostensenkende Effekte technologischer Innovationen, deren Wirkungen auf die Verzinsung des eingesetzten Kapitals der Unternehmenseigner und Unterschiede hinsichtlich der mittleren Vermarktungsdauer/Lebenszykluslänge von Produkten zwischen verschiedenen Branchen nicht. Schließlich wird die Aussagekraft der Produktinnovationsrate durch die Schwierigkeit einer halbwegs objektiven Abgrenzung von „neuen" vs. „verbesserten" vs. „unveränderten" Produkten erschwert (s.a. Kap. 2.3.1 und *Brockhoff*, 1985, 452).

3.3.4 Schlussfolgerungen zur Auswahl von Messkriterien

Als Fazit der Systematisierung und Diskussion von Messkriterien für technologische Innovationsaktivitäten und -erfolge ist festzuhalten, dass es *den* ziel- und situationsunabhängig durchweg optimalen Kriteriensatz zur Innovationsmessung *nicht* gibt. Vielmehr setzt eine aussagekräftige Beschreibung der technologischen Innovationsanstrengungen und -erfolge von Unternehmen die Verwendung eines messziel- und -kontextspezifisch gewählten **Bündels von Input-, Prozess-, Output-Effektivitäts- und -Effizienzkriterien** voraus.

Die Kontextvariable, deren Effekte auf die Einsetzbarkeit von Messkriterien wahrscheinlich am offensichtlichsten ist, ist die **Phase des Innovationsprozesses**: In frühen Phasen des Innovationsprozesses (Forschung und Teile der Entwicklung) trägt ein Rückgriff auf wissenschaftsnahe Kriterien den Arbeitszielen der beteiligten Mitarbeiter und Organisationseinheiten von Unternehmen Rechnung. In späteren Prozessstufen sind dagegen – wegen des „Letztziels" technologischer Innovationen, einen Beitrag zur Verbesserung der wirtschaftlichen Erfolgsposition von Unternehmen zu leisten – stark finanzwirtschaftliche Kennzahlen, die auf Markterfolgs- und Rentabilitätsaspekte von Innovationen abstellen, zu betonen. Die Phasenabhängigkeit der Eignung von zur Innovationsmessung diskutierten Indikatoren bedeutet allerdings *nicht*, dass in den Forschungsphasen von Produktinnovationsprozessen praktisch nur qualitativ-subjektiv und in den späten Phasen, also bei (Weiter-)Entwicklungs- und Markteinführungsarbeiten für Produktinnovationen, nahezu ausschließlich quantitativ-objektiv messbare Kriterieninhalte angemessen sind (s. etwa die irreführenden Ausführungen bei *Werner*, 2002, 286-289; *Kerssens-van Drongelen/Cook*, 1997, 350f.; *Werner/Souder*, 1997a, 40f.; *Thoma*, 1989, 171). Tatsächlich sind für jede Phase von Innovationsprozessen Zusammenstellungen von qualitativen *und* quantitativen Finanzaufwands-, zeitwirtschaftlichen sowie technologischen Ergebnisindikatoren möglich und nötig, die jeweils phasenspezifisch relevante Input-, Prozess- und Output-Aspekte in den Vordergrund rücken (s. im Ergebnis ähnlich *Pillai* et al., 2002, 171-176; *Hauschildt*, 2004, 539-543).

Beispielsweise ist für die Phase der *Forschung* eine quantitative Beziehungskennzahl, welche als Quotient aus der Zahl der von der Entwicklung in Projekten aufgegriffenen Ideen aus der Forschung im Zähler und die Gesamtzahl der Technologieideen/-konzepte der Grundlagenforschung (in einer Berichtsperiode) im Nenner berechnet wird, ein durchaus diskussionswürdiges Messkriterium (s.a. *Eggers*, 1997, 69). Zugleich sind aber auch für marktnahe Weiterentwicklungsprojekte qualitative Aussagen von Führungskräften der Geschäftsfelder, die diese Projekte in Auftrag gegeben hatten, zur Zufriedenheit mit technologischen Ergebnisqualitäts-, Zeit- und Kostenaspekten des Projektes ebenfalls ein wichtiges Messkriterium für den Innovationserfolg (s.a. unten Kap. 3.5).

Zusätzlich zur Innovationsphase kann sich auch die **Wettbewerbsstrategie** von Geschäftsfeldern/Unternehmen, die Innovationen vorantreiben, auf die wahrgenommene Eignung von Messkriterien auswirken (s. *Griffin/Page*, 1996, 480-492): Je höher die Bedeutung des Zeitpunktes, an dem eine Produktinnovation auf dem Markt eingeführt werden soll, für deren Erfolg eingestuft wird, desto höher wird auch der Eignungsgrad von Prozess-Kriterien (s.o. Kap. 3.3.2) zur Abbildung von Innovationsanstrengungen und -erfolgen eingeschätzt. Wenn demnach allgemein gültige Empfehlungen zur Auswahl des *inhaltlichen* Bereichs von Kriterien zur Messung von Innovationen nicht sinnvoll sind, kann als Ergebnis meiner Darlegungen in Kap. 3.3 trotzdem ein **generelles Vorgehensmuster** zur Festlegung von Inhalten für Innovationsmessungen abgeleitet werden, das folgende fünf Schritte umfasst:

- Klärung der Messziele.
- Abgrenzung der Innovationsprozessphase(n) und Bezugsebene(n), für die eine Messung erfolgen soll.
- Erhebung von aus Sicht der Verwender sinnvollen Kriterieninhalten unter Einbeziehung von Experten für das Thema Innovationsmessung, die insofern unabhängig sind, als dass sie kein späterer Verwender der Innovationsdaten sind.
- Punktbewertung (= *Scoring*) der verschiedenen Kriterieninhalte (z.B. Patentzählungen) durch die im zweiten Schritt genannten Personengruppen jeweils im Hinblick auf (1) ihren Bezug zu Innovations-/Unternehmenszielen, (2) ihre eindeutige Zuordnungsfähigkeit auf den im zweiten Schritt abgegrenzten Messbereich, (3) ihre Erfassbar-/Datenverfügbarkeit und (4) ihre Überschneidungsfreiheit.
- Einbezug der Kriterieninhalte mit den höchsten Punktwerten gemäß dem vorangegangenen Schritt (gegebenenfalls nach Überarbeitung zur Verbesserung der Vollständigkeit, Eindeutigkeit und Überlappungsfreiheit der Kriterien) in das Innovationsaktivitäten- und -erfolgsmesssystem des Unternehmens.

Ein in Praxis und Wissenschaft stark beachtetes Hilfsmittel, das zur Strukturierung der Identifikation von inhaltlichen Innovationsmesskriterien und zur Vermeidung der Vernachlässigung bestimmter Arten/Bereiche von Messinhalten im Rahmen von Schritt 3 des eben beschriebenen Vorgehensmusters verwendet werden kann, ist die **Balanced Scorecard** (BSC). Dieses Konzept wurde von *Kaplan/Norton* (1992) ursprünglich ohne speziellen Bezug zu technologischen Innovationsaktivitäen und -erfolgen zur kennzahlenbasierten Unternehmenssteuerung vorgeschlagen (s.a. *Weber/Schäffer*, 2000). Anschließend wurde es dann von verschiedenen Autoren (s. z.B. *Kerssen-van Drongelen/Cook*, 1997, 354f.; *Werner*, 2002, 194f.; *Gelbmann/Vorbach*, 2003, 188-191; *Bremser/Barsky*, 2004, 229-236) für technologische Innovationsaktivitäten von Unternehmen generell und F&E-Programme im Besonderen konkretisiert und weiter entwickelt.

Grundgedanke des BSC-Instruments ist, dass – ausgehend von den technologiestrategischen Innovationszielen der für F&E/Innovation primär verantwortlichen Organisationseinheiten eines Unternehmens – Kriterien aus vier inhaltlichen Bereichen unternehmensspezifisch ausgewählt werden sollten, um die strategiekonforme Umsetzung von Innovationsaktivitäten aus den Aktivitäten resulierende Ergebnisse in breit angelegter (= „balanced“) Weise zu erfassen. Die vier durch Kennzahlen abzudeckenden Bereiche sind (1) lern- und verbesserungs-, (2) innovationsprozess- und (3) kundenbezogene Kriterien sowie (4) finanzielle Kennzahlen. Die vier Messbereiche sollen so miteinander verknüpft sein, dass das zuerst genannte Indikatorenfeld Ursachen für die zweite Kriterienklasse beinhaltet, die wiederum, vermittelt über die Kategorie der kundenbezogenen Kennzahlen, in einer Ursache-Wirkungsbeziehung zu den finanziellen Kennzahlen stehen sollte. Abb. 3-3 verdeutlicht die Strukturierung von Messkriterien für Innovationsaktivitäten und -erfolge mit Hilfe der vier BSC-Perspektiven und nennt Kriterienbeispiele für jede Perspektive.

Das BSC-Konzept kann die Kriterienauswahl für die Messung technologischer Innovationsaktivität und -erfolge in dreierlei Hinsicht unterstützen:

- Es verdeutlicht die Notwendigkeit einer situationsbezogenen Kriterienselektion i.d.S., dass die Messgegenstände *aus der technologischen Innovationsstrategie eines Unternehmens abzuleiten* sind.
- Es hilft die abstrakte Differenzierung von Input-, Prozess- und Outputkriterien zu konkretisieren, indem es – losgelöst von der genannten Kriterienklassifikation – ein *zusätzliches vierdimensionales Raster für abzudeckende Messinhalte* vorgibt.
- Es zeigt, dass für ein zur Innovationssteuerung brauchbares Kriteriensystem nicht nur *traditionelle Outputindikatoren*, die Erfolge/Aktivitäten der Vergangenheit abbilden und insofern als „nachlaufend“ zu charakterisieren sind, ausreichen. Vielmehr sind auch *„vorlaufende“ Kriterien*, die zukünftige Innovationserfolge beeinflussen und deshalb auch als „performance driver“ (*Bremser/Barsky*, 2004, 231) oder

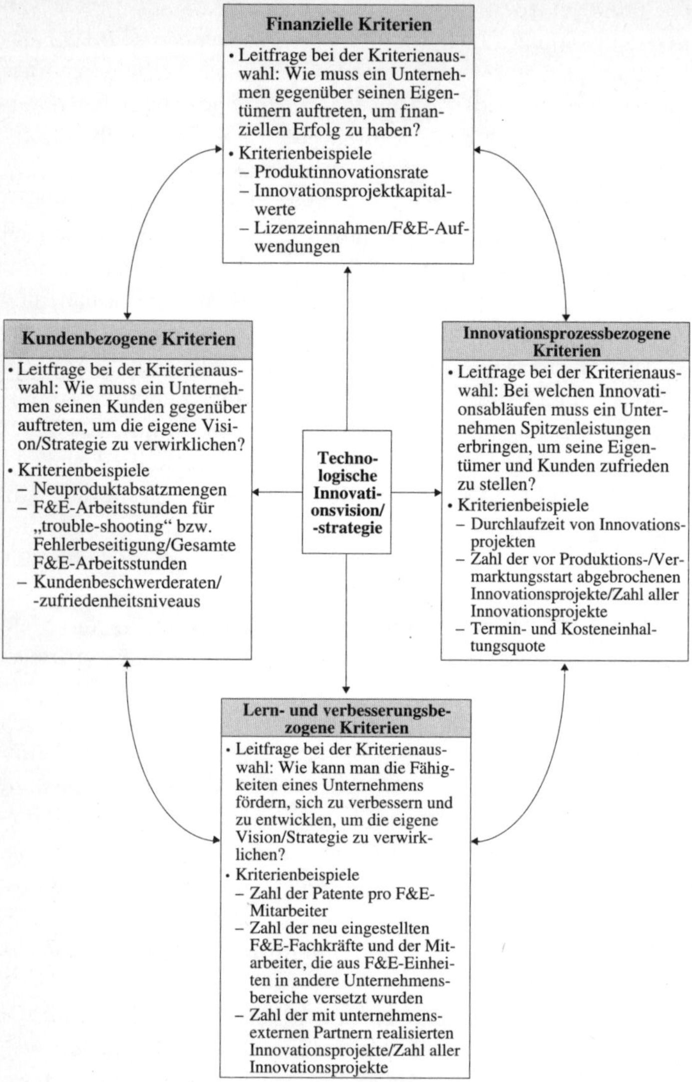

Abb. 3-3: Strukturierung von Messkriterien für Innovationsaktivitäten und -erfolge mit Hilfe der vier Balanced-Scorecard-Perspektiven

„Werttreiber-Kennzahlen" (*Gelbmann/Vorbach*, 2003, 189) zu interpretieren sind, in die Kriterienauswahl einzubeziehen.

3.4 Messmethodik

Als Aspekte der Messmethodik für Innovationskriterien werden hier unterschieden:

(1) Vorgehensweise bei der Abbildung der Ausprägung eines inhaltlichen Kriterienbereichs.
(2) Zeitliche Ausrichtung der Messung.
(3) Referenzpunkte zur Interpretation der Ausprägung von Innovationsindikatoren.

(1) Vorgehensweise bei der Abbildung der Ausprägung eines inhaltlichen Kriterienbereichs

Die Ausprägung von Kriterien zur Erfassung von Innovationsaktivitäten/-erfolgen lässt sich darstellen über

- **quantitativ-metrische Messungen** mit *Intervall- oder Ratioskalenniveau*, die Beobachtungen nach definierten, eindeutigen Regeln Zahlen zuordnen und die unabhängig vom Messträger i.d.R. zu identischen Ergebnissen führen, also (weitgehend) objektiv sind.
- **quantitativ-nichtmetrische Messungen**, mit denen festgelegt wird, ob ein Kriterium (z.B. Innovationserfolg) erfüllt ist oder nicht (= Messung auf *Nominalskalenniveau*) oder mit denen Ausprägungen eines Kriteriums bei verschiedenen Messobjekten (z.B. wissenschaftliche Originalität von Produktinnovation A vs. B) nach definierten Regeln in eine über Zahlen darstellbare Rangreihe gebracht werden (= Messung auf *Ordinal- oder Rangskalenniveau*).
- **qualitative „Messungen"**, bei denen die Ausprägung von Innovationskriterien *nicht* in Zahlen, sondern nur verbal oder graphisch dargestellt wird.

Quantitativ-metrische Messungen haben den Vorteil, dass sie zu Ergebnissen führen, die leicht an verschiedene Personen mitteilbar bzw. von diesen formal eindeutig interpretierbar sind. Beispiele für quantitative Innovations-Output-Messungen sind die

Berechnung des Kapitalwerts eines Innovationsprojekts oder der Patentproduktivität eines F&E-Bereichs.

Quantitativ-nichtmetrische Messungen, die auch als **semiquantitative** oder quantitativ-subjektive **Messungen** oder „judgemental-quantitative methods" bezeichnet werden (s. *Werner*, 2002, 287; *Kerssens-van Drongelen* et al., 2000, 124; *Thoma*, 1989, 167f. sowie unten Kap. 5.2.1.2), haben den Vorteil, dass sie auch Ausprägungen von inhaltlichen Kriterienbereichen, für die eine metrische Messung nicht oder nur mit unverhältnismäßig hohem Aufwand möglich ist, in Zahlen ausdrücken. Sie führen so zu formal eindeutig kommunizierbaren Ergebnissen, die allerdings inhaltlich weit weniger präzise interpretierbar sind als echt metrische Messungen. Entsprechend sind sie auch mehr als Innovationsaktivitäts- oder -erfolgs**schätzung**, denn als Messungen anzusehen, die den Anforderungen der *Objektivität* (= Unabhängigkeit der Ergebnisse von der Messdatenquelle) und der *Zuverlässigkeit/Reliabilität* (= Reproduzierbarkeit der Ergebnisse an verschiedenen Zeitpunkten) in einem Umfang genügen, wie es in den Natur- und Ingenieurwissenschaften der Fall ist.

Beispiele für quantitativ-nichtmetrische Innovationserfolgsmaße sind:

- **Einstufungsskalen** (= „Ratings" (englisch)), bei denen bestimmte Personenkreise für ein ganzes Innovationsprojekt oder einen einzelnen Projektmitarbeiter jeweils die Ausprägungsgrade der technischen Qualität und der wirtschaftlichen Verwertbarkeit von Arbeitsergebnissen über Schulnoten von 1–6 oder ähnliche Abstufungsvarianten angeben, oder
- die Klassifikation von abgeschlossenen Innovationsprojekten als „erfolgreich" oder „erfolglos" (vgl. zu weiteren Beispielen für semiquantitative Messungen in der TIM-Forschung für viele *Gerpott*, 1988, 278-280; *Kerssens-van Drongelen* et al., 2000, 125-131; *Salomo*, 2003, 410-417).

Qualitative Messungen haben den Vorteil, dass über diese Methodik inhaltlich in einzelfallbezogen nuancierter Weise auf Innovationsaktivitäts- und -erfolgsaspekte eingegangen werden kann. Ein Beispiel für eine qualitative Messung ist die schriftliche Stellungnahme eines Fachgutachters zur Originalität einer technologischen Innovation. Vorteile qualitativer bzw. quantitativer Messungen lassen sich zugleich als Nachteile quantitativer bzw. qualitativer Messungen interpretieren.

Je nach Anwendungssituation sind die drei verschiedenen Vorgehensweisen zur Abbildung der Ausprägung eines inhaltlichen Kriterienbereichs unterschiedlich geeignet. Allgemein gilt aber, dass mit zunehmender Zahl der zu messenden Innovationsvariablen und zu berücksichtigenden Innovationen/Unternehmen wegen des parallelen Anstiegs der Menge der zu verarbeitenden Daten die Eignung quantitativer gegenüber qualitativen Messungen steigt. Da die quantitativen und qualitativen Messmethodiken gleichermaßen jeweils Stärken und Schwächen aufweisen, liegt es nahe, in der Unternehmenspraxis i.d.R. quantitative und qualitative Messungen miteinander zu verbinden (z.B. Termintreuegrad und Kommentierung des Termintreuegrades).

(2) Zeitliche Ausrichtung der Messung

Bei der zeitlichen Ausrichtung von Innovationsanstrengungs- und -erfolgsmessungen geht es um die Häufigkeit der Datenerhebung und um die Betrachtungszeiträume, die mit einem Kriterium abgedeckt werden sollen.

Bei der **Messhäufigkeit** ist zu beachten, dass eine (nahezu) ununterbrochene Datenerfassung in sehr kurzen Abständen weder unter Aufwands- noch unter Motivationsgesichtspunkten zu empfehlen ist (vgl. *Kerssens-van Drongelen/Cook*, 1997, 356). In der Unternehmenspraxis werden Aktivitäts- und Erfolgsmessungen in Innovationsprozessen zum einen in **regelmäßigen Abständen** vorgenommen (z.B. jeweils am Ende eines Quartals eines Geschäftsjahres). Zum anderen nimmt man Messungen in **unregelmäßigen Abständen** bei Erreichen von terminierten (Zwischen-)Ergebnissen oder Entscheidungspunkten, die als **Meilensteine** bezeichnet werden, in Innovationsprozessen vor (s. *Bürgel* et al., 1996, 312-314; *Specht* et al. 2002, 36 u. 476). Bei den mit einer Erhebung adressierten **Betrachtungszeiträumen** ist zwischen *zurückschauenden* (= retrospektiven oder ex post) Messungen und *vorausschauenden* (= prospektiven oder ex ante) Betrachtungen von Innovationsaktivitäten und -erfolgen zu unterscheiden (vgl. *Kerssens-van Drongelen* et al., 2000, 127f.). Klammert man zukunftsbezogene oder prognostische Analysen an dieser Stelle aus (vgl. dazu Kap. 4.1.1 u. 5.2.1.2), dann sind speziell vergangenheitsbezogene Messungen noch weiter nach der Länge des historischen Betrachtungszeitraums zu systematisieren in *kurzfristige* und zumeist *detaillierter* gestaltete sowie *langfristige* und zumeist *weniger detailliert* angelegte Erhebungen.

Ein wesentlicher Einflussfaktor auf die Angemessenheit der Häufigkeit von Innovationsmessungen und die mit Letzteren abgedeckten Betrachtungszeiträume ist das Messziel (s.o. Kap. 3.2): Wenn Messungen zur Steuerung *laufender* Innovationsprozesse dienen sollen, müssen sie häufiger, mit höherem Detaillierungsgrad sowie größerer Zeitnähe zu Entscheidungsterminen und mit *kurzfristigerer* Orientierung erfolgen, als wenn es um die Dokumentation des *langfristig* eintretenden Wertes von Innovationen oder das Lernen aus abgeschlossenen (Miss-)Erfolgsfällen für zukünftige Innovationsprojekte geht.

(3) Referenzpunkte zur Interpretation der Ausprägung von Innovationsindikatoren

Referenzpunkte dienen zur wertenden Einordnung von Messdaten zu Innovationen. So lassen sich z.B. die F&E-Aufwandsintensität oder die Produktinnovationsrate für ein Geschäftsfeld eines Konzerns ohne Bezugnahme auf weitere Messungen dieser Kriterien nicht als „niedrig" oder „hoch" bzw. „schlecht" oder „gut" interpretieren. Die Gewinnung entsprechender Referenzpunkte kann erfolgen durch:

– *Zeitreihenvergleiche* (Aktuelle Indikatorenausprägungen werden früheren Werten gegenübergestellt.).
– *Vergleiche mit bestimmten anderen Unternehmen* (1) innerhalb der eigenen Branche oder (2) aus anderen Wirtschaftszweigen (Dieses Vorgehen zur Gewinnung von Referenzpunkten nennt man auch **Benchmarking** von technologischen Innovationsinputs, -prozessen oder -outputs (s. genauer *Gerpott*, 1994a, 55-58; *Specht* et al., 2002, 490-492; *Werner*, 2002, 187-194; *Gerybadze*, 2004, 59f.).
– *Vergleiche mit Branchendurchschnittswerten.*
– *Vergleiche mit anderen Organisationseinheiten oder Prozessen innerhalb des eigenen Unternehmens.*

– *Vergleiche von Plan- oder Ziel-Werten mit Ist-Werten* (direkte Effektivitätserfassung).

Beispielsweise lässt sich die umsatzbezogene F&E-Aufwandsintensität eines Unternehmens (s.o. Kap. 3.3.1) einordnen, indem man diese Kennzahl durch den Quotienten aus der Summe der F&E-Aufwendungen und der Umsätze aller Unternehmen einer Branche teilt. Nimmt diese Messgröße Werte > 1 bzw. < 1 an, so bedeutet das, dass ein Unternehmen im Vergleich zur Branche insgesamt eine überdurchschnittliche bzw. unterdurchschnittliche F&E-Aufwandsintensität aufweist (s. zu ähnlichen Beispielen zu referenzierten Innovationsindikatoren *Specht* et al., 2002, 451).

Da die Verwendung nur eines Referenzpunkttyps häufig schwierige Interpretationsprobleme bei Innovationsmessungen mit sich bringt, greift man in der Unternehmenspraxis zumeist auf mehrere Typen zurück. Speziell für Unternehmen in Deutschland deuten empirische Studien (s. *Brockhoff*, 1998, 135f.; *Albach* et al., 1991, 317-319) darauf hin, dass dort eine verstärkte Nutzung von Konkurrenzvergleichen zur Gewinnung von Referenzpunkten sinnvoll ist, um eine selbstkritische(re) Einschätzung der technologischen Innovationspotenziale und -ergebnisse, aber auch eine effizientere Nutzung von unternehmensexternem innovativem Technologiewissen zu fördern (s.a. unten Kap. 4.1.2).

3.5 Messträger

Bei dem Gestaltungsproblem der Träger von Innovationsmessungen geht es um die Frage, welcher Personenkreis (= Wer?) als Datenquelle herangezogen werden soll. Diese Frage betrifft i.d.R. nur Innovationserfolgsanalysen und keine bloßen Beschreibungen von Innovationsaktivitäten, die über eindeutig zählbare Kriterien abgebildet werden können. Die Problematik des Rückgriffs auf geeignete Messträger wird in einem großen Teil der TIM-Literatur kaum thematisiert (s. etwa *Brockhoff*, 1999, 335-349), da von der Fiktion einer personenkreisunabhängig, also objektiv, „richtigen“ Messbarkeit von Innovationserfolgen ausgegangen wird. Gibt man diese Vorstellung angesichts der generellen Probleme und indikatorspezifischen Defizite von Innovationserfolgsmessungen auf (s. oben Kap. 3.3), dann sind fünf verschiedene Gruppen von Messträgern differenziert im Hinblick auf ihre Eignung als Datenquelle bei der Bestimmung von Innovationserfolgen zu betrachten (vgl. a. *Hauschildt*, 2004, 509f.; *Kerssens-van Drongelen/Cook*, 1997, 354f.; *Schmelzer/Friedrich*, 1997, 338):

- *Mitarbeiter, die „rationalitätsfördernde Unterstützungsaufgaben" in Unternehmen wahrnehmen.* Dieser Typus von Messträgern, der konkreter in der Unternehmenspraxis häufig als Innovations-/F&E-**Controller**, -**Koordinator** oder -**Leitungsassistent** bezeichnet wird, ist in der Lage, aus den Kosten-/Aufwandsrechnungssystemen eines Unternehmens finanzwirtschaftliche und ressourcenbezogene Input-, Prozess- und Output-Informationen insbesondere zur kurzfristigeren Steuerung laufender Innovationsvorhaben sowie zur grundsätzlicheren Analyse abgeschlossener Innovationen zu ermitteln. Wenn zu dieser Gruppe von Messträgern zu rechnende Mitarbeiter nicht auch technologische Fachaufgaben in Innovationsprozessen wahrnehmen, dann ist über sie primär nur eine Analyse weitgehend quantitativer innovationsbezogener Finanz- und Zeitindikatoren, aber weniger eine qualitative Indikatoreninterpretation unter Berücksichtigung inhaltlicher Technologieaspekte sinnvoll möglich.
- *Direkt an Innovationen (in einer bestimmten Prozessphase) beteiligte Mitarbeiter.* Hier kann zwischen Personal mit mehr ausführenden Fachaufgaben (= „Experten") und mit dispositiven Steuerungsaufgaben (= „Manager/Vorgesetzte/Führungskräfte") unterschieden werden. Typischerweise eignen sich, infolge von Informationsverfügbarkeits- und Erfahrungsunterschieden zwischen Experten und Managern, Experten eher zur Einschätzung von technologischen Ergebnisqualitätsaspekten und Manager eher zur Bestimmung des Erreichungsgrades von monetären Aufwands- und Ertrags- sowie Zeitzielen bei Innovationsvorhaben.
- *Führungskräfte/Mitarbeiter aus Organisationseinheiten des betrachteten Unternehmens, die Ergebnisse vorgelagerter Innovationsprozessstufen als Inputs für ihre eigene Arbeit verwenden.* Dieser Typ von Messträgern kann auch als **interner Kunde** charakterisiert werden. Beispielsweise sind

in Produktinnovationsprozessen häufig die Beschaffung, die Fertigung, der Vertrieb und der Kundendienst interne Kunden der F&E-Einheit. Interne Kunden können in erster Linie Auskunft hinsichtlich ihrer **Zufriedenheit** mit bestimmten Leistungsaspekten ihrer „internen Lieferanten" geben. Beispielsweise können Fertigungsmitarbeiter eine von der Entwicklung erarbeitete technologische Realisierung einer Produktinnovationsidee im Hinblick auf deren Einhaltung von Grundprinzipien einer fertigungsgerechten Konstruktion beurteilen (vgl. a. *Gerpott/Winzer*, 1996, 136f.). Diese Gruppe von Messträgern ist zumeist erst kurz vor oder nach Abschluss der Arbeiten in einer vorgelagerten Innovationsprozessstufe nutzbar. Entsprechend sind die von ihr bereitgestellten Messinhalte mehr zur Verbesserung zukünftiger und weniger zur Steuerung laufender Innovationsprozesse geeignet.

– *Kunden des betrachteten Unternehmens, die Produktinnovationen gekauft (oder zumindest getestet) haben.* Diese Gruppe kann zwar erst nach Verfügbarkeit funktionsfähiger Versuchsmuster einer Innovation oder marktfähiger (Serien-)Produkte zur (Zufriedenheits-)Beurteilung (1) von einzelnen Merkmalen einer Innovation oder (2) der Innovation als Ganzes angesprochen werden. Dennoch hat die Gruppe hohe Relevanz als Träger von Innovationserfolgsmessungen, da „nur über sie .. zu erfahren [ist], ob der eigentliche Zweck des [Innovations]Prozesses, die externen Kunden mit den entwickelten Produkten und Leistungen zufrieden zustellen, erfüllt wird" (*Schmelzer/Friedrich*, 1997, 338). *Indirekt* wird die Beurteilung von Produktinnovationen durch Kunden natürlich auch in den Innovationsabsatz-/-umsatzzahlen erfasst. Aber diese Marktgrößen erhellen *nicht*, aufgrund welcher Eigenschaften Kunden ein neues Produkt des Unternehmens gegenüber anderen Angeboten präferieren oder nicht. Deshalb sind Innovationserfolgsbeurteilungen aus Kundensicht ein Messansatz zusätzlich zu wirtschaftlichen Erfolgskriterien (z.B. Kapitalwert), der Informationen liefern kann, die zur Verbesserung vorhandener und Konzipierung neuer Produkte nutzbar sind.

– *Unternehmensexterne Fachexperten* (= „Scientific Peers" oder Sachverständige). Durch Einbezug dieser Personengruppe ergibt sich die Möglichkeit, speziell die wissenschaftlich-fachliche Ergebnisqualität in frühen Phasen von Innovationsprozessen (insbesondere [Grundlagen-]Forschungsarbeiten), unter Vermeidung von möglichen Messergebnisverzerrungen infolge der aktiven Beteiligung von Messträgern an Innovationsvorhaben, zu erheben.

Durch die aufgezählten fünf Gruppen von Messträgern werden unterschiedliche Aspekte von Innovationserfolgen aus divergierenden Perspektiven zu unterschiedlichen Zeitpunkten in Innovationsprozessen in den Betrachtungsmittelpunkt gerückt. Entsprechend ist der Unternehmenspraxis zu empfehlen, **Messträger aus verschiedenen Gruppen gleichzeitig** in ein System zur Erfassung von Output-, Prozess- und Input-Kriterien zur Beschreibung von Innovationen und ihrer Erfolge einzubeziehen. Zudem lässt sich die Aussagekraft von Messungen zumeist dadurch verbessern, dass auch *innerhalb* jeder der zuvor genannten Gruppen von Messträgern zur Erhebung von Kriterienausprägungen **Angaben von verschiedenen Personen** herangezogen und per Durchschnittsbildung zu einem Messwert zusammengefasst werden. Da häufig die Annahme zutrifft, dass bei den Messträgern sich z.T. kompensierende Fehlwahrnehmungen auftreten, werden durch dieses Vorgehen Messwerte gewonnen, die genauer sind als Werte, die nur auf Angaben eines Messträgers beruhen.

4. Technologie- und innovationsorientierte Umwelt- und Unternehmensanalyse

Die Entwicklung von technologieorientierten Innovationsstrategien kann idealtypisch als Prozess dargestellt werden, der die beiden Phasen der **strategischen Analyse** und **Strategieformulierung** umfasst (s. Abb. 4-1). Zunächst setzt die Formulierung von grundlegenden technologischen Innovationszielen und -stoßrichtungen, analog zur „klassischen" Vorgehensweise bei der Ableitung von Produkt-Markt-Strategien, eine vorbereitende Erfassung und Interpretation der Ausgangssituation voraus. Eine solche *strategische Analyse* lässt sich in zwei, wechselseitig vernetzte und gleichzeitig zu bearbeitende Aufgabenblöcke gliedern:

- **Technologie- und innovationsorientierte Umweltanalyse**, die wiederum die Elemente (1) Technologiefrüherkennung und -prognose und (2) technologische Konkurrentenanalyse umfasst (s. Kap. 4.1). Ergebnisse dieser Untersuchung unternehmensexterner Umweltentwicklungen sind **Chancen-Risiken-Profile** für technologische Innovationsfelder aus Technologie-, Wettbewerbs- und Nachfragesicht.
- **Technologie- und innovationsorientierte Unternehmensanalyse**, die der expliziten Identifikation und Diskussion von internen **Innovationsstärken und -schwächen** eines Unternehmens generell und auf spezifischen Technologiefeldern sowie mit diesen verbundenen technologischen Produkt- und Prozessinnovationen dient (s. Kap. 4.2).

Ausgehend von den Ergebnissen der strategischen Analyse können dann technologische Innovationsziele abgeleitet und prinzipielle Handlungsoptionen zur Erreichung dieser Ziele umrissen, bewertet und in eine Prioritätenrangreihe gebracht werden (s. Abb. 4-1). Ein viel beachtetes Hilfsmittel zur Begründung solcher Optionen für ein Unternehmen sind so genannte **Technologie-Portfolios**, die deshalb als Instrument zur Integration und Kommunikation von Erkenntnissen technologie- und innovationsorientierter Umwelt- und Unternehmensanalysen in Kap. 4.3 vorgestellt werden.

An die Wahl von Strategieoptionen schließen sich die Festlegung von Ausgestaltungseckpunkten auf den wesentlichen TIM-

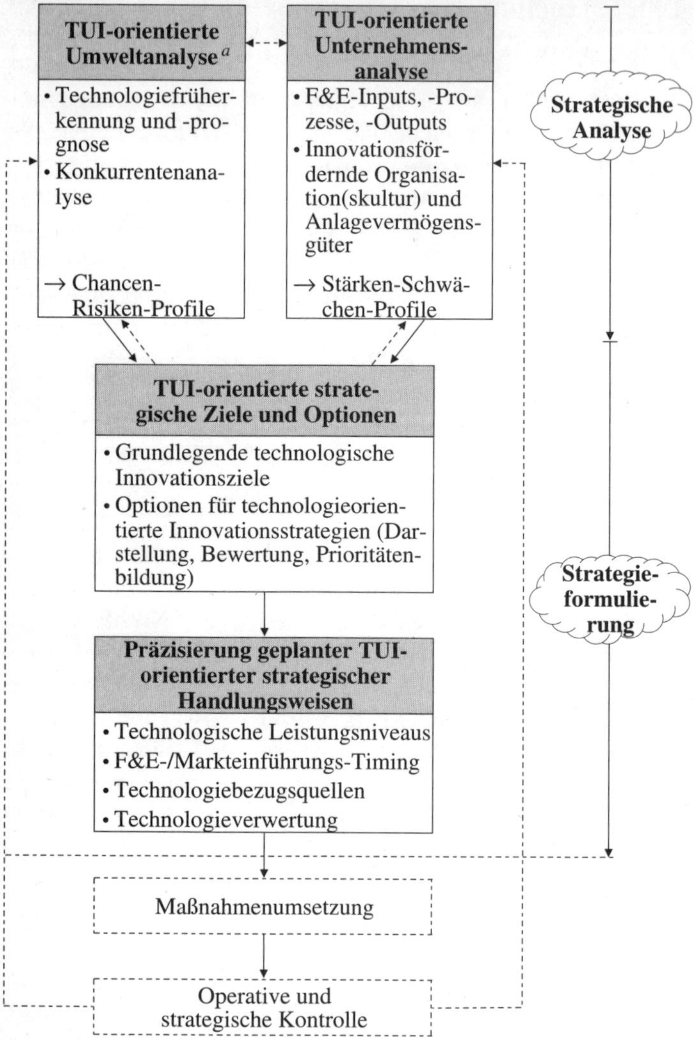

a) TUI-orientiert = Technologie- und innovationsorientiert.

Abb. 4-1: Prozess der Entwicklung technologieorientierter Innovationsstrategien

Entscheidungsfeldern als zweiter Teil der Strategieformulierung an (s. Abb. 4-1). Derartige präzisierenden Festlegungen diskutiere ich in Kap. 5. Mit der Präzisierung geplanter technologie- und innovationsorientierter strategischer Handlungsweisen ist, wie Abb. 4-1 zeigt, der Prozess der Entwicklung technologieorientierter Innovationsstrategien abgeschlossen. Es folgen die operative Strategieumsetzung und -kontrolle. Diese beiden Aktivitätenblöcke sind zwar nicht mehr Teil des strategischen TIM-Prozesses; sie liefern aber wiederum Rückkopplungsinformationen, die eine Anpassung der technologischen Innovationsstrategien eines Unternehmens in der nächsten strategischen Planungsrunde ermöglichen.

4.1 Analyse unternehmensexterner Technologieentwicklungen

4.1.1 Technologiefrüherkennung und -prognose

4.1.1.1 Überblick

Leitidee der **Technologiefrüherkennung und -prognose (TFEP)** ist es, technologierelevante (schwache) Signale im Unternehmensumfeld aufzunehmen und zu interpretieren, um bei Entscheidungen über technologische Innovationsaktivitäten des Unternehmens schneller als Wettbewerber auf Informationen zurückgreifen zu können, die geeignet sind, Einschätzungen zu fundieren im Hinblick auf (s. für viele *Wolfrum*, 1991, 119-122; *Ashton/Stacey*, 1995, 94; *Specht* et al., 2002, 80-89):

- Weiterentwicklungspotenziale neuer Technologien.
- Grenzen bekannter Technologien.
- Substitutionsbeziehungen zwischen Technologien.
- Zu erwartende Brüche in der Entwicklung von Technologien (= technologische Diskontinuitäten).

Durch TFEP soll ein Unternehmen also die Chance erhalten, zeitlich vor anderen Konkurrenten (1) mit dem Aufbau eigener Kompetenzen bei „vielversprechenden“ Technologien zu beginnen oder (2) technologiebasierte Anlagegüter von Zulieferern zu beschaffen und in den eigenen Geschäftsprozessen einzusetzen.

Technologiefrüherkennung
Bei der Technologiefrüherkennung lässt sich analytisch die **Technologieexploration** (englisch: Technology Scanning) und die **Technologieüberwachung** (englisch: Technology Monitoring) unterscheiden (s. *Ashton/Stacey*, 1995, 83f.; *Buchholz*, 1996, 145; *Specht* et al., 2002, 81). *Technologieexploration* erfolgt losgelöst von den Technologien, die aktuell und in der geplanten Zukunft in Produkten oder Prozessen eines Unternehmens eingesetzt werden, um technologiebedingte Chancen und Risiken für das Unternehmen jenseits seines gegenwärtigen Aktivitätenportfolios nicht zu übersehen. Inwieweit auch eine strukturorganisatorische Ausdifferenzierung von Technologieexplorationsaufgaben in einem Unternehmen sinnvoll ist, hängt vor allem vom Volumen und von der Erfolgsbedeutung dieser Aufgaben ab. Aufgabenumfang und -erfolgsrelevanz werden wiederum stark durch die Unternehmensgröße sowie die technologische Dynamik und Vielfältigkeit der von einem Unternehmen bearbeiteten Produkt-Markt-Felder beeinflusst. Da Technologieexploration „ungerichtet" und damit geschäftsfeldübergreifend erfolgt, ist für den Fall der Einrichtung einer eigenständigen Organisationseinheit für Explorationsaufgaben i.d.R. eine Einordnung dieser Einheit als **Stabsfunktion** auf Gesamtunternehmensebene zweckmäßig.

Technologieüberwachung hingegen konzentriert sich *gezielt* auf die Erfassung und Interpretation von externen Ereignissen und Entwicklungen für die Technologien, die in den Geschäftsfeldern und Funktionsbereichen des Unternehmens bislang schon zum Einsatz kommen oder deren Nutzung konkret geplant ist. Da in den Produkten und Prozessen eines Unternehmens zumeist verschiedene Technologien genutzt werden, steht am Beginn jeder Technologieüberwachung die begründete Festlegung überwachungsrelevanter Technologiefelder. Für die Identifikation kommt neben der Erfassung von unternehmensinternen und -externen Expertenmeinungen (z.B. durch Befragungen, Workshops) auch eine Analyse der Zuordnung von dem eigenen Unternehmen/Geschäftsfeld erteilten Patenten auf die mehr als 67.000 Sachgebiete des hierarchischen internationalen Patentklassifikationssystems in Betracht (vgl. *Geschka*, 1995, 631-635; *Faust*, 1996, 8; *Specht* et al., 2002, 256; *Ernst/Soll*, 2003, 544-547;

Prabhu et al., 2005, 119). Wurden etwa von *verschiedenen* Geschäftsfeldern zahlreiche Patente in nur *einem* Sachgebiet erteilt, so kann diese Beobachtung als ein erstes Indiz für die Existenz eines **technologischen Kernkompetenzfeldes** interpretiert werden, dem spezielle Aufmerksamkeit bei der Technologieüberwachung zu schenken ist (s.a. unten Kap. 4.2.2.2). Wegen des direkten Technologie- und Produkt-Markt-Bezugs von strategischen Überwachungsaufgaben ist es außer bei unternehmensweit eingesetzten Kernkompetenztechnologien zumeist sinnvoll, für diese Aufgaben *dezentral* in den Geschäftsfeldern und innovationsrelevanten Funktionseinheiten Stellen einzurichten und nur spezialisierte Unterstützungsfunktionen (z.B. Datenbank-Recherchen) bei hinreichendem Umfang in Stabseinheiten auszulagern.

Informationsquellen für die TFEP

Das weite Spektrum möglicher **Quellen** für die TFEP kann man in vier Kategorien unterteilen.

Innovative Kunden: Kunden des eigenen Unternehmens, von denen bekannt ist, dass sie in der Vergangenheit früher als nahezu alle übrigen Kunden technologische Produkt- oder Prozessinnovationen erworben haben (so genannte „Innovatoren“, vgl. unten Abb. 4-5), verfügen häufig über ein „gutes Gespür“ zur Einschätzung der Bedeutung technologischer Entwicklungen. Folglich stellen Kontakte mit solchen Kunden, die zumeist über die Vertriebs-, die Anwendungstechnik- oder die F&E-Einheiten des eigenen Unternehmens bestehen, eine wichtige Informationsquelle der TFEP dar.

Die Idee des Rückgriffs auf innovative Kunden zur TFEP weist Berührungspunkte zu dem durch *Hippel* (1988) propagierten so genannten **Lead-User-Ansatz** auf: Danach kann ein Unternehmen durch frühzeitige Partnerschaften mit innovativen Kunden bei der Entwicklung neuer Produkte den Innovationserfolg erhöhen. Der Lead-User-Ansatz geht mit dieser These aber deutlich über die Empfehlung der Nutzung von Kunden als (bloße) Informationsquelle hinaus, indem er eine weiter reichende Entwicklungszusammenarbeit mit solchen Kunden bei Produktinnovationsvorhaben anregt (vgl. zur Gestaltung solcher Kooperationen im Detail *Kirchmann*, 1994).

Innovative Zulieferer: Durch Gespräche oder Workshops mit Experten aus Unternehmen, die für das Leistungs-Kosten-Verhältnis eigener Produkte oder Prozesse sehr wichtige Subsysteme zuliefern, lassen sich ebenfalls frühzeitig Hinweise auf Technologietrends gewinnen.

Wissenschaftlich führende Institutionen: In vielen Technologiefeldern kann man häufig regional konzentriert auftretende wissenschaftliche Institutionen (z.B. Max-Planck-Institute) identifizieren, die bei der *Erforschung* einer Technologie(anwendung) als weltweit führend gelten. Durch Konferenzkontakte und temporären Personalaustausch mit solchen Institutionen können TFEP-Informationen mit erheblichem zeitlichem Abstand zur Kommerzialisierung einer Technologie gewonnen werden.

Öffentlich zugängliche F&E-nahe schriftliche Informationsquellen: Die zu dieser Kategorie zählenden Informationsquellen für eine TFEP zeichnen sich gegenüber den drei genannten Klassen dadurch aus, dass die „Rohinformationen" nicht gesondert erhoben werden müssen, sondern im Prinzip bereits veröffentlicht wurden. Sie müssen deshalb „nur" durch eine **Sekundäranalyse** i.S. einer Auswertung vorhandener Daten für Zwecke der TFEP nutzbar gemacht werden. Zur Auswertung öffentlich zugänglicher, F&E-naher schriftlicher Fachinformationen werden i.d.R. drei Analyseansätze diskutiert:

– **Fachliteraturanalyse:** Durch inhaltliche Sichtung der wissenschaftlichen Fachpublikationen in Zeitschriften, Tagungsbänden oder Büchern kann ein Überblick hinsichtlich des Standes der *Grundlagenforschung* und der *angewandten Forschung* gewonnen werden (vgl. *Wolfrum*, 1991, 126f.; *Geschka*, 1995, 634; *Specht* et al., 2002, 84). Erfolgt eine *quantitative* Auswertung der Entwicklung der wissenschaftlichen Literatur zu bestimmten Technologiefeldern, so spricht man von **Bibliometrie**. Beispiele für bibliometrische Indikatoren sind:
  - Veröffentlichungshäufigkeiten.
  - Häufigkeitsanteile bestimmter Subthemen/Schlagworte oder Autoren an der Gesamtzahl der Veröffentlichungen in einem Technologiegebiet.

- Häufigkeitsverteilungen der regionalen oder institutionellen Herkunft der Autoren in einem Technologiefeld.
- Zahl der Zitierungen, die bestimmte Veröffentlichungen in Arbeiten anderer Autoren erfahren.

Aufgrund des enormen und exponentiell wachsenden Umfangs der wissenschaftlichen Literatur setzen bibliometrische Analysen technologiefeldrelevante elektronische Datenbanken voraus, so dass die Analysequalität wiederum von der Datenbankqualität (insbesondere Vollständigkeit und Aktualität der Quellenerfassung, Richtigkeit der Stichwortzuordnung zu Quellen) abhängt. Generell wird die Aussagekraft von Fachliteraturanalysen durch (1) eine zunehmende Bedeutung von in Datenbanken kaum erfassten elektronischen Literaturformen (z.B. Mitteilungen im Internet) und (2) eine im Mittel große Zeitverzögerung zwischen der Entstehung von Forschungsbefunden und ihrer schriftlichen Publikation in Zeitschriften beschränkt (s.a. Kap. 3.3.3).

– **Patentanalyse:** Bei Patentanalysen werden von staatlichen Behörden erteilte oder beantragte Patente für die unternehmensrelevanten Technologiefelder *quantitativ* ausgewertet (vgl. *Wolfrum*, 1991, 127-131; *Pieper*, 1998, 114-124; *Schröder*, 1999, 1036f.; *Specht* et al., 2002, 258f.; *Ernst/Soll*, 2003, 544-551). Unter einem *Patent* ist dabei ein staatliches Schutzrecht für Erfindungen zu verstehen, das es dem Erfinder ermöglichen soll, seine Invention innerhalb eines definierten Zeitraums und geographischen Gebietes *ausschließlich selbst* wirtschaftlich zu verwerten. In westlichen Industriestaaten ist die Patentierbarkeit von Sach- oder Verfahrenserfindungen an drei Grundvoraussetzungen gebunden, nämlich (1) Neuheit, (2) erfinderische Tätigkeit, die sich in der Erreichung eines beachtlichen Fortschrittes gegenüber dem Stand der Technik widerspiegelt, und (3) gewerbliche Anwendbarkeit (s. für viele *Kern/Schröder*, 1977, 64; *Bergner*, 1986, 209-217; *Reitzig*, 2002, 7-11).

Im Mittelpunkt der quantitativen strategischen Patentanalyse stehen **Kennzahlen des Patentierverhaltens** in den von einem Unternehmen(steilbereich) als relevant erachteten Patentsachgebieten. Nach *Ernst* (1996, 37-88) kann das Patentierverhalten in einem Technologiefeld abgebildet werden durch

- *Aktivitätskennzahlen*, die schlichtweg die Menge der Erfindungen oder Erfinder widerspiegeln.
- *Qualitätskennzahlen*, die auch Hinweise auf die technologische oder ökonomische Wertighaltigkeit von Patenten erlauben sollen.

Beide Kennzahlentypen lassen sich auch innerhalb eines Technologiegebietes für Staaten(gruppen), Branchen und einzelne Unternehmen bilden (zu Anwendungsbeispielen von Patentkennzahlenanalysen auf Branchenebene für die TFEP s. *Faust*, 1996). Beispiele für Aktivitätskennzahlen sind die Zahl der erteilten Patente oder der verschiedenen Patentempfänger jeweils in einem Sachgebiet und definierten Zeitraum. Beispiele für Qualitätskennzahlen sind

- durchschnittliche Zitierhäufigkeit eines Patentes in nachfolgenden Patentschriften anderer Anmelder.
- mittlere Zahl der Staaten, in denen Patente für Erfindungen in einem Sachgebiet erteilt wurden.
- Durchschnittsalter der in einer Patentschrift zitierten früheren Erfindungen.

Regelmäßigen systematischen Patentanalysen wird in der TIM-Literatur generell eine hohe Aussagekraft bei der Früherkennung von neu entstehenden und sterbenden marktbezogenen technologischen Lösungsansätzen zugesprochen (s. z.B. *Wolfrum*, 1991, 134; *Lange*, 1994, 53f.; *Geschka*, 1995, 635; *Bürgel* et al., 1996, 87; *Pieper*, 1998, 117; *Specht* et al., 2002, 258; *Ernst/Soll*, 2003, 544). Gründe hierfür sind (vgl. *Ernst*, 1996, 31-34; *Specht* et al., 2002, 256):

- Das im internationalen Vergleich halbwegs einheitliche Vorgehen bei der Erteilung und Sachgebietszuordnung von Patenten sowie die daraus resultierende Bindung der Patenterteilung an eine an Mindestqualitätsmaßstäben orientierte, relativ objektive behördliche Entscheidung.

- Der hohe Detaillierungs- und Verständlichkeitsgrad öffentlich verfügbarer Patentinformationen.
- Der Marktbezug von Patenten.
- Die relativ leichte Zugänglichkeit von Patentaktivitäten in verschiedenen Technologiefeldern oder Ländern durch vergleichsweise preiswert und z.T. automatisiert auswertbare Patentdatenbanken, in denen hinreichende Patentinformationen i.d.R. in englischer Sprache abgelegt werden.
- Die mittlere Vorlaufzeit von 3–7 Jahren zwischen einer Patenterteilung und der Sichtbarkeit einer Innovation anhand der Einführung neuer Produkte im Markt oder neuer Prozesse in Unternehmen.

Im konkreten Anwendungsfall hängt die Leistungsfähigkeit von Patentanalysen für die TFEP stark ab von (1) der Qualität der eingesetzten Patentdatenbanken, (2) der Kompetenz bei der Datenbanknutzung und (3) der branchenspezifischen Neigung, Innovationen über Patente schützen zu lassen.

– **Analyse technischer Standards:** Durch Untersuchung der Entstehung und Bedeutung von technischen Standards in einem Innovationsfeld kann man ebenfalls Rückschlüsse auf Reifegrade bzw. Entwicklungspotenziale von Technologien gewinnen. Als „… Standards sollen dabei technische Festlegungen verstanden werden, die von einer Vielzahl oder sogar von allen Marktteilnehmern (Anbietern und Nachfragern) als Spezifikation der auf dem betreffenden Markt angebotenen Produkte akzeptiert sind" (*Kleinaltenkamp*, 1994, 199).

Aus zumeist lang andauernden Standardisierungsprozessen lassen sich Hinweise auf das Ausmaß der Ressourcenbereitstellung anderer Unternehmen für Technologievarianten ableiten. Fehlende Standards deuten häufig darauf hin, dass eine Technologie sich noch in der durch hohe Unsicherheit gekennzeichneten Anfangsphase ihrer Entwicklung befindet (vgl. a. unten Abb. 4-3). Die Etablierung von technischen Standards fördert

- das reibungslose Zusammenwirken sich ergänzender Produkte (z.B. DVD-Abspielgerät und DVD-Trägermedium) ohne nennenswerte Zusatzkosten, also **Interoperabilität**.
- die Austauschbarkeit von funktional äquivalenten Modulen unterschiedlicher Hersteller in einem technologischen Gesamtsystem (z.B. Vermittlungsknoten in Mobilfunknetzen), also **Portabilität**.

Interoperabilität und Portabilität sind Technologieaspekte, die unter dem Begriff der (standardisierungsbedingten) **Kompatibilität** zusammengefasst werden (vgl. *Gerpott*, 2003a, 1105). Kompatibilitätsstandards können einerseits Substitutionspotenziale zwischen Produkten mit gleicher Funktionalität für den Nutzer vergrößern. Andererseits sind sie oft notwendig, um komplexe Systeminnovationen technologisch möglich zu machen, um absatzmengenabhängige Produktions- und Vermarktungskostensenkungspotenziale zu erschließen und um für Produktinnovationen einen hinreichenden Nutzen aus Nachfragersicht zu erreichen. Folglich müssen die Implikationen der Existenz bzw. der (Nicht-)Existenz von Standards für das TIM jeweils technologiebezogen abgeleitet werden (vgl. a. Kap. 5.2.2).

Technologieprognose

Die aus den verschiedenen Kategorien von Informationsquellen für die TFEP gewonnenen Informationen erfassen zunächst die bis zum Datenerhebungszeitpunkt erkennbaren Entwicklungslinien von Technologien. Zur Beurteilung *zukünftiger* technologiebedingter Chancen und Risiken sind deshalb noch **Technologieprognosen** erforderlich, die Vorhersagen anstreben im Hinblick auf (s. *Kern/Schröder*, 1977, 132; *Geschka*, 1995, 628f.):

- Terminierte Ereignisse in einem Technologiefeld (z.B. Jahr der erstmaligen Verfügbarkeit eines kommerziell brauchbaren Kernfusionsreaktors).
- Ausprägungen von Leistungsindikatoren einer Technologie im Zeitablauf.

– Ausprägungen von Indikatoren der Akzeptanz einer Technologie bzw. der auf ihr basierenden Produkte oder Prozesse durch die Mitglieder der Gruppe der potenziellen Technologienutzer oder/und -käufer.

Ein Spezialfall von Technologieprognosen ist die so genannte **Technologiefolgen-Abschätzung** (englisch: Technology Assessment): Bei ihr stehen weniger die unmittelbaren Chancen und Risiken einer innovativen Technologie für den Erfolg *einzelner* Unternehmen im Vordergrund, sondern „… die indirekten, nicht intendierten und langfristigen positiven wie negativen Sekundär- und Tertiäreffekte der Einführung und Anwendung neuer Technologien auf Umwelt und Gesellschaft" (*Dierkes/Mützel*, 1995, 646; s.a. *Bullinger*, 1994, 49f.; *Weber* et al., 2000; *Specht* et al., 2002, 89f.). Technologiefolgen-Abschätzungen, z.B. zum Einsatz von Gentechnologien in der Arzneimittelherstellung, Humanmedizin oder Landwirtschaft, sind somit primär für politische Entscheidungsträger von Bedeutung. Eng verwandt mit diesem Ansatz ist das Konzept des „**Technology Foresight**" (deutsch: Technologievorausschau), bei dem versucht wird, systematisch in die Zukunft zu blicken, um das Aufkommen solcher breit verwendbaren Technologien zu erkennen, welche die größten wirtschaftlichen und sozialen Vorteile für die Bürger eines Staats oder einer Staatengemeinschaft versprechen, und um politische Prioritäten im Hinblick auf die Unterstützung der Erforschung und Entwicklung junger Technologien abzuleiten (vgl. etwa *Cuhls*, 2003). Von politischen Institutionen veröffentlichte Technologiefolgen-Abschätzungen oder Technologie-Vorausschauen haben dann aber auch wieder für einzelne Unternehmen Relevanz, wenn sie Hinweise auf wahrscheinliche Beschränkungen/Freiräume bei der Entwicklung und Anwendung von Technologien und auf Informationserfordernisse zur Beeinflussung der Technologieakzeptanz bei definierten Zielgruppen beinhalten.

Technologieprognosen sind insbesondere dann sehr fehleranfällig, wenn sie nicht auf einer analytischen Bestimmung von Wirkungen einzelner Technologiemerkmale auf die Leistungs- und Nachfrageakzeptanzentwicklung für innovative Produkte mittels systematischer Methoden beruhen. Abb. 4-2 illustriert am

Beispiel von Prognosen der Nachfrageakzeptanz von Mobilfunkanschlüssen in GSM- und UMTS-Netzen in Deutschland, die von namhaften Unternehmen veröffentlicht wurden, wie wenig fundiert und deshalb ungenau so genannte „Prognosen" in der Unternehmenspraxis ausfallen können.

Schlechte Technologieprognosen resultieren häufig aus einer naiven Begeisterung für Innovationen ohne faktenbasierte Analysen der *relativen Nutzen-Kosten-Bilanz der Neuerung* gegenüber bereits etablierten technischen Problemlösungen oder aus einer Übertragung von Erfahrungen mit eingeführten auf junge Technologien. So lässt sich sowohl die deutliche Unterschätzung der GSM-Anschlussakzeptanz (s. Abb. 4-2 oben) als auch die noch krassere Überschätzung der UMTS-Technologieausbreitung (s. Abb. 4-2 unten) in Deutschland gleichermaßen dadurch erklären, dass sich die jeweiligen Vorhersagen eng an der Akzeptanz der Vorläufertechnologien orientiert haben (langsame und niedrige Ausbreitung von C-Netz-Anschlüssen als GSM-Vorläufer sowie schnelle und hohe Ausbreitung von GSM-Anschlüssen als UMTS-Vorläufer), ohne die technologischen und kundenbezogenen Treiber der Akzeptanz der innovativen Mobilfunktechnologien jeweils qualitativ durchdrungen und quantitativ modelliert zu haben.

Zur Verbesserung der Treffsicherheit von technologiebezogenen Entwicklungsvorhersagen stehen zahlreiche quantitative und qualitative **Technologieprognoseverfahren** zur Verfügung (s. die Überblicksdarstellungen bei *Kern/Schröder*, 1977, 134-156; *Geschka*, 1995, 635-640; *Specht* et al., 2002, 87-89). **Quantitative Verfahren** unterstellen, dass die zukünftige Entwicklung der Leistung und Anwendung von Technologien auf Basis einer Kenntnis (1) der Bestimmungsgrößen der Technologieevolution und (2) des Funktionstyps für den Zusammenhang zwischen diesen Determinanten und den Technologiemerkmalsausprägungen, d.h. der Trendform, vorhersagbar ist. Beispiele für solche quantitativen Verfahren sind:

- Trendextrapolationen von Zeitreihendaten mittels der Methode der exponentiellen Glättung oder der einfachen oder multiplen Regressionsanalyse.

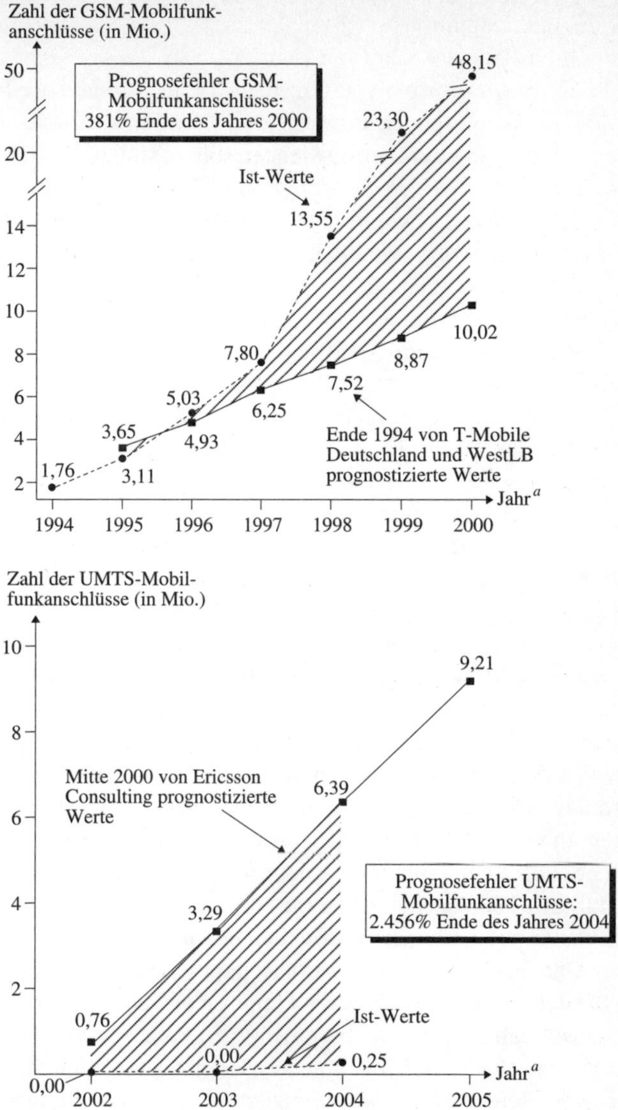

a) Anschlusszahlen jeweils am Jahresende.

Quelle: Prognosewerte aus Booz•Allen & Hamilton, 1995, 31; Ericsson Consulting, 2000, 71

Abb. 4-2: Akzeptanzprognose und -realität für innovative Mobilfunktechnologien in Deutschland

– Modellsimulationen.
– Kosten-Nutzen-Analysen.

Wichtige **qualitative Verfahren**, die eine systematische Integration von quantitativen Informationen und Expertenschätzungen zur Technologievorhersage leisten sollen, sind (vgl. für viele *Wolfrum*, 1991, 137-149; *Dussauge* et al., 1992, 68-73; *Bürgel* et al., 1996, 71-76; *Brockhoff*, 1999, 180-182; *Specht* et al., 2002, 88f.; *Gelbmann/Vorbach*, 2003, 152-160):

– die Szenario-Technik.
– die Delphi-Methode.
– die Relevanzbaum-Analyse.
– die Cross-Impact-Analyse.

Da sämtliche Technologieprognoseverfahren Vor- und Nachteile aufweisen, ist es i.d.R. sinnvoll, mehrere Methoden gleichzeitig in sich ergänzender Weise zu nutzen.

Auch bei Einsatz quantitativer und qualitativer Verfahren sind Technologieentwicklungsprognosen aufgrund der Vielfalt der Faktoren, welche die Entwicklung der Leistungsparameter und der Übernahme einer Technologie durch potenzielle Anwender beeinflussen, extrem komplexe Aufgaben. Deshalb wurden von Praktikern und Wissenschaftlern zahlreiche komplexitätsreduzierende **Prognosemodelle für Technologien** entwickelt. Sie unterstellen in stark realitätsvereinfachender Weise einen quasigesetzmäßigen Zusammenhang zwischen einer oder wenigen unabhängigen Variablen und technologiebezogenen abhängigen Kriterien. In vielen dieser Modelle wird nur die Zeit(spanne) seit der Entdeckung einer Technologie oder ihrer Umsetzung in ein vermarktbares Produkt als erklärende Größe berücksichtigt. Hier spricht man von **endogenen Modellen technologischer Entwicklung**. Daneben existieren in weitaus geringerem Umfang **exogene Modelle**, welche die Entwicklung einer Technologie durch Aktionsvariablen von Unternehmen (z.B. F&E-Aufwandshöhe, Einsatz von Marketing-Instrumenten) oder staatlichen Institutionen (z.B. Bereitstellung von Finanzmitteln für Grundlagenforschung, Sonderabschreibungen auf industrielle F&E-Investitionen) erklären.

Bei endogenen und exogenen Modellen der Technologieentwicklung lassen sich zwei grundsätzliche inhaltliche Perspektiven unterscheiden (vgl. a. *Milling/Maier*, 1996, 26):

- **Leistungszyklusbezogene Modelle (LZM)** betrachten die Leistung(sfähigkeit) von Technologien in Abhängigkeit von der Zeit oder dem technologiebezogenen kumulierten F&E-Aufwand, der – bei im Zeitablauf weitgehend gleich bleibendem F&E-Ressourceneinsatz – mit der Variablen Zeit formal deckungsgleich ist. LZM werden in der Literatur fast durchweg in Analogie zu **Produktlebenszyklus-Konzepten**, die Absatzmengen oder Umsatzerlöse eines Produktes im Zeitablauf abbilden, als **Technologielebenszyklus-Modelle** bezeichnet (s. für viele *Dussauge* et al., 1992, 78; *Höft*, 1992, 74; *Bürgel*, et al., 1996, 90; *Zotter*, 2003, 71; *Gerybadze*, 2004, 130). Diese Bezeichnung ist bei vielen Modellen jedoch irreführend, da sie die Ausbreitung einer Technologie *im Markt* eben *nicht* direkt betrachten, sondern das Technologieleistungsniveau analysieren, das sich auch mit erheblichem Zeitvorlauf zum Ausmaß der kommerziellen Technologieanwendung im Markt entwickeln kann.
- **Nachfragezyklusbezogene Modelle (NZM)** beschreiben die Geschwindigkeit und das Ausmaß der Verbreitung einer Technologie oder technologischen Produktinnovation bei potenziellen Technologieübernehmern. „Übernehmer" können dabei sowohl Kunden auf einem klassischen unternehmensexternen Markt als auch unternehmensinterne Organisationseinheiten/Mitarbeiter sein. Solche Modelle, die in Ergänzung zu LZM weniger die Anfangs- und mehr die Endphase von technologischen Innovationsprozessen abbilden sollen (vgl. o. Abb. 2-7), sind Gegenstand der **wirtschaftswissenschaftlichen Adoptions- und Diffusionsforschung.**

Beide Modellperspektiven werden anschließend kurz erläutert und im Hinblick auf ihre Bedeutung für das TIM diskutiert.

4.1.1.2 Leistungszyklusbezogene Ansätze zur Technologieprognose

Den verschiedenen in der TIM-Literatur diskutierten LZM sind bei allen Detailunterschieden vier Annahmen gemeinsam (zu Überblicksdarstellungen der Modelle s. *Wolfrum*, 1991, 96-109; *Höft*, 1992, 74-88 u. 113-120; *Bürgel* et al., 1996, 90-94; *Specht* et al., 2002, 63-71; *Zotter*, 2003, 60-73):

- Das jeder Technologie inhärente Lösungsprinzip nähert sich im Zeitablauf einer Leistungsgrenze.
- Neue Technologien zeichnen sich aufgrund von Anlaufproblemen zunächst durch einen geringen Leistungszuwachs pro Zeit- oder Ressourceneinheit aus, der aber nach Vorliegen einer „kritischen Wissensmasse" rasch zunimmt.
- Die Leistungsfortschrittsrate einer Technologie nimmt bei Annäherung an ihre Leistungsgrenze zunehmend ab.
- Bei Annäherung einer Technologie an ihre Leistungsgrenze steigt die Wahrscheinlichkeit des Auftretens einer neuen, auf einem anderen Lösungsprinzip basierenden Technologie, die mittelfristig deutlich leistungsfähiger ist als die alte Technologie und Letztere deshalb später mit einer Verdrängungsrate ersetzt, die etwa der zeitlich um 3–5 Jahre vorlaufenden Leistungsfortschrittsrate der neuen Technologie entspricht.

Mit zu den populärsten Varianten von LZM, das sich vor allem an den ersten drei Annahmen orientiert, gehört das **Technologielebenszyklus-Konzept der Unternehmensberatung Arthur D. Little**, das in Abb. 4-3 beschrieben wird (vgl. *Saad* et al., 1991, 65-70; *Gerybadze*, 2004, 130f.). Danach verläuft die Entwicklung des Leistungsniveaus einer Technologie S-förmig und lässt sich in vier Phasen untergliedern. Die Ermittlung der Entwicklungsphase einer Technologie soll anhand von Indikatoren, wie sie in Abb. 4-3 genannt werden, erfolgen. Den vier Technologiephasen werden drei verschiedene Technologietypen zugeordnet. In den meisten Darstellungen dieses Modells wird der Grad der Ausschöpfung des Wettbewerbs- oder Differenzierungspotenzials einer Technologie als Ordinatenvariable verwendet. Da aber zugleich unterstellt wird, dass diese Y-Variable, für deren Messung

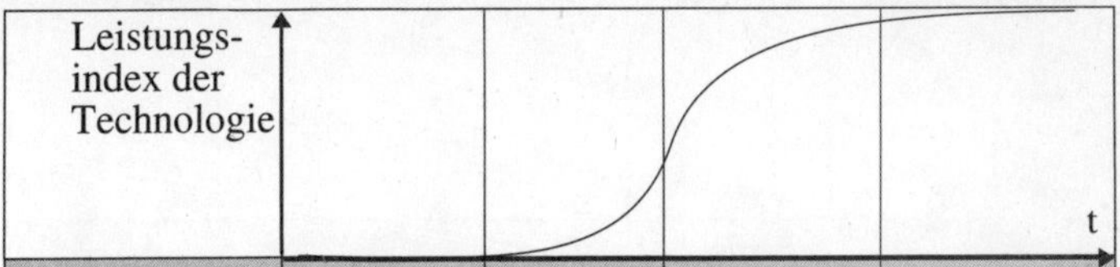

Indikatoren	Entstehungsphase	Wachstumsphase	Reifephase	Altersphase
• Unsicherheit über technologische Leistungsfähigkeit	Hoch	Mittel	Niedrig	Sehr niedrig
• Anzahl der Anwendungsgebiete	Unbekannt	Zunehmend	Stabil	Abnehmend
• Investitionen in Technologieentwicklung	Mittel (Grundlagen)	Hoch (Anwendungen)	Niedrig (Kostensenkungen)	Sehr niedrig
• Auswirkungen auf Leistungs-Kosten-Verhältnis der Produkte/Prozesse	Sekundär	Maximal	Marginal	Marginal
• Zahl der Patentanmeldungen	Zunehmend, sehr groß	Hoch, groß	Abnehmend, klein	Abnehmend, sehr klein
• Typ der Patente	Konzeptpatente	Produktpatente	Verfahrenspatente	–
• Zugangsbarrieren	F&E-Fähigkeiten	Personal	Lizenzen	Anwendungs-Know-how

(wird auf der nächsten Seite fortgesetzt)

Abb. 4-3: Technologielebenszyklus- und Technologietypen-Konzept der Unternehmensberatung Arthur D. Little

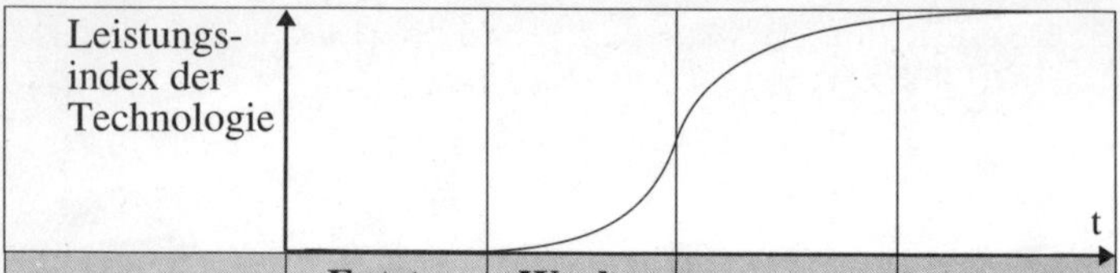

Indikatoren	Entstehungsphase	Wachstumsphase	Reifephase	Altersphase
• Ausschöpfungsgrad des Wettbewerbspotenzials	Sehr gering	Mittel	Hoch	Sehr hoch
• Zeitbedarf v. F&E bis zur Marktreife	7–15 Jahre	2–7 Jahre	1–4 Jahre	1–4 Jahre
Technologietyp	**Schrittmachertechnologie**	**Schlüsseltechnologie**	**Basistechnologie**	

Quelle: In Anlehnung an Saad et al., 1991, 65-70; Wolfrum, 1991, 98; Specht et al., 2002, 66-70; Gerybadze, 2004, 88f. u. 130f.

Abb. 4-3 (Fortsetzung)

sich in den Veröffentlichungen von Arthur D. Little kaum brauchbare Hinweise finden, vollständig positiv mit dem Leistungsniveau einer Technologie korreliert ist, verwendet Abb. 4-3 als abhängige Variable einen Technologieleistungsindex.

Problematisch an dem LZM von Arthur D. Little ist vor allem, dass

– keine *inhaltliche* Begründung für das als quasi-allgemeingültig postulierte S-förmige Verlaufsmuster gegeben wird.
– keine Hilfestellung bei der Bestimmung einer angemessenen logistischen Kurvenverlaufsfunktion für die Prognose der Entwicklung einer konkreten Technologie geleistet wird.

Eine ebenfalls häufig diskutierte Variante von LZM ist das **S-Kurven-Konzept**, das von der Unternehmensberatung McKinsey weltweit bekannt gemacht wurde (s. Abb. 4-4). In diesem Konzept wird (1) nicht die Zeit, sondern der seit der Technologieentstehung bis zum Betrachtungspunkt realisierte kumulierte F&E-Aufwand als Technologieentwicklungsdeterminante verwendet und (2) die Analyse explizit auf mehrere Technologien und die Substitution von Technologien (s.o. LZM-Annahme Nr. 4) ausgedehnt (s. *Krubasik*, 1982 sowie die Konzeptrezeption z.B. bei *Wolfrum*, 1991, 102-109; *Höft*, 1992, 113-116; *Milling/Maier*, 1996, 28-30). Das S-Kurven-Konzept von McKinsey beinhaltet *keine* fundamentale Erweiterung von bereits zuvor diskutierten ertragsgesetzlich verlaufenden LZM von Technologien, da

- der behauptete Entwicklungsverlauf für jede *einzelne* Technologie den Verlaufsannahmen anderer LZM entspricht.
- auch „die Hüllkurve der sich ablösenden Technologien ebenfalls einen S-förmigen Verlauf auf[weist]" (*Milling/Maier*, 1996, 27; s.a. *Brockhoff*, 1999, 185-187).

Der McKinsey-Ansatz stellt vielmehr nur eine Ergänzung der Analyse einzelner S-Kurven dar, die auf die Möglichkeit von diskontinuierlichen Technologiesprüngen bzw. des Aufkommens von innovativen Substitutionstechnologien (z.B. Strahl- anstelle von Propellertriebwerken bei Flugzeugen) abhebt. Auch die praktische Anwendung des LZM von McKinsey ist mit zahlreichen Schwierigkeiten verbunden (s. hierzu z.B. *Wolfrum*, 1991, 106-109; *Höft*, 1992, 115f.; *Brockhoff*, 1999, 185-195; *Höcherl*, 2000, 55-93), da es keine operationalen Hinweise gibt zur

- Abgrenzung von Technologien.
- Vorgehensweise bei der Bildung eines summarischen Leistungsfähigkeitsindexes für verschiedene Technologien.
- Zuordnung von F&E-Aufwendungen auf Technologieleistungskriterien.
- Bestimmung des optimalen Zeitpunktes für eine Ressourcenverlagerung von einer alten auf eine neue Technologie.
- Prognose des im Einzelfall gültigen S-Kurvenverlaufs bzw. solcher Technologien, für die eine S-Kurvenform nicht zutrifft.

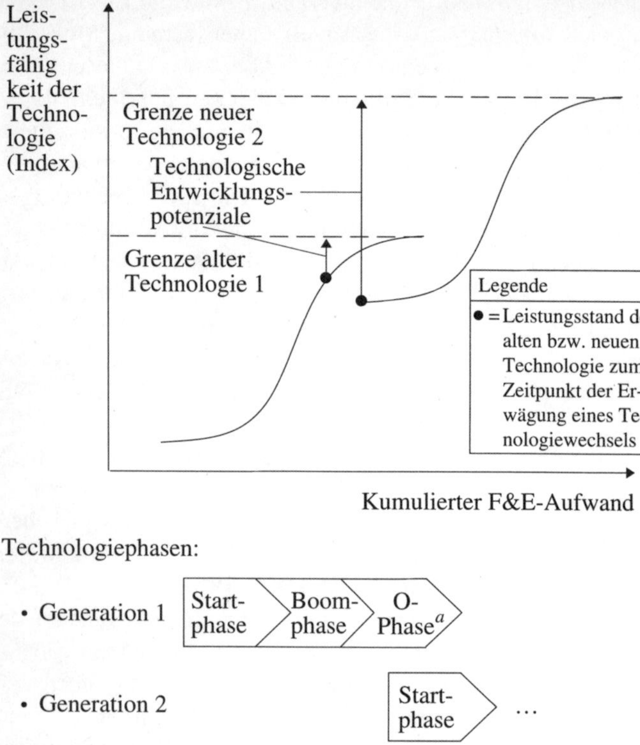

a) O-Phase = Optimierungsphase.

Quelle: In Anlehnung an Krubasik, 1982, 29-30

Abb. 4-4: Konzept der S-Kurven-Verschiebung durch einen Technologiesprung nach McKinsey

Angesichts der zahlreichen Probleme von LZM für Technologien haben derartige Modelle im Rahmen der TFEP und der Entwicklung von Technologiestrategien in erster Linie die Funktion einer *groben Sensibilisierungshilfe* für

- Grenzen der Weiterentwickelbarkeit von Technologien und damit verbundene Veränderungen in der F&E-Produktivität.
- die Notwendigkeit der frühzeitigen Erwägung von Technologiewechseln und eines damit verknüpften (1) Kompetenz-

aufbaus bei neuen Technologien, um die *Option* eines Technologiewechsels offen zu halten, sowie (2) Abbaus des Ressourceneinsatzes für die Verbesserung alter Technologien.
- typische, aber nicht generell vorzufindende Entwicklungsverläufe der Leistungsfähigkeit von Technologien.
- die durch F&E-Anstrengungen in einem Technologiefeld zu erwartenden Leistungsfortschritte.
- die Möglichkeiten und Grenzen einer Erringung von strategischen Wettbewerbsvorteilen durch Technologie-/F&E-Einsatz für ein Unternehmen/Geschäftsfeld in Abhängigkeit vom Reifegrad der Technologien in der eigenen Branche.

4.1.1.3 Nachfragezyklusbezogene Ansätze zur Technologieprognose

Die eben diskutierten LZM gehen implizit davon aus, dass hauptsächlich die Entwicklung des Leistungsniveaus einer Technologie deren Potenziale zur Erzielung von Wettbewerbsvorteilen bestimmt. Damit müssten zum *Zeitpunkt* der Verfügbarkeit einer marktfähigen technologischen Produktinnovation mit einem gegebenen Leistungsniveau *sämtliche* Unternehmen/-smitarbeiter oder Privathaushalte/-personen, die von der Innovation Gebrauch machen können, dieses neue Produkt übernehmen. Empirische Analysen belegen jedoch, dass die Verbreitung von technologischen Produktinnovationen, wie etwa Air-Bag-Sicherungssysteme für PKW oder DVD-Abspielgeräte, (1) erhebliche Zeiträume benötigt und (2) je nach Innovationsobjekt sehr große Zeitunterschiede aufweisen kann (s. *Karshenas/Stoneman*, 1995, 267f.). Beispielsweise erreichten analoge Funktelefonanschlüsse in Deutschland (so genannte „C-Netzanschlüsse“) sieben Jahre nach ihrer Markteinführung im dritten Quartal 1986, also im Herbst 1993 ihre maximale Ausbreitung mit 0,81 Mio. Anschlüssen. Digitale Funktelefonanschlüsse (so genannte D- und E-Netzanschlüsse) konnten als nachfolgende Produktgeneration hingegen sieben Jahre nach ihrer Markteinführung in Deutschland im zweiten Quartal 1992, also bis Mitte 1999 an über 18 Mio. Kunden abgesetzt werden vgl. oben Abb. 4-2).

Geschwindigkeitsunterschiede bei der Marktdurchdringung von technologischen Innovationen sind somit für die TIM-Praxis höchst bedeutsam, z.B. zur Beantwortung der Frage, inwieweit es nach dem Bekanntwerden der Produktinnovation eines Wettbewerbers durch die TFEP noch sinnvoll ist, eine „Aufholentwicklung" zu starten. Dennoch werden sie aber in LZM von Technologien weitgehend vernachlässigt. Deshalb kann bei der TFEP neben einem Rückgriff auf technologieangebotsorientierte LZM auch der ergänzende Einsatz nachfragebezogener Ansätze zur Technologieprognose und -bewertung sinnvoll sein. Einschlägige Überlegungen sind vor allem in der wirtschaftswissenschaftlichen Adoptions- und Diffusionsforschung zu finden (s. zu einführenden Darstellungen dieser Forschungsrichtung z.B. *Mahajan* et al., 1990; *Weiber*, 1992, 2-13; *Lowe*, 1995, 34-36; *Karshenas/ Stoneman*, 1995; *Pohl*, 1996, 45-89; *Rogers*, 2003; *Zotter* 2003, 88-91).

Gegenstand der **Diffusionsforschung** ist die Beschreibung, Erklärung und Prognose der *zeitlichen* Entwicklung der *erstmaligen* Verbreitung von Innovationen innerhalb einer definierten Menge potenzieller Anwender, die man auch als Marktpotenzial, Sättigungsgrenze oder soziales System bezeichnet. Die Kennzeichnung der Gesamtheit der potenziellen Anwender als „Marktpotenzial" oder „Sättigungsgrenze" weist darauf hin, dass in der Diffusionsforschung typischerweise die *Nachfrager* im Mittelpunkt stehen. Hingegen wird die Imitation von Produktinnovationen nach ihrem Bekanntwerden durch andere *Anbieter* als spezieller Diffusionsfall nur in Ausnahmefällen untersucht (s. *Hauschildt*, 2004, 62f.). Die Charakterisierung potenzieller Anwender als „*soziales* System" hebt die Bedeutung von Kommunikationsprozessen zwischen Anwendern für die Ausbreitungsgeschwindigkeit neuer Produkte und Verfahren hervor. Die wichtigsten Typen von Anwendermengen bzw. sozialen Systemen in der Diffusionsforschung, sind (1) bestimmte Mitarbeiter/Organisationseinheiten innerhalb eines Unternehmens, (2) alle Unternehmen in einer Branche, (3) alle Unternehmen in einem definierten regionalen Gebiet und (4) alle privaten Haushalte, auf die ein definierter Merkmalsvektor zutrifft.

Der Teilbereich der Diffusionsforschung, der sich auf der Ebene der *einzelnen* Nachfrageeinheit (= **Adopter**) mit der Entscheidung und dem Entscheidungszeitpunkt hinsichtlich der *erstmaligen Nutzung* (i.d.R. auf Basis eines Kaufs oder einer Miete) der Innovation befasst, wird als **Adoptionsforschung** bezeichnet. Bei einer positiven Nutzungsentscheidung spricht man von **Adoption**. Durch Aggregation der Ergebnisse *einzelner* Adoptionsentscheidungen in einem sozialen System gelangt man zur Erfassung der Diffusion einer Innovation. Die Erklärung von Adoptionsvorgängen ist somit eine notwendige Voraussetzung für das Verständnis der Diffusion von Innovationen.

Sowohl die Diffusions- als auch die Adoptionsforschung konzentrieren sich auf neue **langlebige Gebrauchsgüter in privaten Haushalten** (= „consumer packaged goods“ wie etwa LCD-Fernsehmonitore) oder **länger in Unternehmen als Produktionsmittel/-ressource eingesetzte neue Güter** (= „industrial products“ wie beispielsweise integrierte Computerprogramme zur betriebswirtschaftlichen Unternehmenssteuerung bzw. ERP-Software). Nicht betrachtet werden also kurzlebige Verbrauchsgüter (= „consumer packaged goods“ wie Nahrungsmittel).

Die Unterscheidung von Adoption und Diffusion kann durch die Kurvendarstellungen in Abb. 4-5 verdeutlicht werden (vgl. *Mahajan* et al., 1990, 4; *Weiber*, 1992, 12-19; *Pohl*, 1996, 51 u. 55; *Meade/Islam*, 1998, 1117 u. 1127f.; *Rogers*, 2003, 262 u. 281). Die Adoptionskurve gibt die relative oder absolute Häufigkeit von Adoptionen *innerhalb* eines bestimmten Zeitintervalls wider. Vielfach wird unterstellt, dass diese Kurve normalverteilt ist. In Abhängigkeit von dem Zeitintervall, in dem ein potenzieller Anwender sich relativ zu allen Adoptern zur Übernahme einer Innovation entschieden hat, kann man zwischen verschiedenen **Adopterklassen** unterscheiden. Gebräuchlich ist hier die Differenzierung von (1) Innovatoren, (2) frühen Übernehmern, (3) früher Mehrheit, (4) später Mehrheit und (5) Nachzüglern (s. Abb. 4-5 und *Rogers*, 2003, 279-285). Die Diffusionskurve ergibt sich durch kumulative Darstellung der Adoptionskurve und zeigt die absolute oder relative Zahl aller Adopter zu unterschiedlichen Zeitpunkten. Bei Annahme einer normalverteilten Adoptionskurve ergibt sich ein logistischer Verlauf der Diffusionskurve (s. Abb. 4-5), der dem Verlauf von LZM entspricht.

Die empirische Haltbarkeit einer normalverteilten Adoptionskurve und einer logistischen S-Diffusionskurve konnte in erster Linie für langlebige Haushaltsgüter in etlichen Studien bestätigt werden (s. *Weiber*, 1992, 12; *Milling/Maier*, 1996, 79; *Pohl*, 1996, 55). Wie Abb. 4-6 zu entnehmen ist, lässt sich etwa die Entwicklung der Zahl der GSM-Mobilfunkanschlüsse in Deutschland von 1992 bis 2004 recht gut mit Hilfe einer logistischen Sättigungsfunktion abbilden. Dennoch sind die in Abb. 4-5 gezeigten zwei Kurvenverläufe keineswegs als allgemeingültig anzusehen. Beispielsweise sind bei Innovationen, deren Nutzen für den Kunden

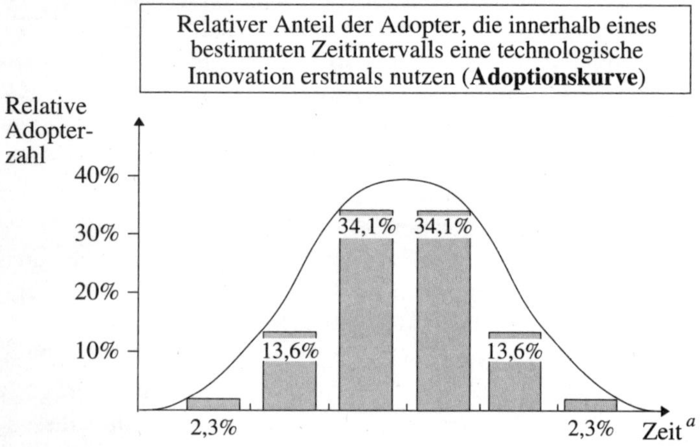

Adoptionszeitintervall	t_0 bis $\bar{t}-2\,SD_t$	$\bar{t}-2\,SD_t$ bis $\bar{t}-1\,SD_t$	$\bar{t}-1\,SD_t$ bis $\bar{t}$	$\bar{t}$ bis $\bar{t}+1\,SD_t$	$\bar{t}+1\,SD_t$ bis $\bar{t}+2\,SD_t$	$\bar{t}+2\,SD_t$ bis t_S
Adopterklassifikation	Innovatoren	Frühe Übernehmer	Frühe Mehrheit	Späte Mehrheit	Nachzügler	Nachzügler

(wird auf der nächsten Seite fortgesetzt)

Abb. 4-5: Klassische normalverteilte Adoptionskurve und logistische Diffusionskurve

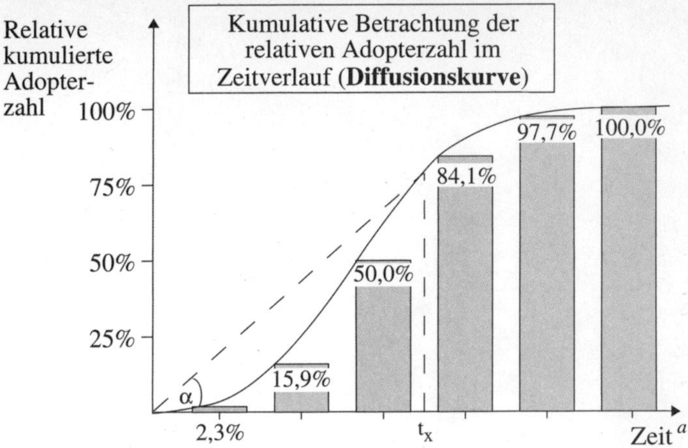

Adoptions-zeitpunkt	$\bar{t}-2\ SD_t$	$\bar{t}-1\ SD_t$	$\bar{t}$	$\bar{t}+1\ SD_t$	$\bar{t}+2\ SD_t$	t_S

$\tan \alpha$ = Adoptionsrate in t_x = (Relative kumulierte Adopterzahl/t_x)

a) t_0 = Erster Verfügbarkeitszeitpunkt der Innovation; t_S = Letzter Übernahmezeitpunkt der Innovation; $\bar{t}$ = Mittlerer Übernahmezeitpunkt der Innovation; SD_t = Standardabweichung des mittleren Übernahmezeitpunktes.

Abb. 4-5 (Fortsetzung)

wesentlich von der kumulierten Adopterzahl mitbestimmt wird (so genannte Netzeffekt- oder Systemgüter) – wie etwa Personal Computer oder Telefonendgeräte – auch rechtsgipflige Adoptionsverteilungskurven mit negativer Schiefe und zeitweise exponentiellen Diffusionskurven zu erwarten (vgl. a. *Weiber*, 1992, 57-64). Darüber hinaus geben endogene Diffusionsmodelle mit unveränderlicher Sättigungsgrenze keine Hinweise auf die inhaltlichen Bestimmungsgrößen der Innovationsdiffusion für das TIM.

Ein Beispiel für ein einfaches Technologie-Diffusionskonzept ohne mathematische Quantifizierung findet man bei *Ford/Ryan* (1981). Wie Abb. 4-7 veranschaulicht, gehen diese Autoren davon aus, dass die Diffusion einer Technologie aus Sicht eines Unternehmens in sechs Stufen von der Technologieentwicklung bis zum Technologierückgang erfolgt. Die Aussagekraft des Modells ist aber wegen (1) fehlender Belege für den unterstellten

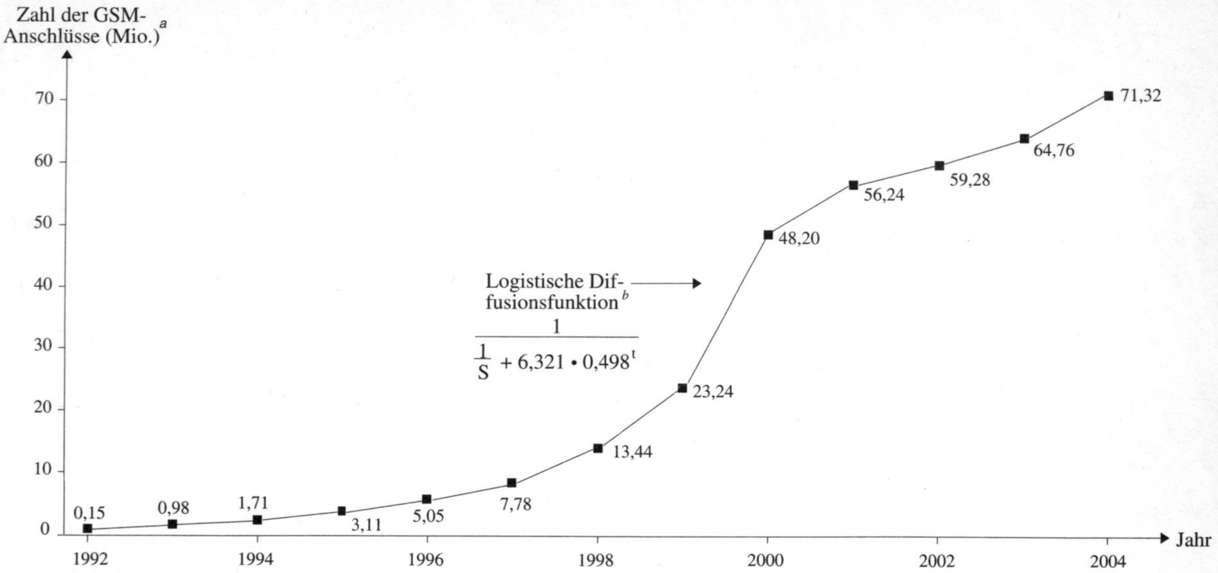

a) Jeweils am Jahresende.
b) S = Sättigungsniveau = 75,0 Mio. (Annahme). t = Jahr (mit 1992 = 1). $R^2 = 0{,}983$.

Quelle: RegTP, eigene Berechnungen

Abb. 4-6: Diffusion von GSM-Mobilfunkanschlüssen in Deutschland 1992-2004

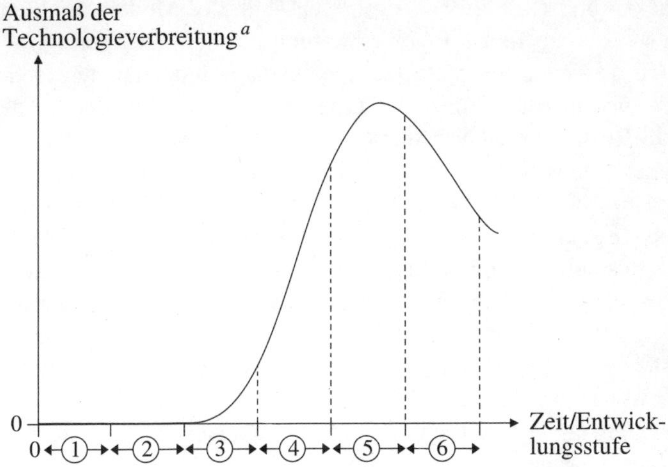

Technologiediffusionszyklus	
Stufe	Bezeichnung
1	Technologieentwicklung
2	Technologieanwendung (produktbezogen)
3	Anwendungsstart
4	Anwendungswachstum
5	Technologiereife
6	Technologierückgang

a) Zahl der Nachfrager, die eine Produktkategorie in einem bestimmten Zeitintervall kaufen.

Quelle: In Anlehnung an Ford/Ryan, 1981, 120

Abb. 4-7: Technologiediffusionszyklus nach Ford/Ryan

Diffusionsverlauf, (2) mangelhafter Abgrenzung der Diffusionsphasen und (3) vager Definitionen zentraler Modellvariablen (insbesondere Technologieverbreitungsausmaß) eher gering.

Ein zweites Beispiel für ein mathematisch präzisiertes Technologie-Diffusionskonzept, das den Ersatz einer alten durch eine neue Technologie betrachtet (z.B. natürliches durch künstliches Leder) ist das „simple substitution model of technological change" von *Fisher/Pry* (1971, 290; vgl. a. *Specht* et al., 2002, 88). Ihr Ansatz geht davon aus, dass „many technological advances can be considered as competitive substitutions of one method of satisfying a need for another" (*Fisher/Pry*, 1971, 291). Zur Abbildung solcher Substitutionsverläufe ist nach *Fisher/Pry* folgende S-förmige logistische Diffusionsfunktion, mit der der Anteil der Verwender der neuen Technologie an der Gesamtzahl der Nutzer der alten und neuen Technologien bzw. am Gesamtmarkt quantifiziert wird, geeignet:

$$Y(t) = \frac{1}{1+e^{-a\,(t-t_{50})}} \tag{4.1}$$

mit $Y(t)$ = Anteil der Nutzer der neuen Technologie an der Gesamtzahl der Nutzer der alten und neuen Technologie zum Zeitpunkt t (•100 zur Transformation in Prozentwerte)

a = Wachstumsrate der Nutzer der neuen Technologie bzw. Geschwindigkeit, mit der die alte Technologie verdrängt wird (je größer a, desto schneller ersetzt die neue die alte Technologie)

e = Basis des natürlichen Logarithmus (= 2,718281)

t = Betrachteter Zeitpunkt nach Beginn des Substitutionsprozesses

t_{50} = Zeitpunkt, an dem 50% der alten Technologie substituiert ist bzw. an dem auf die alte und neue Technologie jeweils 50% des gesamten Nutzerbestands entfallen

Der Parameter a in Gleichung (4.1) lässt sich mittels einer Regressionsrechnung einfacher schätzen, wenn man statt Y(t) den

Nutzeranteil der neuen Technologie relativ zum Anteil der Nutzer der alten Technologie bzw. zum durch die neue Technologie noch nicht ausgeschöpften Restmarkt, also Y(t) / (1–Y(t)), als abhängiges Kriterium heranzieht. Wendet man zur Umschreibung dieses Kriteriums Gleichung (4.1) an und setzt $-a\,(t-t_{50}) = X$, so erhält man:

$$\frac{Y(t)}{1-Y(t)} = \frac{\frac{1}{1+\exp X}}{1-\frac{1}{1+\exp X}} = \frac{\frac{1}{1+\exp X}}{\frac{1+\exp X}{1+\exp X}-\frac{1}{1+\exp X}} = \frac{1}{1+\exp X}\cdot\frac{1+\exp X}{\exp X}$$

$$= \frac{1}{\exp X} = \exp X^{-1} = \exp\left[-a\,\left(t-t_{50}\right)\right]^{-1} = \exp a\left(t-t_{50}\right) \qquad (4.2)$$

Aus dem Term (4.2) erhält man durch Logarithmieren folgende lineare Funktion:

$$\ln\left(\frac{Y(t)}{1-Y(t)}\right) = \ln(\exp(a(t-t_{50}))) = a\,t - a\,t_{50} \qquad (4.3)$$

Setzt man $c = -a\,t_{50}$, so ergibt sich gemäß (4.3):

$$\ln\left(\frac{Y(t)}{1-Y(t)}\right) = a\,t + c \qquad (4.4)$$

Folglich lässt sich der logarithmierte Nutzeranteil der neuen relativ zum Anteil der alten Technologie über folgende lineare Regression schätzen:

$$\hat{Y}(t) = a\,t + c \qquad (4.5)$$

mit $\hat{Y}(t) =$ Schätzwert für ln (Y(t) / (1–Y(t)))

Für t_{50} gilt, dass die Gleichungen (4.4) und (4.5) jeweils Null ergeben. Damit kann man t_{50} durch Auflösen von (4.4) oder (4.5) nach t bestimmen als

$$t_{50} = -\frac{c}{a} \qquad (4.6)$$

Den prognostizierten/geschätzten Nutzeranteil der neuen Technologie am Gesamtbestand der Nutzer der alten und neuen Nutzer zum Zeitpunkt t $\left[=\tilde{Y}(t)\right]$ erhält man durch Transformation des $\hat{Y}(t)$-Wertes:

$$\hat{Y}(t) = \ln\left(\frac{\tilde{Y}}{1-\tilde{Y}(t)}\right)$$

$$\exp \hat{Y}(t) = \frac{\tilde{Y}(t)}{1-\tilde{Y}(t)}$$

$$\exp \hat{Y}(t) - \exp \hat{Y}(t)\, \tilde{Y}(t) = \tilde{Y}(t)$$

$$\exp \hat{Y}(t) = \tilde{Y}(t) + \exp \hat{Y}(t)\, \tilde{Y}(t)$$

$$\exp \hat{Y}(t) = \tilde{Y}(t)\left(1 + \exp \hat{Y}(t)\right)$$

$$\tilde{Y}(t) = \frac{\exp \hat{Y}(t)}{1+\exp \hat{Y}(t)}$$ (• 100 zur Transformation in Prozentwerte) (4.7)

Zur Illustration der praktischen Vorgehensweise bei der Berechnung einer Diffusionsfunktion nach *Fisher/Pry* (1971) gemäß Gleichung (4.1) betrachte ich die Ausbreitung von bespielten CDs im deutschen Musikmarkt, die im Zeitraum von 1983 bis 1997 mit einer zunehmenden Substitution des Vorgängerträgermediums für Musikprodukte, der Langspielplatte (LP) einherging. Die zur Berechnung der Diffusionsfunktion herangezogenen Daten enthält Abb. 4-8.

Eine Regressionsrechnung nach der Methode der kleinsten Quadrate, die u.a. mittels eines Tabellenkalkulationsprogramms vorgenommen werden kann, mit t als unabhängiger und Y als abhängiger Variable (s. Spalten 2 und 6 in Abb. 4-8) ergibt gemäß Gleichung (4.4) für c den Wert –5,136 und für die Wachstumsgeschwindigkeit a den Wert 0,814. Schätzungen für ln (Y(t) / (1–Y(t)) erhält man also durch Einsetzen von Werten für t in die Gleichung $\hat{Y}$(t) = 0,814 t – 5,136. Dementsprechend beläuft sich etwa der Schätzwert für Periode 7 (= 1989) auf 0,814 • 7 – 5,136 = 0,562. Den prognostizierten CD-Absatzanteil für Periode 7 kann man nun durch Anwendung von Gleichung (4.7) ermitteln als exp 0,562 / (1 + exp 0,562) = 0,6369 bzw. 63,69%. Der Zeitpunkt t_{50}, an dem der CD-Absatz einen Anteil von 50% am gesamten Absatz von CD und LP erreicht hat, liegt gemäß Gleichung (4.6) bei –5,136 / –0,814 = 6,31. D.h. nach Abschluss des Jahres 1988 (t = 6) und vor Abschluss des Jahres 1989 (t = 7) etwa im April 1989 erreichte der CD-Absatz einen 50%-Anteil

Jahr	Zeit-index t	Ist-Absatzwerte (in Mio.) CD	LP	Gesamt	CD-Prozent-anteil (Y)	ln (Y/(1–Y))
1983	1	0,9	91,7	92,6	0,97	–4,624
1984	2	3,0	71,1	74,1	4,05	–3,165
1985	3	6,8	74,0	80,8	8,42	–2,387
1986	4	13,3	68,8	82,1	16,20	–1,643
1987	5	22,8	66,3	89,1	25,59	–1,067
1988	6	39,2	57,6	96,8	40,50	–0,385
1989	7	56,9	48,3	105,2	54,09	0,164
1990	8	76,2	43,9	120,1	63,45	0,551
1991	9	104,2	23,8	128,0	81,41	1,477
1992	10	131,8	5,1	136,9	96,28	3,252
1993	11	152,8	1,6	154,4	98,96	4,559
1994	12	166,2	0,7	166,9	99,58	5,470
1995	13	176,9	0,4	177,3	99,77	6,092
1996	14	184,5	0,4	184,9	99,78	6,133
1997	15	196,9	0,4	197,3	99,80	6,200

Quelle: Bundesverband der Phonographischen Wirtschaft; eigene Berechnungen

Abb. 4-8: Daten zur Berechnung einer CD-Diffusionsfunktion gemäß Fisher/Pry (1971) für den deutschen Musikmarkt

am Gesamtmarktpotenzial. Abb. 4-9 visualisiert die gemäß *Fisher/Pry* (1971) geschätzte (substitutive) Diffusionsfunktion und stellt die mittels dieser Funktion prognostizierten CD-Anteile am Gesamtmarkt den tatsächlich beobachteten Anteilen gegenüber.

Die geschätzte Diffusionsfunktion in Abb. 4-9 hat ein quadriertes Bestimmtheitsmaß R^2 von 0,978; sie erklärt also 97,8% der Varianz des CD-Absatzanteils bzw. weist nur einen relativ niedrigen mittleren absoluten Prognosefehler von 0,032 bzw. 3,2% auf.

Fisher/Pry (1971, 292) schlagen vor, substitutive Diffusionsverläufe noch anhand der Zeitspanne zu charakterisieren, die eine neue Technlogie benötigt, um die Marktpotenzialausschöpfung von 10% (= Ende der Einführungs-/Beginn der Wachstumsphase) auf 90% (= Ende der Wachstums-/Beginn der Sättigungsphase) zu erhöhen. Diese prognostizierte Zeitspanne, die *Fisher/Pry* (1971, 292) als „takeover time“ bezeichnet, beläuft sich im CD-

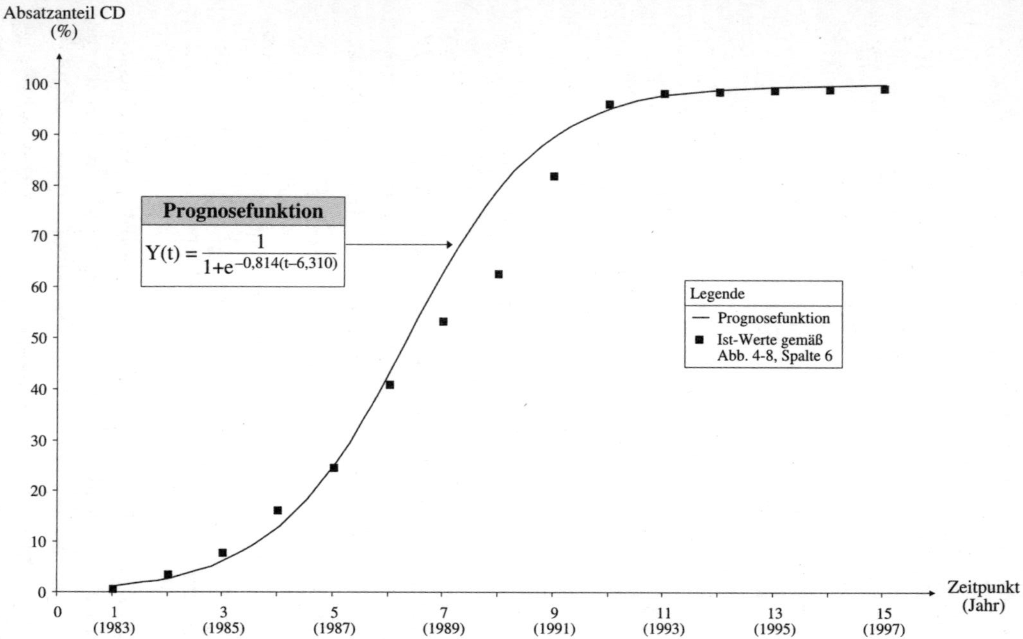

Quelle: eigene Berechnungen

Abb. 4-9: Substitutive Diffusionsfunktion nach Fisher/Pry (1971) für bespielte Musik-CDs in Deutschland

Fallbeispiel auf knapp fünf Jahre, da die geschätzte 10%-Schwelle Mitte 1987 und die geschätzte 90%-Schwelle Anfang 1992 überschritten werden (vgl. Abb. 4-8, Spalte 6).

Der Verlauf von substitutiven endogenen Diffusionsfunktionen nach *Fisher/Pry* entspricht prinzipiell der Diffusionskurve im zweiten Teil von Abb. 4-5. Dementsprechend gilt auch für diesen speziellen Ansatz die oben für endogene Diffusionsmodelle allgemein formulierte Kritik, dass er keine explizite Modellierung der *mikroökonomischen Ursachen* für den Wechsel von Nachfragern von einer alten zu einer neuen Technologie (z.B. Kostenersparnisse, Leistungssteigerungen, Nachahmung von Meinungsführern, Werbe- oder Distributionsdruck) vornimmt und von einem im Zeitablauf unveränderlichen Gesamtabsatzpotenzial ausgeht. Weiter liefert das *Fisher/Pry*-Konzept keine Hinweise, nach welchen Regeln historische Analogien ausgewählt werden sollen oder wie lang die Zeitreihe der für eine Innovation verfügbaren historischen Ist-Daten ausfallen sollte, wenn man eine substitutive Diffusionsfunktion zur Technologie*prognose* verwenden will. Damit gilt für den *Fisher/Pry*-Ansatz, aber auch für andere mathematische Diffusionsmodelle, die ohne oder mit expliziter Parametrisierung von Treibern der Verbreitung einer Innovation in einer Grundgesamtheit potenzieller Nutzer arbeiten, folgende von *Mahajan* et al. (1990, 9) bereits vor längerem gewonnene Erkenntnis: „Parameter estimation of diffusion models is primarily of historical interest; by the time sufficient observations have developed for reliable estimation, it is too late to use the estimates for forecasting purposes."

Vor allem die fehlende Aussagekraft von quantitativen Diffusionsmodellen im Hinblick auf die inhaltlichen Bestimmungsgrößen der Innovationsausbreitung und ihrer Wirkungsstärke hat zu einer Fülle von Adoptionsforschungsarbeiten beigetragen, die potenzielle Determinanten des Beginns, der Dauer und des Ausgangs von Entscheidungsprozessen hinsichtlich der Übernahme einer Produktinnovation untersucht haben. Wie Abb. 4-10 zu entnehmen ist, kann die Vielzahl von Einflussgrößen auf Adoptionsprozesse bei Innovationen in drei Klassen gegliedert werden (vgl. *Weiber*, 1992, 4-8; *Pohl*, 1996, 89; *Schmalen/Pechtl*, 1996, 816-819; *Rogers*, 2003, 170, 222):

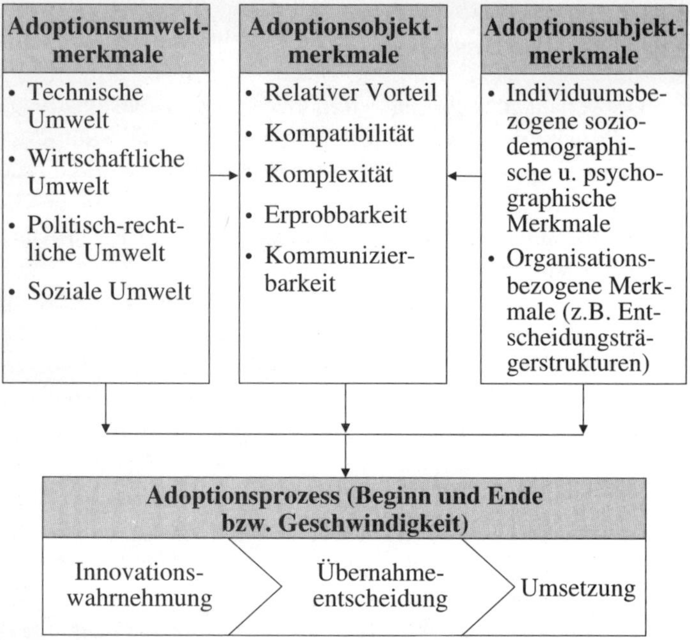

Abb. 4-10: Determinanten des Adoptionsprozesses technologischer Innovationen

– Adoptionsumwelt (z.B. veränderte Gesetze).
– Adoptionsobjekt (d.h. Merkmale der Innovation).
– Adoptionssubjekt (d.h. Merkmale des Übernehmers).

Für das TIM sind dabei vor allem die Merkmale des Adoptionsobjektes von Interesse, da auf diese unmittelbar gestaltend Einfluss genommen werden kann. Fünf **Eigenschaften von technologischen Innovationen** gelten als besonders adoptionsrelevant (vgl. *Weiber*, 1992, 5f.; *Pohl*, 1996, 59-62; *Schmalen/Pechtl*, 1996, 819-824; *Rogers*, 2003, 223-266; *Zotter*, 2003, 78):

– **Relativer Vorteil**: Dieses Merkmal gibt das Ausmaß wieder, in dem eine Innovation *aus Sicht des Adopters* eine bessere Nutzen-Kosten-Relation als bisher verwendete oder andere innovative Produkte/Prozesse aufweist. Das Ausmaß des wahrgenommenen relativen Vorteils hat bei technologischen Innovationen herausragende Bedeutung als Adoptionskriterium. Als Subdimensionen des relativen Vorteils einer Innovation sind zu unterscheiden:

- Ihr *Ein-/Auszahlungssaldo*/ihre Wirtschaftlichkeit.
- Die absolute Höhe und der zeitliche Verlauf ihrer *Anschaffungskosten.*
- Die absolute Höhe und der zeitliche Verlauf der *Auszahlungen*, die ein Nachfrager zusätzlich *während der Nutzungsphase* der Innovation zu tätigen hat.
- Von ihr hervorgerufene *Zeitersparnisse und -aufwendungen* sowie *Bequemlichkeitsveränderungen.*
- Von ihr ausgehende Veränderungen des *sozialen Status* eines Nachfragers.

– **Kompatibilität**: Die Kompatibilität erfasst, inwieweit eine Innovation als vereinbar mit früher beschafften, aber noch im Einsatz befindlichen Investitionsobjekten des Adopters und als konsistent mit dessen Werten, Normen und Erfahrungen wahrgenommen wird. Niedrige Kompatibilität führt tendenziell zu einer Verlängerung der Informationssuche des Übernahmekandidaten.
– **Komplexität**: Bei diesem Merkmal geht es um das Ausmaß der Schwierigkeiten, die ein Adopter beim Verstehen des Anwendungsnutzens einer Innovation und bei deren praktischer Bedienung erlebt. Niedrige Komplexität hat eine Verkürzung der Meinungsbildungsphase bei Innovationen zur Folge.
– **Erprobbarkeit**: Als Erprobbarkeit wird das Ausmaß bezeichnet, in dem sich eine Innovation *vor* der verbindlichen Adoptionsentscheidung durch den Adopter testen lässt. Niedrige Erprobbarkeit führt zu höherer Unsicherheit bei der Innovationsbeurteilung.
– **Sichtbarkeit**: Dieses Merkmal erfasst, wie einfach zentrale Eigenschaften einer technologischen Innovation für Übernahmeinteressenten beobachtbar und wie leicht sie ihnen vermittelbar sind. Niedrige Sichtbarkeit führt zu eher geringem Interesse potenzieller Nutzer an einer technologischen Innovation.

In der Adoptionsforschung wird weitgehend übereinstimmend angenommen, dass folgende Beziehungen gelten: Je größer der relative Vorteil, die Kompatibilität, die Erprobbarkeit und die Sichtbarkeit und je kleiner die Komplexität von technologischen Innovationen, desto kürzer fallen die Länge und desto höher die Geschwindigkeit von Adoptionsprozessen aus. Diese Überlegung ist zwar plausibel und gibt Hinweise zur Technologieprognose. Sie ist aber auch nicht unproblematisch, da

- zur Operationalisierung der fünf Technologieeigenschaften im konkreten Anwendungsfall wenig Anhaltspunkte bereitgestellt werden.
- die Relevanz weiterer Eigenschaften für die Technologieadoption nicht unplausibel ist (z.B. Technologiekosten relativ zu den verfügbaren Ressourcen des Adopters).
- empirische Belege zur Stützung der Überlegung nur selten beigebracht werden.

Insgesamt liefern adoptions- und diffusionstheoretische Arbeiten, bei aller berechtigten Kritik insbesondere an der praktischen Nützlichkeit mathematisch-formaler Diffusionsmodelle (vgl. *Milling/Maier*, 1996, 70-89), doch einige **Interpretationshilfen** für das TIM: Sie erinnern daran, dass

- bei der Verbreitung von Innovationen im Markt häufig große Zeitunterschiede bestehen.
- die wirtschaftlichen Verwertungschancen einer Technologie und die zeitliche Chancenverteilung und damit mittelbar die ökonomische Sinnhaftigkeit des Aufbaus von Technologiekompetenzen durch ein Unternehmen vom erreichten Diffusionsgrad und der erwarteten Diffusionsgeschwindigkeit einer Technologie wesentlich beeinflusst werden.
- die Adoptionschancen und Diffusionsgeschwindigkeit einer technologischen Innovation keineswegs nur von deren technisch-objektiver Leistungs-Kosten-Bilanz abhängt.
- die Merkmale einer Technologie ebenso wie die Merkmale potenzieller Adopter als wichtige Kriterien bei der Prognose des Ausmaßes (Gesamtmarktpotenzial) und des zeitlichen Verlaufs der Verbreitung einer Technologieinnovation zu berücksichtigen sind.
- bei potenziellen Innovatoren komplexe unsicherheitsreduzierende Informationsverarbeitungsprozesse vor einer Nutzungsentscheidung aufwändiger Technologien ablaufen, auf

die ein Unternehmen durch Kommunikationsmaßnahmen (Produktankündigungen, Prototypenpräsentation) und Anreize (z.B. Einführungspreise) gezielt Einfluss nehmen kann (vgl. a. Kap. 5.3.3).

– bei Auftreten einer großen Zahl von Nicht-Adoptoren einer Technologie über einen längeren Zeitraum häufig eine rasche Suche nach technischen Alternativlösungen verbunden mit Maßnahmen zur Bindung von Nicht-Adoptoren an das eigene Unternehmen sinnvoll ist.

4.1.2 Technologische Konkurrentenanalyse

Die **technologische Konkurrentenanalyse (TKA)** umfasst als Teil des TIM die frühzeitige Beschaffung, Speicherung, Auswertung und Anwendung von Informationen über technologische Innovationsaktivitäten von für das eigene Unternehmen relevanten Wettbewerbern. Sie unterscheidet sich von der TFEP prinzipiell dadurch, dass die TKA auf namentlich ex ante festgelegte *einzelne Anbieter* von Produkten, die gegenwärtig oder zukünftig ein mittleres bis hohes Substitutionspotenzial gegenüber den eigenen Produkten aufweisen, ausgerichtet ist. Die TFEP betrachtet hingegen Entwicklungen und Anwendungen in Technologiefeldern, ohne primäres Augenmerk auf die in den Feldern tätigen Unternehmen/Institutionen zu legen (vgl. a. *Brockhoff*, 1991, 92f.; *Lange*, 1994, 9f.).

Für die Interpretation von Informationen zu technologischen Aktivitäten von Konkurrenten ist i.d.R. ein Verständnis der Wettbewerbsstrukturen und -prozesse auf der Ebene der *Branche(n)*, in der (denen) die betrachteten Unternehmen agieren, Voraussetzung. Die Gewinnung eines solchen Branchenverständnisses ist Gegenstand der **Wettbewerbs-/Konkurrenzanalyse**, aber nicht der technologischen Konkurrent*en*analyse i.e.S. (s. zu *dem* klassischen Bezugsrahmen zur Wettbewerbsanalyse in Branchen *Porter*, 1980, 3-33). Zwischen Wettbewerbs-/Konkurrenzanalyse einerseits und technologischer Konkurrent*en*analyse andererseits bestehen zwar vielfältige Interdependenzen. Sie unterscheiden sich aber hinsichtlich ihrer formalen Betrachtungsebenen (Branchen vs. Einzelunternehmen) und inhaltlichen Betrachtungsschwerpunkte (Wettbewerbsintensität[sevolution] vs. technologiebezogene Inputs, Prozesse und Outputs bei bestimmten Konkurrenten). Deshalb wird hier auch begrifflich zwischen Konkurrenten- und Konkurrenzanalyse differenziert (s.a. *Lange*, 1994, 13, Fußnote 67).

Ziele der TKA sind (s. *Brockhoff*, 1991, 96; *Lange*, 1994, 28; *Vahs/Burmester*, 2005, 151-154):

- Reduzierung des Risikos von Entscheidungen über eigene Vorgehensweisen bei der Beschaffung und Verwertung technologischer Innovationen durch Vermeiden negativer Überraschungen im Zusammenhang mit Technologieinnovationen von Konkurrenten.
- Sensibilisierung für die Chancen alternativer Ansätze zur Technologieentwicklung und -anwendung, die zwar von Konkurrenten verfolgt, aber im eigenen Unternehmen nicht hinreichend beachtet werden.
- Erhöhung der eigenen Handlungsflexibilität des TIM infolge einer Verlängerung der Vorwarnzeit bezüglich technologischer Innovationsschritte und -ergebnisse von Konkurrenten.

Zur TKA gehören vier Hauptaufgabenblöcke (s. Abb. 4-11). Diese lassen sich zwar idealtypisch als linear aufeinander folgende Phasen eines Analyseprozesses verstehen. Aber in der Realität bestehen zahlreiche vernetzte Rückkopplungsbeziehungen zwischen den Aufgabenfeldern (s. zu entsprechenden Phasenmodellen für Konkurrentenanalysen im Allgemeinen z.B. *Porter*, 1980, 73; *Lange*, 1994, 64; *Ashton/Stacey*, 1995, 88). Die vier Blöcke sind wie folgt zu charakterisieren:

(1) Auswahl zu untersuchender Unternehmen

Für die TKA kommen zunächst alle unverbundenen Unternehmen in Frage, die aus Käufersicht funktional gegen die Leistungen des eigenen Unternehmens austauschbare Güter vermarkten oder eine solche Vermarktung planen (könnten). Bei der Bestimmung von anderen Unternehmen, die eine Befriedigung von Kundenbedürfnissen durch Einsatz sehr ähnlicher Mittel/Technologien anstreben (= *direkte Konkurrenten*), entstehen in der Praxis

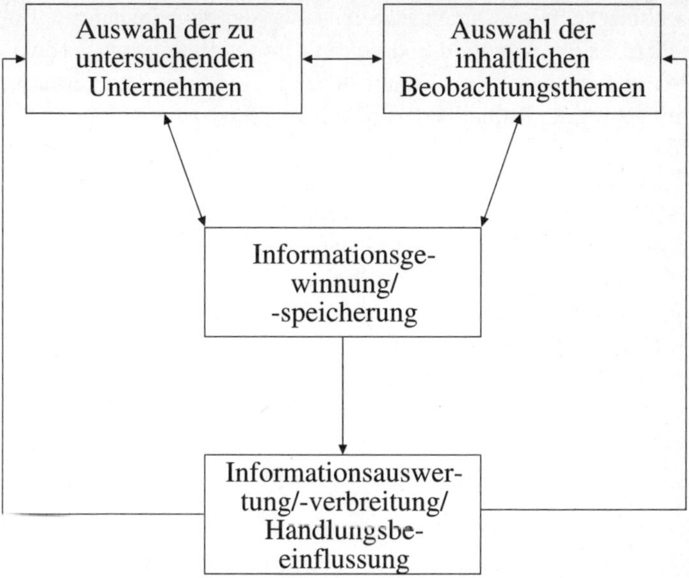

Abb. 4-11: Hauptaufgabenblöcke der technologischen Konkurrentenanalyse

fast durchweg keine Schwierigkeiten. Problematischer gestaltet sich die Erfassung indirekter oder potenzieller Konkurrenten.

Indirekte Konkurrenten nutzen zur Erfüllung ähnlicher Kundenanforderungen andere Mittel/Technologien als das eigene Unternehmen. Beispielsweise kann das Bedürfnis von Unternehmen nach regional gezielter Werbung durch die verschiedenen technischen Lösungen Zeitung, Rundfunk und Online-Dienst erfüllt werden, so dass damit Zeitungsverleger, Rundfunkveranstalter und Telekommunikationsdiensteanbieter zu mittelbaren Konkurrenten auf dem Werbemarkt werden. *Potenzielle Konkurrenten* sind solche, die einen Neueintritt in vom eigenen Unternehmen abgedeckte Produkt-Markt-Felder und die ihnen zugrunde liegenden Technologiefelder beabsichtigen (könnten). Die Eintrittswahrscheinlichkeit ergibt sich als Produkt der **Eintrittsfähigkeit und -motivation** eines anderen Unternehmens (vgl. *Römer*, 1988, 490f.). Die *Eintrittsfähigkeit* für ein Technologiefeld kann wiederum konzeptionell ausgedrückt werden als Quotient aus den technologischen Ressourcen und der Höhe der Eintrittsbarrieren in einem Technologiefeld und den mit ihm verbundenen Produkt-Markt-Feldern (z.B. größenabhängige Produktions- und Vermarktungsvorteile, Kapitalbedarf, Produktdifferenzierung; vgl. unten Kap. 5.3.2).

Von den direkten, indirekten und potenziellen Konkurrenten sind diejenigen für die TKA auszuwählen, denen das größte Bedrohungspotenzial für den Erfolg des eigenen Unternehmens generell und der eigenen technologischen Innovationsvorhaben *in der Zukunft* zugeschrieben wird. Nach Befunden von *Lange* (1994, 128) erfassten 1991/92 große Industrieunternehmen in Deutschland im Rahmen ihrer TKA im Durchschnitt etwa 10–11 Unternehmen. Die Auswahl zu untersuchender Unternehmen ist periodisch zu überprüfen, wobei die Aktualisierungsfrequenz abhängig von der Technologie- und Marktdynamik zu wählen ist.

(2) Auswahl der inhaltlichen Beobachtungsthemen

Die inhaltliche Ausrichtung der TKA wird bei jedem Konkurrenten zunächst durch die Technologiefelder gesteuert, in denen das eigene Unternehmen tätig ist oder werden könnte. In diesem Rahmen sind dann Informationen zu den Technologiepotenzialen und -strategien sowie der Strategieimplementierung der Wettbewerber zu sammeln. Die Vielzahl möglicher Informationsinhalte lässt sich in Anlehnung an *Lange* (1994, 42-59, 129-134 u. 266-268) in drei Kategorien gliedern:

– **Technologiebezogene Absichten** der Wettbewerber (z.B. Ankündigungen von Neuprodukten, Merkmalen zukünftiger Produktgenerationen, F&E-Zielen/-Schwerpunkten, Reaktionen auf Innovationen anderer Unternehmen).
– **Technologiebezogene Aktivitäten** der Wettbewerber:
  - Materielles und immaterielles F&E-Potenzial (z.B. F&E-Aufwendungen, -Personal, -Organisation).
  - Externe Technologiebeschaffung (z.B. Verhandlungen über Lizenznahmen, F&E-Kooperationen, Akquisitionen anderer Unternehmen mit spezifischen Technologie-Kompetenzen, Projekte mit Universitäten, Zulieferern oder Kunden).

- Externe Technologieverwertung (z.B. Verhandlungen über Lizenzvergaben, Gemeinschaftsunternehmen, Verkauf bestimmter Unternehmensteile/Geschäftsfelder).
- F&E-Projektinhalte (z.B. nach Technologien, Produktgruppen, Regionen, Zeithorizonten).

– **Technologiebezogene Ergebnisse** der Wettbewerber:
  - Prototypen, Nullserien neuer Produkte/Prozesse.
  - Patente.
  - Publikationen in Fachzeitschriften, auf Kongressen oder Messen etc.
  - Lizenzvergabe oder -erhalt.

(3) Informationsgewinnung/-speicherung
Zur Gewinnung von Konkurrenteninformationen steht grundsätzlich eine schwer überschaubare Menge von Quellen zur Verfügung. Solche Quellen lassen sich systematisieren nach (s. *Lange*, 1994, 72, 123, 138 u. 268f.):

– Dem institutionellen Standort der Quelle (unternehmensintern vs. -extern).
– Nach der Möglichkeit, durch interpersonalen Kontakt mit einer Quelle neue Informationen zu generieren (persönlich vs. unpersönlich).

Mehrere Studien deuten darauf hin, dass das Ausmaß der Nutzung einer Quelle im Rahmen von TKA im Besonderen und von Produktinnovationsprojekten im Allgemeinen weniger von der Qualität der typischerweise von einer Quelle bereitgestellten Informationen beeinflusst wird. Die Nutzungsintensität hängt mehr von der Verfügbarkeit und bequemen Handhabbarkeit einer Quelle ab (s. *Brockhoff*, 1991, 96; *Lange*, 1994, 137-141, 281; *Gerpott*, 1995b, 557). Entsprechend wurden in der Unternehmenspraxis bislang bei der TKA i.d.R. leicht zugängliche, marktnahe Veröffentlichungen und selten Quellen berücksichtigt, die mit größerer Vorlaufzeit zum Vermarktungsbeginn von Produktinnovationen der relevanten Wettbewerber auf Technologietrends hinweisen. Neben mündlichen und schriftlichen Quellen können auch aus den Produkten von Wettbewerbern selbst Informationen für die TKA gewonnen werden, indem eine Zerlegung der Produkte zur Erkennung der genutzten technologischen Funktionen und Fertigungsprinzipien erfolgt. Dieses Verfahren, das man als **Reverse Engineering** bezeichnet (s. *Bürgel* et al., 1996, 86f.), hat aber den Nachteil, dass das eigene Unternehmen auf Innovationen von Wettbewerbern nur noch defensiv reagieren kann.

In mittleren und größeren Industrieunternehmen setzt die effiziente Speicherung der Informationen über Konkurrenten regelmäßig den Rückgriff auf Datenbanksysteme voraus, die stichwortorientierte Recherchen und Informationsverknüpfungen erlauben.

(4) Informationsauswertung/-verbreitung und Handlungsbeeinflussung

Für die Auswertung technologischer Konkurrenteninformationen stehen grundsätzlich die gleichen Methoden zur Verfügung wie bei der TFEP (s.o. Kap. 4.1.1.1 sowie *Lange*, 1994, 77). In der Praxis werden allerdings zumeist nur intuitive Auswertungen vorgenommen und anspruchsvollere quantitative Methoden wie etwa die strategische Patentanalyse von Wettbewerbern kaum genutzt (*Lange*, 1994, 152; zu einer Demonstration der Leistungsfähigkeit von Patentanalysen im Rahmen der TKA s. *Ernst*, 1996, 136f. u. 332-392). Um die Anwendung von technologischen Konkurrenteninformationen im Unternehmen zu fördern, ist sicherzustellen, dass nach vorheriger Informationsbedarfsabklärung die Rechercheergebnisse *proaktiv* und in *empfängerorientiert standardisierter Form* innovationsrelevanten Entscheidungsträgern vor allem in den Funktionen Marketing, F&E und Produktion zur Verfügung gestellt werden.

TKA sind kein Selbstzweck, sondern sollen zur Auslösung und Verbesserung technologiestrategischer Entscheidungen in einem Unternehmen beitragen. Im einzelnen können TKA-Ergebnisse zur **Beeinflussung von vier Entscheidungstypen** relevant sein (vgl. ähnlich *Lange*, 1994, 79 u. 156f.):

- *Marktnahe Technologienutzungsentscheidungen* (z.B. Festlegung des Markteinführungszeitpunktes für eine Produktinnovation, Veränderung von Produktspezifikationen, Erarbeitung einer Imitation eines Wettbewerberproduktes).
- *F&E-Themen- und Ressourcenentscheidungen* (z.B. Initiierung von Projekten in einem neuen Technologiefeld, An-

passung des F&E-Programms und der F&E-Ressourcen).

- *Entscheidungen zur unternehmensexternen Technologiebeschaffung* (z.B. Lizenznahme, Eingehen von F&E-Kooperationen, Akquisition eines Unternehmens mit bestimmten Technologiekompetenzen).
- *Entscheidungen zum Technologieschutz* (z.B. Patentierung einer Invention, kontrollierte Lizenzvergabe).

Organisation der technologischen Konkurrentenanalyse
Die Wahrnehmung der o.a. vier TKA-Aufgabenblöcke kann im Rahmen verschiedener organisatorischer Lösungen erfolgen: Ähnlich wie für die TFEP besteht auch für die TKA die Option, sie in einem Unternehmen *informell* „nebenbei" oder *formell* in einer organisationsstrukturell ausdifferenzierten Form zu realisieren. Bei einer formell institutionalisierten TKA sind drei Strukturformen zu unterscheiden (vgl. a. *Brockhoff*, 1991, 95; *Lange*, 1994, 67f.):

- Einrichtung von zeitlich begrenzten *Projekten* zur einzelauftragsorientierten Bewältigung von TKA-Aufgaben.
- Aufbau einer *zentralen* TKA-Einheit auf Unternehmensebene.
- Nutzung von *dezentralen* TKA-Einheiten in den Geschäftsfeldern oder Funktionsbereichen des Unternehmens.

Die drei Strukturalternativen sind auch miteinander zu Mischformen kombinierbar. Eine empirische Untersuchung der TKA in 99 deutschen Großunternehmen enthält Indizien dafür, dass keine der drei o.g. Grundvarianten der TKA-Organisation zu einer effizienteren oder effektiveren TKA-Aufgabenerfüllung führt (s. *Lange*, 1994, 239-243). Allerdings lässt sich durch eine organisatorische Institutionalisierung der TKA, unabhängig vom Organisationstyp, (1) der TKA-Nutzen für das Unternehmen und (2) speziell die Vorwarnzeit im Hinblick auf Innovationen von Konkurrenten signifikant gegenüber einer nichtinstitutionalisierten, „selbst organisierten" Wahrnehmung von TKA-Aufgaben erhöhen (s. *Brockhoff*, 1991, 95; *Lange*, 1994, 247). Da auch große deutsche Industrieunternehmen oft keine formell institutionalisierte TKA eingerichtet haben (s. *Brockhoff*, 1991, 95; *Lange* 1994, 6 u. 106), ist anzunehmen, dass das TIM in der deutschen Unternehmenspraxis nicht nur bezüglich des Spektrums genutzter TKA-Quellen und -Auswertungsmethoden, sondern auch hinsichtlich der organisatorischen TKA-Verankerung merkliche Verbesserungspotenziale aufweist.

4.2 Technologie- und innovationsorientierte Unternehmensanalyse

4.2.1 Überblick

Ziel der technologie- und innovationsorientierten Unternehmensanalyse ist eine möglichst vorurteilsfreie relative Bewertung der technologischen Innovationsleistungen des Unternehmens. Innovationsleistungen umfassen dabei sowohl in der *Vergangenheit* beobachtete **Ergebnisse** und **Verhaltensmuster** des Unternehmens als auch **Fähigkeiten** (synonym: **Potenziale**, Möglichkeiten). Die Ausprägungen solcher Fähigkeiten hängen wiederum wesentlich von den bis zum Betrachtungszeitpunkt im Unternehmen für technologische Innovationsaktivitäten eingesetzten **Ressourcen** (= Finanzmittel, Personal, materielles und immaterielles Anlagevermögen, Information) ab und sind eine Grundlage für *zukünftige* Erfolgspositionen des Unternehmens. Als Maßstäbe zur Einordnung der technologischen Innovationsleistungen des eigenen Unternehmens kommen Vergangenheitsdaten, einzelne Konkurrenten, der Branchendurchschnitt, der mittlere Wissens-/Fähigkeitsstand der „scientific community" oder Planwerte in Betracht (s. Kap. 3.4). Zwischen Unternehmens- und Umweltanalyse bestehen daher auch bei der Formulierung von Technologiestrategien starke wechselseitige Rückkopplungen. In divisionalisierten Unternehmen ist eine „Innenschau" von technologischen Innovationsleistungen für das Gesamtunternehmen (= „Corporate Level") oder nur für bestimmte Geschäftsfelder (= „Business Unit Level") möglich.

Generell liegen der technologie- und innovationsorientierten Unternehmensanalyse drei Leitfragen zugrunde (vgl. *Wolfrum*, 1991, 179; *Burgelman* et al., 1995, 8):

– Über welche internen technologischen Innovationsressourcen und externen Technologiequellen verfügt das Unternehmen?

- Wie technologisch innovativ war das Unternehmen bisher (1) bei seinen vermarkteten Outputs und (2) bei seinen internen Geschäftsprozessen?
- Wie gut ist die Stimmigkeit (= „Fit“) zwischen den derzeitigen Unternehmens- und Wettbewerbsstrategien und den technologischen Innovationsfähigkeiten des Unternehmens?

Entscheidungen zum Auf-/Ausbau oder Abbau von Technologiefähigkeiten sind *nicht* mehr Bestandteil der Unternehmens*analyse*. Vielmehr sind solche Festlegungen bereits Teil der Technologiestrategieformulierung, die erst nach Integration der Unternehmens- und Umweltanalyse zu treffen sind (s. oben Abb. 4-1 sowie unten Kap. 5).

Die technologie- und innovationsorientierte Unternehmensanalyse lässt sich analytisch in die beiden Teilbereiche der Technologiepositions- und der Innovationspositionsbewertung untergliedern. Bei der *Technologiepositionsbewertung* geht es um die Analyse von eher quantitativen „harten“ Daten zur Verfügbarkeit von Ressourcen und zum Leistungsniveau in jedem einzelnen Technologiefeld, das von einem Unternehmen/Geschäftsfeld bearbeitet wird oder werden sollte. Bei der *Innovationspositionsbewertung* steht die Interpretation von mehr qualitativen Beobachtungen im Vordergrund, die Anhaltspunkte dafür vermitteln sollen, inwieweit die Kultur eines Unternehmens(bereichs) als innovationsfördernd klassifiziert werden kann.

4.2.2 Technologiepositionsbewertung

4.2.2.1 Bewertungsschritte

Die **Technologiepositionsbewertung** umfasst vier Schritte:

(1) Definition der für die Analyse relevanten Technologien und Organisationseinheiten

Als Analyseobjekte sind aktuell von den Geschäftsfeldern des Unternehmens genutzte und solche bislang nicht eingesetzten Technologien zu berücksichtigen, von denen aufgrund der TFEP oder TKA vermutet wird, dass sie von erheblicher Bedeutung für die zukünftige eigene Wettbewerbsposition sein werden. Analog sind als Organisationseinheiten sowohl bislang vorhandene als auch potenzielle Geschäftsfelder einzubeziehen. Ein Instrument, das zur Gegenstandsdefinition von Technologiepositionsbewertungen empfohlen wird, ist die strategische **Technologieverflechtungsmatrix** bzw. die ihr entsprechende Technologieeinflussanalyse (s. *Bullinger*, 1994, 99f.; *Specht* et al., 2002, 89 u. 94; vgl. ferner *Wolfrum*, 1991, 179f.; *Bürgel* et al., 1996, 85f.). Diese Matrix stellt eine Kreuztabelle von sämtlichen in den Produkten oder Prozessen des Unternehmens bislang oder möglicherweise zukünftig genutzten Technologien auf der einen Seite und von allen analysierten Geschäftsfeldern auf der anderen Seite dar. Sie soll es vor allem ermöglichen, **geschäftsfeldübergreifend bedeutsame Querschnittstechnologien** zu identifizieren, denen bei der Technologiepositionsbewertung besonderes Augenmerk zu schenken ist (s.a. Kap. 4.2.2.2).

(2) Festlegung der Bewertungsträger

Zur Durchführung der Bewertung kommen der strategische Planungsbereich, eine andere Stabsfunktion mit Unterstützungsaufgaben für die Unternehmens-/Geschäftsfeldleitung oder die betroffenen Funktionseinheiten und Geschäftsfelder in Betracht (vgl. a. Kap. 3.5). Um bei der Technologiebewertung sowohl fachliche Expertise auf dem entsprechenden Technologiefeld als auch übergeordnete unternehmenspolitische Gesichtspunkte einfließen zu lassen, empfiehlt es sich zumeist, ein „**ad hoc audit team**" (*Burgelman* et al., 1995, 10) zu benennen, dem qualifizierte Vertreter aus verschiedenen Linien- und Stabseinheiten des Unternehmens angehören.

Zur Objektivierung der Bewertung und zum Einbringen neuer Sichtweisen ist eine ergänzende Einbeziehung **externer Berater** denkbar. Hier ergibt sich aber das Problem, dass Beratungsunternehmen, in ihrem Urteil nur begrenzt „objektiv" sein können, weil sie ihre Bewertung so vornehmen werden, dass die Wahrscheinlichkeit von Anschlussberatungsaufträgen maximiert wird. Folglich sollte i.d.R. nur dann ein Rückgriff auf externe Berater zur Bewertung der Technologieposition des Unternehmens erfolgen, wenn diese *zusätzliche technologiefeldspezifische Fachexpertise* in das Audit Team einbringen.

(3) Inventarisierung der technologischen Innovationsressourcen, -aktivitäten und -ergebnisse

Hauptschwierigkeit bei dieser Überblicksdarstellung ist die Entwicklung eines Ordnungsrasters für die Vielfalt der häufig weit verstreut bei verschiedenen F&E-, Marketing-, Produktions- und Controlling-Stellen im Unternehmen vorhandenen untersuchungsrelevanten Informationen. Wie Abb. 4-12 zu entnehmen ist, kann bei der Inventarisierung der technologischen Innovationsinputs, -prozesse und -outputs eines Unternehmens eine Gliederung in vier Gegenstandsbereiche vorgenommen werden (s. zu weiteren Systematisierungen *Gelbmann/Vorbach*, 2003, 162; *Gerybadze*, 2004, 58-68). Für diese Bereiche werden in Abb. 4-12 auch jeweils wichtige inhaltliche Größen genannt.

Ein Gesichtspunkt bei der Zusammenstellung der Technologiedaten ist die frühzeitige Überprüfung der Verfügbarkeit von (unternehmensexternen) Referenzinformationen (z.B. von Wettbewerbern), damit eine relativierende Einordnung der eigenen Technologieleistungen sichergestellt werden kann (vgl. a. Kap. 4.1.2). Der Schwerpunkt der Technologieinventarisierung wird in Unternehmen mit eigener F&E-Funktion auf dieser Funktion liegen, weil dort die Grundlage für neue Produkte oder Prozesse des Unternehmens gelegt wird (s.a. oben Abb. 2-7). Generell sind aber zusätzlich auch Informationen zur Organisation technologischer Innovationsprozesse und zur innovationszuträglichen Einsatzflexibilität von Gütern des materiellen und immateriellen Anlagevermögens in anderen Funktionsbereichen außerhalb der F&E zu beschaffen.

(4) Bewertung der Technologiepositionen des Geschäftsfeldes/ Unternehmens

In diesem Schritt geht es um die Interpretation der zuvor gesammelten Daten zur Erstellung von **Stärken-Schwächen-Profilen** eines Geschäftsfeldes/Unternehmens für jede der als Analysegegenstand selektierten Technologien. Die Bewertung erfolgt relativ zu den zu Beginn dieses Kapitels und in Kap. 3.4 erläuterten Arten von Referenzpunkten. Als weitere Instrumente zur Unterstützung dieses Schrittes werden in der Literatur neben Stärken-Schwächen-Checklisten empfohlen (s. z.B. *Wolfrum*, 1991, 183-196; *Specht* et al., 2002, 92-94):

F&E-Aktivitäten/ -Ergebnisse	F&E-Personal	Organisation	Anlagevermögen
• F&E-Aufwandsstruktur und -höhe • F&E-Projekt-Portfolio (Umfang, Breite, Tiefe, Laufzeit etc.) • Qualität der F&E-Geräte-/ Anlagenausstattung • Umfang u. Systematik der technologischen Früherkennung und -prognose • Umfang und Systematik der technologischen Konkurrenzanalyse • Patente • Produktinnovationsrate • F&E-Kooperationen/-Transferprojekte • Lizenz-Portfolio	• Anzahl • Tätigkeitsdauer in aktueller Position und im Unternehmen • Qualifikationsbreite, -tiefe, -aktualität • Fluktuation • Wechselquote in andere Teilbereiche des Unternehmens • Flexibilität/Reaktionsschnelligkeit • Motivation • Zufriedenheit • Identifikation mit dem Unternehmen • Umfang und Qualität von F&E-Personalmanagement-Instrumenten (z.B. Anreize, Karriereentwicklung)	• Standortstruktur • Hierarchietiefe • Förderung einer bereichsübergreifenden Zusammenarbeit F&E–Marketing–Produktion) • Vermeidung von Doppelarbeit • Budgetierungssystem • Finanzierung ungeplanter Innovationsideen • Förderung von „internem Unternehmertum“ (Venture Management) • Speicherungsmechanismen für Wissen aus früheren Innovationsprojekten („Knowledge Management“) • „Innovationsbewusstsein“	• Durchschnittliches Lebensalter der Betriebsmittel • Zustand der Betriebsmittel • Flexibilität der Betriebsmittel (z.B. CAx-Implementierungsstand)[a] • Umfang und Qualität des Einsatzes von Informationstechnik

a) CA = Computer Aided. x = Platzhalter für „Design“, „Manufacturing“ oder andere Stufen in der Wertschöpfungs-/Leistungserstellungskette eines Unternehmens.

Quelle: In leichter Anlehnung an Burgelman et al., 1995, 8-12; Bürgel et al., 1996, 79-81; Specht et al., 2002, 456

Abb. 4-12: Gegenstandsbereiche einer technologie- und innovationsorientierten Unternehmensanalyse

- Erfahrungskurven für einzelne Technologien.
- Technologieorientierte Wertkettenanalysen.
- Technologie-Akzeptanzanalysen innerhalb des eigenen Unternehmens.

In der Literatur weicht die Beschreibung des Einsatzes dieser Instrumente zur Technologiepositionsbewertung allerdings kaum von Darlegungen zur Nutzung solcher Instrumente bei der Bewertung der allgemeinen Wettbewerbsposition eines Unternehmens/Geschäftsfelds ab. Demnach mangelt es an akzeptierten, einsatzreifen Standardinstrumenten, die *spezifisch* auf die Bewertung von Technologiepositionen ausgerichtet sind (so auch *Wolfrum*, 1991, 180).

4.2.2.2 Bestimmung von Kernkompetenztechnologien

Ein mehr qualitatives Konzept, das im Zusammenhang mit der Bewertung der Technologiepositionen eines Unternehmens diskutiert wird, sind Kernkompetenztechnologien. Von einem Unternehmen bearbeitete Technologien sind als **Kernkompetenztechnologien** (KKT) zu klassifizieren, wenn sie folgende fünf Kriterien oder „Tests" erfüllen (vgl. *Collis/Montgomery*, 1995, 120-123; *Hafeez* et al., 2002, 29-31; *Gerpott*, 2003b, 32f.):

- *Geschäftsfeldübergreifende Anwendbarkeit*: KKT bilden technologische Grundlagen für einen erheblichen Teil der Geschäftsfelder oder Leistungskategorien eines Unternehmens.
- *Hohe wettbewerbsstrategische Relevanz*: KKT heben sich von anderen Technologien dadurch ab, dass erstere
  - solche Eigenschaften von Leistungen des eigenen Unternehmens *in erheblichem und von Kunden wahrgenommenem Ausmaß* beeinflussen können, die für aktuelle oder potenzielle Kunden *sehr wichtig* sind, *und*
  - einen *großen* Beitrag zur positiven Differenzierung von Leistungen des eigenen Unternehmens gegenüber Konkurrenten leisten können.
- *Schwierige Imitierbarkeit*: KKT zeichnen sich dadurch aus, dass sie von Konkurrenten eines Unternehmens nur sehr

schwer nachgeahmt oder auf diese übertragen werden können. Gründe dafür sind:

- Gewerbliche Schutzrechte eines Unternehmens an einer Technologieanwendung.
- Rückgriff auf komplexe, vernetzte Wissensbestände und organisatorische Prozesse, Strukturen und Systeme bei der Technologieweiterentwicklung und -anwendung in einem Unternehmen, die nur sehr unvollständig formal dokumentiert und dokumentierbar sind und die auf langjährigen Lernprozessen beruhen.
- Hoher finanzieller und personeller Ressourceneinsatz, den ein Unternehmen über einen längeren Zeitraum zur Entwicklung einer Technologie vorgenommen hat und der von Konkurrenten nicht oder nur mit erheblicher Verzögerung geleistet werden kann.

Weil KKT eines Unternehmens – trotz ihrer wettbewerbsstrategischen Bedeutung (s.o.) – durch Konkurrenten kaum kopiert werden können, werden sie zu *seltenen und knappen Ressourcen*.

– *Hohe Dauerhaftigkeit*: KKT beruhen auf immateriellen und materiellen Ressourcenbeständen in einem Unternehmen, die nicht innerhalb kurzer Zeit abnutzbar oder veraltet sind. KKT sind demnach *nicht* an *einzelne* Unternehmensmitarbeiter bzw. technische Anlagen gebunden, da ansonsten diese Technologien einem Unternehmen schon bei einem Ausscheiden bestimmter Personen bzw. Stilllegung einer Anlage verloren gehen würden. Statt dessen implizieren KKT personenübergreifend in einem Unternehmen verfügbares Technologiewissen, das zumindest z.T. in materialisierter oder elektronischer Form gespeichert wurde. Weiter erlangen KKT eine längere Einsetzbarkeit dadurch, dass ein Unternehmen über Prozesse verfügt, die es erlauben, KKT *flexibel* in veränderter Weise zu nutzen, „... to develop new capabilities for potential business" (*Hafeez* et al., 2002, 30).

– *Geringe Substituierbarkeit*: KKT sind nur schwer durch andere Technologien ersetzbar, da auf absehbare Zeit keine anwendungsreifen alternativen Technologien mit mindestens gleichem Leistungsniveau bei maximal gleichen Kosten zur Verfügung stehen.

Das Konzept der Kernkompetenzen und der damit verbundenen Kernkompetenztechnologien eines Unternehmens hat in den 90er Jahren zwar erhebliche Resonanz auch in der Unternehmenspraxis gefunden. Aber KKT wurden dort oft nur sehr vage auf einem hohen Abstraktionsniveau „identifiziert" (s. *Collis/Montgomery*, 1995, 123f.). Voraussetzung für eine fruchtbare praktische Anwendung des KKT-Konzepts bei der Technologiepositionsbewertung und zur späteren Ableitung von Ressourcenzuordnungsentscheidungen in einem Unternehmen ist aber eine **Abgrenzung spezifischer technologischer Fähigkeitsaspekte** eines Unternehmens, die den eben genannten fünf Testkriterien weitgehend genügen. So reicht es beispielsweise für einen Hersteller von Telekommunikationsausrüstung auf jeden Fall nicht aus, „zellulare Mobilfunknetze" als eigene KKT zu benennen. Vielmehr muss in diesem Beispiel eine Zerlegung des genannten Technologiebereichs in Elemente, wie etwa „Gestaltung flexibler Mehrwertdienste unter Einsatz von 'Intelligent Network-Bausteinen' in digitalen Mobilfunk-Vermittlungssystemen" erfolgen.

4.2.3 Innovationspositionsbewertung

Die Umsetzung technologischer Inventionen in effektiv auf dem Markt bzw. in einem Unternehmen eingeführte neue Produkte bzw. neue Prozesse hängt keineswegs nur vom „sachlogischen" Beherrschungsgrad von Technologien (also der Technologieposition) ab. Sie wird vielmehr auch wesentlich von der Implementierungsbereitschaft und -fähigkeit der Mitarbeiter auf verschiedenen Hierarchieebenen und in verschiedenen Unternehmenseinheiten beeinflusst. Die Erfassung und Analyse der generellen Bereitschaft und Fähigkeit von Mitarbeitern zur Beteiligung an der Generierung und Umsetzung von Innovationen als „allgemeiner Hintergrundgröße" für die technologischen Leistungen eines Unternehmens ist Gegenstand der **Innovationspositionsbewertung** für ein Unternehmen oder Geschäftsfeld. Da das „weiche" Konstrukt „allgemeine Innovationsbereitschaft und -fähigkeit" aufgrund des hohen Komplexitäts-, Unsicherheits- und Risikograds technologischer Innovationsvorhaben nur sehr begrenzt durch „harte“/formale Planungs- und Kontrollinstrumente (z.B. Kennzahlensysteme) gesteuert werden kann, ist das TIM auf andere Ansatzpunkte zur Erfassung, Bewertung und Beeinflussung dieses Konstrukts angewiesen.

Als zentraler Ansatzpunkt gilt hier die **Kultur eines Unternehmens** oder Unternehmensteilbereichs (s. für viele *Tushman/O'Reilly*, 1997, 99-120; *Specht* et al., 2002, 377f., *Gelbmann/Vorbach*, 2003, 110-112). Dementsprechend untersucht die Innovationspositionsbewertung, inwieweit die Kultur des Unternehmens oder der für neue Produkte oder Prozesse als relevant erachteten Unternehmensteileinheiten innovationsfähig, -fördernd oder -bewusst ist. Als **Unternehmens(sub)kultur** werden dabei die gemeinsam geteilten Normen, Werte, Grundannahmen und Verhaltensmuster der Mitarbeiter eines Unternehmens(teils) bezeichnet, die charakteristisch für das Unternehmen (den Unternehmensteilbereich) sind (s. für andere *Tschirky*, 1998, 284-286; *Ernst*, 2003, 25f.; *Vahs/Burmester*, 2005, 347-352).

Als klassisches Konzept zur Differenzierung von Unternehmen mit mehr oder minder innovationsfähiger Kultur gilt die von *Burns/Stalker* (1961) vorgeschlagene typologische Unterscheidung mechanistischer vs. organischer Managementsysteme bzw. -kulturen: **Mechanistische Kulturen** zeichnen sich u.a. durch eine starke Entscheidungszentralisation an der Hierarchiespitze, primär vertikale und kaum horizontale Kommunikationsflüsse zwischen den Mitarbeitern, tief gegliederte Hierarchien und umfangreiche formale Kooperationsregeln aus. Ihnen wird eine eher innovationshemmende Wirkung zugesprochen. **Organische**, eher innovationsfördernde **Unternehmenskulturen** zeichnen sich durch jeweils entgegengesetzte Merkmalsausprägungen aus. Zu beachten ist, dass nach *Burns/Stalker* (1961) *keineswegs* anzunehmen ist, dass organische Kulturen mechanistischen *generell* hinsichtlich ihrer Leistungsfähigkeit überlegen sind, sondern i.S. einer situationstheoretischen Organisationssicht nur dann, wenn ein Unternehmen in einem dynamischen Technologie- und Wettbewerbsumfeld agiert (s. zur Einordnung der *Burns/Stalker*-Studie für viele *Hauschildt*, 2004, 103-106). Zur Innovationspositionsfeststellung sind die Ausprägungen der von *Burns/Stalker* (1961) vorgeschlagenen Variablen für die relevanten Bereiche des eigenen Unternehmens zu bestimmen.

Z.T. in Weiterführung von *Burns/Stalker* (1961) haben sich zahllose Arbeiten mit Merkmalen innovationsfähiger Unternehmenskulturen, die z.T. auch unter der Überschrift „lernendes Unternehmen" diskutiert werden, auseinandergesetzt. Als Hauptmerkmale von Unternehmen(steilen), die eine besonders innovationsbegünstigende Unternehmenskultur aufweisen sollen, werden genannt (s. für andere *Vahs/Burmester*, 2005, 360-366; *Hauschildt*, 2004, 108f.; *Calantone* et al., 2002, 516f.; *Specht* et al., 2002, 378; *Tushman/O'Reilly*, 1997, 111f.; *Bleicher*, 1995, 589-594; *Souder*, 1987, 101-114):

– *Hohe Systemoffenheit*, die sich u.a. widerspiegelt in
  - intensiver unternehmensexterner und -interner Informationsaufnahme und -abgabe.
  - direkten Kundenkontakten auch der mittleren und oberen Manager.
  - der Pflege des Umgangs mit externen, z.T. auch unkonventionellen Meinungsführern.
  - hoher Präsenz auf Messen und Seminaren.
  - ernsthafter Förderung von Fachpublikationen von Mitarbeitern.
– *Offener, stark informal geprägter interner innovationsbezogener Kommunikationsstil* (z.B. fehlendes „Dienstweg-Denken", intensiver abteilungsübergreifender Austausch von Erfahrungen).
– *Positive Einstellung zur Teamarbeit und zu Konflikten bei der Zusammenarbeit.*
– *Begrenzter Organisationsgrad* (Einräumung von Handlungsspielräumen, zielorientierte delegative Führung).
– *Betonung von zwischenmenschlichem Vertrauen und der Bedeutung der „human resources" für den Unternehmens-/Innovationserfolg* (z.B. erkennbar anhand der Trainingsanstrengungen des Unternehmens).
– *Unterstützung des kritischen In-Frage-Stellens von bislang erfolgreichen Produkten oder Prozessen* zugunsten von neuartigen/anderen Produkten oder Prozessen.

- *Belohnung von erfolgreichen Innovatoren bei gleichzeitiger Toleranz gegenüber unvermeidbaren Fehlern und Misserfolgen.*
- *Bewusstes Fördern von Lernerfahrungen der Mitarbeiter* (z.B. durch teilzeitige Mitarbeit in Projektgruppen).

Problematisch an diesen Eigenschaftslisten ist, dass sie

- fast durchweg auf Plausibilitätsüberlegungen beruhen, ohne die Wirkungen einzelner Kulturmerkmale oder von Kulturmerkmalsprofilen auf Innovationsaktivitäten und -ergebnisse nachvollziehbar für eine größere Zahl von Unternehmen empirisch zu belegen (s. *Hauschildt*, 1993, 308; *Ernst*, 2003, 23f.).
- empirisch schwer in konsistenter Weise überschneidungsfrei erfasst werden können, da die Merkmale nur schlagwortartig genannt werden.
- zumeist den Eindruck vermitteln, dass *generell* hochgradig innovationsfähige Unternehmen auch erfolgreichere Unternehmen seien, obwohl ein solcher allgemeiner Erfolgseffekt nicht existiert.
- keinen Beitrag zur Bewältigung des „Dilemmas" leisten, dass Unternehmen(steile) gleichzeitig oder im Zeitablauf sowohl innovationsfördernde als auch der verlässlichen Erfüllung von Routineaufgaben zuträgliche Kulturelemente benötigen (vgl. *Hauschildt*, 2004, 106 und die dort genannte Literatur).

Ein etwas anderer Zugang zur Bewertung der Innovationsposition eines Unternehmens lässt sich über Ansätze finden, die auf die Identifikation von **innovationsfeindlichen Syndromen** (= Krankheitsbildern) ausgerichtet sind. Danach ist zu analysieren, inwieweit Innovationen in einem Unternehmen behindert werden durch ein (vgl. *Buchholz*, 1996, 198-201; *Bleicher*, 1995, 593f.; *Zahn*, 1995, 23)

- *Not-Invented-Here Syndrom* (prinzipielle Ablehnung von Innovationen/Technologien, die nicht innerhalb der eigenen Organisationseinheit maßgeblich gestaltet wurden).
- *Status-Quo-Syndrom* (prinzipielle Ablehnung jeglicher Veränderung).

- *Selbstüberschätzungs-Syndrom* (systematische Wahrnehmungsverzerrung insbesondere bei in der Vergangenheit erfolgreichen Managern/Unternehmen).
- *Überperfektionierungs-Syndrom* (unangemessene zeit- und kostenintensive Konzentration auf Innovationsdetails unter Vernachlässigung der Detailirrelevanz aus Sicht des Kunden).

Auch solchen Syndrom-Typologien kann nur eine begrenzte Sensibilisierungsfunktion zugebilligt werden, da auf sie ebenfalls die o.a. vier Kritikpunkte zu Eigenschaftskatalogen innovativer Unternehmen zutreffen.

Arbeiten zu Merkmalen innovationsfördernder Unternehmenskulturen geben nur selten konkrete Hinweise, wie Kulturaspekte zur Innovationspositionsbestimmung erfasst werden sollten. Als **Erhebungsmethoden** kommen hier in Betracht:

- Beobachtungen (insbesondere für Symbole wie Sprache, Rituale, Kleidung, Umgangsformen).
- Qualitative mündliche Interviews.
- Standardisierte schriftliche Mitarbeiterbefragungen.
- Dokumentenanalysen.

Wenn man die Relevanz empirisch erhobener Innovationskulturunterschiede für Unternehmens- oder Innovationserfolgsdimensionen erkunden will, ist es wichtig, dass (vgl. *Ernst*, 2003, 32-41)

- Kultur als überindividuelles, kollektives Phänomen *nicht* durch Befragung *nur eines* (Schlüssel-)Informanten pro einbezogener Betrachtungseinheit (z.B. Unternehmen, F&E-Projekt) erhoben wird, da sich in Angaben von solchen Einzelpersonen übereinstimmend von vielen Mitarbeitern geteilte Werthaltungen/Grundannahmen kaum widerspiegeln.
- Kultur- und Erfolgskriterienmessungen *nicht innerhalb eines Fragebogens von der gleichen Datenquelle* erhoben werden, da ansonsten Kultur-Erfolgskriterien-Korrelationen mehr als Reflex konsistenter Antworttendenzen und von Überforderungen der Differenzierungsfähigkeiten des Befragten und weniger als tatsächlich vorhandene Zusammenhänge zwischen den untersuchten Konstrukten zu interpretieren sind.

– auch die *Möglichkeit nicht-linearer Zusammenhänge* erkundet wird, da nicht auszuschließen ist, dass eine „zu innovative“ Kultur den wirtschaftlichen Unternehmenserfolg verschlechtert, also ein umgekehrt U-förmiger Zusammenhang zwischen dem kulturellen Innovativitätsgrad und dem Erfolg eines Unternehmens besteht.
– über Moderatoranalysen auch der *Grad der Kongruenz* zwischen dem sich aus der Strategie und den Aufgaben eines Unternehmens ergebenden „sachlogischen“ Bedarf an allgemeiner Innovationsfähigkeit und der vorhandenen Innovationskultur betrachtet wird, da es plausibel erscheint, dass ein Unternehmen dann eine gute Innovationsposition aufweist, wenn dieser Kongruenzgrad hoch ausfällt (vgl. *Tushman/ O'Reilly*, 1997, 59-74; *Ernst*, 2003, 30f.).

Insgesamt ist für die Innovationspositionsbewertung festzustellen, dass diese z.gr.T. auf einer qualitativen Integration einer großen Anzahl von einzelnen Datenpunkten beruht, für die Eigenschaftslisten von besonders innovationsfähigen Unternehmen als Hilfsmittel zur Steuerung der Datensuche anzusehen sind.

4.3 Technologie-Portfolios als Hilfsmittel zur Integration von Umwelt- und Unternehmensanalysen

4.3.1 Technologie-Portfolios: Prinzipieller Aufbau und Konzeptbeispiele

Technologie-Portfolios (T-P) sind ein Instrument zur Integration der manigfaltigen Informationen der TFEP, TKA sowie der technologie- und innovationsorientierten Unternehmensanalyse, das seit Anfang der 80er-Jahre in Wissenschaft und Praxis große Beachtung gefunden hat (vgl. zur Einführung in verschiedene T-P-Analysevarianten für viele *Wolfrum*, 1991, 196-220; *Höft*, 1992, 186-198; *Bullinger*, 1994, 154-169; *Brockhoff*, 1999, 213-235; *Specht* et al., 2002, 95-104; *Gelbmann/Vorbach*, 2003, 176-180). T-P sollen
– die Ist-Situation sämtlicher von einem Unternehmen(steilbereich) bearbeiteten Technologiefelder abbilden und
– für jedes Technologiefeld vor dem Hintergrund der Gesamtsicht aller betrachteten Objekte Hinweise auf zu erwartende

oder angestrebte Zukunftssituationen und die mit Letzteren verbundene prinzipielle Stoßrichtung bei der Ausgestaltung des F&E-Programms i.S. der Gesamtheit aller unternehmensintern bearbeiteten F&E-Themen geben (s.a. unten Kap. 5.2.1).

T-P ordnen Technologiefelder in ein zweidimensionales Koordinatensystem ein, das auch als **Portfolio** bezeichnet wird. Genauer ist unter dem Portfolio die Gesamtheit der Objekte zu verstehen, die in der Matrix dargestellt wird. Als Objekte werden zumeist sämtliche Technologien untersucht, die in den Produkten oder Verfahren von einzelnen Geschäftsfeldern oder des gesamten Unternehmens eingesetzt werden. Hier handelt es sich um *geschäftsfeld- oder unternehmensbezogene Produkt- oder Prozess-T-P*. Derartige T-P sind nur dann mit einer Portfolio-Darstellung von F&E-Projektprogrammen (s. etwa *Möhrle*, 1988, 13; *Specht* et al., 2002, 221-223) prinzipiell identisch, wenn jedes Technologiefeld genau in einem F&E-Projekt bearbeitet wird. Weiter können als Objekte sämtliche Produkt- oder Prozesstechnologien, die in *einem* Produkt des Unternehmens verwendet werden, betrachtet werden: Diese Analysevariante lässt sich als *produktbezogenes T-P oder Prozess-T-P* charakterisieren.

Analog zu Marktportfolio-Konzepten wird auch im T-P auf der Ordinate eine überwiegend umweltbestimmte Bewertungsgröße und auf der Abszisse eine primär vom Verhalten des Unternehmens bzw. seines TIM selbst beeinflussbares Kriterium dargestellt. Beide Matrixdimensionen werden mit Hilfe von Subkriterien/Indikatoren operationalisiert (so genannte „Multifaktor-Methodik"). Um Hilfestellung für die Technologiestrategieformulierung zu geben, ordnen nahezu alle T-P-Ansätze bestimmten Flächen im Koordinatensystem **Norm- oder Basisstrategien** i.S. von einer typischerweise bei einer gegebenen Matrix-Position einer Technologie angemessenen Mittelallokation zu. In solchen zweidimensionalen Darstellungen kann noch eine dritte Dimension visualisiert werden, indem man die relevanten Technologiefelder nicht als Punkt, sondern als Kreis, dessen Fläche oder Umfang proportional zu einer entscheidungsrelevanten Variablen (z.B. bisherige kumulierte oder letztjährige F&E-Aufwendungen für ein

Technologiefeld) gewählt wird, in das Koordinatensystem einträgt.

Das Vorgehen bei der T-P-Analyse lehnt sich an **Nutzwertanalyse-/Scoring-Methoden** an und umfasst sechs Schritte (vgl. a. *Bullinger*, 1994, 165; *Gelbmann/Vorbach*, 2003, 201):

(1) Definition der beiden grundlegenden Matrixdimensionen (= Bewertungshauptkriterien).
(2) Definition von Subkriterien/Indikatoren zur Abbildung jedes Hauptkriteriums (einschließlich ihrer Skalierung).
(3) Gewichtung der Subkriterien.
(4) Subjektive Einschätzung oder objektive Messung der Subkriterienausprägungen.
(5) Verdichtung (zumeist durch einfache Addition) der gewichteten Subkriterienausprägungen für jede Technologie zu je einem Gesamtwert der beiden Hauptkriterien.
(6) Eintragung der Ist-Position jeder Technologie in das Koordinatensystem.

Die T-P-Literatur diskutiert vor allem die ersten beiden Schritte und äußert sich nur vage zu den praktischen und theoretischen Schwierigkeiten der Schritte 4 und 5 wie z.B.:

– Welche sinnvollen technisch-objektiv bestimmbaren Subkriterien gibt es?
– Wer soll die Indikatorenausprägungen beurteilen?
– Wie sollen abweichende Einschätzungen verschiedener Experten zu einem Subkriterium weiter verarbeitet werden?
– Gibt es „bessere" Verdichtungsalgorithmen als die einfache Addition von Punktwerten der Subkriterien?

Abb. 4-13 zeigt ein Beispiel für ein von *Pfeiffer* und Schülern in zahlreichen Veröffentlichungen vorgeschlagenes T-P mit Subkriterien zur Abbildung der zwei Hauptdimensionen (s. etwa *Pfeiffer* et al., 1991; *Pfeiffer/Weiß*, 1995; *Pfeiffer/Dögl*, 1999). Mit der Dimension **Ressourcenstärke** als vom TIM gestaltbarer, unternehmensinterner Parameter wird der technologische und wirtschaftliche Beherrschungsgrad eines Technologiefeldes durch das Unternehmen relativ zu den wichtigsten Konkurrenten erfasst (= **technologische Stärken und Schwächen**). Die Validität der Bewertung der Ressourcenstärke wird durch die Qualität der Daten aus der technologie- und innovationsorientierten Unterneh-

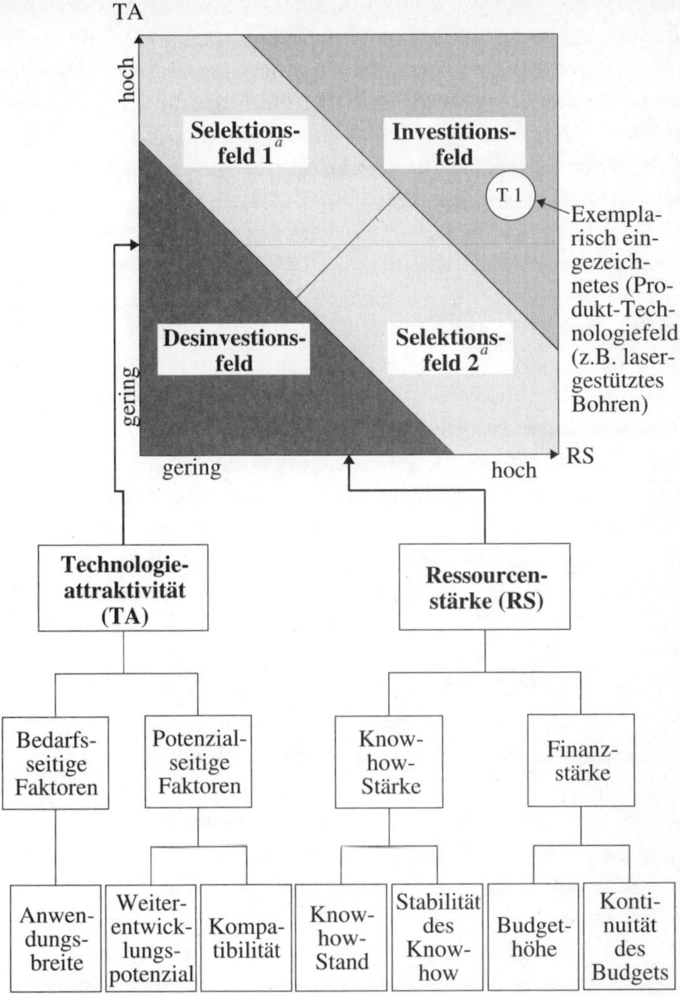

a) Normstrategieoption für Selektionsfeld 1: Offensive Aufholjagd; Normstrategieoption für Selektionsfeld 2: Defensives Halten des Leistungsvorsprungs gegenüber Wettbewerbern.

Quelle: In Anlehnung an Pfeiffer/Weiß, 1995, 674

Abb. 4-13: Technologie-Portfolio mit Subkriterien und Normstrategien

mensanalyse und TKA geprägt. Die **Technologieattraktivität** spiegelt die technologischen und wirtschaftlichen Vorteile wider, die bei Ausschöpfung der technologieimmanenten Weiterentwicklungspotenziale erzielt werden (= **technologische Chancen und Risiken**). Zur Bewertung der Technologieattraktivität ist die Bereitstellung aussagekräftiger Daten und Prognosen durch die TFEP erforderlich. Bestimmten Flächen des T-P in Abb. 4-13 sind drei Normstrategien (Investieren, Selektieren, Desinvestieren) zugeordnet, die als grobe Anhaltspunkte für Empfehlungen zum weiteren Mitteleinsatz für ein Technologiefeld interpretiert werden (s. *Pfeiffer/Weiß*, 1995, 674-676; *Pfeiffer/Dögl*, 1999, 455-457).

Um T-P als Instrument für die Entwicklung zukunftsgerichteter Technologie-/F&E-Strategien nutzen zu können, ist eine dynamische längsschnittliche Einordnung von Technologiefeldern in die Matrix erforderlich. Diese Notwendigkeit impliziert, dass ausgehend von der Ist-Position der Analyseobjekte zusätzlich ein auf einen bestimmten Planungszeitpunkt bezogenes vorausschauendes T-P zu erstellen ist. In dieses T-P sind grundlegend neue Technologiefelder einzuordnen, die zur Substitution (s. Abb. 4-4) oder Ergänzung bislang vom Unternehmen eingesetzter Technologien in Frage kommen (s. *Pfeiffer* et al., 1991, 92-98; *Bullinger*, 1994, 161f.; *Pfeiffer/Dögl*, 1999, 451-454). In der Literatur finden sich viele weitere T-P-Varianten, die sich gegenüber der in Abb. 4-13 dargestellten Version im Wesentlichen unterscheiden durch:

- Graduell andere Benennungen der Hauptdimensionen.
- Den Einsatz z.T. anderer Subkriterien.
- Die Zahl und Bezeichnung der vorgeschlagenen Normstrategien.

Einige dieser Varianten werden in Abb. 4-14 genannt.

T-P leiten *Technologieprioritäten* mehr aus technologischer Sicht ab. Bei derartigen Priorisierungen sind aber ebenso die Attraktivität der Märkte, in denen Technologien abgesetzt werden sollen, und die Wettbewerbsposition des Unternehmens in diesen Märkten bzw. die sich aus diesen beiden Faktoren ergebenden *Marktprioritäten* von Bedeutung. Entsprechend wurden verschiedene Konzepte zur Integration von Technologie- und Markt-Portfolio-Analysen zur verbesserten Formulierung von Technologie-/F&E-Strategien vorgeschlagen (s. für viele *Servatius*, 1985, 124, 136 u. 145; *Tyll*, 1989, 175-232; *Bürgel* et al., 1996, 96f.; *Hartmann*, 1998, 1011-1020; *Brockhoff*, 1999, 229-235; *Specht* et al., 2002, 98-102). Mit *Brockhoff* (1999, 229) sind dabei zwei grundsätzliche Verschmelzungsansätze zu differenzieren:

Quelle	Dimensionen/Subkriterien	Norm-/Basis-strategien [a]
Krubasik (1982)/ McKinsey	• Technologieattraktivität – Technisches Potenzial – Typische Kosten für Fortschritt • Relative Technologieposition – Know-how-Basis im Vergleich zum Wettbewerb – Relative Kosten für Fortschritt	• Aggressiver F&E-Einsatz • Selektiver F&E-Einsatz • Defensiver F&E-Einsatz
Booz•Allen & Hamilton (1983) [b]	• Bedeutung der Technologie • Relative Technologieposition	• „Bet" • „Draw" • „Fold" • „Cash In"
Servatius (1985)/ Arthur D. Little	• Position der Technologie im Lebenszyklus • Relative Technologieposition	• Eigenentwicklung (Führerschaft, Nischenstrategie, Rationalisierung) • Kooperation • Akquisition • Rückzug
(wird auf der nächsten Seite fortgesetzt)		

Abb. 4-14: Dimensionen, Subkriterien und Normstrategien in verschiedenen Technologie-Portfolio-Konzepten

Quelle	Dimensionen/Subkriterien	Norm-/Basisstrategien[a]
Tyll (1989)	• Technologieattraktivität – Technologiepotenzialrelevanz – Technologiebedarfsrelevanz – Technologieumweltrelevanz • Relative Technologieposition – Technisches und personelles Potenzial (Technische Ausrüstungen, F&E-Personal, F&E-Effizienz, Produktqualität) – Finanzpotenzial (Budgethöhe und -kontinuität)	• F&E-Aggressiv-Strategie • Selektives Vorgehen • F&E-Defensiv-Strategie
Pfeiffer/Weiß (1995)	Siehe Abb. 4-13	Siehe Abb. 4-13
Specht et al. (2002)	• Technologieattraktivität – Weiterentwicklungspotenzial – Zeitlicher Aufwand und Entwicklungsrisiko – Technologiefolgen • Relative Technologieentwicklungsstärke – Humanes Leistungspotenzial (Know-how-Stand und Know-how-Stabilität) – Technisches Leistungspotenzial (Flexibilität, Modernität)	Keine

a) Strategieempfehlung wird z.T. nicht nur aus dem Technologie-Portfolio, sondern aus einem integrierten Technologie-Markt-Portfolio abgeleitet.

b) Als nicht-unternehmensinterne, allgemein verfügbare Quellen zu diesem Ansatz s. *Servatius*, 1985, 138-140 und *Burgelman* et al., 1995, 5.

Abb. 4-14 (Fortsetzung)

(1) *Einfache Übertragung von Technologie- bzw. Marktprioritäten oder -Portfoliodimensionen aus separaten Technologie- und Markt-Portfolios in ein integriertes Technologie-Markt-Portfolio*

Ein entsprechendes Vorgehen schlägt etwa die Unternehmensberatung *Booz•Allen & Hamilton* (1983, 14) vor, die ein Technologie-Markt-Portfolio aus den Dimensionen „relative technology position" und „relative business position" bildet. Jede der beiden genannten Dimensionen stellt ihrerseits wiederum je eine Achse eines T-P bzw. Markt-Portfolios dar (zu weiteren Beispielen dieses Ansatzes zur Gesamtportfolio-Bildung s. *Krubasik*, 1982, 30; *Servatius*, 1985, 124-127). Problematisch an diesem ersten Verschmelzungsansatz ist, dass

- Technologien sich häufig nicht vollständig einzelnen Produkten bzw. Märkten zuordnen lassen (s.o. Kap. 4.2.2.2).
- die Position einer Technologie in der Technologie-Markt-Matrix nicht mehr eindeutig auf bestimmte Positionen/Flächenquadrate im T-P überführt werden kann mit der Folge, dass die Positionen einer Technologie in der integrierten Matrix kaum noch interpretierbar und die aus den Positionen abgeleiteten Normstrategieempfehlungen nicht mehr plausibel sind (s. *Brockhoff*, 1999, 232).

(2) *Unmittelbare Berücksichtigung von Technologie- und Marktaspekten in einem neuen integrierten Portfolio-Konzept*

Beispiele für diesen Ansatz sind das *Innovationspotenzial-Portfolio* von *Michel* (1987, 153-251; s.a. *Specht* et al., 2002, 101), das *Technologie-Finanz-Portfolio* von *Hartmann* (1998), das integrierte Zwei-Quadranten-Portfolio von *Ernst/Soll* (2003) oder das *F&E-Programm-Portfolio* von *Möhrle* (1988). Letzteres ordnet F&E-Projekte eines Unternehmens in ein Koordinatensystem ein, das durch die Dimensionen *Technologiedruck* (= „technologische Attraktivität") und *Marktsog* (= „Indiz dafür, welche Erträge, Markt- und Wettbewerbspositionen nach Realisierung eines Projektes zu erwarten sind") aufgespannt wird (*Möhrle*, 1988, 13-15). Wie Abb. 4-15 zu entnehmen ist, wird der Technologiedruck für jedes F&E-Projekt über Einschätzungen von neun Subkriterien (z.B. Kongruenz zwischen vorhandenen und not-

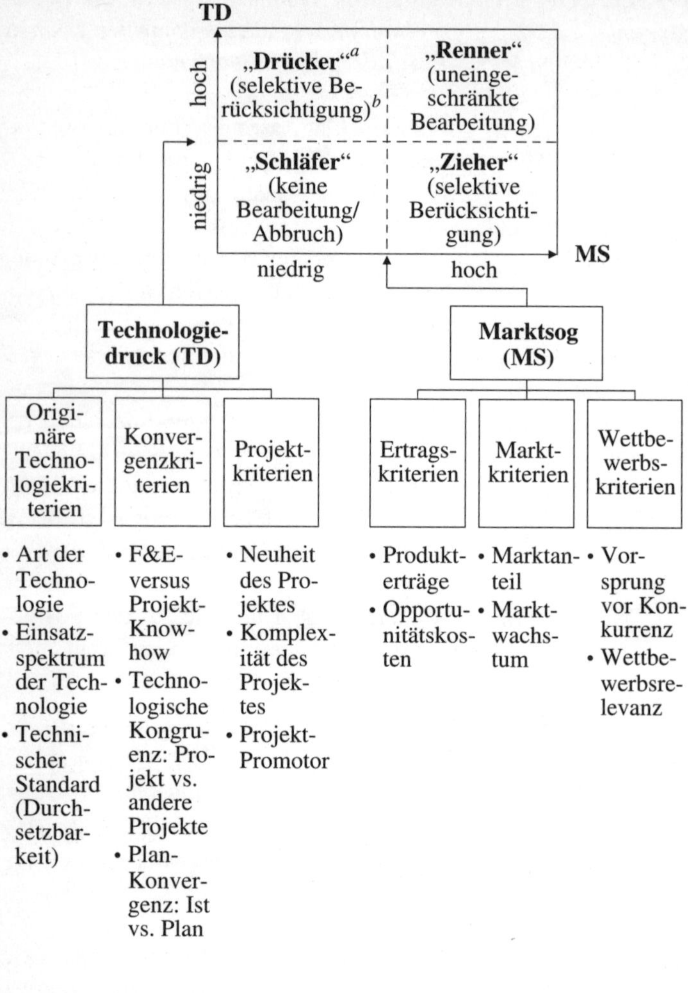

a) Schlagwort zur Charakterisierung der F&E-Projekte in einem Matrixfeld.
b) Normstrategieoption für ein Matrixfeld.

Quelle: In enger Anlehnung an Möhrle, 1988, 13-15

Abb. 4-15: F&E-Programm-Portfolio zur Integration von Technologie- und Marktaspekten

wendigen Fähigkeiten zur Technologieentwicklung) durch F&E-Experten abgebildet. Der Marktsog der F&E-Projekte wird durch Urteile von „Vertriebsexperten“ zu sechs Unterkriterien (z.B. mit der Produktinnovation erreichbarer Marktanteil) erfasst (s. Abb. 4-15). Wichtige *Schwächen* dieses Portfolio-Konzeptes zur Integration von Technologie- und Marktaspekten sind:

- Fehlende Begründung der Subkriterienauswahl zur Erfassung der beiden Matrixdimensionen.
- Vage Beschreibung der Indikatoren zur Subkriterienmessung (z.B. „Produkterträge“).
- Fehlende Unabhängigkeit der Indikatoren für verschiedene Subkriterien jeder der beiden Matrixdimensionen (z.B. „Marktanteil“ und „Vorsprung vor Konkurrenz“; Kongruenz von „F&E- vs. Projekt-Know-how“ und „Neuheit des Projektes“).
- Willkürliches Weglassen und Hinzufügen von Indikatoren für die Matrixdimensionen bei einer praktischen Anwendung des F&E-Programmportfolios (z.B. Wegfall der Indikatoren „Projektkomplexität“ und „Projekt-Promotor“ oder Ergänzung eines Indikators „Marktchancen“; s. *Möhrle/Voigt*, 1993, 982-984).

4.3.2 Vorteile und Probleme von Technologie-Portfolios

Sowohl den T-P als auch den integrierten Technologie-Markt-Portfoliovarianten werden folgende **Vorteile** zugeschrieben (vgl. *Wolfrum*, 1991, 203 u. 206; *Bullinger*, 1994, 167-169; *Bürgel* et al., 1996, 98; *Brockhoff*, 1999, 240; *Vahs/Burmester*, 2005, 128):

- Bereitstellung einer *transparenten* (= nachvollziehbaren), *konsistenten* (= für alle Analyseobjekte in gleicher Weise einsetzbaren), *systematischen* (= auf mehrere Kriterien aufbauenden und geordneten) und *z.T. theoretisch begründeten* (= auf LZM und Diffusionsmodellen beruhenden) *Methodik* zur Bewertung *unterschiedlicher* Technologiefelder und zur Begründung von Technologie-Investitionsprioritäten.
- Vermittlung eines *ganzheitlichen anschaulichen (= visuellen) Eindrucks* der Struktur der Technologiefelder/F&E-Projekte eines Unternehmens(teilbereichs) oder Produktes.

- Anstoß zur *Erhebung und Zusammenfassung wichtiger Informationen für jedes Technologiefeld* unter Berücksichtigung des unternehmenspolitischen Gesamtkontextes, in den die Analyseobjekte eingebettet sind.
- *Förderung der strukturierten Kommunikation* zwischen verschiedenen innovationsrelevanten organisatorischen Teileinheiten (z.B. F&E und Vertrieb) sowie Hierarchieebenen des Unternehmens.

Diese T-P-Vorteile erscheinen zwar plausibel, sind aber bislang kaum durch Studien zu Nutzererfahrungen mit oder Einsatzwirkungen von T-P-Analysen empirisch belegt (als Ausnahme s. *Möhrle/Voigt*, 1993, 980-987). Selbst bei renommierten TIM-Fachvertretern findet man denn auch widersprüchliche Bewertungen von T-P. So stellt etwa *Brockhoff* (1999, 225) einerseits skeptisch fest, dass in T-P „… in starkem Maße subjektive Bewertungen ein[gehen], die auch der innerbetrieblichen Kommunikation kaum förderlich sein können"; andererseits kommt er aber zu dem Schluss, dass „… Portfolios … die Chance [bieten,] den Dialog zwischen den Funktionsbereichen anzuregen und auf überprüfbare Grundlagen zu stellen" (*Brockhoff*, 1999, 240). Hier ist die Notwendigkeit zusätzlicher betriebswirtschaftlicher Anwendungsforschung anstelle einer fortgesetzten „T-P-Methodenschreinerei" evident.

Als **Probleme** von T-P, die deren Unterstützungspotenzial bei der Formulierung von Technologiestrategien begrenzen, sind zu nennen (vgl. a. *Wolfrum*, 1991, 203-215; *Brockhoff*, 1999, 235; *Specht* et al., 2002, 103f. u. 224; *Gelb/Vormann*, 2003, 181f.):

- *Mechanistische, übersimplifizierende Informationsverdichtung* auf zwei Dimensionen, die ungeeignet sind, die Vielfältigkeit der zur Beurteilung von Technologien heranzuziehenden Aspekte situationsbezogen angemessen abzubilden.
- *Bezugnahme auf theoretische Konzepte* (LZM, technologische Erfahrungskurve), *an deren Allgemeingültigkeit erhebliche Zweifel bestehen.*
- *Überschneidungen von Subkriterien zur Operationalisierung der Matrixdimensionen* (sowohl zwischen Indikatoren ei-

ner Matrixachse als auch zwischen Indikatoren der einen und der anderen Hauptdimension).

- *Vage Umschreibung der Subkriterien* für die beiden Hauptdimensionen.
- *Unbestimmte Aussagen* bzw. unzureichende Hilfestellung hinsichtlich
  - der Abgrenzung von Technologien.
  - der Wahl des Zeithorizontes der Analyse.
  - der Wahl von Gewichtungsfaktoren für die Subkriterien.
  - der Wahl von Algorithmen zur Aggregation der Subkriterien einer Matrixachse zu einem Hauptdimensionswert.
  - der inhaltlichen Ausgestaltung der Normstrategien.
- *Unbegründete Veränderungen der T-P-Methodik bestimmter Autoren(gruppen) im Zeitablauf* (z.B. Variation der Zahl der Matrixfelder oder der Subkriterien für eine Hauptdimension).
- *Fehlende Berücksichtigung von Verbundeffekten* (= Synergien) zwischen Technologiefeldern oder F&E-Projekten.

T-P sind angesichts dieser Problemliste als zwar wichtiges, aber in seiner Leistungsfähigkeit eingeschränktes **didaktisches Strukturierungs- und Visualisierungsinstrument** zur Vorbereitung der Formulierung von Technologiestrategien einzustufen. T-P vermögen eine umfassende und genaue Technologie- und Marktexpertise ebenso wenig wie Kreativität als notwendige Voraussetzungen für die Entwicklung erfolgversprechender Strategien zu ersetzen. Sie können dazu beitragen, Diskussionsprozesse zwischen Top-Management und Führungskräften aus innovationsrelevanten Organisationseinheiten (z.B. F&E, Vertrieb/Marketing, Produktion, Qualitätsmanagement) zu strukturieren, zu intensivieren und mit ersten groben Hinweisen auf Stoßrichtungen für den Einsatz von technologiebezogenen Ressourcen (insbesondere im F&E-Bereich) eines Unternehmens zu befruchten. Auch wenn T-P diese positiven Funktionen erfüllen sollten, so ist dennoch nicht zu bestreiten, dass in T-P-Betrachtungen aber in jedem Fall zahlreiche subjektive Interpretationen und Bewertungen von Daten aus der Umwelt- und Unternehmensanalyse einfließen.

5. Entscheidungsthemen des strategischen Technologie- und Innovationsmanagements

5.1. Prinzipielle Möglichkeiten der Analyse technologischer Innovationsstrategien

Technologische Produkt- oder Prozessinnovationsstrategien eines Unternehmen(steils) erfordern Entscheidungen zu vier Fragestellungen (vgl. oben Kap. 2.5.1 und 2.5.2 sowie *Specht/Zörgiebel*, 1985, 169-172; *Michel*, 1987, 84-101; *Wolfrum*, 1991, 245; *Burgelman* et al., 1995, 34-38; *Tschirky*, 1998, 296f.; *Specht* et al., 2002, 105-108; *Gelbmann/Vorbach*, 2003, 141; *Gerybadze*, 2004, 143):

- Welche Technologiefelder sollen mit welcher Kompetenzbreite und -tiefe bzw. welchen Ressourcen von dem Unternehmen abgedeckt werden (unabhängig davon, ob die technologiebezogenen Aktivitäten unternehmensintern oder -extern realisiert werden)?
- Wie soll die Entwicklung und Vermarktung technologischer Innovationen in zeitlicher Hinsicht gestaltet werden?
- Aus welchen Quellen soll das Unternehmen (Wissen für) technologische Innovationen beschaffen?
- Wie soll das Unternehmen eigene technologische Innovationsleistungen, über den bloßen „indirekten" Verkauf dieser Leistungen in den Produkten des Unternehmens hinaus, verwerten?

Die Beantwortung dieser Fragen kann in der Praxis *nicht* sequenziell erfolgen, da zwischen der Entscheidung zu einem Thema und denjenigen zu allen übrigen Themen erhebliche wechselseitige Abhängigkeiten bestehen. Entsprechend findet man in der Literatur auch Darstellungen *der Kombination oder des Profils von Antworten* auf mindestens zwei der o.a. vier Fragen, die dann jeweils als **Technologie- oder Innovations- oder F&E-Strategie(typ) oder als technologieorientierte Wettbewerbsstrategie** bezeichnet werden. Derartige *t*echnologische *I*nnovations*s*trategietypen (= TIS-Typen) lassen sich entweder mehr theoretischdeduktiv oder mehr empirisch-induktiv begründen (vgl. *Zahra/ Covin*, 1993, 453-455).

Die **theoretische Ableitung** von TIS-Typen umfasst i.d.R. drei Schritte:

- Benennung einer überschaubaren Menge von TIS-Dimensionen (z.B. Beschaffungsquellen für technologische Innovationen, Ausmaß der Investitionen in Produkt- oder Prozessinnovationen) und einer kleinen Zahl von Ausprägungsalternativen pro TIS-Dimension (z.B. für Innovationsbeschaffungsquellen: (1) primär eigene F&E, (2) primär Lizenznahmen oder (3) primär technologieorientierte Unternehmensakquisitionen).
- Bildung sämtlicher oder ausgewählter Ausprägungskombinationen verschiedener TIS-Dimensionen.
- Charakterisierung der verschiedenen Ausprägungsprofile der TIS-Dimensionen mit je einer Kurzbezeichnung (z.B. „First-to-Market“ Strategie).

Aus den in der Literatur recht zahlreich genannten Vorschlägen zur Bildung von theoretisch plausiblen TIS-Typen (s. für andere *Zahn*, 1986, 35-43; *Wolfrum*, 1991, 225-242 u. 1995, 252; *Weisenfeld-Schenk*, 1995, 79-96; *Specht* et al., 2002, 108f.; *Afuah*, 2003, 191f.; *Gerybadze*, 2004, 161) wird hier zur Verdeutlichung der o.a. Vorgehensschritte ein Ansatz von *Specht/Zörgiebel* (1985) herausgegriffen. Diese Autoren unterscheiden folgende drei TIS-Dimensionen mit jeweils zwei Ausprägungen (*Specht/Zörgiebel*, 1985, 162):

- Strategischer Standardisierungs- bzw. Individualisierungsgrad der Leistungen des Unternehmens (Ausprägungsalternativen: Hohe Standardisierung vs. hohe Individualisierung).
- Strategischer Grad der Markterfassung (Ausprägungen: Industrieweit vs. segmentspezifisch).
- Timing des Markteintritts (Ausprägungen: Technologischer Führer vs. technologischer Folger).

Aus diesen Dimensionen und Dimensionsausprägungen werden durch vollständige Kombination „acht technologieorientierte wettbewerbsstrategische Optionen“ wie etwa „segmentspezifische Technologieführungs- und Standardisierungsstrategie“ gebildet und jeweils im Hinblick auf Chancen und Risiken diskutiert (s. *Specht/Zörgiebel*, 1985, 162-169).

Bei der **empirischen Ableitung** von TIS-Typen werden ebenfalls zunächst verschiedene, möglichst voneinander unabhängige Strategiedimensionen ausgewählt sowie die Art und Weise der Erfassung dieser Dimensionen in der Unternehmenspraxis (= *Operationalisierung*) festgelegt. Dann werden Ausprägungen der TIS-Dimensionen in einer mehr oder minder großen Zahl von Unternehmen(sgeschäftsbereichen) ermittelt. Anschließend identifiziert man zumeist mit Hilfe **statistischer Clusteranalysen** Gruppen von Unternehmen(sgeschäftsbereichen) dergestalt, dass die Mitglieder *einer* Gruppe *möglichst ähnliche* und Mitglieder verschiedener Gruppen (= Cluster) möglichst unterschiedliche TIS-Dimensionsausprägungen aufweisen.

Auf Basis der beschriebenen Vorgehensschritte wurde beispielsweise in einer Untersuchung von 51 Geschäftsbereichen in 33 deutschen Unternehmen ein offensiver und ein defensiver TIS-Typ ermittelt (s. *Brockhoff*, 1989, 21f. u. 30-35; *Hauschildt*, 2004, 99): Unternehmen mit einer *offensiven TIS* zeichneten sich u.a. durch starke Betonung von Produktinnovationen, die auf eigenen F&E-Aktivitäten beruhen, sowie Zurückhaltung bei einem Technologieerwerb über Akquisitionen und Lizenznahmen aus; Unternehmen mit einer *defensiven TIS* konzentrierten sich dagegen stärker auf Prozessinnovationen und auf die Nutzung unternehmensexterner Technologiequellen (vgl. als ähnlich angelegte empirische Studien zur Identifikation von TIS-Typen für viele *Rotering*, 1990, 169-186; *Zahra/Covin*, 1993, 461-470; *Mordhorst*, 1994, 336-347; *Weisenfeld-Schenk*, 1995, 245-253; *Pieper*, 1998, 187-202).

Auf eine detailliertere Diskussion theoretisch oder empirisch abgeleiteter TIS-Typen verzichte ich bewusst, weil diese Typologien vor allem aus vier Gründen für das TIM wenig brauchbar sind:

– Die o.a. vier Entscheidungsthemen für TIS und/oder die Gesamtheit aller möglichen Kombinationen von TIS-Dimensionsausprägungen werden zumeist *nicht vollständig* berücksichtigt.

- Die Ausgestaltung von TIS-Dimensionen in der Praxis wird zu vage/ungenau erfasst, so dass der Facettenreichtum und die Komplexität von TIM-Handlungsoptionen *nicht angemessen abgebildet* werden.
- In theoretischen Arbeiten wird die empirische Relevanz von TIS-Typen *kaum kritisch reflektiert*.
- Die in verschiedenen empirischen Studien ermittelten TIS-Typen stimmen kaum überein, so dass es bislang *keinen Konsens* hinsichtlich der Existenz einer überschaubaren Anzahl von „*generischen TIS*" gibt.

Angesichts dieser Schwächen des typologischen Ansatzes zur Analyse von TIS kommt den in der Literatur diskutierten TIS-Typen bestenfalls eine grobe Orientierungsfunktion für das TIM zu. Folglich ist zur Verbesserung des Verständnisses von Gestaltungsspielräumen und -zwängen des TIM eine *sukzessive*, differenzierte Erörterung jeder der vier o.a. Grundfragen eines strategischen TIM in den nachfolgenden Kap. 5.2–5.5 unerlässlich.

5.2. Abdeckungsbreite und -niveau von Technologiefeldern

Im Mittelpunkt der strategischen Planung der Technologieabdeckung des Unternehmens stehen zwei Probleme:

- Auswahl von zukünftig zu bearbeitenden Technologiefeldern (s. Kap. 5.2.1).
- Festlegung der in den bearbeiteten Technologiefeldern angestrebten Gesamtleistungsniveaus (s. Kap. 5.2.2).

5.2.1 Auswahl von zu bearbeitenden Technologiefeldern

Die Auswahl von Technologiefeldern hat sich prinzipiell an der Wettbewerbsstrategie eines Unternehmens/Geschäftsfelds, seinen internen Stärken und Schwächen sowie den externen Chancen und Risiken für jede Technologie zu orientieren. Da Grundzüge technologieorientierter Unternehmens- und Umweltanalysen bereits in Kap. 4 aufgezeigt wurden, beschränke ich mich hier auf zwei spezifische Facetten des Auswahlproblems, denen in Wissenschaft und Praxis intensive Beachtung geschenkt wird, nämlich (1) der *Festlegung der Höhe des F&E-Budgets* und (2) der mit dieser Festlegung vernetzten *Auswahl von F&E-Projekten/ Innovationsprojekten.* Damit wird unterstellt, dass die Fähigkeiten eines Unternehmens auf innovativen Technologiefeldern primär durch *F&E*-Aktivitäten bestimmt werden.

5.2.1.1 F&E-Budgetierung

Unter **F&E-Budgetierung** ist der Prozess zu verstehen, in dem die Höhe der insgesamt in definierten zukünftigen Zeiträumen für F&E des Unternehmens bereitzustellenden Finanzmittel sowie die Verteilung dieser Mittel auf Kostenträger (i.d.R. **Projekte** = zeitlich begrenzte, einmalige, komplexe und neuartige Vorhaben) und Kostenarten (z.B. laufende Personalkosten, einmalige Investitionen; vgl. Kap. 3.3.1) geplant wird. Zur Festlegung der Gesamthöhe des F&E-Budgets kann auf drei Ansätze zurückgegriffen werden (vgl. a. *Kern/Schröder*, 1977, 122-130; *Bürgel* et al., 1996, 320-327; *Brockhoff*, 1999, 248-288; *Specht* et al., 2002, 501-508; *Gelbmann/Vorbach*, 2003, 203-209):

– **Top-Down-Budgetierung**: Hier wird die Höhe des Gesamtbudgets „politisch" von der Unternehmensleitung vorgegeben, ohne dass man sich direkt inhaltlich mit den Erfolgspotenzialen der zur Disposition stehenden F&E-Vorhaben auseinander gesetzt hat. Die Begründung von Top-Down vorgegebenen F&E-Budgets kann mit Hilfe von zwei miteinander kombinierbaren Vorgehensweisen erfolgen:
  - *Ausrichtung des F&E-Budgets an globalen finanzwirtschaftlichen Kriterien.* Zu diesen Kriterien gehören Umsatz, Cash Flow, Jahresüberschuss, F&E-Aufwand und -Personalbestand des eigenen Unternehmens oder von Konkurrenten in einem definierten Vergangenheitszeitraum. Nach Befunden von *Brockhoff* (1999, 249-261) wurde diese eher **rückwärtsgerichtete** Vorgehensweise von deutschen Unternehmen zumindest Ende der 80er Jahre und wahrscheinlich auch danach noch mehrheitlich genutzt (s.a. *Gerybadze*, 2004, 294f.). Besonders häufig wird in der Unternehmenspraxis das F&E-Gesamtbudget über die Fortschreibung eines Soll-Werts für die F&E-Aufwandsintensität (s. Kap. 3.3.1) defi-

niert (vgl. a. *Gerybadze*, 2004, 295). Analytische Modelle sprechen dagegen eher für die Vorteilhaftigkeit einer zukunftsgerichteten antizyklischen Ausrichtung der F&E-Budgethöhe, die in Zeiträumen mit Umsatz- oder Gewinnrückgang bzw. -anstieg die Mittelzuweisung für F&E eher relativ erhöht bzw. senkt (s. *Milling/Maier*, 1996).

- *Ausrichtung des F&E-Budgets an allgemeinen zukunftsgerichteten Strategieüberlegungen zur Notwendigkeit von Produktinnovationen zur Sicherung des Unternehmenserfolgs im Wettbewerb.* Solche eher **vorwärtsgerichteten** Überlegungen können sich beziehen auf (1) Ziele für die Produktinnovationsrate des Unternehmens (s. Kap. 3.3.3), (2) erwartete Lücken zwischen geplanten und erreichbaren Umsätzen („Gap-Analyse") oder (3) Erkenntnisse zu maximal zukünftig ohne Gefährdung der Unternehmensexistenz finanzierbaren F&E-Ressourcen.

– **Bottom-Up-Budgetierung**: Hier werden sämtliche bereits begonnenen oder als zusätzlich erwägenswert eingestuften F&E-Vorhaben *einzeln* von den innovationsrelevanten Unternehmenseinheiten bezüglich ihrer Erfolgspotenziale bewertet. Das F&E-Budget ergibt sich als Summe der Auszahlungen aller positiv bewerteten „alten" und neuen Projekte, gegebenenfalls zuzüglich nicht sofort abbaubarer Auszahlungen von abzubrechenden Projekten.

– **Gegenstrom-Budgetierung**: Hier werden zum einen von der Unternehmensleitung Richtgrößen zur Höhe und Grobstruktur des F&E-Budgets vorgegeben (s.o. Top-Down-Ansatz). Zum anderen planen die F&E-Verantwortlichen den Finanzmittelbedarf für die von ihnen als erfolgversprechend klassifizierten Projekte (s.o. Bottom-Up-Ansatz). In einem iterativen Abstimmungsprozess werden dann Top-Down- und Bottom-Up-F&E-Budgets in Einklang gebracht.

5.2.1.2 F&E-Projektbewertung und -auswahl

Geht man davon aus, dass typischerweise der Finanzmittelbedarf sämtlicher als „erfolgsträchtig“ eingestuften F&E-Vorhaben die zur Verfügung stehenden Finanzmittel übersteigt, dann ergibt sich in der Praxis regelmäßig folgende Notwendigkeit: Aus einer größeren Menge von zur Diskussion stehenden Innovationsvorhaben ist eine Teilmenge zu identifizieren, für die ein Unternehmen erstmalig oder weiterhin tatsächlich Ressourcen einsetzen will (= **F&E-Projektauswahl**). Zur Begründung von Projektauswahlentscheidungen werden **Bewertungsmethoden/-verfahren** eingesetzt. Bewertungsmethoden sollen eine *systematische, konsistente* und *transparente* Prognose der Wirkungen von F&E-Vorhaben auf den Erreichungsgrad von Unternehmenszielen unterstützen. Zur Durchführung sind die Innovationsprojekte vorzusehen, die den höchsten Zielerreichungsbeitrag versprechen.

F&E- und Innovationsprojektbewertungsmethoden lassen sich u.a. systematisieren nach (s. *Thoma*, 1989, 167; *Bürgel* et al., 1996, 105; *Brockhoff*, 1999, 337; *Poh* et al., 2001, 64; *Specht* et al., 2002, 216; *Stummer/Günther*, 2002, 290; *Vahs/Burmester*, 2005, 195):

- Der Art der Ziele (wirtschaftlich vs. nicht-wirtschaftlich).
- Der Zahl der Ziele (ein Ziel vs. mehrere Ziele).
- Dem Anwendungsbereich (ex ante Projektauswahl oder Abbruch laufender Projekte; Forschung oder Entwicklung oder Marktdiffusion).
- Dem Umgang mit der Unsicherheit bei F&E-Projekten (deterministische Verfahren ohne Eintrittswahrscheinlichkeiten vs. probabilistische Verfahren).
- Der Art des Bezugsmaßstabes für die Bewertung (andere Projekte vs. inhaltliche oder finanzielle Zielkriterien).
- Dem Skalierungsniveau der Bewertungsinformationen (qualitativ/nominal vs. semiquantitativ/ordinal vs. quantitativ/kardinal; s. oben Kap. 3.4).

In Abb. 5-1 wird das zuletzt genannte Kriterium zur Ordnung der Vielzahl von Bewertungsmethoden herangezogen, die im Zusammenhang mit der Auswahl von F&E-Projekten diskutiert

Qualitative Bewertungs-verfahren	Semiquantitative Bewertungs-verfahren	Quantitative Bewertungs-verfahren
• Ganzheitlich gebildete Projekteinschätzungen – Intuitives Projektgesamtbild anhand weniger Kriterien – Dialektische Präferenzbegründung (z.B. Pro-Contra-Methode) • Nicht-konsolidierte Einschätzungen verschiedener Projektaspekte – Checklisten – Stärken-Schwächen-Projektprofile	• Nutzwert-/Scoring-Analyse • Kosten-Wirksamkeitsanalyse • Summarische/eindimensionale Projektrangreihen • Analytische/mehrdimensionale Projektrangreihen (analytischer hierarchischer Prozess) • Technologie-Portfolio-Analyse	• Nutzen-Kosten-Analyse • Investitionsrechnung zur isolierten Bewertung einzelner Projekte – Statische Methoden (Kosten-/Gewinnvergleichsrechnung, Break-Even-Analyse, Amortisationsrechnung, Projektrentabilitätsrechnung) – Dynamische Methoden (Projektkapitalwert(rate), -annuität, interne Projektverzinsung) • Investitionsrechnung zur simultanen Bewertung mehrerer Projekte (Methoden der mathematischen Programmierung, Simulation) • Stufenweise Projektdeckungsbeitragsrechnungen

Quelle: In leichter Anlehnung an Specht et al., 2002, 216

Abb. 5-1: Verfahrens-/Methodentypen zur Bewertung von F&E-Projekten

werden (vgl. zur F&E-Projektbewertung detaillierter *Kern/ Schröder*, 1977, 172-259; *Brockhoff*, 1999, 335-406).

Charakteristikum **qualitativer Verfahren** ist, dass der Zielerreichungsbeitrag (= „Wert“) eines F&E-Projektes durch nichtnumerische, verbale Aussagen beschrieben wird (z.B. Vorteils-Nachteils-Projektprofil). **Semiquantitative Verfahren** zeichnen sich dadurch aus, dass der Zielerreichungsbeitrag eines Projektes zwar durch Zahlen ausgedrückt wird, die aber (1) keine monetären Größen direkt widerspiegeln und die (2) auf in „rechenbare“ Zahlenwerte „übersetzte“ mehr oder minder subjektive Einschätzungen der Entscheidungsträger beruhen. Technologie-Portfolios, bei denen für jedes Technologiefeld zwei Dimensionen über Punktbewertungen quantifiziert werden (s.o. Kap. 4.3), sind ein prominentes Beispiel für semiquanitative Bewertungsverfahren. **Quantitative Verfahren** legen eine finanzwirtschaftliche Perspektive zugrunde, indem sie versuchen, die durch ein F&E-Projekt verursachten Ein- und Auszahlungsströme zu prognostizieren und diese Ströme in einer Kennzahl auszudrücken, die entweder in Geld- oder Zeiteinheiten gemessen wird. Sie wenden dabei zumeist Methoden der Investitionsrechnung oder der stufenweisen Deckungsbeitragsermittlung auf F&E-Projekte an (s. Abb. 5-1).

Kapitalwertbasierte Projektbewertung

Ein Beispiel für ein quantitatives Verfahren der F&E-Projektauswahl ist die Berechnung des Barwertes der durch ein F&E-Projekt hervorgerufenen (erwarteten) Zahlungsströme, also des **Projektkapitalwertes** PK in der Entscheidungsperiode t = 0 nach folgender Formel (vgl. *Kern/Schröder*, 1977, 174; *Tschirky*, 1998, 317-319; *Brockhoff*, 1999, 349; *Afuah*, 2003, 230; *Hauschildt*, 2004, 530-533):

$$PK = \sum_{t=0}^{n} (P_t^E E_t - P_t^A A_t) / (1+i)^t \qquad (5.1)$$

mit E_t = Einzahlungen in Periode t, die durch das Projekt verursacht werden (z.B. Umsätze, Lizenzgebühren)

A_t = Auszahlungen in Periode t, die durch das Projekt verursacht werden (z.B. Gehälter für Projektmitarbeiter, Honorare für Marktkommunikationsmaßnahmen)

P_t^E = Wahrscheinlichkeit, mit der E_t erzielt werden kann

P_t^A = Wahrscheinlichkeit, mit der A_t erzielt werden kann

i = Kalkulationszins (d.h. Kosten des Verzichts auf alternative Kapitalanlage-/Ressourceneinsatzmöglichkeiten)

n = Zahl der Perioden von der Ideengenerierung für ein Projekt über die Markteinführung einer Produktinnovation bis hin zur Einstellung des Verkaufs des (ehemals neuen) Produktes

Ein positiver (negativer) Projektkapitalwert zeigt an, dass bei Durchführung des F&E-Projektes ein auf die Entscheidungsperiode $t = 0$ abgezinster Vermögenszuwachs für das Unternehmen zu erwarten ist, der über (unter) der Vermögensmehrung liegt, die bei alternativer Ressourcenverwendung erreicht werden kann. Entsprechend sind bei Abwesenheit von Finanzierungs- und anderen Ressourcenbeschränkungen alle F&E-Vorhaben mit einem positiven Projektkapitalwert durchzuführen.

Typischerweise fallen in den Perioden bis zur Markteinführung nur Auszahlungen und keine Einzahlungen für F&E-Projekte an, d.h. dass die Differenz aus Einzahlungen – Auszahlungen (= **Cash Flow**) < 0 ist (s.a. unten Abb. 5-13). In den Perioden nach der Markteinführung müssen daher positive Cash Flows erzielt werden, wenn das F&E-Projekt noch einen positiven Barwert erreichen soll. Prognoseunsicherheiten für E_t bzw. A_t können über den Ansatz kleiner(er) Werte für die Wahrscheinlichkeitsparameter P_t^E bzw. P_t^A in die Kapitalwertschätzung einfließen. Bei der Berechnung von F&E-/Innovationsprojektkapitalwerten gelten natürlich auch die seit langem bekannten Prämissen dieses Ansatzes der dynamischen Investitionsrechnung (z.B. Wiederanlage positiver Cash Flows in jeder Periode zum Kalkulationszins bis zum Projektende) und die *allgemeinen* Einwände gegen die Realitätsnähe dieser Prämissen (z.B. Unhaltbarkeit der Annahme von im Zeitablauf konstanten Kapitalkosten, Unmöglichkeit der Bestimmung eines Kalkulationszinses, der die Opportunitätskosten des Kapitaleinsatzes korrekt erfasst). Darüber hinaus ist *speziell* mit Bezug auf die Bewertung von F&E-Projekten auf folgende **Schwachstellen** der Projektbewertung und -auswahl anhand von Kapitalwerten bzw. kumulierten diskontierten Cash Flows hinzuweisen (s. für viele *Poh* et al., 2001, 65; *Afuah*, 2003, 231; *Hauschildt*, 2004, 531f.):

- Fehlende Berücksichtigung des (Rest-)Werts von selbst geschaffenen immateriellen Vermögenspositionen (z.B. technologiebezogene Kompetenzen von Mitarbeitern, Patente), die durch ein Projekt gewonnen werden und nach dessen Abschluss auch in anderen F&E-Vorhaben des Unternehmens wiederverwertbar und weiterentwickelbar sind.
- Fehlende Berücksichtigung von Implikationen des Verzichts auf ein F&E-Projekt für die Fähigkeit des Unternehmens in der Zukunft noch eine Technologie für andere, in der Gegenwart nur ungenau umreißbare Anwendungen/Märkte, die in die Kapitalwertanalyse aufgrund mangelnder Informationen nicht einbeziehbar sind, nutzen zu können.
- Fehlende Berücksichtigung des Sachverhalts, dass F&E-Projekte keine „now or never decision“ (*Afuah*, 2003, 231) für ein gesamtes Vorhaben erfordern, sondern schrittweise Bewertungen/Entscheidungen in Abhängigkeit von im Projektverlauf gewonnenen Erkenntnissen bzw. erreichten Unsicherheitsverringerungen.
- Fehlende Berücksichtigung von Möglichkeiten des F&E-Managements zur aktiven Beeinflussung/Gestaltung der Ergebnisse von Projekten (z.B. durch Rekrutierung von Spitzenforschern).
- Fehlende Berücksichtigung von inhaltlich-technischen Zielen neben finanziellen (Letzt-)Ergebnissen von F&E-Projekten.

Aus dem Projektkapitalwert PK lässt sich eine dynamisierte Variante der aus der externen Rechnungslegung bekannten Erfolgskennziffer *Gesamtkapitalrentabilität*, die auch als *Return on Investment* (ROI) bezeichnet wird, ableiten, indem man PK durch den Barwert aller projektbedingten Auszahlungen dividiert (vgl. *Kern/Schröder*, 1977, 175). Aus konzeptioneller Sicht *wenig überzeugend* sind dagegen statische Projektrentabilitätskennziffern, in denen die unterschiedlichen zeitlichen Strukturen des Anfalls von Zahlungsströmen in F&E-Projekten nicht berücksichtigt werden (s. etwa die bei *Werner/Souder*, 1997a, 36 genannten Beziehungskennzahlen).

Sind nicht genügend Ressourcen zur Bearbeitung aller F&E-Projekte mit PK > 0 verfügbar, dann kann zur Prioritätenbildung für jedes Projekt der Quotient aus PK und dem Verbrauch der nur in begrenztem Umfang verfügbaren Ressource (z.B. Ingenieurstunden, Finanzmittel) gebildet werden, wenn (1) der Engpassfaktor vor Projektbeginn bekannt ist, (2) ein Betrachtungszeitraum von einer Periode ausreicht und (3) sich PK proportional zum Anteil der realisierten Projektauszahlungen bei nicht vollständiger Projektdurchführung verändert. Diesen, auf sehr restriktiven Annahmen beruhenden Quotienten nennt man auch **Kapitalwertrate** (s. *Brockhoff*, 1999, 349f.). Die zur Auswahl stehenden F&E-Projekte sind nach ihrer Kapitalwertrate in eine Rangordnung zu bringen. Ausgewählt werden die Projekte mit den höchsten Rangplätzen/Kapitalwertraten, solange die Engpassressource noch eine Projektdurchführung ermöglicht.

Die F&E-Projektbewertung/-auswahl nach der Kapitalwertrate soll anhand eines einfachen Beispiels veranschaulicht werden: Wenn drei Projekte A, B und C mit PK von 9.000, 10.000 und 5.000 Geldeinheiten zur Auswahl stehen und Projekt A 3.000, Projekt B 4.000 und Projekt C 1.000 Ingenieurtage bei insgesamt 7.000 verfügbaren Ingenieurtagen benötigen, dann ergeben sich folgende Kapitalwertraten: Projekt A: 3,0, Projekt B: 2,5 und Projekt C: 5,0. Demnach sind die Projekte C und A komplett durchzuführen und Projekt B zu 75%, da nur noch 3.000 (7.000 – 1.000 – 3.000) Ingenieurtage zur Verfügung stehen. Diese Auswahlentscheidungen führen zu einer Kapitalwertsumme von 21.500 Geldeinheiten. Würden statt dessen die Projekte B und C vollständig sowie Projekt A zu 67% bzw. nur die Projekte A und B vollständig realisiert, dann wird eine Kapitalwertsumme von 21.000 bzw. 19.000 Geldeinheiten erreicht. Demnach führt eine Projektauswahl nach der Kapitalwertrate in diesem Beispiel zur Maximierung der Summe der Kapitalwerte der Einzelprojekte.

Wenn jedoch zwischen *einzelnen* F&E-Projekten wechselseitige Abhängigkeiten bestehen, dann wird durch eine **sukzessive (Partial-)Betrachtung** des Zielerreichungsbeitrages für jedes Projekt *nicht* immer das aus Unternehmenssicht insgesamt **optimale F&E-Programm** (= Menge aller realisierten F&E-Vorhaben) ermittelt. Deshalb wurden zur *simultanen* Auswahl von mehreren interdependenten F&E-Projekten aus der Gesamtmenge aller möglichen Teilmengen von F&E-Projekten quantitative Verfahren entwickelt, die mit Hilfe mathematischer Programmierungsmodelle eine Teilmenge von F&E-Projekten so auswählen, dass ein Zielfunktionswert (z.B. Programmbarwert), gegebenenfalls unter Beachtung von Nebenbedingungen, maximiert wird (vgl. eingehender *Kern/Schröder*, 1977, 241-259; *Popp*, 1988, 743-748; *Brockhoff*, 1999, 388-406).

Der Projektauswahl anhand eines PK liegt die Prämisse zugrunde, dass es sinnvoll möglich ist, für jedes zur Disposition anstehende Vorhaben sämtliche ihm in den Entwicklungs- und Vermarktungsphasen zuzuordnenden (sowie gegebenenfalls mit Auftretenswahrscheinlichkeiten gewichteten) Zahlungsströme zu prognostizieren und mit einem Kalkulationszins-/Kapitalkostensatz zu diskontieren. Dieses Vorgehen ist u.a. deshalb problematisch, weil es außer Acht lässt, dass F&E-Projekte, abweichend von in der klassischen Investitionstheorie betrachteten materiellen Vermögensgegenständen, bereits vor dem Beginn der Vermarktungsphase neue technische, aufwands-, zeit- oder wettbewerbsbezogene Erkentnisse erbringen können, die sich auf erwartete Zahlungsströme und damit auf projektbezogene Ressourcenzuordnungen auswirken sollten. So ist es beispielsweise bei einem auf 24 Monate angelegten F&E-Projekt denkbar, nach 12-monatiger Bearbeitung angesichts der erreichten Resultate zu entscheiden, das Vorhaben (vg. *Trigeorgis*, 1999, 2-14; *Bockemühl*, 2001, 29-52)

- wie geplant weiter zu realisieren (Fortführungsentscheidung/-option).
- mit doppeltem oder halbem Ressourceneinsatz in den verbleibenden 12 Monaten zu betreiben (Erweiterungs- oder Verringerungsentscheidung/-option).
- auf 18 Monate ohne Veränderung der angestrebten Ergebnisse zu verkürzen (Beschleunigungsentscheidung/-option).
- für drei Monate ruhen zu lassen, um dann eine neue Vorgehensentscheidung zu treffen (Verzögerungs- oder Warteentscheidung/-option).
- mit einem ursprünglich getrennt bearbeiteten F&E-Projekt zusammenzulegen (Umstellungs-/Wechselentscheidung/-option).
- als Basis für weitere Investitionen zur Erschließung eines neuen Absatzmarktes zu nutzen (Wachstums(investitions) entscheidung/-option).
- (erfolgslos) abzubrechen (Abbruchsentscheidung/-option).

Derartige **Handlungsspielräume**, **Flexibilität**, **Unsicherheiten** oder **Lernfortschritte** finden in praxistypischen Anwendungen der Kapitalwertmethode bei der F&E-Projektauswahl oft nicht oder zumindest nicht in betriebswirtschaftlich angemessener Weise Berücksichtigung. Um die F&E-Projektauswahl(praxis) zu verbessern, wird deshalb seit langem vorgeschlagen, F&E-Vorhaben als eine sequenzielle, **ereignisabhängige Folge von Handlungsentscheidungen** unter Berücksichtigung der **Unsicherheit** prognostizierter Zahlungsströme, der Aktionsflexibilität des Unternehmens und der zum jeweiligen Entscheidungszeitpunkt verfügbaren Informationen bzw. eingetretenen Ereignisse zu bewerten (vgl. z.B. *Morris* et al., 1991, 36; *Jägle*, 1999, 276f.). Die Umsetzung dieses Vorschlags in konkrete Berechnungen kann u.a. mit Hilfe der konventionellen **Entscheidungsbaumanalyse** oder der **Realoptionsanalyse** erfolgen. Beide Bewertungskonzepte werden daher anschließend in ihren Grundzügen erläutert.

Entscheidungsbaumanalyse

Bei der Entscheidungsbaumanalyse (EBA) wird ein F&E-Projekt mittels hierarchisch aufeinander aufbauender Ressourcenbereitstellungsentscheidungen des Managements in verschiedene Stufen oder Phasen (z.B. Konzeption, Machbarkeit, Design, Entwicklung, Testmarkt, Markteinführung) gegliedert. Die EBA ist damit auch als ein Hilfsmittel zur Umsetzung von so genannten **„stage-gate process" Systemen** anzusehen. Solche Systeme empfehlen ein institutionalisiertes Setzen von Meilensteinen, an denen eine leistungsergebnis-, zeit- und aufwandsbezogene Statusbestimmung für jedes Projekt vorgenommen wird, auf deren Grundlage dann über das „Ob" und das „Wie" des Projektfortgangs befunden wird (vgl. *Cooper*, 2001, 113-153; *Jägle*, 1999, 276-278). Die inhaltliche Ausrichtung der an unterschiedlichen diskreten Zeitpunkten getroffenen Entscheidungen im Projektverlauf hängt von **Ereignissen** ab, deren Eintreten unsicher ist und für die deshalb **Eintrittswahrscheinlichkeiten** in der Analyse berücksichtigt werden. Die Ereignisse können nur teilweise durch das TIM beeinflusst werden (z.B. Entdeckung eines neuen Arzneimittelwirkstoffs mit erwünschten Eigenschaften) oder gar weitgehend außerhalb der Kontrolle des TIM liegen (z.B. Entwicklung/Vermarktung eines technologischen Alternativangebots durch Wettbewerber). Frühere Entscheidungen beeinflussen im weiteren Zeitverlauf noch vorhandene Aktionsspielräume, mögliche Ereignisse sowie deren Eintrittswahrscheinlichkeiten und damit die ökonomischen Ergebnisse eines Projekts, die, wie bei der PK-Analyse (s.o. Gleichung 5.1), als (Barwerte von periodenbezogenen) Salden von Ein- und Auszahlungsströmen/Cash Flows erfasst werden. Die Eintrittswahrscheinlichkeiten für die verschiedenen in eine EBA einbezogenen Ereignisse sind durch statistische Auswertungen vergleichbarer F&E-Projekte oder durch Expertenbefragungen explizit quantitativ zu schätzen (s. zur Einführung in EBA bei F&E-Vorhaben *Kern/Schröder*, 1977, 193-197; *Morris* et al., 1991, 36f.; *Faulkner*, 1996, 53f.; *Boer*, 1999, 291-297; *Jägle*, 1999, 282-284; *Trigeorgis*, 1999, 57f.; *Afuah*, 2003, 234f.).

Zur Illustration von EBA zeigt Abb. 5-2 das einfache Beispiel eines Innovationsprojektes, bei dem zwei Managemententscheidungen (F&E-Durchführung, Markteinführung der Innovation) und zwei unsichere Ereignisse (Qualität der F&E-Ergebnisse, Wettbewerbspositionsstärke nach Vermarktungsbeginn) differenziert werden. Gemäß Gleichung (5.1) erhält man bei ei-

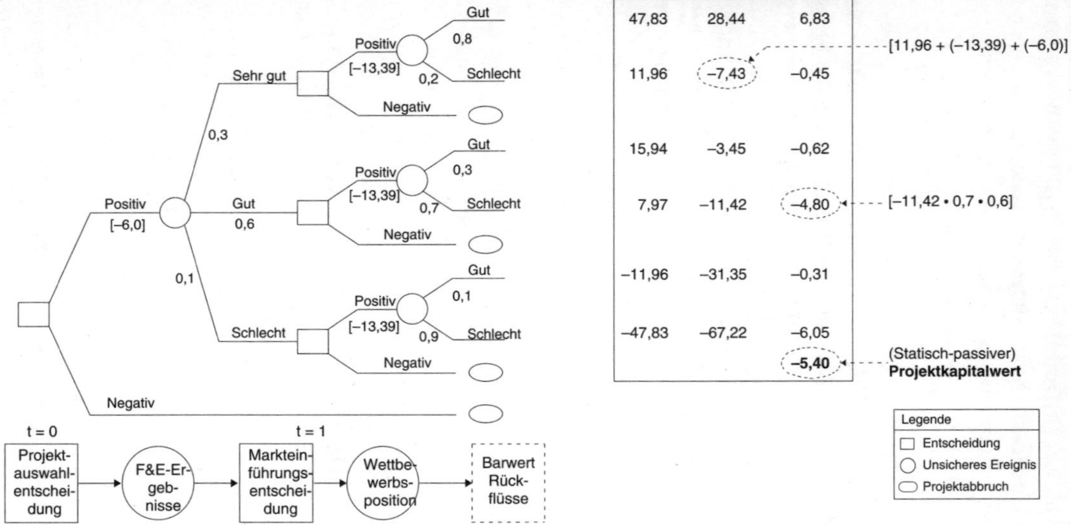

VR[a]	VR – AZ[b]	Erwarteter TPK[c]
47,83	28,44	6,83
11,96	–7,43	–0,45
15,94	–3,45	–0,62
7,97	–11,42	–4,80
–11,96	–31,35	–0,31
–47,83	–67,22	–6,05
		–5,40

a) Alle Zahlenangaben in den drei Spalten der Tabelle sowie in eckigen Klammern im Entscheidungsbaum in Mio. Euro. VR = Barwert der Vermarktungsrückflüsse in t = 2 abgezinst mit einem Kalkulationszins von 12% auf t = 0. Barwert in t = 2 entspricht: [(Barwert in t = 0) / $1{,}12^2$].
b) VR – AZ = Vermarktungsrückflussbarwert minus Summe der auf t = 0 abgezinsten Auszahlungen für F&E und Markteinführung, deren Barwerte für t = 0 in eckigen Klammern im Entscheidungsbaum genannt werden.
c) TPK = Teilprojektkapitalwert, der sich durch Multiplikation des Kapitalwerts für einen Projektentwicklungspfad mit dessen Eintrittswahrscheinlichkeiten ergibt.

Quelle: In Anlehnung an Faulkner, 1996, 52

Abb. 5-2: Beispiel für eine Entscheidungsbaumanalyse zur Fundierung von F&E-Projektauswahlentscheidungen

nem Kalkulationszins von 12%, der die erzielbare Rendite des Unternehmens bei anderen Anlagen mit ähnlichem systematischen Risikoprofil wie das betrachtete Projekt widerspiegeln soll, für den erwarteten Kapitalwert des Projekts in Abb. 5-2:

$$PK = -6 + (-15 \cdot 1{,}12^{-1}) + (((0{,}3 \cdot 0{,}8 \cdot 60) + (0{,}3 \cdot 0{,}2 \cdot 15) + (0{,}6 \cdot 0{,}3 \cdot 20) + (0{,}6 \cdot 0{,}7 \cdot 10) + (0{,}1 \cdot 0{,}1 \cdot (-15)) + (0{,}1 \cdot 0{,}9 -(60))) \cdot 1{,}12^{-2})$$

$$= -5{,}4 \text{ Mio. Euro}$$

Alternativ lässt sich der erwartete PK auch berechnen, indem man für jeden der 3 x 2 Entwicklungspfade, die mit einer Markteinführung der Innovation enden, die auf t = 0 abgezinsten Zahlungsströme bestimmt, dann mit den pfadbezogenen kumulierten Wahrscheinlichkeiten gewichtet und die sechs Resultate zusammenzählt. Beispielsweise ergibt sich so für den Projektpfad mit guten F&E-Ergebnissen und einer guten Wettbewerbsposition in der Vermarktungsphase ein Barwert von (15,94 – 13,39 – 6,00) • 0,3 • 0,6 = – 0,62 Mio. Euro. Wie Abb. 5-2 zu entnehmen ist, erhält man als Summe der sechs wahrscheinlichkeitsgewichteten Pfadbarwerte wieder den auch oben errechneten erwarteten PK von – 5,4 Mio. Euro.

Da der PK in dem Beispiel in Abb. 5-2 negativ ausfällt, ist nach der im Anschluss an Gleichung 5.1 beschriebenen Entscheidungsregel das F&E-Projekt *nicht* zur Durchführung auszuwählen. Ein „mechanistisches" Durchrechnen des Entscheidungsbaumes in Abb. 5-2 ist aber problematisch, da bei dieser Vorgehensweise zwar die Unsicherheiten bezüglich der technischen und wirtschaftlichen Ergebnisse des F&E-Projekts, nicht aber die **Handlungsflexibilität** und **Lernmöglichkeiten** der Entscheider nach dem Projektstart abgebildet werden. So wird bei rationalem Vorgehen die in t = 1 zu fällende Entscheidung bezüglich einer Markteinführung der Produktinnovation nicht unabhängig von den in t = 0 erzielten F&E-Ergebnissen getroffen.

Betrachtet man die erwarteten Barwerte für die sechs Entwicklungspfade bei einer Kommerzialisierung der F&E-Projektergebnisse in Abb. 5-2, so erkennt man, dass es wirtschaftlich vorteilhaft ist, die Möglichkeit einer Markteinführung nur dann zu nutzen, wenn am Ende der F&E-Phase des Innovationsprojektes sehr gute Ergebnisse erreicht worden sind und andernfalls das Projekt in t = 1 abzubrechen. Berücksichtigt man diese Handlungsflexibilität bzw. Entscheidungsmöglichkeit, so erhält man als modifizierten PK für das einfache Beispiel in Abb. 5-2:

$$PK_{mod} = (-6) + (-13{,}39 \cdot 0{,}3) + (0{,}3 \cdot (0{,}8 \cdot 47{,}83) + (0{,}2 \cdot 11{,}96))$$
$$= 2{,}18 \text{ Mio. Euro}$$

Während der statische erwartete PK negativ ist, fällt der modifizierte PK, der die Flexiblität, das Innovationsprojekt in t = 1 ergebnisabhängig abzubrechen, berücksichtigt, positiv aus. Dieser Unterschied erklärt sich daraus, dass die Handlungsoption des Projektabbruchs einerseits die Chance einer Nutzung der hohen Rückflusspotenziale aus der Innovationsvermarktung bei sehr guten F&E-Ergebnissen bis zum Ende der Periode t = 1 offen hält, aber andererseits das Verlustrisiko auf die Höhe des F&E-Aufwands von 6 Mio. Euro begrenzt (vgl. a. *Mitchell/Hamilton*, 1988, 17f., *Boer*, 1999, 291-297). Dementsprechend lautet die Auswahlentscheidung für das in Abb. 5-2 illustrierte Beispiel, das Innovationsvorhaben bis zum Ende der F&E-Phase durchzuführen und in Abhängigkeit von den F&E-Ergebnissen dann die Markteinführung vorzunehmen, wenn sehr gute Ergebnisse erreicht wurden.

Generell werden bei um Flexibilitätsaspekte erweiterten EBA F&E-Projekte

- als **(Real-)Optionen** i.S. von hinsichtlich des Finanzierungsvolumens/der Auszahlungshöhe (eng) begrenzte Investitionen interpretiert, die für einen definierten Zeitraum mit weiteren Investitionen verbundene Markteinführungsmöglichkeiten für Produktinnovationen, Verkaufsmöglichkeiten für F&E-Ergebnisse (s.u. Kap. 5.5) oder andere technologiebezogene Handlungsmöglichkeiten eröffnen, wobei diese Möglichkeiten genutzt werden *können*, aber *nicht* genutzt werden *müssen* (s. für viele *Faulkner*, 1996, 53; *Trigeorgis*, 1999, 9-14 u. 69; *McGrath/MacMillan*, 2000, 35; *Brealey/Myers*, 2003, 564-567).
- **Kaufoptionen** (= Call Options) angesehen, „... which offer the corporation flexibility in the timing of the subsequent investment or financial commitment" (*Mitchell/Hamilton*, 1988, 18) und die strategische Positionierungsmöglichkeiten

auf bestehenden oder neuen Märkten offenhalten bzw. „... the danger of not developing positions in key technologies" (*Mitchell/Hamilton*, 1988, 21) reduzieren.

– mit zwar hochgradig unsichereren, aber **sehr breiten längerfristig erschließbaren Anwendungsmöglichkeiten** („downstream options"; s. *Mitchell/Hamilton*, 1988, 15) **positiver** bewertet als Vorhaben, die Vermarktungschancen nur kurzfristig und auf einem sehr engen Feld eröffnen, da eine lange Zeitspanne bis zum Verschwinden einer Vermarktungschance und eine hohe Anwendungsbreite „... increase the upside potential without increasing downside risk (cost of R&D)" (*Mitchell/Hamilton*, 1988, 18; s.a. für viele *Morris* et al., 1991, 35-39; *Faulkner*, 1996, 53).

Eine um Handlungsflexibilitätsaspekte erweiterte EBA impliziert nicht nur eine Ergänzung von statisch-mechanistischen PK-Berechnungen durch modifizierte Quantifizierungen des Werts von Handlungsmöglichkeiten. Vielmehr kann sie auch in mehr *qualitativer* Hinsicht angesehen werden als Erweiterung von F&E-Projektauswahlüberlegungen um ein „option thinking mindset [which] emphasizes the uncertainty of the future and encourages an adaptive approach that monitors the resolution of future uncertainties and anticipates that course adjustments will be required" (*Faulkner*, 1996, 54; vgl. a. *Mitchell/Hamilton*, 1988, 22; *Pritsch*, 2000, 385). Dabei lassen sich in erweiterte EBA nicht nur, wie in dem Beispiel in Abb. 5-2, Abbruchsoptionen einbeziehen, sondern auch die in diesem Kapitel oben eingeführten sechs weiteren (Real-)Optionsarten.

Für (das Management von) F&E-Projektauswahlentscheidungen haben durch Anwendung einer Optionsperspektive erweiterte EBA die Konsequenz, dass bei solchen Entscheidungen (vgl. a. *Mitchell/Hamilton*, 1988, 21f.; *Faulkner*, 1996, 55)

– direkt auch zeit- oder ereignisabhängige „Status-Reviews" für F&E-Projekte festgelegt werden sollten.
– unterschiedliche Entwicklungspfade/-szenarien explizit herausgearbeitet werden und insbesondere Vermarktungsspielräume, mit denen bei Eintreten bestimmter F&E-Projektergebnisse gerechnet wird, möglichst *konkret* abgebildet werden sollten.

- auch verdeutlicht werden sollte, welche Handlungsmöglichkeiten dadurch verloren gehen, dass ein F&E-Vorhaben *nicht* (weiter) durchgeführt wird.
- die Idee der Erhaltung von Handlungsflexibilität *nicht* als Begründung dafür dienen sollte, F&E-Mittel möglichst breit über verschiedene Technologiefelder/Themen zu streuen, ohne die technologischen und wirtschaftlichen Spielraumerweiterungen detailliert für jedes Vorhaben zu spezifizieren.
- zwischen Vorhaben unterschieden werden sollte, die
  - primär auf die Erhaltung/Öffnung von Vermarktungspotenzialen zielen, zu deren Ausschöpfung aber noch weitere F&E-Investitionen erforderlich sind, und für die deshalb der Einbezug einer Optionssicht bei der Projektbewertung sinnvoll ist.
  - auf kurzfristig kommerzialisierbare Produkte mit eher niedrigem Innovationsgrad sowie niedrigerer technischer und wirtschaftlicher Unsicherheit sowie Handlungsflexibilität ausgerichtet sind und für die deshalb eine Priorisierung in erster Linie auf Basis statischer PK-Analysen sinnvoll ist.

Erweiterte EBA, die für Optionen auf Finanztitel entwickelte Bewertungsüberlegungen **qualitativ** aufgreifen, aber sie nicht in konzeptionell tragfähiger, konsequenter Weise auf F&E-Projekte zur Gewinnung numerischer Optionswerte übertragen, wird in der Literatur zwar einerseits bescheinigt, dass sie **prinzipiell** in der Lage sind, die Handlungsflexibilität/-option des Abbruchs eines F&E-Projektes an vor Projektstart festgelegten diskreten Zeitpunkten sinnvoll mit in F&E-Projektbewertungen/-auswahlentscheidungen einzubeziehen, wenn zum Zeitpunkt der Entscheidung begründete Zahlungsstromprognosen und Eintrittswahrscheinlichkeitsschätzungen vorliegen (s. *Trigeorgis*, 1999, 66). Andererseits weist man aber auch auf folgende **Schwachpunkte von EBA** zur Projektauswahl hin (s. *Brockhoff*, 1999, 354; *Jägle*, 1999, 282f.; *Trigeorgis*, 1999, 67f., 154f. u. 161; *Bockemühl*, 2001, 288f.; *Hommel/Lehmann*, 2001, 118):

- F&E-Projekt(entscheidungs)strukturen in der Praxis umfassen eine große Zahl von Entscheidungen und Ereignissen mit jeweils vielfältigen Ausprägungsalternativen sowie dementsprechend zahlreichen Ereigniswahrscheinlichkeiten, so dass Entscheidungsbäume rasch **sehr komplex** bzw. mehr zu einem „Entscheidungs*busch*“ werden und damit für viele F&E-Projektbewertungen kaum noch in Frage kommen.

- **Entscheidungen** (zur Ausübung von Handlungsmöglichkeiten) können nicht nur an wenigen sicher vorherbestimmbaren Zeitpunkten, sondern **kontinuierlich** getroffen werden, wobei die Entscheidungszeitpunkte über den gesamten Projektverlauf **nicht sicher vorhersagbar** sind, sondern bestenfalls noch Wahrscheinlichkeitsverteilungen für die Entscheidungstermine angegeben werden können.
- **Unsichere Ergebnisse** im Projektverlauf können nicht nur wenige, diskrete Werte, sondern sehr viele, im Grenzfall **stetig** ineinander übergehende Werte annehmen.
- Die Bestimmung von **Eintrittswahrscheinlichkeiten** für projektbezogene Ereignisse durch explizit abgefragte Expertenaussagen oder statistische Analogieschlüsse aus anderen F&E-Projekten ist einerseits bei Vorhaben mit höheren Innovationsgraden **kaum möglich** bzw. führt zu Werten, deren Aussagekraft hochgradig zweifelhaft ist; andererseits ist ihre valide Bestimmung bzw. die Optionsperspektive aber gerade für die Bewertung dieses Typs von F&E-Projekten besonders wichtig.
- Die Verwendung eines **einheitlichen Kalkulationszinses** auf allen Stufen des Entscheidungsbaums ist **ökonomisch falsch**, da die Risikohöhe eines Innovationsprojekts sich zwischen den Projektstufen aufgrund ausgeübter Handlungsoptionen und eingetretener Ereignisse sowie daraus resultierender Veränderungen des Informationsstands unterscheidet.
- EBA verlangen konzeptionell die Festlegung eines risikogemäßen **Kalkulationszinses** bzw. einer sich darin widerspiegelnden Risikoneigung des Entscheiders, ohne eine ökonomisch tragfähige **Lösung** zur Bestimmung dieser Variablen aufzuzeigen.

Insbesondere die beiden zuletzt genannten Kritikpunkte lassen sich dadurch adressieren, dass man „Optionsdenkweisen“ nicht nur qualitativ, sondern auch Berechnungsverfahren, die für

Optionen auf Finanztitel(investitionen) wie z.B. Aktien entwickelt wurden, auf die Bewertung und Selektion von als immaterielle Realoptionen interpetierte F&E-Projekte überträgt.

Realoptionsbewertung

Zur Quantifizierung des Werts von **Finanzoptionen** i.S. des Rechts, einen Finanztitel (= Basiswert/-instrument) innerhalb einer Zeitspanne bis zu einem definierten Zeitpunkt (= Ausübungszeitraum einer „amerikanischen“ Option) oder an einem bestimmten Zeitpunkt (= Ausübungstermin einer „europäischen“ Option) zu einem definierten Preis (= Ausübungspreis) zu kaufen (= Call Option) oder zu verkaufen (= Put Option) und daraus abgeleiteten Realoptionen steht eine Vielzahl von Modellen zur Verfügung (s. *Trigeorgis*, 1999, 16-21; *Hommel/Lehmann*, 2001, 124-126). Fast alle Wert- oder Preismodelle für Finanzoptionen bestimmen den Optionswert auf Basis der Annahme arbitragefreier Kapitalmärkte, indem sie für jede Kombination aus einem möglichen Wert des Basisinstruments und einer zum risikolosen Zinssatz r aufgenommenen Anleihe ein Portfolio (= Finanztitelmischung) konstruieren, dessen Zahlungen den künftigen Zahlungen aufgrund der Option exakt entsprechen (vgl. *Trigeorgis*, 1999, 72-77; *Hommel/Lehmann*, 2001, 121; *Brealey/Myers*, 2003, 392). Aus der großen Menge der Optionspreismodelle, die dieses Prinzip durch Setzen bestimmter Annahmen konkretisieren, werden im Folgenden nur zwei geschlossene analytische Ansätze (zeitdiskretes Binomialmodell von *Cox* et al.; zeitstetiges Modell von *Black/Scholes*) aufgegriffen, die auch in der TIM-Literatur Beachtung gefunden haben.

Zeitdiskretes Binomialmodell von Cox et al. (1979)

Das zeitdiskrete Binomialmodell von *Cox* et al. (1979) kann zur Bewertung von F&E-Projekten herangezogen werden, die sich als Kauf von (Real-)Optionen auf eine Markteinführung bzw. vorzeitige Beendigung klassifizieren lassen. Der Ansatz modelliert die Entwicklung unsicherer Vermarktungsrückflüsse nach Abschluss eines F&E-Projektes (= Wertentwicklung des Basisinstruments) dahingehend, dass es die Zeit bis zum Verfall der Option in **gleich lange diskrete Zeitblöcke** untergliedert und unterstellt, dass erwartete Rückflussbarwerte sich jeweils zwischen den

Endzeitpunkten von zwei Zeitblöcken nur um einen konstanten multiplikativen **Faktor u nach oben** oder um einen konstanten **Faktor d** (= 1/u) **nach unten** verändern können (s. neben *Cox* et al., 1979, 232-241 für viele *Trigeorgis*, 1999, 84-86; *Stickel*, 2001, 235-237; *Brealey/Myers*, 2003, 596-600). Ausgehend von den bei einem solchen Binomialprozess am Ende der Optionslaufzeit möglichen Rückflussbarwerten erfolgt dann eine rekursive Bestimmung des um Abbruchsoptionen erweiterten oder adjustierten oder „dynamisch-aktiven" Kapitalwerts eines F&E-Projektes.

Im Einzelnen kann die Berechnung des adjustierten Werts eines F&E-Projektes mittels des Binomialmodells in fünf Schritte gegliedert werden (vgl. a. *Trigeorgis*, 1999, 155-161; *Müller*, 2001, 306-308; *Stickel*, 2001, 238-245; *Brealey/Myers*, 2003, 625-629):

(1) Bestimmung der auf den Entscheidungszeitpunkt t = 0 mit dem Zinssatz einer risikofreien Anlage (= r) abgezinsten Rückflüsse/Cash Flows aus der Vermarktung der Produktinnovation nach Abschluss des F&E-Projektes und vor Abzug von Auszahlungen in den verschiedenen Stufen des F&E-Projektes (= Preis/Wert des Basisinstruments).

(2) Identifikation von Faktoren, die zu Abweichungen vom erwarteten Barwert der Rückflüsse gemäß Schritt 1 führen können und damit das Ausmaß der Unsicherheit/Volatilität hinsichtlich des Preises des Basisinstruments beeinflussen (zu einer Systematisierung solcher Faktoren s. *McGrath*, 1997; *McGrath/MacMillan*, 2000).

(3) Quantifizierung der Unsicherheit bezüglich der erwarteten Rückflüsse aus der Vermarktung der Innovation (bzw. des Preises des Basisinstruments) durch

   - Schätzung des multiplikativen Aufwärtsbewegungsfaktors u bzw. Abwärtsbewegungsfaktors d, aus dem sich der Abwärtsbewegungfaktor d als 1/u bzw. der Faktor u als 1/d ergibt.
   - Schätzung der Standardabweichung S der für möglich gehaltenen (und lognormal verteilten) Vermarktungsrückflüsse, wobei über den Term exp $(S \sqrt{h})$ der entsprechende Aufwärtsbewegungsfaktor u ermittelt und

daraus d = 1/u abgeleitet wird (mit h = Zahl der zwischen zwei Betrachtungszeitpunkten der Rückflusswerte liegenden Jahre).

(4) Berechnung der endogenen/impliziten risikoneutralen oder adjustierten Eintrittswahrscheinlichkeiten für eine Aufwärtsbewegung der Vermarktungsrückflüsse (= p) als ((1 + r) – d) / (u – d) sowie für eine Abwärtsbewegung der Rückflüsse als (u – (1 + r)) / (u – d) oder (1 – p).

(5) Rekursive Kalkulation des um Handlungsoptionen adjustierten Barwertes eines Projektes (= PK_t^{adj}) nach Abzug der bei Ausübung einer Option in einem Zeitblock für die jeweilige F&E-Projektphase anfallenden Auszahlungen gemäß folgender Formel:

$$PK_t^{adj} = (C_{ut} \cdot p + C_{dt} \cdot (1 - p)) / (1 + r) - A_t \quad (5.2)$$

mit C_{ut} = Wert der Rückflüsse am Ende der Periode t falls eine Aufwärtsbewegung stattgefunden hat

C_{dt} = Wert der Rückflüsse am Ende der Periode t falls eine Abwärtsbewegung stattgefunden hat

A_t = Projektbedingte Auszahlungen in Periode t

Zur Verdeutlichung des eben abstrakt umrissenen Vorgehens bei der Berechnung eines um Optionsaspekte erweiterten Kapitalwertes eines F&E-Projektes wird anschließend als Beispiel ein auf vier Jahre angesetztes Innovationsprojekt betrachtet, das in eine Konzept-, Design-, Entwicklungs- und Markteinführungsphase gegliedert ist. Die in jeder Phase anfallenden Projektauszahlungen variieren zwischen 0,1 und 2,0 Mrd. Euro und sind Abb. 5-3 zu entnehmen. Für den Fall, dass es zu einer Markteinführung der Produktinnovation kommt, wird mit einem auf die Periode t = 4 bezogenen Barwert der Rückflüsse von 3,16 Mrd. Euro gerechnet, was bei einem risikofreien Zinsatz von 5% einem auf t = 0 diskontierten Gegenwartswert von 2,60 Mrd. Euro (= 3,16 / $1{,}05^{-4}$) entspricht.

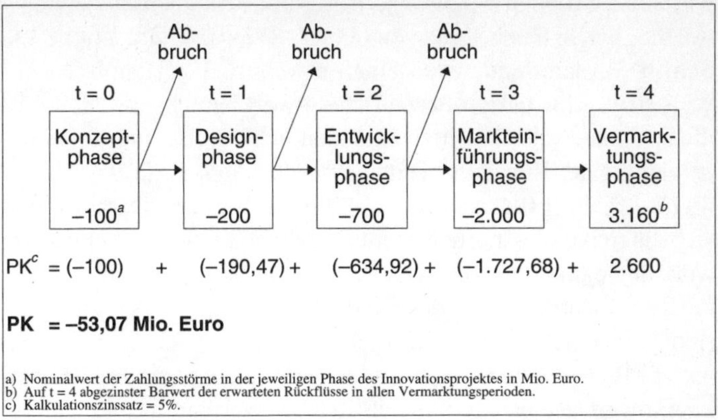

Abb. 5-3: Beispiel eines Innovationsprojektes als Kette von Abbruchsoptionen bzw. von Optionen auf Markteinführung durch schrittweise Investition

Nach Abschluss der Konzept- oder Design- oder Entwicklungsphase hat das Management jeweils die Möglichkeit zu entscheiden, ob es das Innovationsprojekt fortführen oder abbrechen will. Die zweite bzw. dritte Option hat nur dann einen Wert, wenn zuvor die erste Option bzw. die erste und zweite Option auf Projektfortführung ausgeübt wurden. Eine *isolierte* Bewertung jeder der drei Optionen ist folglich *nicht* sinnvoll. Bei der beschriebenen mehrstufigen Projektstruktur liegt vielmehr eine **Verbundoption (Compound Option)** vor, „... where an earlier investment-cost installment represents the exercise price required to acquire a subsequent option to continue operating the project until the next installment comes due, and so on" (*Trigeorgis*, 1999, 132; vgl. a. *Janney/Dess*, 2004, 64).

Nach der klassischen „statisch-passiven" Kapitalwertmethode erhält man für das Projekt einen Wert von –53,07 Mio. Euro (s. Abb. 5-3) und kommt zu dem Schluss, dass mit dem Vorhaben *nicht* begonnen werden sollte. Geht man dagegen in einer Optionsanalyse davon aus, dass der unsichere Barwert der Rückflüsse aus Vermarktung durch ein anderes Referenz-Innovationsprojekt repliziert werden kann, dessen Wertentwicklung einem Binomialprozess mit einem Aufwärtsfaktor u = 1,70 und einem Abwärtsfaktor d = 1/u = 0,59 folgt (, was einer Standardabweichung der möglichen Rückflüsse von ln (1,7) /$\sqrt{1}$ = 0,53 entspricht; s.o. Schritt 3), dann kann man einen erweiterten „dynamisch-aktiven" bzw. adjustierten Projektkapitalwert berechnen. Hierzu ist die risikoneutrale Eintrittswahrscheinlichkeit für eine Aufwärtsbewegung des Rückflusswerts gemäß Schritt 4 als (1,05 – 0,59) / (1,70 – 0,59) = 0,414 bzw. 41,4% zu bestimmen. Daraus ergibt sich als risikoadjustierte Eintrittswahrscheinlichkeit für eine Abwärtsbewegung (1 – 0,414) = 0,586 bzw. 58,6%.

Zur Quantifizierung des um die Verbundoption der Terminierung bzw. Fortführung des Projektes an drei Entscheidungspunkten vor Beginn der Innovationsvermarktung adjustierten Projektkapitalwerts ist jetzt gemäß Schritt 5 der Wertbaum der Vermarktungsrückflüsse für das (Referenz-)F&E-Projekt/Basisinstrument zu bestimmen. Dementsprechend werden aus dem Ausgangsbarwert der Rückflüsse in t = 0 von 2.600 die beiden Folgewerte für t = 1 als (2.600 • 1,7) = 4.420 und (2.600 • 0,59) = 1.534 quantifiziert. Die Auffächerung der möglichen Rückflusswerte wird bis zu dem Zeitabschnitt t = 3 fortgesetzt, an dem abschließend über die Ausübung der Markteintrittsoption entschieden werden muss. Abb. 5-4 zeigt in der oberen Hälfte den Binomialbaum der Vermarktungsrückflüsse für das Innovationsprojektbeispiel aus Abb. 5-3.

Zur Bestimmung des um die Abbruchsoptionen bzw. Optionen auf schrittweise Investitionen erweiterten Kapitelwerts des Projektbeispiels in t = 0 sind zunächst die bei den in t = 3 möglichen Rückflüssen zu erwartenden Kapitalwerte durch Subtraktion der in dieser Periode anfallenden Auszahlungen in Höhe von 2 Mrd. Euro zu bestimmen. Dabei ist zu beachten, dass die Auszahlungen nur dann getätigt werden, wenn sie den Wert der in der betrachteten Situation erwarteten Vermarktungsrückflüsse nicht übersteigen. Ist diese Bedingung nicht erfüllt, dann wird nämlich auf die Ausübung der Option auf Vermarktung verzichtet (s. etwa für t = 3 die beiden unteren Situationen in der unteren Hälfte von Abb. 5-4), d.h. die Option hat den Wert 0. Wie der unteren Hälfte von Abb. 5-4 zu entnehmen ist, schwankt der um die Abbruchsoption erweiterte Kapitalwert des Innovationspro-

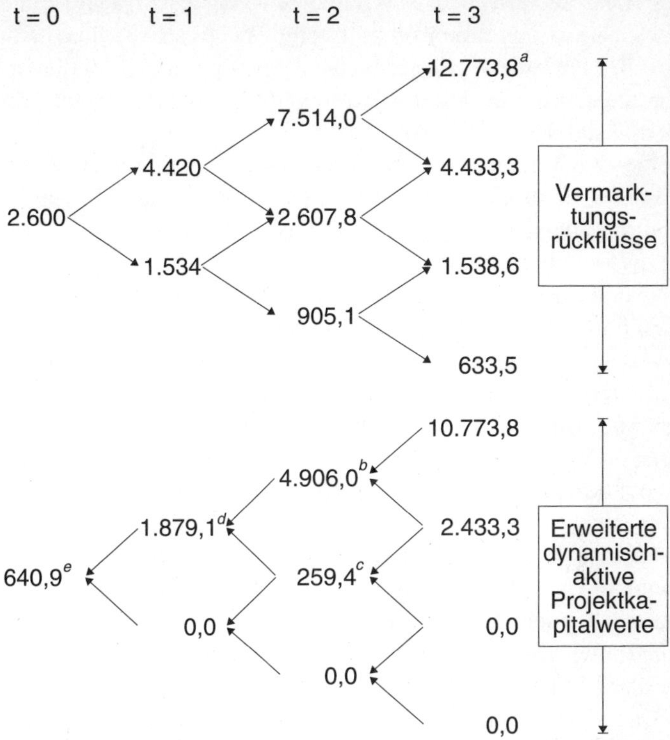

a) Zahlenangaben in beiden Binomialbäumen in Mio. Euro.
b) (10.773 • 0,414 + 2.433,3 • 0,586) / 1,05 – 700 = 4.906,0.
c) (2.433,3 • 0,414 + 0,0 • 0,586) / 1,05 – 700 = 259,4.
d) (4.906,0 • 0,414 + 259,4 • 0,586) / 1,05 – 200 = 1.879,1.
e) (1.879,1 • 0,414 + 0,0 • 0,586) / 1,05 – 100 = 640,9. Erweiterter Barwert + herkömmlicher Barwert = adjustierter Barwert = 587,83 Mio. Euro.

Abb. 5-4: Binomialbaum der Vermarktungsrückflüsse und der erweiterten dynamisch-aktiven Projektkapitalwerte für das Innovationsprojektbeispiel aus Abb. 5-3

jektes in t = 3 zwischen 10.773,8 und 0 (und nicht etwa 635,5 – 2.000 = –1.366,5).

Nach Schritt 5 der Binomialmethode sind anschließend die drei in t = 2 möglichen Kombinationen der Rückflusswerte aus t = 3 gemäß Gleichung 5.2 zu ermitteln, sofern der erwartete Kapitalwert *vor* Abzug der in t = 2 für die Durchführung der Entwicklung zu leistenden Auszahlungen von 0,7 Mrd. Euro die Entwicklungsauszahlungen übersteigt. Ist diese Bedingung nicht erfüllt, dann bedeutet dies, dass bei der analysierten Rückflusserwartung auf die Option der Entwicklungsdurchführung verzichtet und stattdessen die Projektabbruchsoption ausgeübt wird. Im Folgenden werden analog für die beiden in t = 1 möglichen Rückflusskonstellationen und für die in t = 0 verbleibende Konstellation die adjustierten dynamisch-aktiven Kapitalwerte des Projektes kalkuliert.

Für das Beispielprojekt in Abb. 5-4 erhält man so einen optionsadjustierten Projektkapitalwert von 640,9 Mio. Euro. Dieser Wert liegt um 693,1 Mio. Euro über dem herkömmlichen statisch-passiven PK (640,9 – (–53,1)). Deshalb beläuft sich der Wert der Abbruchsoptionen bzw. Optionen auf schrittweise Investitionen im Vorfeld einer potenziellen Markteinführung der Produktinnovation auf 693,1 Mio. Euro (vgl. a. *Trigeorgis*, 1999, 64 u. 160; *Brealey/Myers*, 2003, 628). Inhaltlich bedeutet das Berechnungsergebnis, dass mit der ersten Phase des Innovationsprojektes begonnen werden sollte, da das Vorhaben die *Möglichkeit* eröffnet, nach einem Jahr in eine Designphase, nach zwei Jahren in eine Entwicklungsphase und nach drei Jahren in die Innovationsvermarktung zu investieren, sofern die dann jeweils eingetretene Wertsituation des Basisinstruments/Referenz-F&E-Projektes die zur Optionsausübung jeweils erforderlichen Auszahlungen übersteigt.

Die Bestimmung von dynamisch-aktiven PK und des Werts von Optionsbündeln auf Basis des Binomialansatzes nach *Cox* et al. (1979) unterscheidet sich **rechentechnisch** nicht von Kalkulationen im Rahmen von EBA (s. *Trigeorgis*, 1999, 160f.). Zur Illustration dieses Sachverhalts wird der in Abb. 5-2 ausgewiesene statisch-passive PK von –5,4 Mio. Euro anschließend in drei Schritten noch einmal rekursiv hergeleitet:

Schritt 1 (Bestimmung der Rückflüsse in t = 2):

- Positive F&E-Ergebnisse: 0,8 • 60 + 0,2 • 15 = 51
- Gute F&E-Ergebnisse: 0,3 • 20 + 0,7 • 10 = 13
- Schlechte F&E-Ergebnisse: 0,1 • (–15) + 0,9 • (–60) = –55,5

Schritt 2 (Bestimmung der Rückflüsse in t = 1):

$(0{,}3 \cdot 51 \cdot 1{,}12^{-1}) + (0{,}6 \cdot 13 \cdot 1{,}12^{-1}) + (0{,}1 \cdot (-55{,}5) \cdot 1{,}12^{-1}) - 15 = 0{,}67$

Schritt 3 (Bestimmung der Rückflüsse in t = 0):

$0{,}67 \cdot 1{,}12^{-1} + (-6) = \mathbf{-5{,}4}$

Allerdings ist nach *Brealey/Myers* (2003, 601) der Binomialansatz hinsichtlich seiner **praktischen Anwendbarkeit** herkömmlichen EBA insofern doch überlegen, als dass Ersterer ohne explizite Schätzungen (einer großen Zahl) von Wahrscheinlichkeiten und komplexe Entscheidungsbaumkonstruktionen auskommt. Außerdem besteht zwischen **herkömmlichen EBA** einerseits sowie **optionsbasierten**, „ökonomisch korrigierten" und auch als **„Contingent-Claims Analysis"** (*Trigeorgis*, 1999, 155) charakterisierten **EBA** andererseits ein sehr wichtiger **konzeptioneller Unterschied**. Dieser Unterschied liegt darin, dass bei der zweiten Gruppe von Analysen, zu der auch das skizzierte Binomialmodell zur Optionsbewertung gehört, risikoneutrale Eintrittswahrscheinlichkeiten ermittelt und im Entscheidungsbaum verwendet werden, so dass es möglich wird, zukünftige Zahlungsströme auf allen Stufen des Entscheidungsbaums mit dem gleichen risikofreien Kalkulationszins zu diskontieren, ohne explizit einen Kalkulationszins für jede Stufe zu ermitteln und ohne eine Identität der Kalkulationszinsen auf allen Stufen zu unterstellen (s. *Trigeorgis*, 1999, 67f., 95 u. 160f.; *Jägle*, 1999, 278-284; *Bockemühl*, 2001, 126-131; *Brealey/Myers*, 2003, 601). Durch die Umwandlung beobachteter in risikoneutrale Wahrscheinlichkeiten wird auch im Binomialmodell von *Cox* et al. (1979) der Fehler vermieden, der in nicht auf zeitdiskreten Optionspreismodellen beruhenden „herkömmlichen" EBA auftritt. Herkömmliche und optionsbasierte EBA führen bei der F&E-Projektbewertung nur dann zu numerisch identischen Ergebnissen, wenn im Verlauf des F&E-Projektes keine Handlungsflexibilität besteht und damit ein Optionskalkül irrelevant wird.

Zeitstetiges Optionspreismodell von Black/Scholes (1973)

Das von *Black/Scholes* (1973) veröffentlichte Modell zur Bewertung von Finanzoptionen bezieht sich auf einen Spezialfall des eben dargestellten Binomialansatzes dahingehend, dass ihr Modell davon ausgeht, dass Wertveränderungen eines der Option zugrunde liegenden Finanztitels *nicht* nur in regelmäßigen Zeitabständen erfolgen und damit einen *diskreten* Charakter haben, sondern *kontinuierlich* auftreten und damit stetige Ausprägungen bzw. ein Ausprägungskontinuum aufweisen (s. *Cox* et al., 1979, 251; *Trigeorgis*, 1999, 214f.; *Brealey/Myers*, 2003, 605).

Gemäß *Black/Scholes* (1973, 640-645) ergibt sich die (kapitalmarktbezogene) Bewertung einer europäischen Kaufoption für Finanztitel (= WFO) aus folgender Gleichung (s.a. *Trigeorgis*, 1999, 89-92; *Brealey/Myers*, 2003, 601-606 u. 617-622; *Newton/Pearson*, 1994, 87; *Boer*, 1999, 302-309):

$$WFO = [N(d_1) \cdot P] - [N(d_2) \cdot PV(EX)] \quad (5.3)$$

wobei $$d_1 = \ln [P/PV(EX)] / S\sqrt{t} + S\sqrt{t}/2 \quad (5.4)$$

$$d_2 = d_1 - S\sqrt{t} \quad (5.5)$$

mit $N(d_i)$ = Wahrscheinlichkeit, dass für eine lognormal verteilte Variable $\overline{X}$ gilt: $\overline{X} \leq d_i$

EX = Ausübungspreis der Option (Preis, der im Fall der Optionsausübung für den Finanztitel zu zahlen ist)

PV(EX) = Ausübungspreis der Option abgezinst mit dem risikofreien Zinssatz r auf die Gegenwart/den Entscheidungszeitpunkt (Barwert bzw. „Present Value" (PV) von EX)

P = Gegenwärtiger Preis/Kurs des Finanztitels

S = Standardabweichung der Preis-/Kursveränderungen des Finanztitels pro Periode

t = Zeitspanne, an deren Ende zu entscheiden ist, ob die Option ausgeübt werden oder verfallen soll (in Jahren)

Betrachtet man anstelle von Finanztiteln F&E-Projekte als immaterielle Realinvestitionen, die Kaufoptionen auf die Markteinführung von Produkten eröffnen, dann haben die Variablen in den Gleichungen 5.3 bis 5.5 folgende geänderte Bedeutung (vgl. a. *Mitchell/Hamilton*, 1988, 17; *Boer*, 1999, 307f.; *Perlitz* et al., 1999, 258; *Trigeorgis*, 1999, 125; *Janney/Dess*, 2004, 61):

PV(EX)	=	Erwartete Auszahlungen, die nach dem Verfallstermin der Option anfallen, wenn die Realoption wahrgenommen wird, abgezinst mit dem risikofreien Zinssatz r auf die Gegenwart/den Entscheidungszeitpunkt
P	=	Erwartete (lognormal verteilte) Vermarktungsrückflüsse/Cash Flows aus einem F&E-Projekt nach dessen Abschluss abgezinst mit dem risikoadäquaten Zinssatz i auf die Gegenwart/den Entscheidungszeitpunkt
S	=	Standardabweichung der pro Periode erwarteten Vermarktungsrückflüsse/Cash Flows aus einem F&E-Projekt nach dessen Abschluss, d.h. Ausmaß der Unsicherheit/Volatilität des Werts des einem F&E-Projekt zugrunde liegenden Vermarktungsvorhabens
t	=	Zeitraum, an dessen Ende die Möglichkeit verschwindet, in Folgephasen eines F&E-Projektes einzutreten bzw. zu entscheiden ist, ob eine Abbruchs- oder eine andere Realoption (z.B. verlangsamte Fortführung) ausgeübt werden soll

Abb. 5-5 enthält ein Rechenbeispiel, in dem die Formeln 5.3 bis 5.5 zur Quantifizierung des (Real-)Optionswertes eines F&E-Projektes (= WRO) mittels des *Black/Scholes*-Ansatzes herangezogen werden (zu weiteren Beispielen mit F&E-Bezug s. *Newton/Pearson*, 1994, 85f.; *Boer*, 1999, 307-309; *Trigeorgis*, 1999, 344-347). Der Projektoptionswert von 4,215 Mio. Euro bedeutet inhaltlich, dass die Durchführung des Beispielvorhabens vorteilhaft ist, wenn der Barwert der F&E-Projektauszahlungen (= Optionspreis) unterhalb von 4,215 Mio. Euro liegt (vgl. *McGrath*, 1997, 975; *Lint* et al., 1999, 997f.).

In qualitativer Hinsicht ergibt sich aus der Übertragung des *Black/Scholes*-Modells von Finanz- auf Realoptionen wie F&E-Projekte die Einsicht, dass um so eher eine Auswahlentscheidung zugunsten eines F&E-Projektes (aufgrund des hohen Projektoptionswerts) zu erwarten ist (s.a. *Afuah*, 2003, 233; *Brealey/Myers*, 2003, 577-581; *Perlitz* et al., 1999, 260)

Ausgangsdaten

$P = 10$ Mio. Euro $\qquad S = 0{,}5$

$PV(EX) = 15$ Mio. Euro $\qquad t = 8$ Jahre

Berechnung

$$d_1 = [\ln(10 \cdot 10^6 / 15 \cdot 10^6)] / 0{,}5\sqrt{8} + 0{,}5\sqrt{8} / 2$$

$$d_1 = -0{,}287 + 0{,}707 = 0{,}420$$

$$d_2 = 0{,}420 - 0{,}5\sqrt{8} = -0{,}994$$

$$WRO = N(0{,}420)^a \cdot 10 \text{ Mio.} - N(-0{,}994)^a \cdot 15 \text{ Mio.}$$

$$WRO = 0{,}663 \cdot 10 \text{ Mio.} - 0{,}161 \cdot 15 \text{ Mio.}$$

$$WRO = \mathbf{4{,}215 \text{ Mio. Euro}}$$

a) Zur Bestimmung der aus den d-Werten resultierenden Normalverteilungsflächenanteile N(d) kann man auf vielfach publizierte Tabellen zur Standardnormalverteilung zurückgreifen. S. etwa *Trigeorgis*, 1999, 384 oder *Brealey/Myers*, 2003, 1016.

Abb. 5-5: Rechenbeispiel zur Bestimmung des Optionswerts eines F&E-Projektes unter Rückgriff auf das Bewertungsmodell von Black/Scholes

- je *höher* die *prognostizierten Cash Flows bei Markteinführung* der Produktinnovation ausfallen.
- je *niedriger* der *Ausübungspreis* für die Option, also die nach Abschluss der F&E-Phase noch zu tätigenden (Markteinführungs-/-öffnungs-)Auszahlungen sind.
- je *länger* die *Zeitspanne* ist, an deren Ende eine Entscheidung über die Optionsausübung zu treffen ist.
- je *höher* die *risikofrei erzielbare Verzinsung* im Zeitraum bis zur Optionsausübung ist.
- je *größer* die Schwankungsbreite oder Volatilität oder *Unsicherheit der erwarteten Rückflüsse* aus der Innovationsvermarktung ist, sofern sichergestellt ist, dass diese Rückflüsse nicht negativ sind (also Verluste aus der Vermarktung ausgeschlossen werden können).

Die im letzten Spiegelstrich gemachte Einschränkung hinsichtlich der positiven Wirkung von Renditeunsicherheit auf den Optionswert von F&E-Projekten ist dadurch zu erklären, dass der Wert der Realinvestition „Vermarktung eines neuen Produktes“ auch negativ werden kann (= Verlustfall), während der Wert von Finanzanlagen nur bis auf 0 sinken kann. Deshalb hat eine zunehmende Unsicherheit bezüglich der Vermarktungsrückflüsse im Anschluss an ein F&E-Projekt nur dann einen positiven Effekt auf dessen Realoptionswert, wenn keine Vermarktungsverluste möglich sind (s. *McGrath*, 1997, 979). Lassen sich negative Rückflusswerte für die Vermarktungsphase eines F&E-Projektes nicht ausschließen, dann ist es sinnvoll, die Volatilität der durch die Vermarktung erwarteten Ein- und Auszahlungen getrennt zu schätzen. Um in dieser Situation dennoch einen Realoptionspreis nach *Black/Scholes* zu bestimmen, kann man nach *Putten/MacMillan* (2004, 139) folgende pragmatische Adjustierung von S vor Berechnung der Gleichungen 5.4 und 5.5 vornehmen, wenn die Volatilität der Auszahlungsbarwerte diejenige der Einzahlungsbarwerte in der Vermarktungsphase übersteigt:

$$S_{adj} = S \cdot (\text{Volatilität der Einzahlungsbarwerte/ Volatilität der Auszahlungsbarwerte}) \quad (5.6)$$

Diese Korrektur bewirkt, dass sich hohe Auszahlungsunsicherheiten negativ auf mittels des *Black/Scholes*-Modells bestimmte Realoptionswerte von F&E-Projekten auswirken.

Gegen die Quantifizierung des Optionswerts von F&E-Projekten unter Rückgriff auf das Binomialkonzept oder den *Black/ Scholes*-Ansatz gibt es eine Vielzahl von **Einwänden**. Hierzu gehören (vgl. *Faulkner*, 1996, 50f.; *Brockhoff*, 2000, 204-210 u. 1999, 355f.; *Bockemühl*, 2001, 286; *Janney/Dess*, 2004, 67; *Kauffman/Li*, 2005, 16 u. 23f.):

- Fehlen von (Kapital-)Märkten, auf denen sich Erwartungen hinsichtlich der Vermarktungsrückflüsse aus bestimmten Typen von F&E-Projekten (also des Basisinstruments bei einer Option) und hinsichtlich ihrer Standardabweichungen bilden und auf denen sich durch Realoptionshandel beobachtbare Optionspreise entwickeln.
- Unternehmensintern fehlende Informationen zur Prognose von Vermarktungsrückflüssen und ihrer Verteilungen gerade bei eher absatzmarktfernen F&E-Projekten, die zwar längerfristige strategische Positionierungsoptionen eröffnen

könnten, für die aber unternehmensinterne Experten, und schon gar nicht unternehmensexterne Kapitalmarktteilnehmer, wegen des geringen Anwendungs-/Geschäftsbezugs dieser Projekte nicht in der Lage sind, brauchbare Rückflussvorhersagen bereitzustellen.

- Fehlende Berücksichtigung von Wechselwirkungen (1) zwischen in verschiedenen F&E-Projekten erzielten technischen Ergebnissen sowie (2) zwischen eigenen F&E-Projektergebnissen und dem (F&E-)Verhalten von Wettbewerbern und den daraus resultierenden Rückflusserwartungsveränderungen.
- Abhängigkeit von Basisinstrumentwertveränderungen von diskret (und nicht stetig) eintreffenden oder aktiv gewonnenen Informationen.
- Fehlen von präzise definierbaren Zeitpunkten für die letzte Ausübungsmöglichkeit bzw. den Verfall einer F&E-Option.
- Unhaltbarkeit der Annahme einer Normalverteilung der Preise der Basisinstrumente von Optionen, d.h. für Vermarktungsrückflüsse und -renditen nach Abschluss von F&E gilt, „... that [they] ... are not normally distributed, as assumed by capital market theory, but rather determined by actions that depend on uncertain values for variables“ (*Brockhoff*, 2000, 206).

Angesichts der erheblichen Einwände gegen die mehr oder minder direkte Integration des *Black/Scholes*-Ansatzes, aber auch des Binomialmodells in F&E-Projektbewertungs- und -auswahlprozesse wird in der wissenschaftlichen Literatur oft empfohlen, auf Optionswertquantifizierungen, wie sie hier exemplarisch in Abb. 5-4 und 5-5 vorgestellt wurden, zu verzichten und primär **qualitative Anregungen** für die Praxis der F&E-Projektauswahl und -steuerung aus Konzepten zur Finanz- und Realoptionsbewertung zu gewinnen (vgl. z.B. *Mitchell/Hamilton*, 1988, 19f.; *Faulkner*, 1996, 54; *Brockhoff*, 1999, 356 u. 2000, 210; *McGrath/MacMillan*, 2000, 35f.; *Bockemühl*, 2001, 293). Im Ergebnis resultieren damit aus der primär in der Wissenschaft und weniger in der Praxis geführten Diskussion zur Übertragbarkeit quantitativer Preismodelle für Finanzoptionen auf die Bewertung von F&E-Projekten ähnliche qualitative Einsichten wie sie bereits oben im

Zusammenhang mit EBA im Rahmen der F&E-Projektauswahl gewonnen wurden. Zu diesen auch durch ein „Optionsbewertungsdenken" gestützten Erkenntnissen gehört, dass

- F&E-Projekte unabhängig von ihrer Behandlung im externen Rechnungswesen oft als **intangible Realoptionen** zu klassifizieren sind, wenn sie nicht nur einen sehr engen und kurzfristigen Anwendungsbezug aufweisen.
- F&E-Projektauswahlprozesse in **überschaubaren**, inkrementellen **Schritten** erfolgen und zu Zwischenentscheidungen führen sollten, welche aufgrund neuer Informationen/Lernerfahrungen revidierbar sein sollten bzw. *nicht* als dauerhafte Ja-/Nein-Weichenstellungen angelegt sein sollten.
- der Beginn von nach klassischen **Kapitalwertmaßstäben** abzulehnenden F&E-Projekten bei Zugrundelegung einer dynamisch-aktiven **Optionssicht** ökonomisch vorteilhaft sein kann, wenn durch die Vorhaben neue strategische Positionierungs- oder Handlungsspielräume i.S. von Chancen für weiterführende F&E-Ergebnisse oder zur Erschließung neuer Vermarktungsfelder eröffnet werden.
- zur Quantifizierung des ökonomischen Werts von Handlungsspielräumen bei F&E-Projekten nicht zwingend ein Transfer von Bewertungsmodellen für Finanzoptionen auf den F&E-Kontext geboten ist, sondern auch ein Rückgriff auf lange bekannte **Konzepte der flexiblen Investitionsplanung bzw. der „Contingent Claims Analysis"** erfolgen kann.
- EBA ähnliche Ergebnisse erbringen wie komplexere Bewertungsmodelle für Realoptionen, wenn Zahlungsströme mit risikoadjustierten Zinssätzen diskontiert werden.
- der Nutzen von Realoptionswertberechnungen bei der F&E-Projektauswahl weniger darin liegt, theoretisch fundierte, sehr exakte Quantifizierungen zu ermöglichen, sondern mehr darin (1) „… als neue Denkweise, als eine neue Form, Ansichten über ein Projekt zu generieren und zu kommunizieren, den Prozeß der Entscheidungsfindung zu strukturieren und zu objektivieren" (*Pritsch*, 2000, 385) sowie (2) Argumente für die Werthaltigkeit flexibel einsetzbarer F&E-Res-

sourcen und strategischer Positionierungspielräume bereitzustellen.

Projektabbruchsentscheidungen auf Basis von Erfolgsfaktoranalysen
Ein Sonderfall von Projektauswahlentscheidungen ist der Abbruch von einzelnen F&E-/Innovationsprojekten. Unter einem **Projektabbruch** versteht man (vgl. auch *Green* et al., 2003, 420; *Balachandra*, 1994, 454; *Lange*, 1993, 15 u. 182; *Kern/Schröder*, 1977, 268 u. 275)

- die außerplanmäßige Beendigung der Arbeiten an einem Projekt,
- mit dessen Durchführung bereits begonnen wurde,
- vor dem Erreichen des ursprünglich für die Realisierung der *technologischen* Projektziele vorgesehenen Zeitpunktes (also *vor* der Markteinführung der Innovation; = *Projektabbruch i.e.S.*) oder
- vor dem Erreichen des ursprünglich für die Realisierung der *wirtschaftlichen* Projektziele geplanten Termins (also *nach* dem Vorliegen zufriedenstellender technologischer (F&E-) Ergebnisse und *nach* der Markteinführung der Innovation; = *Projektabbruch i.w.S.*).

Abgebrochene F&E-/Innovationsprojekte werden auch als erfolglose Innovationen oder Innovationsmisserfolge bezeichnet. F&E-Abbruchsentscheidungen unterscheiden sich vom Problem der Auswahl von F&E-Projekten i.e.S. dadurch, dass es bei Letzterem (zumeist nur) um eine *einmalige* Festlegung hinsichtlich des *Beginns oder Nicht-Beginns* eines Vorhabens geht, während Bewertungen bezüglich der Abbrechenswürdigkeit eines Projektes *nach* dessen Beginn *wiederholt* während der Projektdurchführung erfolgen.

Zur Begründung von Projektabbruchs- bzw. -fortführungsentscheidungen stehen analytisch-deduktive und empirisch-induktive Verfahren zur Verfügung. Grundidee **analytisch-deduktiver Verfahren** ist vielfach der im Verlauf des Projektes wiederholte Vergleich der erwarteten Verzinsung der in ein Projekt zukünftig investierten Finanzmittel mit der Verzinsung, die zum Vergleichszeitpunkt jeweils bei alternativer Kapitalverwendung in der Zukunft erzielbar wäre. Projekte sind abzubrechen, wenn das Unternehmen durch eine alternative Verwendung knapper Finanzmittel eine Vermögensmehrung erwarten kann. Bei diesem Kalkül sind projektbedingte Zahlungsströme in der Vergangenheit irrelevant (vgl. *Brockhoff*, 1999, 411-413). Gegen kapitalwertorientierte analytisch-deduktive Verfahren zur Begründung eines F&E-Projektabbruchs sprechen einmal die gleichen Zweifel hinsichtlich der Realitätsnähe der Prämissen der Kapitalwertmethode, die bereits oben im Zusammenhang mit der Auswahl von neu zu beginnenden F&E-Projekten angesprochen wurden. Zum anderen sind sie aufgrund mangelnder Bestimmbarkeit zukünftiger projektbedingter Zahlungsströme in der Praxis selten einsetzbar.

Ein **empirisch-induktives Vorgehen** zur Identifikation von bereits begonnenen Innovationsprojekten, für die eine vorzeitige Beendigung sinnvoll ist, lässt sich in fünf Schritte gliedern:

- Auswahl von als potenziell erfolgs-/abbruchsrelevant eingestuften Projektmerkmalen auf Basis einer Auswertung einschlägiger wissenschaftlicher Studien und von Befragungen unternehmensinterner und -externer Experten.
- Erhebung der Merkmalsausprägungen für eine größere Stichprobe von abgeschlossenen Projekten des eigenen Unternehmens, die von verschiedenen Experten übereinstimmend als „technologisch und wirtschaftlich erfolgreich“ oder als „erfolglos abgebrochen“ eingestuft werden.
- Statistische Analyse der Merkmalsunterschiede zwischen und der relativen Bedeutung einzelner Merkmale zur Trennung von erfolglosen vs. erfolgreichen Projekten des eigenen Unternehmens (typischerweise mit Hilfe von **Varianz, Diskriminanz-** oder **logistischen Regressionsanlysen**).
- Zusammenfassung der in Schritt 3 identifizierten signifikant unterschiedlichen Merkmale in bedeutungsgewichteten Katalogen (Prüflisten).
- Anwendung der Prüflisten auf nicht-abgeschlossene Projekte, (1) um diese frühzeitig wegen hoher Misserfolgswahrscheinlichkeit abzubrechen oder (2) um, sofern möglich, rasch Korrekturmaßnahmen zur Erhöhung ihrer Erfolgschancen einzuleiten.

Die Merkmale, deren Ausprägungen sich zwischen erfolgreichen und erfolglos abgebrochenen F&E-/Innovationsprojekten in der Vergangenheit statistisch signifikant unterscheiden (= *Diskriminanzvariablen*) und von denen man annimmt, dass sie zur Prognose des Erfolgsniveaus zukünftiger Projekte geeignet sind, werden auch als **kritische Erfolgsfaktoren** bezeichnet (vgl. oben Kap. 2.5.1). Da die Zahl solcher Faktoren, die in empirischen Studien untersucht wurden, größer als 70 ist, haben verschiedene Autoren in Bestandsaufnahmen der einschlägigen Forschung die große Menge der Faktoren durch Bildung von Erfolgsfaktorklassen geordnet. Abb. 5-6 informiert über Systematisierungen von (kritischen) Erfolgsfaktoren für Neuprodukt-F&E-Projekte, die in zusammenfassenden Literatursynopsen vorgeschlagen wurden (s. zu weiteren Forschungsbestandsaufnahmen *Gerpott*, 2005b; *Walther*, 2004, 48-106; *Specht* et al., 2002, 30). Demnach besteht weitgehende Einigkeit, dass vier Gruppen von Faktoren die Abbruchs- bzw. wirtschaftliche Erfolgswahrscheinlichkeit von (Neuprodukt-)F&E-Projekten stark beeinflussen können:

- **Projektmanagementfaktoren** wie die enge Abstimmung des Projektes mit dem Produktions- und Marketingbereich oder die Qualifikation und die Weisungsbefugnisse des Projektleiters.
- **Marktfaktoren** wie die Größe, Profitabilität und Wettbewerbsintensität des Marktes, der mit einer Produktinnovation bedient werden soll.
- **Technologiefaktoren** wie die Anwendungsbreite und die Weiterentwickelbarkeit der Technologie(n), um die es in einem Projekt geht.
- **Umweltfaktoren** wie die politisch bedingte Veränderung der Preise für Vorprodukte oder der Besteuerung einer Innovation.

Abb. 5-7 fasst die Ergebnisse einer exemplarischen Studie zusammen, bei der Daten für 156 überwiegend in den 80er Jahren durchgeführte F&E-Projekte aus 80 Großunternehmen in Deutschland zur Identifikation von Erfolgsfaktoren mittels einer schriftlichen Befragung erhoben wurden (s. *Lange*, 1993). In dieser Untersuchung wurden Diskriminanzvariablen für abgebrochene und erfolgreiche F&E-Projekte in drei Projektphasen (Be-

Montoya-Weiss/ Calantone (1994) [47][a]	Balachandra/Friar (1997) [19]	Henard/Szymanski (2001) [41]	Ernst (2002) [64]
1. **Strategische Faktoren** – Produktvorteil – Technologische Synergie – Unternehmensressourcen – Strategie – Marketing-Synergie 2. **Entwicklungsprozessfaktoren** – Professionelle technische Aktivitäten – Professionelle Marketing-Aktivitäten – Formal strukturierter mehrstufiger Prozess – Top Management-Unterstützung/-Fähigkeiten – Professionelle Vorentwicklungsaktivitäten – Markteinführungsgeschwindigkeit – Finanzielle Geschäftsanalyse/-prognose – Kosten 3. **Marktumfeldfaktoren** – Nachfragepotenziale – Wettbewerbsintensität – Umfeld 4. **Organisatorische Faktoren** – Interne/externe Zusammenarbeit – Organisatorische Faktoren	1. **Marktbezogene Faktoren** – Neuheitsgrad/Entwicklungsstand des Marktes – Marktanalyse – Hohes Marktwachstum – Früher Markteintritt 2. **Technologiebezogene Faktoren** – Innovatives Produkt – Wahrgenommener Produktwert/-vorteil – Patentierbarkeit – Nachfragesog/Technologiedruck 3. **Umweltbezogene Faktoren** (z.B. Rohstoffverfügbarkeit) 4. **Organisationsbezogene Faktoren** – Marketingunterstützung – Einsatz quantitativer Projektauswahl- u. -managementtechniken – Rolle des Marketing bei der Ideengenerierung für neue Produkte	1. **Produktmerkmale** – Überlegenheit – Kundenbedürfnisgerechtigkeit – Preis – Technologieintensität – Neuheitsgrad 2. **Unternehmensstrategiemerkmale** – Synergie – Technologische Synergie – Markteintrittsreihenfolge – Personalbereitstellung für Neuprodukt-Initiative – F&E-Mittelbereitstellung für Neuprodukt-Initiative 3. **Unternehmensprozessmerkmale** – Formal strukturierter Entwicklungsprozess – Fähigkeiten im Entwicklungsprozess (von der Vorentwicklung bis zur Markteinführung) – Reduzierte Entwicklungszeit – Markt-/Kundenorientierung – Funktionsübergreifende Integration/Kommunikation – Top Management-Unterstützung 4. **Marktmerkmale** – Wahrscheinlichkeit u. Intensität von Wettbewerberreaktionen – Nachfragepotenziale	1. **Neuprodukt-Entwicklungsprozess** (einschließlich Kundenintegration) – Professionelle Bewältigung der Prozessphasen von der Ideengenerierung bis zur Markteinführung – Kundenorientierung – Planungssystematik 2. **Organisation** – Teaminterne Zusammenarbeit/Kommunikation – Projektleiterkompetenzen u. -fähigkeiten – Funktionsübergreifende Zusammenarbeit/Kommunikation 3. **Kultur** (z.B. Innovationsfreiräume, Risikofreude) 4. **Top Management-Unterstützung** – Top Management-Einbindung – Ressourcenbereitstellung 5. **Neuprodukt-Entwicklungsstrategie** – Klarheit der Strategieziele – Nähe neuer Produkte zum bisherigen Angebotsprogramm

a) Zahl der ausgewerteten empirischen Veröffentlichungen. Sie ist *nicht* identisch mit der Zahl der verfügbaren unabhängigen bzw. überschneidungsfreien Datensätze, da von etlichen Autoren der gleiche Datensatz für mehrere Veröffentlichungen genutzt wurde.

Abb. 5-6: Kategorien von Erfolgsfaktoren für (Neuprodukt-)F&E-Projekte in vier Literaturanalysen

ginn, Mitte, Ende) ermittelt. Wie Abb. 5-7 zu entnehmen ist, unterscheiden sich erfolgreiche und erfolglose F&E-Projekte hinsichtlich der Ausprägung eines Merkmals überwiegend *nicht* in allen drei Projektphasen: Beispielsweise wiesen erfolgreiche F&E-Projekte in der Startphase keine niedrigeren Plan-Ist-Zeitabweichungen (s. Merkmal Nr. 6 in Abb. 5-7) auf als abgebrochene Projekte; hingegen zeichneten sich abgebrochene F&E-Projekte in der Mitte und gegen Ende ihrer Laufzeit durch signifikant höhere Zeitabweichungen aus. Für das TIM deutet dieser Befund darauf hin, dass fortgeschrittene Projekte mit hohen Plan-Ist-Zeitabweichungen nach bisherigen Erfahrungen erfolglos enden, so dass es nahe liegt, sie vorzeitig abzubrechen, wenn man die Zeitabweichungen nicht schnell durch Gegenmaßnahmen (z.B. Erhöhung der Projektmitarbeiterzahl) verringern kann und will. Lediglich sechs Variablen (s. Merkmale Nr. 5, 7, 9, 12, 14 und 17 in Abb. 5-7) diskrimierten *in allen drei Projektphasen* signifikant zwischen erfolgreichen und erfolglos abgebrochenen F&E-Projekten.

Problematisch an der Begründung von Abbruchs- oder auch Auswahlentscheidungen für F&E-/Innovationsprojekte durch empirische Erfolgsfaktorstudien ist, dass

- je nach Studie unterschiedliche und z.gr.T. landes-, branchen-, technologie- oder projektphasenspezifische Erfolgsfaktoren ermittelt wurden: „... the notion of finding a single set of universal factors is now considered naive“ (*Balachandra/Friar*, 1997, 284). Beispielsweise scheinen Technologiefaktoren bei radikalen Innovationen und in technologisch dynamischen Industrien eine stärkere Erfolgsbedeutung zu haben als bei inkrementalen Innovationen oder in technologisch statischen Branchen (vgl. *Montoya-Weiss/Calantone*, 1994, 411f.; *Balachandra/Friar*, 1997, 283f.).
- Erfolgsfaktoren in vielen Studien zu vage definiert werden, um die Faktorausprägungen im eigenen Unternehmen präzise bestimmen zu können.
- unternehmensspezifische Erfolgsfaktoren in unternehmensübergreifenden wissenschaftlichen TIM-Studien nicht berücksichtigt werden können.

Projektbezogene Merkmale[a]	Projektphase → Beginn	Mitte	Ende
I. Projektmanagement			
1. Übereinstimmungsgrad zwischen Projektzielen und strategischer Ausrichtung des Unternehmens	○	◕ (+)	● (+)
2. Abhängigkeitsgrad anderer Projekte vom technischen Erfolg des Projektes	○	◑ (+)	◑ (+)
3. Ausmaß der Projektunterstützung durch das Top-Management	○	○	◑ (+)
4. Übereinstimmungsgrad zwischen Projektleiter-Qualifikationen und Projektanforderungen	◕ (+)	○	○
5. Ausmaß des Engagements des Projektleiters für das Projekt	◑ (+)	◑ (+)	◔ (+)
6. Ausmaß von Plan-Ist-Zeitabweichungen bei Projektdurchführungskontrollen	○	◑ (–)	◔ (–)
II. Markt			
7. Ausrichtung des Projektes auf einen wachsenden Markt (1 = ja; 0 = nein)	◕ (+)	● (+)	◑ (+)
8. Grad der Unsicherheit über den Markt/die spätere Anwendung des Projektes	○	○	◑ (–)
9. Intensitätsgrad der Zusammenarbeit mit Pilot-Kunden der Innovation	◑ (+)	◑ (+)	◕ (+)
10. Dringlichkeitsgrad der Projektbearbeitung	○	○	◔ (+)

Legende

Eignungsgrad eines Merkmals zur Unterscheidung erfolgreicher vs. erfolglos beendeter F&E-Projekte:

- ● sehr hoch
- ◕ hoch
- ◑ mittel
- ◔ niedrig
- ○ ungeeignet

Richtung/Vorzeichen der Wirkung signifikanter Unterscheidungsmerkmale auf den Projekterfolg:

- (+) *höhere* Merkmalsausprägungen gehen mit *höherer* Erfolgswahrscheinlichkeit einher
- (–) *höhere* Merkmalsausprägungen gehen mit *niedrigerer* Erfolgswahrscheinlichkeit (→ Projektabbruch) einher

(wird auf der nächsten Seite fortgesetzt)

Abb. 5-7: Statistisch signifikante Merkmalsunterschiede zwischen erfolgreichen und erfolglos beendeten F&E-Projekten in der Studie von Lange (1993)

Projektbezogene Merkmale[a]	Projektphase → Beginn	Mitte	Ende
III. Technologie			
11. Ausmaß des Weiterentwicklungspotenzials der verwendeten Technologie	◑ (+)	○	○
12. Notwendigkeit der überproportionalen Steigerung des Ressourceneinsatzes zur Erreichung einer gleich bleibenden Leistungsverbesserungsrate der verwendeten Technologie	◕ (–)	◑ (–)	◑ (–)
13. Unternehmensinterne Verfügbarkeit von Informationen über die verwendeten Technologien	○	○	◑ (+)
14. Informationsvorsprung des Unternehmens hinsichtlich der verwendeten Technologien	◕ (+)	◕ (+)	◑ (+)
15. Ausmaß technologischer Synergien mit früher oder parallel durchgeführten F&E-Projekten	◑ (+)	○	○
16. Verfügbarkeit unternehmensinterner technischer Spezialisten für das Projekt	◑ (+)	◑ (+)	○
VI. Umwelt			
17. Auftreten unerwarteter Ereignisse im Projektumfeld (1 = ja; 0 = nein)	◕ (–)	◕ (–)	◑ (–)

Legende

Eignungsgrad eines Merkmals zur Unterscheidung erfolgreicher vs. erfolglos beendeter F&E-Projekte:

- ● sehr hoch
- ◕ hoch
- ◑ mittel
- ◔ niedrig
- ○ ungeeignet

Richtung/Vorzeichen der Wirkung signifikanter Unterscheidungsmerkmale auf den Projekterfolg:

- (+) *höhere* Merkmalsausprägungen gehen mit *höherer* Erfolgswahrscheinlichkeit einher
- (–) *höhere* Merkmalsausprägungen gehen mit *niedrigerer* Erfolgswahrscheinlichkeit (→ Projektabbruch) einher

a) Untersuchungsstichprobe: 73 erfolgreiche, 39 technisch erfolgreich, aber wirtschaftlich erfolglos beendete und 44 technisch erfolglos abgebrochene F&E-Projekte von 80 Großunternehmen in Deutschland. Die 83 außerplanmäßig beendeten F&E-Projekte wurden als erfolglos beendet/Mißerfolg eingestuft.

Quelle: In enger Anlehnung an Lange, 1993, 102 u. 182-189

Abb. 5-7 (Fortsetzung)

– sich die Wirkungen einzelner Erfolgsfaktoren im Zeitablauf verändern können, so dass historische Analysen nur *grobe* Hinweise für den (Nicht-)Abbruch aktueller und zukünftiger F&E-/Innovationsprojekte zu liefern vermögen.

Angesichts dieser Grenzen einer Fundierung von Projektabbruchsentscheidungen durch Rückgriff auf veröffentlichte empirisch-induktive Erfolgsfaktorstudien ist evident, dass das TIM aus ihnen zwar Checklisten/Merkposten im Hinblick auf wichtige Frühwarnindikatoren für die Notwendigkeit eines Projektabbruchs ableiten kann. Entscheidungen über die Fortführung oder den Abbruch von aktuellen F&E-/Innovationsprojekten sollten hingegen nur auf Basis *unternehmensspezifischer* Analysen der Diskriminanzmerkmale von abgeschlossenen erfolgreichen oder erfolglosen F&E-Projekten des eigenen Unternehmens in Verbindung mit einer kontinuierlichen Anpassung der analytisch-deduktiven Bewertung der laufenden Vorhaben in finanzwirtschaftlicher Hinsicht erfolgen.

Ein nur schwer quantifizierbarer, aber nichtsdestotrotz wichtiger Aspekt bei der Bewertung der Abbrechenswürdigkeit von F&E-Projekten ist, dass informale Förderer sowie offizielle Leiter und Mitarbeiter der Projekte dazu tendieren, dem Bewertungsverfahren wenig Vertrauen entgegenzubringen und/oder es nicht sachgemäß i.S. einer Projektfortführung zu beeinflussen, wenn sie sich mit dem Vorhaben persönlich identifizieren, weil sie sich Vorteile von einer Projektfortführung versprechen (vgl. *Green* et al., 2003, 420f.; *Janney/Dess*, 2004, 68f.). In der Praxis führen solche Akzeptanzprobleme und **Widerstände gegen systematische Bewertungen laufender F&E-Projekte** dazu, dass im Durchschnitt erfolglose Vorhaben zu lange fortgeführt bzw. **Abbruchsentscheidungen zu spät getroffen** und umgesetzt werden (s. *Lange*, 1993, 63, 75-78 u. 150). Daher ist der F&E-Praxis zu empfehlen, im Rahmen von Budgetierungsprozessen verstärkt vorzusehen, dass in regelmäßigen Abständen auch und gerade bereits begonnene Innovationsprojekte kritisch von Aufgabenträgern, die nicht direkt in ein Vorhaben involviert sind, auf ihre Fortführenswürdigkeit hinterfragt werden.

Akzeptanz von Projektbewertungsmethoden in der Praxis
Die praktische Einsetzbarkeit von Bewertungsverfahren für die F&E-Projektauswahl hängt stark von der **Verfügbarkeit** brauchbarer Schätzwerte für die Inputgrößen der Verfahren (z.B. zukünftige Einzahlungs-/Umsatzströme aufgrund eines F&E-Projektes) bei vertretbaren monetären und zeitlichen **Beschaffungskosten**, ihrer **Realitätsnähe** (z.B. angemessene Berücksichtigung von Unsicherheit und verschiedener Zielkriterien) und ihrer **Verständlichkeit/Glaubwürdigkeit** für den Entscheider ab. Die **Glaubwürdigkeit** von Bewertungsverfahren für die Projektauswahl und damit die **Verfahrensakzeptanz** wird nach Ansicht von Praktikern stark durch die Art und Weise des Vorgehens bei der Erhebung und Präsentation der Bewertungsdaten beeinflusst. Demnach kann eine hohe Akzeptanz systematischer Verfahren zur Bewertung von F&E-/Innovationsprojekten um so eher erreicht werden, je mehr es dem TIM gelingt, für die Erfüllung folgender **sieben Vorgehensprinzipien bei der Auswahl von F&E-/Innovationsprojekten** zu sorgen (vgl. *Sharpe/Keelin*, 1998, 52-53):

- Für jedes Projekt werden die *gleichen Bewertungsdaten* erhoben (**Prinzip der Einheitlichkeit der Erhebungsstruktur**).
- Bewertungsinformationen werden nur aus Quellen erhoben, die *vor* Beginn der Projektauswahl von den beteiligten Führungs- und Fachkräften weitgehend übereinstimmend als „zuverlässig" eingestuft wurden (**Prinzip der ex ante Einigung auf Bewertungsquellen**).
- Informationsquellen für die Projektbewertung werden detailliert dokumentiert (**Prinzip der Quellentransparenz**).
- Durch Annahmen geschlossene Informationslücken werden detailliert begründet und dokumentiert (**Prinzip der Annahmentransparenz**).
- Bewertungsinformationen werden von erfahrenen Führungs- und Fachkräften aus verschiedenen Organisationseinheiten des Unternehmens auf Plausibilität geprüft (**Prinzip des unternehmensinternen Peer Review**).
- Bewertungsinformationen werden durch Gegenüberstellung mit Technologie-/Markteinschätzungen unternehmensex-

terner Experten/Studien auf Plausibilität geprüft (**Prinzip der unternehmensexternen Plausibilitätsprüfung**).

- Auswirkungen jedes einzelnen Bewertungsparameters auf das Gesamtergebnis werden verdeutlicht (**Prinzip der Nachvollziehbarkeit** (der Sensitivität) **von Bewertungsendergebnissen**).

Insgesamt bleibt abschließend festzuhalten, dass formal zwar elegante quantitative finanzwirtschaftliche und diskriminanzanalytische Verfahren zur Bewertung neu anstehender und laufender F&E-/Innovationsprojekte wegen der enormen Schwierigkeiten bei der Prognose von Zahlungsströmen für solche Projekte (s.a. Kap. 3.3.3) und bei der Beschaffung von Daten zu abgeschlossenen Vorhaben in der Praxis bislang nur nachrangige Bedeutung erlangt haben (s. *Kern/Schröder*, 1977, 259; *Bürgel* et al., 1996, 113; *Brockhoff*, 1999, 353; *Stummer/Günther*, 2002, 300). Wenn überhaupt, dann lassen sich aussagefähige Projektkapitalwerte noch eher für marktnahe Entwicklungs- als für Forschungsvorhaben verlässlich prognostizieren (s. *Thoma*, 1989, 168; *Haley/Goldberg*, 1995, 188; *Brockhoff*, 1997, 456). Einfachere, zumeist semiquantitative Verfahren wie Technologie-Portfolios scheinen also aus Sicht der Praxis eher zur Begründung von Entscheidungen zur Abdeckungsbreite von Technologiefeldern durch das Unternehmen geeignet zu sein.

5.2.2 Festlegung der in den bearbeiteten Technologiefeldern angestrebten Gesamtleistungsniveaus

Für die von einem Unternehmen abgedeckten Technologiefelder ist jeweils zu planen, welches Kompetenzniveau das Unternehmen auf den Feldern anstrebt. Diese Planung erfordert

- die Festlegung von Kriterien, anhand derer das eigene technologische Kompetenzniveau auf einem Technologiefeld bestimmt werden kann, und
- die Festlegung von absoluten oder relativen Kriterienausprägungen, die das Unternehmen in einem Technologiefeld erreichen will.

Bezüglich der anzustrebenden Kriterienausprägungen wird in der Literatur in grober Vereinfachung zwischen den beiden globalen Optionen der **technologischen Hochleistungs- vs. Präsenz-/Normalleistungsstrategie** unterschieden (vgl. *Wolfrum*, 1991, 252f. u. 1995, 255f.; *Burgelman* et al., 1995, 35f.; *Bürgel* et al., 1996, 99; *Brockhoff*, 1999, 29f.; *Specht* et al., 2002, 106; *Gerybadze*, 2004, 140-142 u. 158-161). Eine *technologische Hochleistungsstrategie* ist dadurch gekennzeichnet, dass das Unternehmen relativ zum Stand der Erkenntnis in der „Scientific Community" weltweit oder bei relevanten Wettbewerbern für ein Technologiefeld eine Spitzenposition einnehmen will. Das Unternehmen strebt an, selbst den Fortschritt auf einem Technologiefeld aktiv und merklich voranzutreiben, um die eigene Nähe zum technologischen „State of the Art" als Basis für die Erringung von Wettbewerbsvorteilen zu nutzen. Bestandteil einer technologischen Hochleistungsstrategie ist zumeist *eigene (Grundlagen-) Forschung* durch das Unternehmen, um durch solche Aktivitäten langfristige Voraussetzungen für Geschäftstransformationen zu schaffen (s. Kap. 2.2.2).

Damit eine *technologische* Hochleistungsstrategie auch positive *wirtschaftliche* Erfolgseffekte haben kann, ist es notwendig, dass der Anbieter seine technologische Spitzenkompetenzen in Produkte „übersetzen" kann, die hinsichtlich ihrer Leistungsmerkmale von Kunden als Orientierungsmaßstab bzw. de facto Standard in einer Branche wahrgenommen werden. Anders formuliert geht es bei einer technologischen Hochleistungsstrategie darum, dass das Unternehmen dazu in der Lage ist, radikale technologische Innovationen hervorzubringen und damit anschließend den technologischen Trend in einer Industrie dahingehend zu prägen, dass sich die eigene Neuerung als **„dominantes Design"** oder als **„dominante Plattform"** auf dem Markt durchsetzt (vgl. zum Konzept des dominanten Designs bzw. der dominanten Plattform einführend *Afuah*, 2003, 353-358; *Gerybadze*, 2004, 89f.; *Suarez*, 2004, 271-274). Deshalb erfordert eine auch wirtschaftlich erfolgreiche technologische Hochleistungsstrategie, über eine starke eigene F&E hinaus, weitere Unternehmensfähigkeiten und Umfeldbedingungen, um eigene radikal neue technologische Spitzenprodukte gegen konkurrierende technologische Lösungsalternativen zur dominierenden Plattform zu machen. Zu diesen für den Erfolg einer technologischen Hochleistungsstrategie neben der Technologieposition relevanten zusätzlichen Faktoren gehören (vgl. *Schilling*, 1998, 271-278; *Afuah*, 2003, 356-358; *Sheremata*, 2004, 364-370; *Suarez*, 2004, 274-279):

- Vertrauen von potenziellen Kunden in die Leistung(sfähigkeit)en des Anbieters bzw. innovationsrelevante Anbieterreputation.
- Unternehmensgröße (und damit verbundener Zugang zu Absatzkanälen, Finanzressourcen etc.).
- Netzeffekte, d.h. eine Steigerung des Nutzens der eigenen Absatzleistung für jeden Kunden in Abhängigkeit von der Gesamtzahl der Nutzer dieser Leistung.
- Strategische Kooperationspartner, welche die Plattform des eigenen Unternehmens als Quasi-Standard behandeln, indem sie (nur) für die eigene Lösung Komplementärprodukte entwickeln und vermarkten (z.B. Anwendungssoftware für ein bestimmtes PC-Betriebssystem).
- Interoperabilität der eigenen Plattform mit früheren Technologiegenerationen, die eine weite Marktverbreitung gefunden haben.
- Verteidigungsfähigkeit des eigenen Technologievorsprungs durch Schutzrechte.
- Unterstützung der eigenen Plattform durch Entscheider in technischen Standardisierungsgremien und industriepolitischen Institutionen.

Unternehmen mit einer *technologischen Normalleistungsstrategie* nehmen eine größere Distanz des eigenen Kompetenzniveaus gegenüber der Wissens-/Anwendungsgrenze in einem Technologiefeld bewusst in Kauf, da sie davon ausgehen, über nichttechnologische Managementmaßnahmen Wettbewerbsvorteile gegenüber Konkurrenten erzielen zu können. Neben diesen beiden Optionen ist noch als dritte Möglichkeit die **technologische Beobachtungsstrategie** zu nennen. Bei dieser strebt das Unternehmen auf einem Technologiefeld ein eher unterdurchschnittliches Kompetenzniveau an, das aber noch so weit geht, dass es dem Unternehmen offen steht, Entwicklungen auf diesem Feld nachzuvollziehen, um gegebenenfalls das eigene Leistungsniveau durch zusätzliche Ressourcen rasch zu verbessern.

Die ökonomische Vorteils-Nachteils-Bilanz der drei Optionen zum Abdeckungsniveau von Technologiefeldern hängt prinzipiell von dem wettbewerbsstrategischen Erfolgspotenzial der jeweiligen Technologie sowie der technologiebezogenen Ressourcenstärke des Unternehmens ab (s. Kap. 4.3 und Abb. 4-10). So ist etwa eine Hochleistungsstrategie eher erfolgversprechend, wenn mit einer raschen Marktdiffusion der Technologie zu rechnen ist, das Unternehmen bereits relativ gute technologiebezogene Fähigkeiten aufweist und ein eigener Technologievorsprung durch Marktzutrittsbarrieren über längere Zeit aufrecht erhalten werden kann. Insgesamt ist aber *keine* der drei Optionen zum Abdeckungsniveau von Technologiefeldern situationsübergreifend/generell als wirtschaftlich überlegen einzustufen.

5.3 Zeitpunkt- und -daueraspekte bei der Erschließung von Technologiefeldern

5.3.1 Systematisierung prinzipieller Zeitaspekte

Zu den Aufgaben des strategischen TIM gehört es (s.a. Abb. 5-8),

- Zeitpunkte, an denen erfolgskritische Aktivitäten in technologischen Innovationsprozessen gestartet oder beendet werden sollen, auszuwählen.
- die Einhaltung von solchen Ereignis-Plan-Terminen in technologischen Innovationsprozessen sicherzustellen, die (1) an Aufgabenträger im Unternehmen als verbindliche Arbeitsziele und (2) aufgrund ihrer Relevanz für die wirtschaftlichen Chancen der Innovation bewusst auch an unternehmensexterne „Stakeholder“ (= Gruppen mit nachhaltigen Einflusspotenzialen auf die Erfolgsposition des Unternehmens) kommuniziert werden.
- die Zeitdauer von Innovationsprozessen/-prozessphasen i.S. der Technologiestrategie des Unternehmens grundsätzlich zu gestalten.

Bei **Zeitpunktbetrachtungen** geht es darum, die für ein Unternehmen wirtschaftlich vorteilhaftesten Termine für das Vorliegen erfolgskritischer (Zwischen-)Ergebnisse (= *Endtermine*) und für den Beginn strategisch relevanter Schritte (= *Starttermine*) in

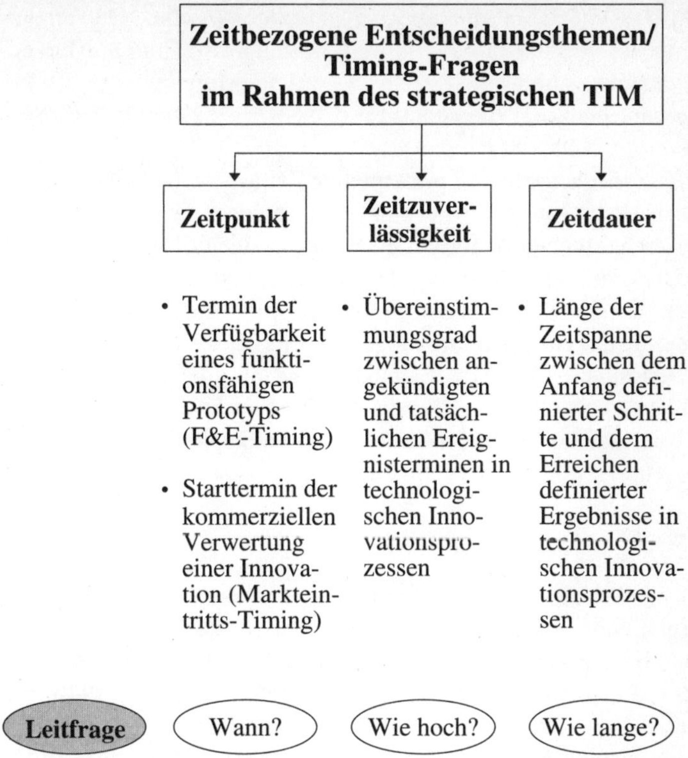

Abb. 5-8: Systematisierung von prinzipiellen Zeitspekten bei der Erschließung von innovativen Technologiefeldern und -anwendungen

Innovationsprozessen rechtzeitig einzugrenzen. An diesen Zeitpunkten haben sich dann die Umsetzungsplanungen für Innovationen zu orientieren. Bei **Zeitzuverlässigkeitsüberlegungen** ist zu prüfen, inwieweit Unternehmen Informationen über *angestrebte* Markteinführungstermine für Produktinnovationen gekoppelt mit Hinweisen auf zu *erwartende* Eigenschaften der neuen Produkte an Stakeholder kommunizieren sollten. Aus solchen *Ankündigungen* ergibt sich dann die Notwendigkeit, diese zeitlich (und inhaltlich) einzuhalten, um Enttäuschungen von Kunden, Distributionspartnern und Kapitalgebern zu vermeiden. Bei **Zeitdaueranalysen** stehen die Haupthebel zur Beeinflussung der Zeitspanne von der Formulierung einer technologischen Innovationsidee bis hin zur Markteinführung, die auch als „Time-to-Market“ oder Innovationszeit bezeichnet wird, im Mittelpunkt (vgl. *Gerpott*, 1994b, 61; *Buchholz*, 1996, 31-32 u. 1998, 22; *Vahs/Burmester*, 2005, 68f.).

Zwischen den drei prinzipiellen Zeitaspekten des TIM bestehen wechselseitige Verflechtungen. So ergeben sich aus Zeitpunktentscheidungen Anforderungen an die Beeinflussung der Zeitdauer von Innovationsprozessen. Die „praktische Machbarkeit“ bestimmter Zeitdauern in Innovationsprozessen wirkt sich wiederum auf das Spektrum möglicher End- und Starttermine sowie die Einhaltbarkeit von Zeitpunktzielen, also die Zeitzuverlässigkeit aus. Dennoch werden die drei Zeitaspekte anschließend aus Vereinfachungsgründen in je einem Teilkapitel getrennt diskutiert.

5.3.2 Zeitpunktauswahl

Das TIM hat sich mit zwei prinzipell verschiedenen Zeitpunktentscheidungen auseinander zu setzen (s. zur Differenzierung dieser beiden Zeitpunkte *Michel*, 1987, 87-92; *Wolfrum*, 1991, 261 u. 1995, 256f.; *Golder/Tellis*, 1993, 159; *Gerpott*, 1994b, 61; *Buchholz*, 1996, 65f. u. 1998, 21; *Clement* et al., 1998, 216; *Specht* et al., 2002, 106; *Gelbmann/Vorbach*, 2003, 147):

– Auswahl des Plan-Termins der erstmaligen Verfügbarkeit einer marktfähigen Technologieanwendung (d.h. eines Funktionsmusters oder Prototyps) relativ zu anderen Unternehmen.
– Auswahl des Plan-Termins für den erstmaligen Markteinführungsstart einer technologischen Produktinnovation relativ zu Wettbewerbern in dem betroffenen Markt.

Die erste Entscheidung wird auch als Festlegung des **Inventions-** oder **F&E-Timing** charakterisiert; bei ihr geht es um den angestrebten *End*zeitpunkt, bis zu dem F&E-Ergebnisse vorliegen sollen und aus dem sich zeitliche Eckpunkte für *vorgelagerte* Schritte von Innovationsprozessen (F&E, Ideengenerierung/-vorauswahl; s. Kap. 2.3.2) ergeben. Die zweite Entscheidung bezeichnet man auch als Problem der Auswahl des **Innovati-**

ons-, **Markteintritts**- oder **Produkteinführungs-Timing**; bei ihr steht die Festlegung des *Beginns* der Vermarktung einer Produktinnovation im Vordergrund, aus dem sich Termine für *nachgelagerte* Aktivitäten zur Förderung der Marktpenetration des neuen Produktes ergeben.

Beim *Inventions-Timing* wird in der Literatur zumeist eine dichotome Unterscheidung von (Produkt- oder F&E-)**Pionier-, Ersterfinder- oder (F&E-)Führerunternehmen** auf der einen Seite und technologischen **(Nach-)Folger- oder Imitatorunternehmen** auf der anderen Seite vorgenommen. *Pionierunternehmen* sind solche, die vor anderen Wettbewerbern als erste mit F&E-Aktivitäten auf einem Technologiefeld beginnen und eine marktfähige Technologieanwendung in einem Produkt realisieren. Durch das technologisch innovative Produkt schaffen Ersterfinderunternehmen eine neue **Produktkategorie**, d.h. eine Klasse von Produkten, die (1) von Nachfragern als deutlich unterschiedlich im Vergleich zu bereits verfügbaren, anderen Produktkategorien wahrgenommen werden (z.B. elektrischer Rasierer vs. Nassrasierer, gefriergetrockneter löslicher Kaffee vs. gemahlener Filterkaffee) und (2) untereinander weitgehend substituierbar sind. Beispielsweise werden die Unternehmen Ampex bzw. Chux als F&E-Pioniere in den Produktkategorien Videorekorder bzw. Wegwerfwindeln genannt (s. *Golder/Tellis*, 1993, 164).

Nachfolgerunternehmen nehmen dagegen F&E-Aktivitäten auf einem Technologiefeld bewusst erst in Angriff, nachdem bereits einschlägige F&E-Ergebnisse anderer Wettbewerber in ihren Grundzügen bekannt geworden sind. Die Gruppe der Technologiefolger wird z.T. in Abhängigkeit vom Grad der Weiterentwicklung einer Invention durch das Unternehmen noch in *modifizierende oder innovative Folger*, die eine am Markt durch einen anderen Pionier eingeführte Produktkategorie technologisch zwar nicht radikal, aber dennoch erkennbar weiterentwickeln, und *imitierende Folger*, die sich auf das Kopieren einer technologischen Innovation anderer Unternehmen beschränken, unterteilt (vgl. *Wolfrum*, 1991, 271; *Buchholz*, 1996, 174 u. 1998, 31; *Shankar* et al., 1998, 54f.). Als Beispiel für innovative Folger gilt das Unternehmen Samsung bei Mikrowellenherden, das als „später Verbesserer" diese Technologieinnovation der Firma Raytheon aufgegriffen und perfektioniert hat und erfolgreich in den Mikrowellenherdmarkt eintreten konnte. Ähnlich optimierte das Unternehmen Xerox in der Produktkategorie Fotokopierer die innovative Technologie des F&E-Pioniers 3M Thermofax in einem Ausmaß, das es Xerox erlaubte, in den 60er Jahren als „später Verbesserer“ eine Marktführerposition bei Fotokopierern zu erreichen (vgl. *Golder/Tellis*, 1993, 164; *Shankar* et al., 1998, 54f.).

Bei der Analyse des *Innovations-Timings* ist eine Untergliederung nach der Rangfolge des Markteintritts sowie dem zeitlichen Abstand zwischen dem Vermarktungsbeginn von Unternehmen, die nicht als erste eine Produktkategorie auf dem Markt neu eingeführt haben, und dem Termin der erstmaligen Marktverfügbarkeit einer neuen Produktkategorie in (1) **Markt(eintritts)-Pioniere oder -Führer**, (2) **frühe Folger** und **späte Folger** üblich. Relativ eindeutig abgrenzbar ist hier nur der *Markt-Pionier* als das Unternehmen, das als erster Anbieter mit dem *Verkauf* einer neuen Produktkategorie begonnen hat und deshalb während einer mehr oder minder langen Zeitspanne eine technologiebedingte *Monopolposition* innehat. *Frühe Folger* starten bereits kurz nach dem Markt-Pionier mit dem Verkauf einer Variante der neuen Produktkategorie. *Späte Folger* treten erst in den Markt ein, nachdem die technologischen und wirtschaftlichen Risiken der ehemals neuen Produktkategorie gut überschaubar sind und eine größere Zahl von Unternehmen die neue Produktkategorie bereits anbietet. Halbwegs objektiv ermittelbare Kriterien zur Abgrenzung von frühen und späten Markteintritts-Folgern werden in der Literatur kaum genannt.

Inventions- vs. Innovationszeitpunktentscheidungen werden in Praxis und Wissenschaft oft analytisch *nicht* hinreichend differenziert. Zumeist wird unterstellt, dass F&E-Pioniere auch als Markteintritts-Pioniere auftreten (s. etwa die bei *Specht* et al., 2002, 109 berichtete Typologie technologischer Strategien). Empirische Befunde von *Specht* et al. (2002, 106) und *Brockhoff* (1989, 24f.) deuten jedoch darauf hin, dass etwa in einem Drittel der deutschen Industrieunternehmen die Inventionsführer- mit der Innovationsfolgerposition oder die Inventionsfolger- mit der Innovationsführerposition kombiniert werden. Auch für US-amerikanische Unternehmen gibt es etliche Fallbeispiele für Produktkategorien, bei denen der Markt- und F&E-Pionier nicht identisch sind (etwa Camcorder, Farbfernseher, sofortentwickelnde Fotographien; s. *Golder/Tellis*, 1993, 164f.; *Shankar* et al., 1998, 54f.). Folglich ist die analytische Unterscheidung von Inventions- und Innovations-Timing durchaus auch praktisch relevant.

Damit ergeben sich – ausgehend von den jeweils drei o.a. F&E- und Markteintritts-Timing-Strategien – neun idealtypische Kombinationsmöglichkeiten zur zeitpunktorientierten Klassifikation von technologischen Produktinnovationsstrategien von Unternehmen, die in Abb. 5-9 aufgezeigt werden.

Chancen und Risiken von unterschiedlichen F&E- und Markteintritts-Timing-Strategien

Mit F&E-Pionier- und -Folgerstrategien sowie mit Markteintritts-Führer- und -Folgerstrategien sind jeweils spezifische Chancen und Risiken verbunden, die das TIM bei Timing-Entscheidungen gegeneinander abzuwägen hat. Diese Erfolgs- und Misserfolgspotenziale eines frühen vs. späten Inventions- oder Innovations-Timings lassen sich in *nachfrage- und angebotsseitige Chancen und Risiken* strukturieren. **Nachfrageseitige Potenziale** resultieren aus typischen Verhaltensmustern und Einstellungen von potenziellen Kunden im Zusammenhang mit dem Erstkauf von Produktinnovationen (vgl. a. Kap. 4.1.1.3). **Angebotsseitige Potenziale** ergeben sich aus im Zeitablauf unterschiedlichen Handlungsspielräumen von Unternehmen bei der Gestaltung ihres neuen Produktes, ihrer internen Wertschöpfungsprozesse und ihrer Vermarktungsstrategien. Abb. 5-10 fasst von Wissenschaftlern und Praktikern häufig genannte nachfrage- und angebotsseitige Chancen und Risiken von F&E- und Markteintritts-Pionieren zusammen. Die Vorteile bzw. Nachteile einer zeitlichen F&E- oder Markteintritts-Führerschaft gemäß Abb. 5-10 können im Wesentlichen als Nachteile bzw. Vorteile von Inventions- oder Innovationsfolger-Strategien interpretiert werden.

Besondere Beachtung haben in der TIM-Literatur angebotsseitige (Miss-)Erfolgspotenziale von Pionieren gefunden, da sie im Kern auf der Möglichkeit zur Errichtung von *Markteintrittsbarrieren* gegenüber Folgern basieren und dieses Barrierenkonzept wiederum seit Mitte der 50er Jahre in der Industrieökonomie

		Markt(eintritts)-Timing-Strategie		
		Pionier/ Erstvermarkter	**Frühe Folger**	**Späte Folger**
F&E-Timing-Strategie	**Pionier/ Ersterfinder**	Innovationsführer[a]	Risikobegrenzender Technologieführer	Verzögernder Technologieführer
	Modifizierende Folger	Modifizierender Überholer	Früher Verbesserer	Später Verbesserer
	Imitierende Folger	Imitierender Überholer	Früher Imitator	Imitierender Nachrücker

a) In jeder Matrixzelle wird versucht, die Timing-Strategiekombination über eine kurze Rollenbenennung zu charakterisieren.

Quelle: In Anlehnung an Buchholz, 1996, 174 u. 1998, 31

Abb. 5-9: Idealtypische Kombinationsmöglichkeiten von F&E- und Markteintritts-Timing-Strategien

intensiv diskutiert wird. **Markteintrittsbarrieren** sind Kosten oder Nachteile, die nur von Unternehmen zu tragen sind, die neu in einen Markt eintreten, nicht aber von Anbietern, die schon länger in einer (Teil-)Branche oder Produktkategorie etabliert sind (s. *Kerin* et al., 1992, 34). Wichtige **Arten von Markteintrittsbarrieren** sind (vgl. a. *Bain*, 1956, 15f. u. 53-181; *Porter*, 1980, 7-17):

– *Economies of Scale and Time*, d.h. geringere Stückkosten etablierter Unternehmen durch größenbedingte Kostendegression (z.B. im Einkauf, bei der Kapitalbeschaffung) und zeitbedingte Lerneffekte (z.B. in der Fertigung).

<table>
<tr><th colspan="2">F&E-Pioniere</th></tr>
<tr><td>Nachfrageseitige Chancen
• Aufbau genereller Image-/ Wahrnehmungsvorteile („awareness“) bei Marktteilnehmern mit positiven Nebenwirkungen („spill-overs“) auf die Marktposition aller etablierten Leistungsangebote des Pioniers</td><td>Nachfrageseitige Risiken
• Unzureichende Berücksichtigung von Kundenanforderungen in technologischen Konzepten</td></tr>
<tr><td>Angebotsseitige Chancen
• Technologieinnovation als Mittel zur Produktdifferenzierung im Wettbewerb (überlegene und/ oder andersartige Leistungsmerkmale)
• Möglichkeit der Sicherung der Verwertungsexklusivität von Technologieinnovationen durch Schutzrechte (insbesondere Patente)
• Möglichkeit der Prägung von technologischen (Quasi-)Standards in einer Branche
• Flexibilität bei der Wahl des Markteintrittszeitpunktes
• Möglichkeit der langfristigen Erhaltung eines Technologievorsprungs gegenüber Wettbewerbern</td><td>Angebotsseitige Risiken
• Hohe F&E-Aufwendungen für einen funktionsfähigen Prototyp wegen des hohen Neuheitsgrads der Innovation
• Diskontinuierliche Technologiebrüche, die hohe F&E-Aufwendungen der Vergangenheit „wertlos“ werden lassen
• Fehlende Durchsetzbarkeit einer exklusiven Verwertung der Technologieinnovation gegenüber Imitatoren ohne nennenswerte F&E-Aufwendungen („free rider“ Problem)</td></tr>
</table>

(wird auf der nächsten Seite fortgesetzt)

Abb. 5-10: Chancen und Risiken von F&E- und Markteintritts-Pionieren

Markteintritts-Pioniere	
Nachfrageseitige Chancen • Erleichterte Gewinnung der Aufmerksamkeit potenzieller Kunden • Prägung von Kundenvorstellungen in einer Produktkategorie • Aufbau von Kundenbeziehungen/-vertrauen als Basis für eine längerfristige Bindung attraktiver/profitabler Kundengruppen • Aufbau eines innovationsbezogenen Image-Vorteils	*Nachfrageseitige Risiken* • Fehleinschätzung der Ausprägungen von Nachfragerpräferenzen • Fehleinschätzung der Stabilität von Nachfragerpräferenzen • Kaufunsicherheit/-zurückhaltung aufgrund fehlender Erfahrungen mit der und/oder fehlender Standards für die Innovation • Erfahrungsdefizite hinsichtlich der Gestaltung des Marketing-Mix
Angebotsseitige Chancen • Erfahrungs-/Lern- und Größenvorteile als Voraussetzung für niedrigere Herstellkosten • Erleichterte Sicherung knapper „Ressourcen" (Vorprodukte, Distributionskanäle etc.) • Flexibilität bei der Gestaltung des Marketing-Mixes (Produkt-, Distributions-, Preis- und Kommunikationspolitik)	*Angebotsseitige Risiken* • Hohe Markterschließungskosten (Kundenaufklärung, Abbau von Unsicherheit/Aufbau von Vertrauen) • Vermarktung nicht ausgereifter Innovationen (hohe Image-/Vertrauensschäden sowie Qualitätsaufwendungen) • Produktionsinvestitionen ohne Kenntnis von Industriestandards und Nachfrageentwicklungspotenzialen

Quelle: In leichter Anlehnung an Wolfrum 1991, 273-287 u. 1995, 258; Kerin et al., 1992, 34-35 u. 41-43; Golder/Tellis, 1993, 159-161; Bullinger, 1994, 141; Buchholz, 1996, 168-170 u. 1998, 27-30; Mueller, 1997, 831-841; Clement et al., 1998, 207-211; Gelbmann/Vorbach, 2003, 144-147

Abb. 5-10 (Fortsetzung)

- *Angebots- oder Anbieterdifferenzierung*, d.h. einzigartige Produkt- und/oder Unternehmensmerkmale des Anbieters, die zu einer erfahrungs- oder vertrauensbedingten Bindung von Nachfragern an etablierte Produkte/Anbieter führen.
- *Zugang zu Distributionskanälen und Beschaffungsquellen*, d.h. Bindung von Vertriebspartnern oder Zulieferern an etablierte Anbieter.
- *Technologiebeschaffungskompetenz*, d.h. Vorsprünge etablierter Anbieter bei der exklusiven Beschaffung wettbewerbskritischer Technologien über eigene F&E oder andere Wege.
- *Technologieeinsatzkompetenz*, d.h. Vorsprünge von Pionieren bei der Beherrschung komplexer Fertigungsprozesse.
- *Umstellkosten von Kunden*, d.h. Kosten, die Kunden bei einem Wechsel vom Produkt eines Anbieters (Pionier) zu einem Produkt anderer Anbieter (Folger) zu tragen haben und die sie von einem Anbieterwechsel abschrecken (z.B. keine Weiterverwendbarkeit von Software beim Kauf eines Personal Computers mit einem Betriebssystem, das nicht kompatibel mit dem Betriebssystem des bisher eingesetzten PC ist).
- *Rechtlich-politische Wettbewerbsregulierung*, d.h. staatliche Eingriffe in Marktprozesse, die etablierte Anbieter begünstigen (z.B. Anbieterlizenzierung verbunden mit im Zeitablauf gestiegenen Anforderungen an Lizenznehmer, einseitige Subventionierung von Pionierunternehmen).

Markteintrittsbarrieren können nicht nur von Markt-Pionieren, sondern auch von frühen Folgern gefördert und gezielt genutzt werden, um zur Verbesserung des Imitationserfolgs der frühen Folger weitere Nachzügler von einem Markteintritt abzuschrecken oder zumindest deren Eintrittszeitpunkt nach hinten zu verschieben (vgl. *Schilling*, 1998, 277f.).

Die Chancen-Risiken-Liste einer Inventions-/Innovationsführer- vs. -folgerrolle in Abb. 5-10 ist so ausgeglichen, aber auch vage, dass sie aus theoretischer Sicht Spielraum für *unterschiedliche* Schlussfolgerungen im Hinblick auf die *generellen* Wirkungen einer bestimmten Timing-Strategie auf das Erfolgsniveau von Produktinnovationen eröffnet. So vertreten etwa *Schilling/Hill*

(1998, 68f.), *Kessler/Chakrabarti*, (1996, 1178f.) und *Gemünden* (1993, 86) die Ansicht, „... dass es in den meisten Märkten erstrebenswert ist, möglichst früh aktiv zu werden." Ähnlich klassifizieren *Pfeiffer* et al. (1991, 50) und *Weiß* (1989, 28-41) die „Strategie des First" als einzige erfolgversprechende Alternative des Markteintritts-Timing, weil die meisten Industrien durch steigende F&E-Aufwendungen pro Innovationsvorhaben und abnehmende Vermarktungszeiträume der Produkte (= kürzere Produktlebenszyklen) gekennzeichnet seien; angesichts dieser gegenläufigen Trends, die auch als **Zeitfalle** bezeichnet werden, könne nur ein möglichst früher Markteintritt als Pionier für Unternehmen die Chance offen halten, mit einer Produktinnovation einen positiven Kapitalwert zu erreichen.

Hingegen argumentieren *Brockhoff* (1999, 235f.), *Schilling* (1998, 276f.) und *Brockhoff/Urban* (1988, 2-5), dass das „Marktrisiko" bei einem Markteintritt als Pionier oder später Folger überdurchschnittlich hoch, bei dem Markteintritt *nach* dem Pionier und *vor* den späten Folgern dagegen unterdurchschnittlich hoch sei. Sie unterstellen also einen umgekehrt U-förmigen Zusammenhang zwischen Markteintrittszeitpunkt/-rang und Innovationserfolgsniveau. Folgt man dieser Annahme, dann ist bei einem Markteintritt als früher Folger mit dem höchsten Innovationserfolg zu rechnen, da der Pionier bereits die Marktöffnungskosten übernommen hat und der frühe Folger aus dessen Schwächen lernen kann. Schließlich begründen *Shankar* et al. (1998, 54-55), dass *späte Folger* im Vergleich zu frühen Folgern und Pionieren überdurchschnittlich erfolgreich seien, weil den Kunden die Produktkategorie und dem späten Folger das Kundenanforderungsprofil schon gut bekannt seien, sodass der „late mover" mit weniger Marketingaufwand die Diffusionserfolge früher gestarteter Konkurrenten verlangsamen und selbst deren Absatzniveau erreichen kann.

Fragt man angesichts dieser unterschiedlichen theoretischen Argumentationsakzente nach **empirischen Befunden**, dann stellt man fest, dass eine Vielzahl von Studien Erfolgsunterschiede von Produktinnovationen in Abhängigkeit vom *Markteintritts-Timing* eines Unternehmens relativ zum Wettbewerb untersucht hat. Hingegen existieren fast keine Arbeiten, die sich mit Erfolgswirkungen des *F&E-Timing* empirisch auseinander gesetzt haben (s. die Zusammenfassungen des empirischen Forschungsstands bei *Kerin* et al., 1992, 35-38; *Gemünden*, 1993, 87; *Golder/Tellis*, 1993, 158-162; *Gerpott*, 1994b, 61; *Szymanski* et al., 1995, 17-30; *Kessler/Chakrabarti*, 1996, 1144-1154; *VanderWerf/Mahon*, 1997, 1511-1518; *Clement* et al., 1998, 211-221; *Kessler/Bierly*, 2002, 3f.). Die Markteintritts-Timingstudien sind dabei nicht frei von *methodischen Mängeln*, speziell bei der Erfassung der Markteintrittszeitpunkte bzw. des Pionier-Status von Unternehmen:

- So wurde der Markteintrittszeitpunkt zumeist nicht als metrische Variable, sondern nur als binäre Größe gemessen, indem zwischen Pionier (erster Anbieter) und Folgern (restliche Anbieter) unterschieden wurde, ohne die *exakten Zeitabstände* zwischen dem Eintrittstermin des ersten, zweiten und dritten Unternehmens (etc.) als Erfolgstreiber in Betracht zu ziehen.
- Der Ausweis von Unternehmen als Pionier oder Folger basiert z.T. nicht auf einer *sorgfältigen Primäranalyse historischer Fakten* mit der Konsequenz, dass Unternehmen fälschlich als Pionier oder Folger klassifiziert werden: Beispielsweise behauptet *Perillieux* (1995, 271), dass die Unternehmen Philips bei Videorekordern und Xerox bei Personal Computern erfolglose Marktpioniere und das Unternehmen Procter & Gamble bei Wegwerfwindeln ein erfolgreicher Marktpionier gewesen seien. *Golder/Tellis* (1993, 164) legen jedoch historische Daten vor, aus denen eindeutig hervorgeht, dass die Unternehmen Ampex, MITS und Chux Markt- (und F&E-)Pionier in den genannten drei Produktkategorien waren.

Stellt man diese methodischen Mängel zurück, dann stützt die empirische Befundlage insgesamt den Schluss, dass der zeitliche Rang eines Unternehmens/Geschäftsfelds bei der Markteinführung einer Produktinnovation *keinen* statistisch signifikanten Effekt auf den Erfolg der Innovation hat (insbesondere wenn dieser über das Kriterium Marktanteil bestimmt wird): **Marktpioniere sind demnach mit ihren technologischen Produktinnovationen nicht generell erfolgreicher als Folger**. Die empirische Forschung und theoretische Überlegungen sprechen eher dafür, dass ein Markteintritt als Pionier „... lediglich ein Zwischenziel [in Innovationsprozessen; T.J.G.], das einen gewissen Vorsprung signalisiert," (*Gemünden*, 1993, 88) darstellt. Der Pionierstatus selbst beinhaltet aber keine quasi automatisch eintretenden Erfolgseffekte. Er eröffnet ein Erfolgspotenzial, das erst (1) durch angemessene Bereitstellung von Unternehmensressourcen zur Innovationsvermarktung und technologischen -weiterentwicklung sowie (2) durch die situationsangemessene Ausgestaltung der Instrumente des Marketing-Mix jeweils (3) unter Berücksichtigung der Reaktionen von Kunden und Konkurrenten (Folgern) auf die Produktinnovation in eine nachhaltige und deutliche Verbesserung der wirtschaftlichen Erfolgsposition des Unternehmens umgesetzt werden muss (vgl. a. *Wolfrum*, 1991, 274; *Kerin* et al., 1992, 48f.; *Golder/Tellis*, 1993, 169; *Clement* et al., 1998, 222; *Suarez/Lanzolla*, 2005, 127). Dementsprechend hat das TIM Markteintritts-Timing-Strategien **situativ**, d.h. von Fall zu Fall auszuwählen.

Situationsmerkmale mit Relevanz für die Wahl von Timing-Strategien

Die große Zahl der im Zusammenhang mit der Wahl des wirtschaftlich vorteilhaftesten **Markteintrittszeitpunktes** für Produktinnovationen diskutierten Einflussgrößen lässt sich in **drei Gruppen von Situationsfaktoren** systematisieren (vgl. a. *Kerin* et al., 1992, 39-46; *Gerpott*, 1994b, 62; *Clement* et al., 1998, 213-215):

- **Marktentwicklungsmerkmale**: In dieser Variablenklasse werden Größen zusammengefasst, welche die erwartete Nachfrage im relevanten Markt im Zeitablauf sowie Ursachen des Nachfrageverlaufs abbilden (z.B. Geschwindigkeit bzw. Aufwand, mit der bzw. dem Nachfragepotenziale erschlossen werden können).
- **Wettbewerbssituationsmerkmale**: Hier geht es um allgemeine Merkmale der Konkurrenzsituation (z.B. Wettbewerbsintensität, Relevanz von Produkttechnologien als Mittel zur Erringung von Wettbewerbsvorteilen) und um Variablen, in denen sich die Verfügbarkeit von Ressourcen mit hoher Bedeutung für den Produktinnovationserfolg im eige-

nen Unternehmen relativ zur Ressourcenverfügbarkeit bei Konkurrenten widerspiegeln.

- **Produktmerkmale**: In dieser Variablenklasse werden Faktoren berücksichtigt, die Merkmale des neu eingeführten Produktes darstellen.

Zwischen den Situationsvariablen besteht ein komplexes Beziehungsgeflecht; so beeinflussen z.B. Produktmerkmale den Diffusionsverlauf einer Innovation im Markt, der sich wiederum auf die Vermarktungsdauer und die Wettbewerbsintensität auswirkt. Vernachlässigt man dieses Geflecht und partielle Überlappungen von situativen Einflussfaktoren auf die Wahl des Markteintrittszeitpunktes, dann kann man die empirischen und konzeptionellen Forschungsbefunde in starker Vereinfachung zu zwei idealtypischen Merkmalsprofilen für solche Situationen verdichten, in denen jeweils mit hoher Wahrscheinlichkeit ein Markteintritt als Pionier bzw. Folger geeignet ist, zur Steigerung des wirtschaftlichen Erfolgsniveaus einer Produktinnovation beizutragen. Abb. 5-11 zeigt diese Profile.

Die Situationsprofile lassen sich dahingehend zusammenfassen, dass ein **Markteintritt als Pionierunternehmen** mit einem neuen Produkt dann besonders erfolgversprechend ist, wenn (vgl. *Kerin* et al., 1992, 41; *Hauschildt*, 2004, 70f.; *Sheremata*, 2004, 364-370; *Suarez/Lanzolla*, 2005, 124-127)

- es sich bei der Innovation um ein aus Kundenperspektive hinsichtlich seines Leistungs-Preis-Verhältnisses **überlegenes Produkt** handelt, mit dem „unique and previously unmet [customer] preferences" (*Sheremata*, 2004, 366) Rechnung getragen wird (vgl. a. Kap. 4.1.1.3).
- der Pionieranbieter über hinreichende **Ressourcen** verfügt, um von Anfang an das neue Produkt an alle attraktiven Nachfragerzielgruppen zu vermarkten, also den Gesamtmarkt abzudecken.
- der Pionieranbieter **Barrieren** errichten kann, die anderen Unternehmen ein eigenes Angebot in der neuen Produktkategorie erschweren (z.B. Aufbau von Image-Vorteilen; „Besetzung" einer eng begrenzten Zahl von Vertriebskanälen; Erschwerung von Technologieimitationen durch Maßnahmen zum Schutz geistigen Eigentums).

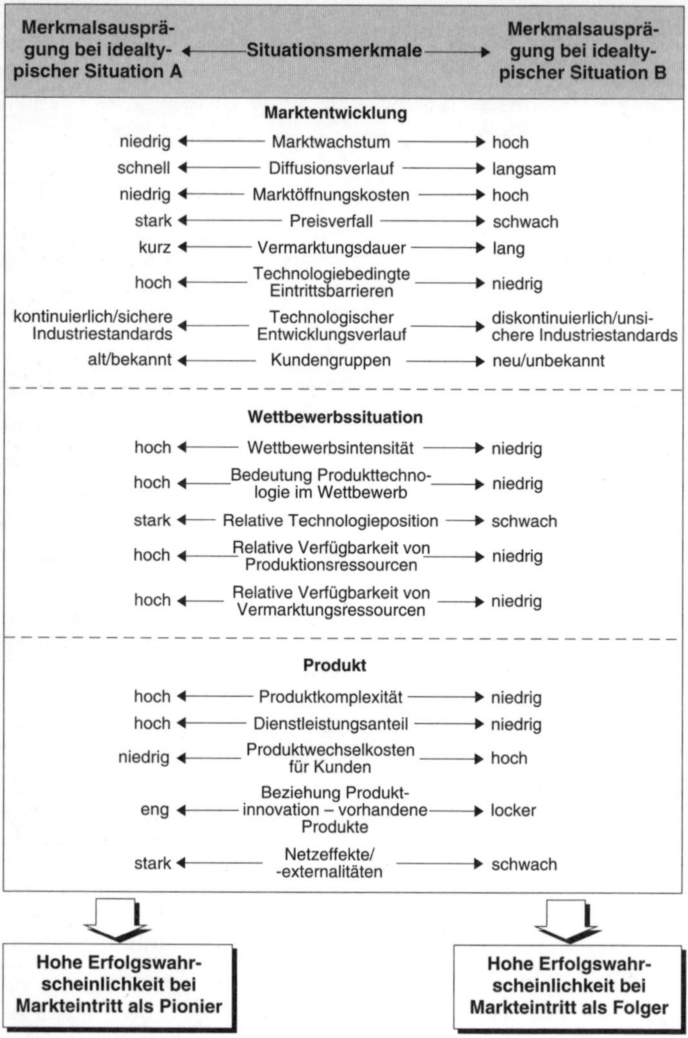

Quelle: In enger Anlehnung an Gerpott, 1994b, 62

Abb. 5-11: Idealtypische Situationsprofile für einen Markteintritt als Pionier oder Folger

- der Leistungsvorteil des Produktes, die Ressourcenbereitstellung des Innovationsführers und die Zutrittsbarrieren für Folger über einen **längeren Zeitraum** aufrechterhalten werden können, der zur Deckung von höheren Pionierentwicklungs- und Marktöffnungskosten ausreicht.

Im Umkehrschluss ergibt sich aus Abb. 5-11, dass ein Markteintritt als **früher Folger** vorziehenswürdiger ist, wenn

- ein Unternehmen ein Angebot in einer Produktkategorie unterbreiten kann, das aus Kundensicht **noch technologisch leistungsfähiger** ist als das Pionierprodukt und/oder aufgrund effizienterer Herstellungsprozesse zu einem deutlich niedrigeren Preis als das Pionierprodukt verkauft wird.
- ein Unternehmen mit **marktstarken Anbietern von Komplementärgütern** für das eigene Produkt **Partnerschaften** eingehen kann, die zur Verbesserung der Leistungswahrnehmung der Produktinnovation und zum Ausgleich von Schwächen bei den für die Innovation zur Verfügung stehenden Vertriebsressourcen beitragen.
- noch unerschlossene und nicht durch Markteintrittsbarrieren weitgehend abgeschottete Nachfragepotenziale insbesondere in bislang vernachlässigten Teilmärkten (= **Nischen**) existieren.

Die Chancen, dass Unternehmen, die als **späte Folger** in einen Markt eintreten, ein überdurchschnittliches Erfolgsniveau erreichen, sind um so größer,

- je **weniger** es dem Pionier und den frühen Folgern gelingt, **Markteintrittsbarrieren** zu schaffen.
- je **langsamer** eine Produktkategorie **diffundiert**, d.h. je länger noch große unausgeschöpfte Nachfragepotenziale existieren.
- je weniger der Produktnutzen für den einzelnen Kunden von der Gesamtzahl der Produktverwender oder dem Erreichen einer kritischen Mindestkundenzahl abhängt, d.h. je **weniger** Absatzerfolge von **positiven Netzeffekten/-externalitäten** beeinflusst werden.
- je **größer** die Innovations- und **Kostensenkungsmöglichkeiten bei den Herstellungsprozessen** in einer Produktkate-

gorie ausfallen (z.B. durch Automatisierung oder Produktionsverlagerung an Niedriglohnstandorte).

Hinsichtlich des Einflusses der **F&E-Timing-Strategie** auf den Erfolg von Produktinnovationen ist aus *theoretischer* Perspektive festzustellen, dass die Übernahme einer F&E-Führerrolle insbesondere den Vorteil hat, Unternehmen Handlungsspielräume bezüglich ihres Markteintrittszeitpunktes zu verschaffen: F&E-Folger haben in der Praxis nur selten noch die Möglichkeit, sich als Marktpionier zu positionieren (vgl. a. Abb. 5-9). *Empirisch* wurde in einer Studie von 231 Unternehmen der Maschinenbaubranche festgestellt, „... dass die Erfolgshäufigkeit bei Inventionsführern für jeden Markteintrittszeitpunkt größer ist als bei Inventionsfolgern" (*Specht/Perillieux*, 1988, 216); dabei beruhte allerdings die Einstufung einer Produktinnovation als „erfolgreich" oder „erfolglos" auf einer schriftlichen Unternehmensbefragung, in der nur um eine *globale* Beurteilung des wirtschaftlichen Erfolgsniveaus einer Produktinnovation ohne Angabe *konkreter* Referenzgrößen (s.o. Kap. 3.4) gebeten wurde. Nimmt man an, dass Inventionsführer überdurchschnittliche F&E-Aufwendungen zu tätigen haben, dann deutet dagegen die in vielen anderen empirischen Studien ermittelte schwache oder fehlende Korrelation zwischen den F&E-Aufwendungen und dem Erfolgsniveau von Unternehmen (s. Kap. 1.1) indirekt darauf hin, dass auch eine F&E-Pionierposition *nicht automatisch generell, sondern ebenfalls nur in bestimmten Situationen* positive Effekte auf den wirtschaftlichen Erfolg von Produktinnovationen hat.

Angesichts der Situationsabhängigkeit der Wirkungen des F&E-Abschluss- und Markteintritts-Timings auf Produktinnovationserfolge liegt für das TIM bei Entscheidungen über diese beiden Zeitpunktfragen folgendes **Vorgehen** in vier Schrittten nahe:

- Analyse der aus Kundenanforderungen, Wettbewerberstrategien und Ressourcenstärken und -schwächen des eigenen Unternehmens resultierenden situationsspezifischen Chancen-Risiken-Bilanz einer Positionierung als F&E- und/oder Markteintritts-Pionier, früher oder später F&E- und/oder Markteintritts-Folger.
- Auswahl des F&E- und Markteintritts-Timings mit der besten Chancen-Risiken-Bilanz.

- Identifikation wichtiger Bestimmungsgrößen der Erreichbarkeit des angestrebten F&E- und Markteintritts-Timings.
- Gezielte Gestaltung der Faktoren, von denen das Erreichen der Plan-Zeitpunkte für den F&E-Abschluss und den Markteintritt abhängt.

Die beiden zuletzt genannten Vorgehensschritte sind bereits Elemente des Zeitdauermanagements in Innovationsprozessen, die in Kapitel 5.3.4 vertieft werden. Zuvor gehe ich jedoch noch auf den in Praxis und Wissenschaft weniger analysierten Aspekt der Zeitzuverlässigkeit ein (vgl. o. Abb. 5-8).

5.3.3 Zeitzuverlässigkeit

Die **Zeitzuverlässigkeit** drückt aus, in welchem Ausmaß Plan-Termine und Ist-Termine für die Vorlage definierter Outputs in Produktinnovationsprozessen voneinander abweichen. Je größer diese Abweichungen ausfallen, desto kleiner ist die Zeitzuverlässigkeit. Die Zeitzuverlässigkeit bei Produktinnovationsvorhaben kann in einen internen und einen externen Zuverlässigkeitsaspekt untergliedert werden:

- Bei der **internen Zeitzuverlässigkeit** geht es darum, inwieweit verbindlich verabschiedete Plan-Termine, die nur *innerhalb* des Unternehmens bekannt sind, eingehalten werden.
- Bei der **externen Zeitzuverlässigkeit** wird der Abweichungsgrad zwischen Plan-Terminen, die bewusst auch *unternehmensextern* an Kunden, Vertriebspartner oder Kapitalgeber kommuniziert wurden, und Ist-Zeitpunkten der Bereitstellung von definierten Innovations(zwischen)ergebnissen betrachtet.

Externe Zeitzuverlässigkeit setzt interne Zeitzuverlässigkeit in Innovationsprozessen zwingend voraus. Unternehmen scheint die Erreichung einer hohen internen Zeitzuverlässigkeit bei Produktinnovationen im Allgemeinen schwer zu fallen: Beispielsweise wurde in einer Analyse von 14 Entwicklungsprojekten deutscher Maschinenbauunternehmen, die eine mittlere Zeitdauer von 126 Wochen aufwiesen, eine durchschnittliche Plan-Ist-Zeitabweichung relativ zur geplanten Entwicklungsdauer von 41% festgestellt (*Murmann*, 1994, 93 u. 100f.). Ähnliche Ergebnisse berichten auch etliche weitere empirische Studien (s. z.B. *Lange*, 1993, 78; zu Zusammenfassungen der einschlägigen Arbeiten s. *Brockhoff/Urban*, 1988, 11-14; *Domsch/Gerpott*, 1988, 87; *Murmann*, 1994, 102). Geringe interne Zeitzuverlässigkeit führt dabei zumeist auch noch zu geringer *Ressourcenzuverlässigkeit* in Innovationsprojekten. D.h., dass bei Überschreitung von Plan-Terminen zusätzlich die Plan-Zahl der Mitarbeitertage in einem Projekt und die aus dem Personaleinsatz resultierenden Plan-Projektkosten nicht eingehalten werden (s. *Domsch/Gerpott*, 1988, 89; *Murmann*, 1994, 103). Angesichts dieser Situation besteht eine TIM-Aufgabe darin, die interne Zeitzuverlässigkeit von Innovationsprozessen bewusst zu fördern. Hierfür stehen mit der Beeinflussung (1) der *Fähigkeit* (= „Können") und (2) der *Motivation* (= „Wollen") zur Zeitzielerreichung zwei prinzipielle Ansatzpunkte zur Verfügung.

Förderung der Fähigkeit zur Zeitzuverlässigkeit
Erstens kann das TIM im Rahmen eines systematischen *Zeitdauermanagements* Rahmenbedingungen schaffen, die es erleichtern, auch ehrgeizige Terminvorgaben für die Erarbeitung von (Zwischen-)Ergebnissen in Innovationsprojekten einzuhalten. Zu solchen Ansätzen zur Verbesserung der Terminerreichungs*fähigkeit* gehören vor allem (vgl. *Gerpott*, 1994b, 63f.; *Murmann*, 1994, 70-74 u. 211-213; *Langerak/Hultink*, 2005, 39):

- Bereitstellung zeitzieladäquater Personal- und Sachressourcen für Innovationsvorhaben.
- Erhöhung des zeitlichen Überlappungsgrads bei der Bearbeitung von Teilaufgaben eines Innovationsprojektes.
- Frühzeitige verbindliche Fixierung technisch präzise definierter Ziele oder Eigenschaften für eine Produktinnovation (zur Vermeidung von Nacharbeits-/Änderungsaufwand).
- Beschränkung der Komplexität einer Produktinnovation:
  - Begrenzung der (Neu-)Teilezahl.
  - Begrenzung der Zahl der Teileverknüpfungen.
  - Wiederverwendung von (aus Kundensicht zufrieden stellenden) Teilen aus früheren Produktgenerationen.
  - Produktkonzept mit weitgehend getrennt voneinander entwickelbaren Funktionsblöcken (= *Modularisierung*).

- Aufbau von Informationstechnik-Systemen zur Unterstützung der Kommunikation (1) innerhalb und zwischen den an Produktinnovationsvorhaben beteiligten unternehmensinternen Organisationseinheiten sowie (2) mit Zulieferern und gegebenenfalls bei komplexen Hochtechnologie-Investitionsgütern mit Kunden (s. Abb. 5-12 auf S. 234 sowie *Specht* et al., 2002, 290-293 zu einer Übersicht derartiger Informationstechnik-Systeme).
- Einbezug unternehmensexterner Ressourcen in ein Innovationsprojekt.

Förderung der Motivation zur Zeitzuverlässigkeit
Zweitens kann das TIM die *Motivation* der an Innovationen mitarbeitenden Fach- und Führungskräfte zur Erreichung von Zeitpunktzielen über die Verknüpfung der Vergabe von Belohnungen (Prämienzahlungen, Übertragung attraktiver Aufgaben etc.) mit dem Grad der Zeitzuverlässigkeit steigern. Um dabei die Formulierung *realistischer* Plan-Termine zu fördern, ist eine zeitorientierte Zusatzvergütung ZZV so zu gestalten, dass Zeitpunkt-Ziele von Mitarbeitern nicht unangemessen nach hinten verschoben und damit Zeitunterschreitungen bzw. „Übererfüllungen" von Plan-Zeitpunkten leicht möglich werden. In einem einfachen Ansatz, der *gleichermaßen* Über-, aber auch Unterschreitungen von Plan-Zeiten „bestraft", also interne Zeitzuverlässigkeit fördert, und *zusätzlich* einen Anreiz beinhaltet, Plan-Durchlaufzeiten nicht unrealistisch hoch anzusetzen, bietet es sich an, ZZV nach folgenden Rechenvorschriften zu gestalten (vgl. allgemein zu Anreizschemata zur Förderung realistischer Planungen *Ossadnik*, 2003, 389-415):

$$ZZV = (1 - (q + k)/2) \cdot B \qquad (5.7a)$$

$$\text{wobei } q = \begin{cases} |Z^{Ist} - Z^{Soll}|/Z^{Soll} & \text{für } Z^{Ist} \; 2\,Z^{Soll} \\ 1{,}0 & \text{für } Z^{Ist} > 2\,Z^{Soll} \end{cases} \qquad (5.7b)$$

$$k = \begin{cases} 0{,}0 & \text{für } Z^{Soll} \; w \\ 0{,}33 & \text{für } w < Z^{Soll} \; x \\ 0{,}67 & \text{für } x < Z^{Soll} \; y \\ 1{,}00 & \text{für } Z^{Soll} > y \end{cases} \qquad (5.7c)$$

<table>
<tr><th colspan="2"></th><th colspan="2">Räumliche Verteilung der Kommunikationspartner</th></tr>
<tr><th colspan="2"></th><th>Ein Standort</th><th>Mehrere Standorte</th></tr>
<tr><th rowspan="2">Zeitliche Präsenz der Kommunikationspartner</th><th>Gleichzeitig (synchron)</th><td>• Co-Autoren-Systeme
• Computerunterstützte Sitzungs-/Moderationssysteme
• Computersysteme zur Unterstützung von Gruppenentscheidungen
• Multimedia-Präsentationssysteme</td><td>• Video-Telefonie- und -Konferenz-Systeme
• Verteilte Screen-Sharing-Systeme
• Computer-Konferenz-/Electronic Meeting-Systeme
• Herkömmliche Telefonie</td></tr>
<tr><th>Zeitversetzt (asynchron)</th><td>• Elektronische Termin-/Projektkalender-Systeme
• Electronic und Voice Mail-Systeme
• Gemeinsame Ablage-/Arbeitsbereichssysteme (Shared Workspace/Data Base)
• Elektronische Bulletin Boards und „Teamräume“</td><td>• Electronic und Voice Mail- sowie Unified Messaging-Systeme
• Dateitransfer-Systeme
• Elektronische Bulletin Boards
• Verteilte gemeinsame Ablage-Systeme
• Fax</td></tr>
</table>

Quelle: In Anlehnung an Krcmar, 1992, 7

Abb. 5-12: Systematisierung von Informationstechnik-Systemen zur unternehmensinternen und -übergreifenden Kommunikationsunterstützung

mit q = Prämienfaktor zur Belohnung von interner Zeitzuverlässigkeit (0 q 1)

k = Prämienfaktor zur Belohnung möglichst aggressiver (= kurzer) Plan-Durchlaufzeiten für ein Arbeitspaket (0 k 1)

B = Belohnungsbetrag bei 100%iger Zeitzuverlässigkeit *und* kurzen Durchlaufzeiten

ZZV = Zeitorientierte Zusatzvergütung eines Mitarbeiters/einer Projektgruppe

Z^{Soll} = Plan-Durchlaufzeit vom Start bis zum Abschluss eines Arbeitspakets/Projekt(schritt)es ($Z^{Soll} > 0$)

Z^{Ist} = Erreichte Ist-Durchlaufzeit eines Arbeitspakets/Projekt(schritt)es ($Z^{Ist} > 0$)

w, x, y = Schwellenwerte für als mehr oder minder „aggressiv" eingestufte Plan-Durchlaufzeiten ($0 < w < x < y$)

Durch den Faktor q entsteht, bei positiver Bewertung der Belohnung B durch die betroffenen Mitarbeiter, ein Anreiz, Plan-Durchlaufzeiten möglichst einzuhalten. Durch den Faktor k soll bewirkt werden, dass Plan-Termine/-Durchlaufzeiten für die Bereitstellung von (Zwischen-)Ergebnissen in Innovationsprozessen von Mitarbeitern *nicht* so „großzügig" angesetzt werden, dass die Termine/Durchlaufzeiten problemlos „zuverlässig" durch sachlich unangemessene Streckung der Ist-Zeitdauern für Arbeitspakete oder Projektschritte erreichbar sind. Ohne den Faktor k in Gleichung (5.7a) könnten Mitarbeiter eine zeitorientierte Zusatzvergütung in Höhe von *B* erhalten, wenn sie „künstliche" Verlängerungen der Plan-Projektdauer verursachen, um eine maximale Zeitzuverlässigkeit zu realisieren.

Das Anreizschema lässt sich leicht auch auf den Fall ausdehnen, dass ein Mitarbeiter/Projektteam mehrere Arbeitspakete zu bewältigen hat: Hierzu bestimmt man für jedes Arbeitspaket j die Faktoren q_j und k_j und gewichtet sie jeweils entsprechend dem Anteil des Arbeitspakets an der Summe der Plan-Durchlaufzeiten aller Arbeitspakete. Diese gewichteten Faktoren q_j und k_j werden addiert, um dann unter Anwendung von Gleichung (5.7a) ZZV zu berechnen.

Ein grundlegendes Problem bei der Anwendung des dargestellten einfachen Anreizschemas, aber auch bei der Nutzung komplexerer Belohnungsfunktionen zur Förderung interner Zeitzuverlässigkeit und kurzer Durchlaufzeiten in Innovationsprozessen besteht in der Begründung der Z^{Soll}-Werte und der Schwellenwerte w, x und y. Hier kann ein Anreizschema nicht die Plausibilitätsüberprüfung des Verzerrungsgrads von Plan-Terminen aufgrund fehlender Deckungsgleichheit von Mitarbeiterzielen (Maximierung von ZZV) und Unternehmenszielen (100%ige Zeitzuverlässigkeit und minimale Durchlaufzeiten) anhand von Referenzgrößen (z.B. frühere Projekte im eigenen Unternehmen oder bei Wettbewerbern; s. Kap. 3.4) ersetzen.

Zeitzuverlässigkeit und Vorankündigungen von neuen Produkten
Die unternehmensinterne Vorgabe von Plan-Terminen in arbeitsteiligen Innovationsprozessen ist aus Koordinations- und letztlich aus Wirtschaftlichkeitsgründen unverzichtbar. Hingegen ist die **Vorankündigung eines neuen Produktes** (englisch: Product Preannouncement), die als *bewusste Kommunikation* eines beabsichtigten Markteinführungstermins für eine *bestimmte* Produktinnovation an unternehmensexterne Stakeholder verstanden wird (s. *Preukschat*, 1993, 10; *Pohl*, 1996, 250-252), *nicht zwingend erforderlich.* Hier hat das TIM deshalb Kosten- und Nutzenerwartungen gegeneinander abzuwägen. Dabei variiert die Kosten-Nutzen-Bilanz von Produktvorankündigungen *situativ* in Abhängigkeit von *Produkt-, Unternehmens- und Marktmerkmalen.*

Der wohl gravierendste **generelle Nachteil** von Vorankündigungen ist, dass mit einem solchen kommunikationspolitischen Signal Erwartungen bei Kunden, Vertriebspartnern und Kapitalgebern geweckt werden, deren Nicht-Erfüllung einen zunächst noch immateriellen Verlust an Vertrauen und Ansehen bzw. einen Zweifel an der Leistungsfähigkeit des Unternehmens bei den genannten drei unternehmensexternen Stakeholder-Gruppen nach sich ziehen kann. Dieser Effekt geringer externer Zeitzuverlässigkeit, der auch als „**Goodwill-Schädigung**" charakterisiert wird (s. *Preukschat*, 1993, 98), kann zu Absatzeinbußen bei anderen bereits vermarkteten oder zukünftig angebotenen Produkten des „unzuverlässigen" Unternehmens führen. Immaterielle Reputationskapitalverluste schlagen sich somit in finanziellen/materiellen Erfolgsverringerungen für ein Unternehmen nieder. Solche negativen finanziellen Wirkungen geringer externer Zeitzuverlässigkeit sind besonders dann zu erwarten, wenn

- andere Produkte des Unternehmens aus Kundensicht einen engen Bezug zu den angekündigten und verzögert eingeführten Produktinnovationen haben.
- Kunden aufgrund des nicht eingehaltenen Produktvorankündigungstermins einen für sie *wichtigen* Kauf verschoben haben.
- es sich nicht nur um eine Einführungs*verzögerung* einer Produktinnovation handelt, sondern ganz auf die Markteinführung des zuvor avisierten neuen Produktes (zumindest in einer ursprünglich kommunizierten Form) *verzichtet* wird.

Das betriebswirtschaftliche Gewicht der eben dargestellten Goodwill-Nachteile geringer externer Zeitzuverlässigkeit wurde eindrucksvoll in einer empirischen Studie demonstriert, in der Börsenkursveränderungen von 101 US-amerikanischen Unternehmen im Zusammenhang mit der Bekanntgabe der Verzögerung eines zuvor angekündigten Einführungstermins für eine Produktinnovation im Zeitraum von 1984–1991 untersucht wurden (s. *Hendricks/Singhal*, 1997, 423-434): Der Börsenwert der erfassten Unternehmen ging im Zeitintervall von zwei Tagen vor bis zwei Tagen nach der offiziellen Bekanntgabe mangelnder (externer) Zeitzuverlässigkeit einer Produktinnovation – nach Neutralisierung der Einflüsse genereller Marktveränderungen auf die Aktienkurse der Unternehmen – im Mittel relativ um 5,25% und absolut um $ 119 Mio. zurück. Der negative Effekt geringer Zeitzuverlässigkeit war in der untersuchten Stichprobe um so größer, (1) je weniger diversifiziert betroffene Unternehmen waren, (2) je höher die Wettbewerbsintensität in der Industrie der zeitunzuverlässigen Unternehmen ausfiel und (3) je weniger präzise die Unternehmen die erwartete Dauer der Zeitverzögerung bis zur Marktverfügbarkeit des neuen Produktes, also das Ausmaß ihrer Zeitzuverlässigkeitsdefizite quantifizierten.

Ähnlich wurde für 41 pharmazeutische Produkte, deren Entwicklungsbeginn dem Kapitalmarkt bekannt war und deren Marktzulassung dann von der staatlichen Genehmigungsinstanz abgelehnt wurde, ein Rückgang des Börsenwerts der betroffenen Unternehmen im Zeitintervall von einem Tag vor bis einen Tag nach der offziellen Verlautbarung der behördlichen Zulassungsablehnung von durchschnittlich 21,03% nach Neutralisierung der Einflüsse genereller Kursbewegungen am Aktienmarkt im relevanten Zeitraum beobachtet (s. *Sharmar/Lacey*, 2004, 301-303). Die Analyse von neuen pharmazeutischen Produkten liefert auch Indizien dafür, dass der Kapitalmarkt Zeitunzuverlässigkeit und Zeitzuverlässigkeit *asymmetrisch* bewertet. Zuverlässigkeit in Form der Marktzulassung eines neuen Medikaments führte zwar in 344 Fällen zu einer signifikanten mittleren Börsenwertsteigerung von 1,56% im o.a. Drei-Tages-Zeitintervall. Dieser Börsenwertzuwachs liegt aber drastisch unter dem Eigenkapitalwertrückgang der Anbieter, bei denen ein Extremfall von Zeitunzuverlässigkeit in Form der behördlichen Nicht-Zulassung eines neuen Produktes zur Markteinführung bekannt wurde.

Weitere generelle Nachteile von Vorankündigungen neuer Produkte sind (vgl. *Preukschat*, 1993, 94-121; *Pohl*, 1996, 256f.):

- Eine unabhängig vom Zeitzuverlässigkeitsgrad mögliche Verringerung des Absatzes von *aktuell* zum Vorankündigungszeitpunkt am Markt angebotenen (Vorgänger-)Produkten eines Unternehmens in der gleichen Produktkategorie, weil Kunden Käufe verschieben, also auf die Produktinnovation warten. (Hier spricht man auch anschaulich von einer „*Kannibalisierung*“ etablierter Angebote.)
- Eine Verlängerung der „Vorwarnzeit“ von Wettbewerbern für technologische Innovationsaktivitäten des kommunizierenden Unternehmens, wobei diese Vorwarnzeit durch Verschiebungen eines geplanten Einführungstermins für eine Produktinnovation noch zusätzlich ausgedehnt wird.

Als potenzielle **generelle Vorteile** der Vorankündigung von Neuprodukten sind zu nennen (vgl. *Preukschat*, 1993, 48-93; *Pohl*, 1996, 254-257):

- *Beschleunigung* der Diffusion einer Produktinnovation infolge der früheren Verfügbarkeit absatzvorbereitender Informationen für Endkunden und Vertriebspartner des kommunizierenden Unternehmens (vgl. a. Kap. 4.1.1.3).

- Erschließung *zusätzlicher* Kundengruppen und Vertriebskanäle für eine Produktinnovation bzw. *Vergrößerung ihres Absatzpotenzials* infolge einer Verbesserung der Wahrnehmbarkeit der Innovation im Markt.
- Verhinderung des Wechsels von Kunden zu Wettbewerbern aufgrund der Erwartung, in absehbarer Zeit eine leistungsmäßig bessere Produktinnovation des eigenen Unternehmens erwerben zu können. (Wird durch eine Produktvorankündigung bewirkt, dass sich Kunden gegen den Kauf einer zum Ankündigungszeitpunkt am Markt verfügbaren Produktinnovation und zugunsten des Erwerbs einer zukünftig erwarteten Produktinnovation entscheiden, dann bezeichnet man dieses spezifische Nachfragerverhalten auch als „*Leapfrogging* (Behavior)"; vgl. *Pohl*, 1996, 8-12.)
- Erhöhung der Zeitspanne, die Herstellern komplementärer Leistungen zur Verfügung steht, um ihr Angebot auf die erwartete Produktinnovation auszurichten (z.B. Anwendungssoftware zur Ausschöpfung der Leistungspotenziale neuer PC-Prozessoren oder -Betriebssysteme).

Konzeptionell kann man das *Vorteilhaftigkeitsniveau* von Produktvorankündigungen als Summe aller Nutzeffekte multipliziert mit dem externen Zeitzuverlässigkeitsgrad der Innovation minus der Summe aller Kosteneffekte multipliziert mit dem Einerkomplement des externen Zeitzuverlässigkeitsgrads bestimmen, wenn man den Zeitzuverlässigkeitsgrad als Variable definiert, die Werte zwischen 0 (Prozent) und 1 (100 Prozent) annehmen kann. Mit anderen Worten fallen die Vorteile bzw. Nachteile einer Vorankündigung um so mehr ins Gewicht, je größer bzw. niedriger der externe Zeitzuverlässigkeitsgrad in einem Produktinnovationsprozess ausgeprägt ist.

Da dieser nutzen-kosten-analytische quantitative Bewertungsansatz in der Praxis aufgrund von Prognose- und Quantifizierbarkeitsschwierigkeiten nur z.T. umsetzbar ist, ist eine qualitative Eingrenzung von *Situationsmerkmalen* hilfreich, bei deren Vorliegen eine positive Vorteils-Nachteils-Bilanz für Produktvorankündigungen plausibel und damit die Erreichung eines hohen externen Zeitzuverlässigkeitsgrads in Produktinnovationsprozessen besonders wichtig erscheint. Entsprechende Ausprägungen von Situationsmerkmalen, die positive Wirkungen von Produktvorankündigungen verbunden mit hohen externen Zeitzuverlässigkeitsgraden auf den Produktinnovationserfolg erwarten lassen, sind (vgl. *Preukschat*, 1993, 185-214; *Backhaus et al.*, 2005, 213f.):

- Die **Produktinnovation** weist (1) einen hohen Neuheitsgrad auf, ist (2) in hohem Maß erklärungsbedürftig, ist (3) in Gestalt von Prototypen oder so genannten Beta-Versionen bei Software vor der angekündigten Markteinführung de-monstrierbar und führt (4) bei einem Kauf zu aus Kundensicht erheblichen finanziellen Belastungen.
- Das **kommunizierende Unternehmen** hat eine hohe Glaubwürdigkeit bei den mit der Vorankündigung adressierten Stakeholder-Gruppen. Die Glaubwürdigkeit von produktinnovationsbezogenen Vorabinformationen eines Unternehmens hängt wiederum ab von
  - früheren Erfahrungen der Marktpartner mit dem Unternehmen und dessen Produkten.
  - dem allgemeinen Image und der Stärke der Marken des Unternehmens, die speziell mit der angekündigten Innovation im Zusammenhang stehen.
  - der Ausrichtung der Zeitspanne, die zwischen dem Vorankündigungs- und dem erwarteten Markteinführungstermin liegt, an entsprechenden branchenüblichen Zeiträumen.
- Das Marktwachstum und die Geschwindigkeit des technologischen Fortschritts, also kurz die **Marktdynamik**, in einer Produktkategorie sind bzw. ist hoch.

5.3.4 Zeitdauermanagement

Zeitdauerplanungen von technologischen Innovationsprojekten haben sich (1) an den angestrebten F&E-Abschluss- bzw. Markteintritts*zeitpunkten* und (2) an den wirtschaftlich optimalen *Zeitspannen* von der Markteinführung bis zur -elimination eines Produktes (= **Produktlebenszykluslänge oder Produktlebenszeit**) zu orientieren.

Zwang zur Innovationsprozessverkürzung infolge einer Abnahme von Produktlebenszeiten: Realität oder Mythos?

In der Wirtschaftspresse und der betriebswirtschaftlichen Fachliteratur wird zumindest seit Mitte der 80er Jahre der Eindruck vermittelt, dass die Zeitdauer, die Unternehmen von der Ideengenerierung bis zum *F&E-Abschluss* für eine Produktinnovation zur Verfügung steht, abgenommen hat. Dieser Druck auf die Zeitdauer von Produktinnovationsprozessen wird damit begründet, dass Unternehmen zur Behauptung ihrer Wettbewerbsposition in zunehmend kürzeren Abständen neue Produkte auf den Markt bringen. Deshalb nimmt die Produktlebenszeit ab, so dass Unternehmen ihre F&E-Aufwendungen für eine Produktinnovation eher amortisieren können, wenn sie die Zeitdauer bis zum F&E-Abschluss verkürzen und so im Zuge der Vorverlagerung ihres Markteintrittszeitpunktes die Produktlebenszykluslänge wieder vergrößern. Abb. 5-13 verdeutlicht, wie durch Verkürzung der Lebenszykluslänge von Produkten bei unverändertem Markteinführungszeitpunkt theoretisch der Erfolg einer Innovation verringert (s. den oberen Teil von Abb. 5-13) und durch Verkürzung der Zeitdauer bis zum Abschluss der F&E-Aktivitäten und zur Markteinführung von neuen Produkten der Innovationserfolg gesteigert werden kann (s. den unteren Teil von Abb. 5-13; vgl. auch *Bullinger*, 1994, 108-111).

Empirische Belege für die Verkürzung von Produktlebenszyklusdauern sind spärlich. Oft wird auf Ergebnisse einer von *Bullinger* (1990) publizierten schriftlichen Befragung von 149 Unternehmen verwiesen (s. etwa *Geschka*, 1993, 11f.; *Bürgel* et al., 1996, 276-278; *Specht* et al., 2002, 4f.): Danach vollzog sich „… in den letzten 15 Jahren … eine drastische Verkürzung der durchschnittlichen Produktlebenszeiten" (*Bullinger*, 1990, 20). Beispielsweise sollen die Produktlebenszeiten „… im Elektrotechnik- und Computerbereich … um ganze 46%" (*Bullinger*, 1990, 21 u. 34) gesunken sein. Die wissenschaftliche Aussagekraft dieser Erhebung von *Bullinger* ist jedoch gering, da die Studie

- ausschließlich auf Selbstauskünften der befragten Unternehmen beruht, die ohne präzise Definition von Anfangs- und Endzeitpunkten von Produktlebenszyklen erhoben und nicht hinterfragt wurden.

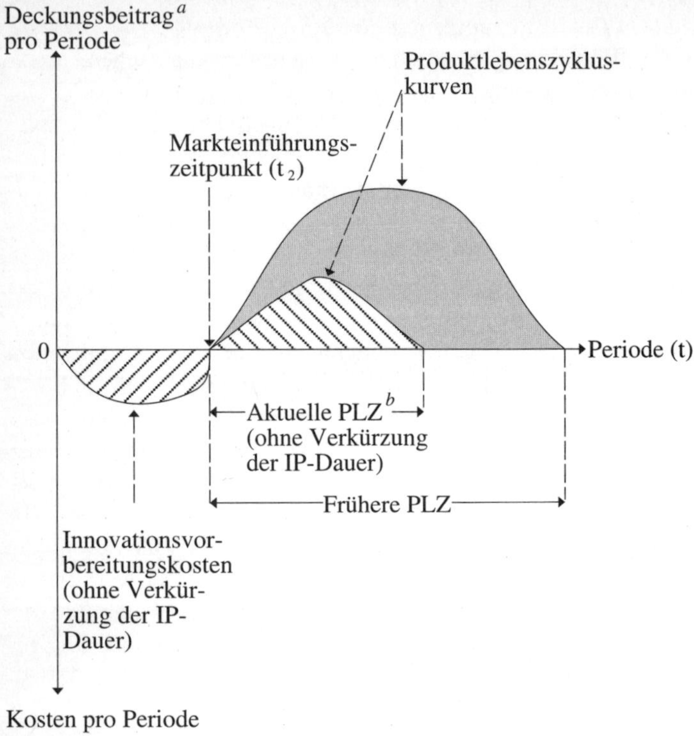

(wird auf der nächsten Seite fortgesetzt)

Abb. 5-13: Verkürzte Produktlebenszyklen als theoretische Ursache für die Notwendigkeit der Verkürzung der Dauer von Innovationsprozessen

– nicht analysiert, inwieweit im Zeitablauf kürzer werdende Produktlebenszeiten darauf zurückzuführen sind, dass als Folger in einen Markt eintretende Unternehmen (s. Kap. 5.3.2) *bewusst* zunächst Produkte anbieten, die *nicht* auf der neuesten Technologiegeneration beruhen; sie halten sich damit die Option offen, nach einer Lernphase Vertriebspartner und Kunden durch die Einführung einer neuen Produktgeneration bereits relativ kurz nach dem Markteintritt zu beeindrucken.

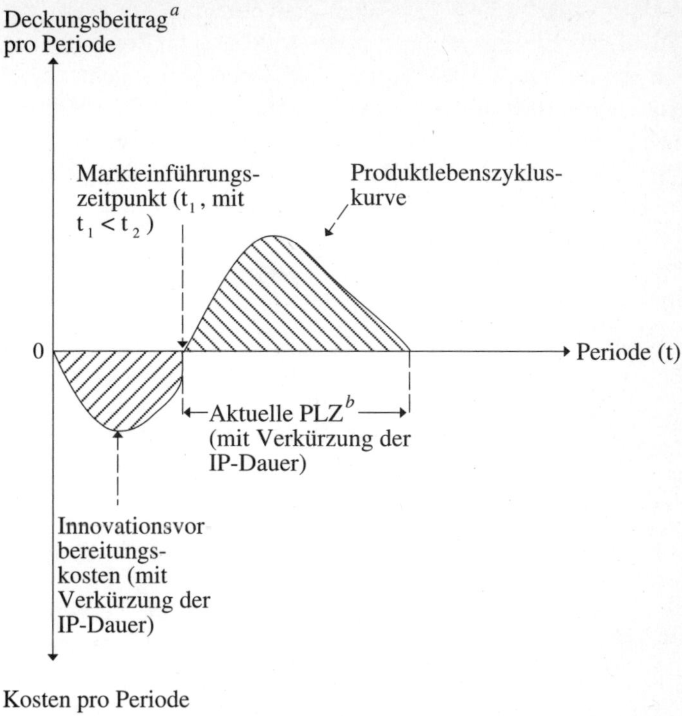

a) Deckungsbeitrag pro Periode = (Produktpreis – variable Produktkosten) • Absatzmenge.

b) PLZ = Produktlebenszeit (Zeitspanne von der Produkteinführung bis zur -elimination).

IP = Innovationsprozess von der Ideengenerierung bis zur Produkteinführung im Markt.

Abb. 5-13 (Fortsetzung)

Eine Studie der Produktlebenszeit von ca. 2.800 im Zeitraum von 1974–92 auf den Markt gebrachten PC-Modellen von etwa 600 Herstellern, die nicht die Mängel der *Bullinger*-Untersuchung aufweist, belegt denn auch, dass zumindest in dieser Produktkategorie die Produktlebenszeiten *nicht* abgenommen haben (s. *Bayus*, 1998, 766-773). Wenn sogar in einer solchen, allgemein als „schnelllebig" geltenden Industrie keine Lebenszyklusverkürzung nachweisbar ist, dann ist *nicht* einsehbar, warum sich in weniger dynamischen Branchen *generell* seit den 70er Jahren die Produktlebenszeiten verkürzt haben sollten (s. im Ergebnis ähnlich bereits *Staudt*, 1983, 344f.). Der Mythos der abnehmenden Produktlebenszyklusdauern ist irreführend, da er den Eindruck erweckt als sei die Zeitdauer, die Unternehmen zur Vermarktung einer technologischen Produktinnovation zur Verfügung steht, eine durch das Management nicht beeinflussbare (= *exogen gegebene*) Größe. Richtig ist dagegen; dass das „Vermarktungszeitfenster" für eine Produktinnovation primär abhängt:

- Von deren Leistungsfähigkeit bei aus Kundensicht wichtigen Eigenschaften relativ zu Wettbewerberprodukten.
- Von Marketing-Strategien für diese Innovation.
- Von dem Ausmaß der Leistungsfähigkeitssteigerung von Nachfolgegenerationen der (früheren) Innovation.

Diese drei Faktoren sind aber durchweg z.gr.T. durch das TIM steuerbar (= *endogene* Größen).

Timing-Flexibilität als Anliegen des Zeitdauermanagements in Innovationsprozessen

Aus dem Fehlen überzeugender Nachweise für die Verkürzung der Dauer von Produktlebenszyklen ergibt sich, dass auch von einem generellen markt- oder technologiebedingten Zwang zur Verkürzung der Zeitdauer von der Ideengenerierung bis zur Einführung eines neuen Produktes im Markt nicht die Rede sein kann. Stehen jedoch angestrebte F&E-Abschluss- oder Markteintrittszeitpunkte aufgrund technologischer oder wirtschaftlicher Unsicherheiten noch nicht fest, dann ist es i.d.R. vorteilhaft, die Zeitdauer eines Innovationsprojektes so zu gestalten, dass das eigene Unternehmen einen F&E-Abschluss- oder Markteintrittszeitpunkt erreichen *kann*, der *vor* den entsprechenden Terminen relevanter Wettbewerber liegt. Das TIM erhält damit den Handlungsspielraum in Abhängigkeit von der strategischen Situation zwischen verschiedenen Inventions- oder Innovationszeitpunkten zu wählen. Zur Erreichung einer solchen „**Timing-Flexibilität**" stehen dem Unternehmen zwei sich ergänzende Hauptansatzpunkte zur Verfügung (vgl. *Gerpott*, 1994b, 63; *Buchholz*, 1996, 181f.):

- Früherer Beginn von technologischen Innovationsaktivitäten (z.B. TFEP, F&E) gegenüber Wettbewerbern/früheren Vorhaben bei gleicher Zeitdauer für die Durchführung eines

Innovationsprojektes und damit bei unveränderter Innovationsgeschwindigkeit (= Innovationsschritte pro Zeiteinheit).
- Verkürzen der Innovationszeit dahingehend, dass ein definierter Projektumfang in einer kürzeren Zeitspanne bzw. mit höherer Geschwindigkeit als bei Wettbewerbern/früheren vergleichbaren Innovationsprojekten bewältigt wird.

Wissenschaft und Praxis haben sich seit etwa Mitte der 80er Jahre intensiv mit Möglichkeiten des TIM zur Planung und Beeinflussung der Dauer von Produktinnovationsprojekten auseinandergesetzt. Die Vielzahl der in der Literatur erörterten zeitrelevanten TIM-Ansatzpunkte (s. zusammenfassend *Geschka*, 1993, 55-156; *Buchholz*, 1996, 202-274; *Langerak/Hultink*, 2005, 39f.) beruht auf zwei auch unter dem Oberbegriff des **Simultaneous Engineering** diskutierten Grundüberlegungen (vgl. *Gerpott/Winzer*, 1996, 132-134):

- Erhöhung des Anteils zeitlich parallel oder zumindest weitgehend überlappend bearbeiteter Teilaufgabenpakete in Innovationsprozessen von der Definition des Lastenhefts bis zum Anlauf der (Serien-)Fertigung.
- Verbesserung des Informationsaustauschs, der Abstimmung und der Arbeitsteilung zwischen allen unternehmensinternen und -externen Aufgabenträgern, die an Produktinnovationsprozessen beteiligt sind.

Die Konkretisierung der beiden Grundüberlegungen erfolgt über den Einsatz von Planungsmethoden, über organisatorische, informationstechnische und personalmanagementorientierte Maßnahmen.

Planungsmethoden zur Beeinflussung der Innovationsprozessdauer

Wichtige **Planungsmethoden** zur systematischen Beeinflussung der Zeitdauer von Produktinnovationsvorhaben sind (s. *Gerpott/Winzer*, 1996, 136f.; *Bürgel* et al., 1996, 117-149, 196; *Specht* et al., 2002, 167-185):

- **Projektbewertungstechniken** wie etwa die Nutzwertanalyse (vgl. oben Kap. 5.2.1) zur Setzung klarer Prioritäten für die Ressourcenplanung (Vermeiden des „Verzettelungssyndroms“).

- **Projektstruktur- und -netzpläne.**
- „**Quality Function Deployment**" (QFD) als Ansatz zur *frühzeitigen* Übersetzung von Kundenwünschen im Hinblick auf Produktmerkmale in quantifizierte technische Anforderungen für Baugruppen oder Einzelteile eines neuen Produktes. Die Ermittlung von Kundenwünschen kann über (Gruppen-)Befragungen von besonders informierten Kunden mit Meinungsführerfunktion sowie Auswertungen von Vertriebs- und Kundendienstrückmeldungen erfolgen.
- „**Design for Manufacture and Assembly**" (DFMA) als Methodenbündel zur Begrenzung der Varianten- und Teilevielfalt, zur Beachtung von Prinzipien der fertigungs- und wartungsgerechten Gestaltung neuer Produkte und zur Vermeidung von Produktänderungen *nach* Abschluss der Konzeptionsphase. DFMA-Konstruktionsansätze betonen insbesondere die Minimierung der Zahl der Produktteile, die Zerlegung des Produktes in abgegrenzte Funktionsmodule, die produktübergreifende Verwendung gleicher Teilefamilien, die Zugänglichkeit von Baugruppen und den Einsatz einfacher Fügeverbindungen bzw. die Vermeidung von Schrauben als Voraussetzungen für die Automatisierung von Produktionsschritten und für die Wettbewerbsfähigkeit der Kosten eines Produktes in sämtlichen Produktlebenszyklusphasen.
- „**Fehlermöglichkeits- und Einflussanalyse**" (FMEA) als systematischer Ansatz zur vorbeugenden Fehlervermeidung besonders kritischer Komponenten, Baugruppen und Teile eines neuen Produktes und seines Herstellungsverfahrens. Bei der FMEA werden zunächst mögliche Fehler aufgelistet und dann risikoorientiert anhand der Wahrscheinlichkeit ihres Auftretens, der Wahrscheinlichkeit ihrer rechtzeitigen Entdeckung sowie ihrer Folgen für die Funktionsfähigkeit eines Produktes oder Prozesses in eine Rangreihe gebracht (= Priorisierung). Für die mit den höchsten Risiko-Prioritäts-Kennzahlen versehenen Fehler werden konstruktive, fertigungs- und prüftechnische Maßnahmen zur Beseitigung der Fehlerquellen erarbeitet. Die Auswirkungen der Maßnahmen werden anschließend über eine Neuschätzung der drei

Determinanten der Risiko-Priorität des veränderten Objektes bewertet, um sicherzustellen, dass Produkt und Herstellungsprozess so lange modifiziert werden, bis alle schwerwiegenden Fehlermöglichkeiten mit hinreichender Wahrscheinlichkeit beseitigt sind.

Organisatorische Maßnahmen zur Beeinflussung der Innovationsprozessdauer

Als **organisatorische Maßnahmen** zur Beeinflussung der Dauer von Produktinnovationsprozessen werden vor allem vorgeschlagen (vgl. *Gerpott*, 1995a, 49f.; *Gerpott/Winzer*, 1996, 137f.; *Kessler/Chakrabarti*, 1996, 1159-1176):

- Einrichtung von möglichst auch räumlich konzentrierten T*ask-Force-Projektteams*, deren Mitglieder aus allen innovationsrelevanten Funktionseinheiten stammen und an deren Spitze ein mit weitreichenden Kompetenzen ausgestatteter „*Heavyweight Product Manager*“ (*Clark/Fujimoto*, 1991, 254) bzw. „Product Chamion“ (*Kessler/Chakrabarti*, 1996, 1167) steht.
- Einrichtung von *funktionsbereichsübergreifenden Steuerungsgremien* für Produktinnovationsprojekte, die insbesondere hinwirken sollen auf
  - die Bewältigung von Schnittstellenkonflikten zwischen verschiedenen, an den Projekten beteiligten Organisationseinheiten (z.B. F&E und Marketing).
  - die Einbindung des Top-Managements in den frühen Phasen von Innovationsprozessen.
  - die meilensteinorientierte Projektfortschrittskontrolle und -steuerung.
- Systematische, frühzeitige *Zusammenarbeit mit Zulieferern oder fortschrittlichen Kunden* bei Innovationsprojekten zur Nutzung der F&E-Kompetenzen/-Kapazitäten unternehmensexterner Partner (s.a. Kap. 4.1.1.1 u.5.4).
- Organisatorische Trennung von beherrschbaren Entwicklungs- und weniger gut steuerbaren Forschungs-/Vorentwicklungsaktivitäten (= „Phasenentkopplung“).

Insbesondere der zuletzt angesprochene Ansatz der **Phasenentkopplung** sollte *nicht* dahingehend interpretiert werden, dass die Anfangsaktivitäten in Innovationsprozessen im Hinblick auf die Prozessdauer nur von nachrangiger Bedeutung sind. Vielmehr wird in Praxis und Wissenschaft einhellig betont, dass durch eine Verstärkung der Zuordnung von Ressourcen (einschließlich eines größeren Engagements des Top-Managements eines Unternehmens) auf die Anfangsaktivitäten in Innovationsprozessen deren Dauer bzw. Outputs deutlich verkürzt bzw. verbessert werden könne. Diese Ansicht wird damit begründet, dass die Ideengenerierungs- und -vorauswahl- sowie Konzeptionsaktivitäten einerseits besonders wichtig seien, weil dort Herstellungs-, Wartungs- und Entsorgungskosten neuer Produkte weitgehend festgelegt werden und in späteren Phasen von Innovationsprozessen nur unter Inkaufnahme hoher Änderungskosten noch beeinflusst werden können (s. Abb. 5-14, obere Hälfte). Andererseits würde aber in der Unternehmenspraxis den frühen Phasen von Innovationsprozessen von den (obersten) Führungskräften *nicht* die notwendige Aufmerksamkeit geschenkt, so dass ein erheblicher Änderungsaufwand und eine Prozessdauerverlängerung im Zug der Markteinführungsvorbereitung verursacht würden (s. Abb. 5-14, untere Hälfte), die eigentlich durch organisatorische Maßnahmen vermeidbar gewesen wären (s.a. *Gerpott/Wittkemper*, 1991, 136f.).

Informationstechnische Maßnahmen zur Beeinflussung der Innovationsprozessdauer

Informationstechnische Maßnahmen zur Beschleunigung von Innovationsvorhaben umfassen (s. *Gerpott/Winzer*, 1996, 138f.; *Bürgel* et al., 1996, 250-272; *Specht* et al., 2002, 272-290):

- Die Einrichtung *projektspezifischer*, objektorientierter Datenbanken mit Zugriffsmöglichkeiten für alle Mitglieder eines Produktinnovationsteams.
- Den Aufbau *projektunabhängiger* Dokumentationsmanagementsysteme zur integrierten Speicherung von F&E-Ergebnissen und -Methoden aus *früheren* Innovationsprojekten.
- Die Installation von Computer Aided Design-/Engineering-(CAD-/CAE-)Systemen. CAD-/CAE-Systeme erleichtern insbesondere die *frühzeitige* Umsetzung der Geometrie-Daten von Konstruktionsentwürfen in dreidimensionale Mus-

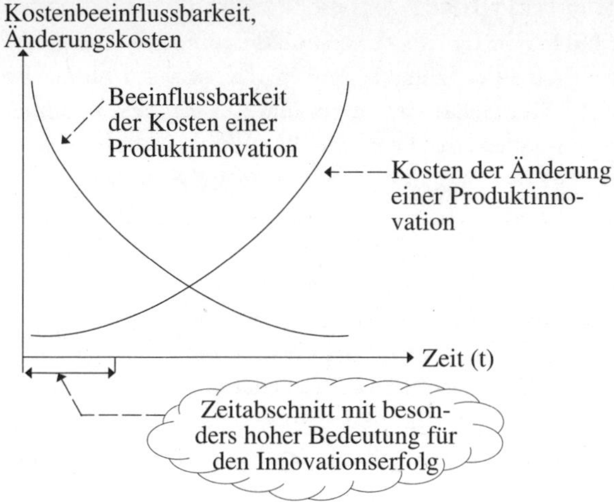

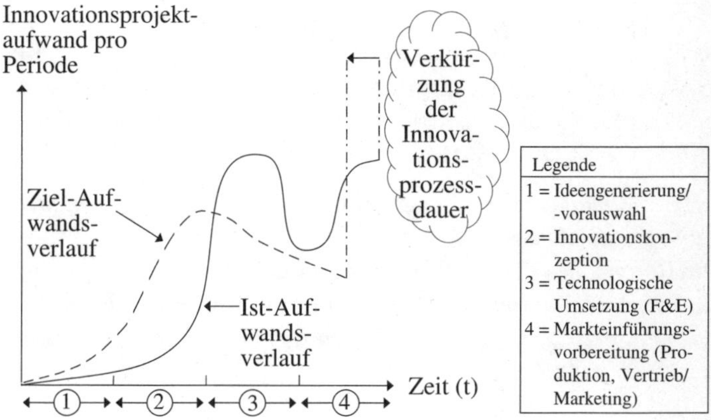

Quelle: Teilweise in leichter Anlehnung an Geschka, 1993, 136-137

Abb. 5-14: Beeinflussung der Zeitdauer von Innovationen durch Verstärkung der Ressourcenzuordnung auf die Anfangsaktivitäten in Innovationsprozessen

terteile/Prototypen, die als Lernhilfe für die weiteren Produkt- und Prozessentwicklungsarbeiten dienen können. Die Gesamtheit der Fertigungstechniken, die auf Basis von CAD-Modellen schnell und zu niedrigen Kosten die Erstellung von Prototypen in der Produktentwicklung anstreben, wird als *Rapid Prototyping* bezeichnet (s. *Bürgel* et al., 1996, 197-202; *Buchholz*, 1996, 210f. u. 271f.; *Gerpott/Winzer*, 1996, 139; *Gebhardt*, 2000, 26-30; *Specht* et al., 2002, 278-280).

– Die systematische Erzeugung von lediglich *virtuell* auf Computerplattformen *visualisierten prototypischen* und von Testkunden interaktiv beeinflussbaren *Varianten neuer Produkte*, um von den potenziellen Kunden deren Bewertungen und Kaufbereitschaft für die neuen Angebote zu erfassen. Auf diese Weise kann man zeitaufwändige Testmärkte weitgehend vermeiden und die Auseinandersetzung von Kunden mit dem eigenen Produktkonzept unter realitätsnahen Bedingungen sowie der F&E des eigenen Unternehmens mit Kundenreaktionen beschleunigen. Deshalb fasst man diese informationstechnischen Maßnahmen auch unter der Bezeichnung „**Information Acceleration**" (*Urban/Hauser*, 1993, 326 u. 490) oder „**Virtual Concept Testing**" (*Dahan/Hauser*, 2002, 345f. u. 350) zusammen.

Personalmanagementmaßnahmen zur Beeinflussung der Innovationsprozessdauer

Im Bereich des **Personalmanagements** werden als Ansatzpunkte zur Beeinflussung der Dauer von Innovationsprozessen hervorgehoben (s. *Gerpott/Wittkemper*, 1991, 142f.; *Gemünden*, 1993, 97-100; *Gerpott*, 1994b, 71-76; *Langerak/Hultink*, 2005, 39):

– Frühzeitige Abstimmung ehrgeiziger, aber erreichbarer *Zeitdauerziele* sowohl auf der Ebene des einzelnen Mitarbeiters als auch und gerade auf der Ebene von Innovationsteams.
– *Belohnung von Zeitzuverlässigkeit* (s.a. Kap. 5.3.3).
– Einsatz von Mitarbeitern, die gleichermaßen über exzellente Fach- *und* Führungsqualifikationen verfügen und damit die Rolle von *Integratoren* übernehmen können, als Leiter von Innovationsprojekten.

- Funktionsbereichsübergreifende zeitlich begrenzte Versetzung (= *Job Rotation*) insbesondere von F&E-, Produktions- und Marketing-Spezialisten.
- *Schulungsmaßnahmen* (1) zu Projektmanagementtechniken für F&E-Mitarbeiter und (2) zur Produktinnovation für Produktions- und Vertriebsmitarbeiter *rechtzeitig* vor der Innovationseinführung.

Um einen optimalen Zeitbeeinflussungseffekt zu erzielen, sind planerische, organisatorische, informationstechnische und personalmanagementorientierte Maßnahmen nicht sukzessive abzuleiten, sondern eng so aufeinander abzustimmen, dass schon in den frühen Phasen eines Innovationsprojektes technische und kommerzielle Unsicherheiten abgebaut werden. Erst dieser frühzeitige Unsicherheitsabbau und nicht etwa das Ausmaß der Parallelisierung von Projektaktivitäten per se führt zur Verkürzung von Innovationsprozessdauern (s. *Terwiesch/Loch*, 1999, 461f.).

5.4. Beschaffungsquellen für technologische Innovationen

5.4.1 Bezugsmöglichkeiten und Ansätze zu deren Auswahl im Überblick

Die naturwissenschaftlich-technischen Grundlagen für neue Produkte und Verfahren eines Unternehmens können durch unternehmensinterne F&E-Aktivitäten, aber auch durch den Rückgriff auf unternehmensexterne Technologiequellen geschaffen werden. Folglich ist die Optimierung des „Mix von Beschaffungsquellen" für technologische Innovationen eine wichtige TIM-Aufgabe. Neben **unternehmensinterner F&E** kommen als **strategische Optionen zur zumindest partiell externen Technologiebeschaffung** für ein Unternehmen in Betracht (vgl. *Rotering*, 1990, 11-18; *Wolfrum*, 1991, 293 u. 1995, 259f.; *Hermes*, 1995, 50-57; *Bürgel* et al., 1996, 338; *Brockhoff*, 1999, 60 u. 157-174; *Specht* et al., 2002, 107; *Hauschildt*, 2004, 62f.; *Vahs/Burmester*, 2005, 309-315):
- Kooperativer Einbezug von F&E-Kapazität externer Partner.

- Erwerb von Rechten an den technologischen Arbeitsergebnissen anderer Organisationen oder Personen.
- Erwerb von Beteiligungen an anderen Unternehmen mit spezifischen Technologieentwicklungskompetenzen und/oder technologischen Innovationsergebnissen.

Charakteristisch für die eben zuerst genannte unternehmensexterne Beschaffungsalternative ist (s.a. Kap. 2.2.3 u. Abb. 2-4), dass hier

- die Umsetzung einer technologischen Innovationsidee in eine funktionsfähige technologische Lösung erst noch durch den koordinierten Ressourceneinsatz der beteiligten Unternehmen sichergestellt werden soll und
- die Kooperation i.d.R. zeitlich begrenzt zur Bearbeitung eines definierten Themas erfolgt.

Ein Unternehmen trägt daher bei dieser externen Technologiebeschaffungsstrategie nicht nur ein *wirtschaftliches*, sondern auch ein vorgelagertes *technologisches Ergebnisrisiko* zumindest z.T. mit. Hingegen geht es bei den beiden eben zuletzt genannten, anderen externen Bezugsquellen um einen auf Dauer angelegten Erwerb von Verfügungsrechten an *bereits* zumindest z.gr.T. *erarbeiteten* Technologien, so dass der Technologiekäufer eine geringere Unsicherheit hinsichtlich der (Nicht-)Erreichbarkeit *technologischer* Innovationsziele zu tragen hat.

Bei der **Erklärung der Vorteilhaftigkeit bzw. bei der Begründung der Wahl unternehmensexterner vs. -interner Technologiequellen oder -beschaffungsstrategien** kann man nach der Zahl der *direkt* berücksichtigten Vorteilhaftigkeitsbestimmungsgrößen *mono-, bi- und multivariate Ansätze* unterscheiden. Daneben existieren zur Unterstützung von „Make-or-Buy-Entscheidungen" (*Bürgel* et al., 1996, 335) allgemeine Vorteils-/Nachteilslisten, die Stärken externer Quellen relativ zur Option der internen Eigenentwicklung von Technologien aufzählen (s. z.B. *Bürgel* et al., 1996, 337; *Roberts/Berry*, 1985, 8). Solche Listen werden hier nicht dargestellt, da sie die „Treiber" (= *Determinanten*) des Nutzen-Kosten-Profils alternativer Strategien zur Beschaffung innovativer Technologien nicht herausarbeiten.

Das wohl bekannteste **monovariate Erklärungskonzept** beruht auf einer Anwendung der **Transaktionskostentheorie** auf das Problem der Wahl einer Technologiebeschaffungsstrategie. Allgemein versucht die Transaktionskostentheorie das Zustandekommen unterschiedlicher Organisationsformen für wirtschaftliche Tauschbeziehungen (= **Transaktionen**) zu erklären (s. einführend *Picot* et al., 2005, 56-71). Als Extrempole der Koordination arbeitsteiliger wirtschaftlicher Prozesse differenziert der Transaktionskostenansatz die „**Hierarchie**" (unternehmensinterner Tausch auf Basis von langfristig angelegten Arbeitsverträgen) und den „**Markt**" (unternehmensübergreifender Tausch auf Basis von Kaufverträgen für präzise definierte Leistungsgegenstände ohne langfristige persönliche und/oder rechtliche Bindung der Tauschparteien). Unternehmen wählen die Koordinationsvariante für ihre Leistungserstellungsprozesse, die jeweils mit den niedrigsten Transaktionskosten verbunden sind. Die Kosten einer Transaktion hängen wiederum ihrerseits primär ab von

- der **Spezifität** der Transaktion: Damit ist die Einzigartigkeit der auszutauschenden Leistungen und das hieraus resultierende Ausmaß gemeint, in dem immaterielles Spezialwissen und materielle Spezialressourcen (z.B. aufwändige Testanlagen) für die Anbahnung, Verhandlung, Umsetzung, Anpassung und Kontrolle einer Leistungsaustauschbeziehung zwischen zwei Parteien erforderlich sind.
- der **Unsicherheit** der Transaktion: Darunter ist hier die Vorhersagbarkeit (1) der Aufwendungen für ein technologisches Ergebnis (= Inputunsicherheit) und (2) der Erreichbarkeit eines technologischen Ergebnisses (= Outputunsicherheit) zu verstehen.
- den **rechtlichen Rahmenbedingungen** der Transaktion: Damit wird auf das Ausmaß abgehoben, in dem eine ausschließliche Leistungsverwertung durch ein Unternehmen mittels rechtlicher Vorschriften schützbar ist.

Wendet man das allgemeine Argumentationsmuster der Transaktionskostentheorie auf die Wahl von Technologiebeschaffungsquellen an, dann ist ein marktlich koordinierter, externer (hierarchisch koordinierter, interner) Technologiebezug vorzuziehen, wenn der Spezifitäts- und Unsicherheitsgrad der Technologiebeschaffung niedrig (hoch) sowie das Ausmaß einer rechtlichen Absicherbarkeit der exklusiven Technologienutzung durch das Unternehmen hoch (niedrig) ausfallen (vgl. *Schneider/Zieringer*, 1991, 107; *Hermes*, 1995, 23-28; *Bürgel* et al., 1996, 337-341; *Specht* et al., 2002, 387f.; *Oesterle*, 2003, 636f.). Weisen die drei Transaktionskostentreiber kein konsistentes Ausprägungsprofil (z.B. niedriger Technologiespezifitäts- *und* rechtlicher Exklusivitätssicherungsgrad) oder mittlere Ausprägungen auf, dann zeichnet sich eine Technologiebeschaffung über Organisationsvarianten, die, wie z.B. F&E-Kooperationen (i.e.S.) oder Gemeinschafts-F&E-Institutionen, als gemischte (= **hybride**) Koordinationsarrangements zwischen Hierarchie und Markt einzuordnen sind (s. die auf S. 251 genannte erste Bezugsoption), durch die niedrigsten Transaktionskosten aus. Abb. 5-15 visualisiert die transaktionskostentheoretische Begründung für die Wahl/Vorteilhaftigkeit interner, hybrider und externer Quellen zur Beschaffung neuer Technologien.

Für die TIM-Praxis lassen sich aus der Transaktionskostentheorie grobe Richtungshinweise für Entscheidungen über die Bezugsquellen von Technologien ableiten; sie reicht zur Auswahlbegründung aber nicht aus, da die Theorie

- weder die Transaktionskosten selbst noch deren Determinanten so weit konkretisiert, dass diese Größen auch in einzelnen Anwendungsfällen halbwegs problemlos gemessen werden können.
- Transaktionskostenunterschiede für die große Zahl hybrider Beschaffungsoptionen zwischen Hierarchie und Markt allenfalls vage erkennbar macht.
- nicht hinreichend darauf eingeht, inwieweit sich auch der *Nutzen* (und nicht nur die Transaktionskosten) einer Technologie in Abhängigkeit von der gewählten Beschaffungsquelle verändert.
- als empirisch bestenfalls rudimentär bewährt oder kaum überprüfbar einzustufen ist.

Bivariate Erklärungsansätze positionieren alternative Beschaffungsquellen für innovative Technologien jeweils in einer Matrix, deren Dimensionen die zwei wichtigsten und frei kombinierbaren Bestimmungsgrößen der Vorteilhaftigkeit von Bezugsoptionen abbilden sollen (s. *Hermes*, 1995, 29-46 und *Afuah*, 2003, 202-204 zu einer Darstellung entsprechender „Matrixmodelle").

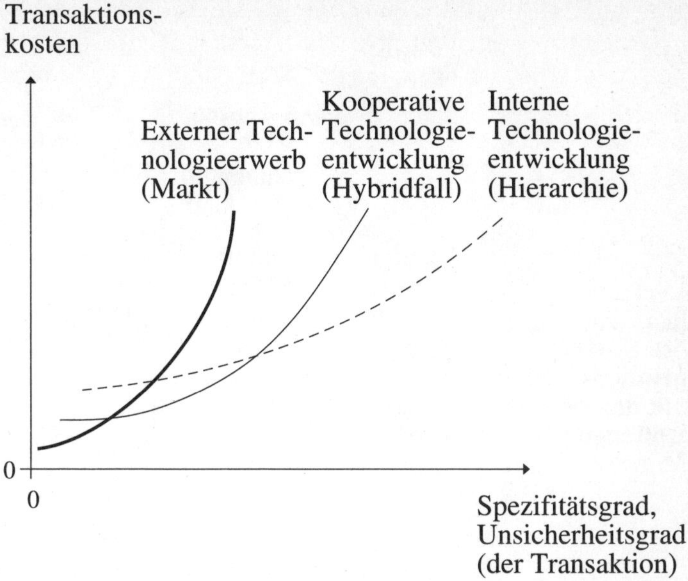

Quelle: In leichter Anlehnung an Picot et al., 2005, 70

Abb. 5-15: Transaktionskosten von drei Bezugsalternativen für technologische Innovationen in Abhängigkeit von Spezifitäts- und Unsicherheitsgrad der Transaktion

Ein Beispiel für ein bivariates Konzept ist die „Familiarity-Matrix" von *Roberts/Berry* (1985): Sie begründet Empfehlungen zum Vorgehen beim Aufbau neuer Geschäftsfelder durch ein Unternehmen in Abhängigkeit vom Vertrautheitsgrad des diversifizierenden Unternehmens mit den Technologien und Märkten des jeweiligen Geschäfts. Abb. 5-16 fasst die Vorschläge von *Roberts/Berry* für situativ besonders geeignete Technologiebezugsquellen zusammen. Auch diesem Ansatz ist zwar eine Sensibilisierungsfunktion für das TIM im Hinblick auf zwei Randbedingungen, deren Einfluss auf die Vorteilhaftigkeit von Technologiebeschaffungsstrategien plausibel erscheint, nicht abzusprechen. Für eine weitergehende Entscheidungsunterstützung ist der Ansatz jedoch nur sehr eingeschränkt verwendbar, da

– für die neun Situationskonstellationen jeweils keine *eindeutigen* Beschaffungsempfehlungen gegeben werden.

Vertrautheitsgrad des Unternehmens mit den betroffenen *Märkten*	Vertrautheitsgrad des Unternehmens mit den betroffenen *Technologien*: niedrig	mittel	hoch
hoch	• F&E-Kooperation mit Externen	• Interne F&E • Lizenzerwerb • Unternehmenskauf	• Interne Entwicklung (• Unternehmenskauf)
mittel	• Unternehmensbeteiligung • Kauf eines kleinen Unternehmens	• Interne F&E • Lizenzerwerb • Unternehmenskauf	• Interne Entwicklung • Unternehmenskauf (• F&E-Kooperation mit Externen)
niedrig	• Unternehmensbeteiligung[a] • Kauf eines kleinen Unternehmens	• Unternehmensbeteiligung[a] • Kauf eines kleinen Unternehmens	• Entwicklungskooperation mit Externen

a) Minderheitsbeteiligung am Eigenkapital eines jungen und/oder kleinen Unternehmens (Venture Capital).

Quelle: In enger Anlehnung an Roberts/Berry, 1985, 13

Abb. 5-16: Vorteilhafte Bezugsstrategien für technologische Innovationen in Abhängigkeit vom Grad der Vertrautheit mit den betroffenen Technologien und Märkten

– zahlreiche weitere Determinanten der relativen Vorteilhaftigkeit verschiedener Bezugsstrategien für neue Technologien ohne nähere Begründung nicht mit in die Analyse ein-

bezogen werden (z.B. Verfügbarkeit von Ressourcen zur internen Technologieentwicklung, wettbewerbsstrategische Relevanz einer Technologie).
- Hinweise sowohl zur konkreten Messung der beiden Matrixdimensionen als auch zur Gestaltung der einzelnen Beschaffungsstrategien weitgehend fehlen.
- eine großzahlige empirische Überprüfung des Ansatzes von seinen Verfassern nicht geleistet wurde.

Multivariate Ansätze zur Abschätzung der Vorteilhaftigkeit eines unternehmensexternen vs. -internen Bezugs von neuen Technologien beruhen zumeist auf drei Vorgehensschritten: In einem ersten Schritt werden Unternehmens-, Technologie- und Marktmerkmale mit potenziellen Effekten auf die Nutzen-Kosten-Bilanz alternativer Beschaffungsquellen identifiziert. Dann wird für jedes Situationsmerkmal dessen Wirkung auf die Vorteilhaftigkeit definierter Technologiebezugsoptionen qualitativ beschrieben und/oder auf Basis empirischer Daten quantifiziert. In einem dritten Schritt werden die Einzeleffekte der Situationsfaktoren dann quantitativ oder qualitativ zu einer Gesamtbewertung für jede Bezugsoption zusammengefasst, so dass die Option mit der höchsten Gesamtbewertung zur Auswahl empfohlen werden kann (s. exemplarisch *Chiesa/Manzini*, 1998, 205-209).

Methodisch stellen multivariate Quellenauswahlkonzepte somit Nutzwertanalysen dar, wie sie in ähnlicher Form bei der Entwicklung von Technologie-Portfolios zum Einsatz kommen (s.o. Kap. 4.3). *Inhaltlich* erfolgskritisch für multivariate Ansätze ist die empirische Identifikation eines Satzes von Situationsfaktoren, der die Randbedingungen/Determinanten der Vorteilhaftigkeit verschiedener Technologiebezugsoptionen möglichst vollständig, aber auch überschneidungsfrei beinhaltet. Mit einer Studie von 142 erfolgreichen Innovationsprojekten aus 82 Großunternehmen in Deutschland (Untersuchungszeitpunkt ca. 1991/92) unternahm *Hermes* den Versuch, einen solchen Variablensatz zu identifizieren: Danach werden in der Praxis unternehmensexterne Quellen für die Beschaffung technologischen Wissens um so eher eingesetzt (s. *Hermes*, 1995, 124; vgl. ferner *Rotering*, 1990, 27-34; *Wolfrum*, 1991, 297; *Jones* et al., 2000, 259-262 u. 270f.; *Roberts/Liu*, 2001, 30f.; *Gerybadze*, 2004, 172-181):

- Je eindeutiger die Industrie, in der das beschaffende Unternehmen/Geschäftsfeld agiert, sich noch in ihrer *Entstehungsphase oder* aber in einer *reifen* und durch anbieterseitigen Konsolidierungsdruck geprägten *Lebenszyklusphase* befindet (vgl. a. Abb. 2-5).
- Je weniger ein Unternehmen über *freie interne F&E-Kapazitäten* verfügt.
- Je schlechter die *technologische Kompetenzposition* eines Unternehmens relativ zu externen Technologiequellen zum Zeitpunkt der Bezugsentscheidung ist.
- Je geringer der *Verwandtschaftsgrad* zwischen der neuen Technologie und den bisher in einem Unternehmen bearbeiteten Technologien ausgeprägt ist.
- Je weniger ein Unternehmen über die zu einer angemessenen Markteinführung der innovativen Technologieanwendung erforderliche *Finanzkraft* verfügt.
- Je niedriger die *wettbewerbsstrategische Bedeutung* eines technologischen Innovationsvorhabens für ein(en) Unternehmen(sbereich) wahrgenommen wird.
- Je kleiner der durch eine Weiterentwicklung einer Technologie *erreichbare Wettbewerbsvorteil* eingeschätzt wird.
- Je leichter (schwerer) eine technologische Innovation *imitier- und weitergebbar* (durch juristische oder technische Maßnahmen vor Nachahmung schützbar) ist.
- Je niedriger das *technologische Risiko der Entwicklungsarbeiten* eingestuft wird.
- Je niedriger die *Investitionserfordernisse zur Durchführung der technologischen Entwicklungsarbeiten* sind.
- Je höher die *Eintrittsbarrieren* in den Markt, für den die neue Technologie relevant ist, ausfallen.

Die ersten fünf Situationsvariablen werden von *Hermes* (1995, 80) als **Unternehmensmerkmale**, die folgenden vier Variablen als **Technologiemerkmale** und der letzte Faktor als **Marktmerkmal** kategorisiert. Der *Bekanntheitsgrad der Absatzmärkte*, auf denen ein Unternehmen eine neue Technologie zu verwerten beabsichtigt (s. die vertikale Matrixachse in Abb. 5-16), wird in der Studie ohne Begründung empirisch *nicht* als potenzieller Auswahlfaktor erfasst. Ansonsten gilt, dass entgegengesetzte Ausprägungen der einzelnen Situationsfaktoren jeweils den Nutzen eines unternehmensinternen Technologiebezugs über eigene F&E-Aktivitäten erhöhen.

Es ist offensichtlich, dass sich die von *Hermes* hervorgehobenen situativen Einflussgrößen der Vorteilhaftigkeit unternehmensexterner und -interner Beschaffungsquellen für Technologieinnovationen z.T. stark überlappen (z.B. Technologieverwandtschaftsgrad und -kompetenzniveau und technologisches Entwicklungsrisiko). So reduziert der Autor auch selbst die o.a. multivariate Situationsanalyse wieder auf eine zweidimensionale Eignungsbewertung von Bezugsalternativen in Abhängigkeit von (1) der Wettbewerbsrelevanz der zu beschaffenden Technologie und (2) der Technologieposition eines Unternehmens relativ zu Wettbewerbern. Es ist offensichtlich, dass der Situationsfaktor „Wettbewerbsrelevanz" weitgehend der in Technologie-Portfolios verwendeten Dimension „Technologieattraktivität" entspricht und der Faktor „Technologieposition" weitgehend deckungsgleich mit der Technologie-Portfoliodimension „Ressourcenstärke" ist. Abb. 5-17 zeigt die Ausprägungskombinationen der beiden Situationsfaktoren auf, bei denen nach Befunden von *Hermes* (1995) der Rückgriff auf bestimmte Bezugsquellen besonders vorteilhaft sein dürfte (vgl. a. sehr ähnlich, aber ohne empirische Fundierung *Gerbadze*, 2004, 178).

Demnach ist bei sehr hoher Wettbewerbsrelevanz einer neuen Technologie eine möglichst weitgehende unternehmensinterne Kontrolle der Technologieentwicklung durch interne F&E oder durch den mehrheitlichen Kauf eines Unternehmens mit relevanten Entwicklungsergebnissen und -kapazitäten anzustreben. Bei niedriger Wettbewerbsrelevanz liegt eine marktliche Technologiebeschaffung (Vertrags-F&E; Übertragung der F&E-Verantwortung für Baugruppen/Bestandteile eines Produktes an Zulieferer) nahe. Kooperative Bezugsvarianten für Technologien setzen i.d.R. ein *Mindestmaß an Technologiekompetenz* bzw. „absorptive capacity" bei dem beschaffenden Unternehmen voraus, um die Arbeit von Partnern wenigstens in ihren Grundzügen beurteilen, steuern und technische Ergebnisse der Zusammenarbeit in eigene Produkt- oder Prozessentwicklungen erfolgreich integrieren zu können (vgl. Abb. 5-17 sowie *Jones* et al., 2000, 265-276).

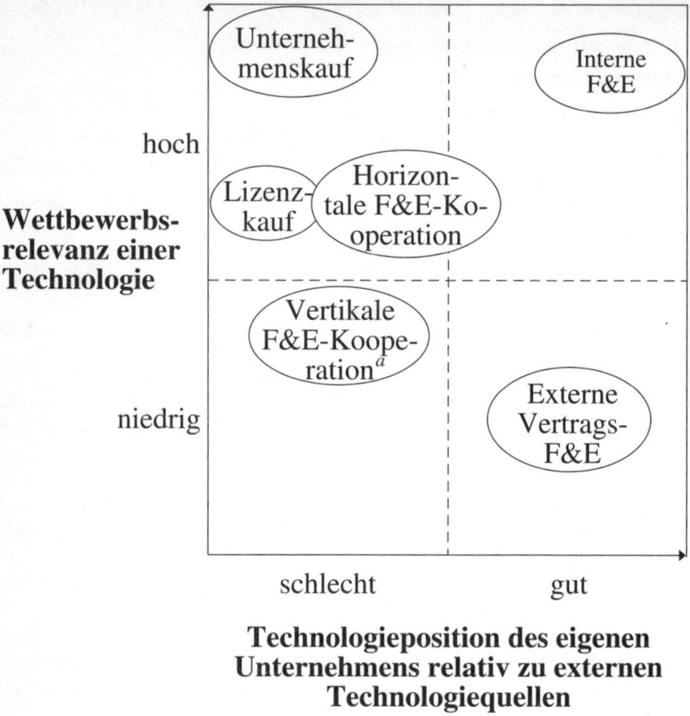

a) Arbeitsteilige F&E primär mit Zulieferern.

Quelle: In enger Anlehnung an Hermes, 1995, 144 u. 148

Abb. 5-17: Matrixmodell zur Auswahl einer optimalen Bezugsquelle für technologische Innovationen nach Hermes (1995)

Multivariate Ansätze zur (Vor-)Auswahl von technologischen Bezugsstrategien sind m.E. noch am ehesten geeignet, das TIM in der Praxis durch differenzierte Checklisten zur Berücksichtigung kritischer situativer Einflussfaktoren der Technologiequellenvorteilhaftigkeit anzuregen. Solche Ansätze sind allerdings im Einzelfall dadurch zu konkretisieren, dass die o.a. Unternehmens-, Technologie- und Marktmerkmale im Hinblick auf ihre Ergänzungs- oder Streichungsbedürftigkeit sowie Gewichtung für die Bewertung *spezifischer* unternehmensexterner und -interner Bezugsquellen für *definierte* Technologien und Beschaffungsziele zu überprüfen sind. Dabei ist insbesondere zu beachten, dass unternehmensexterne und -interne Quellen in einem Innovationsprojekt nicht durchweg sich gegenseitig ausschließende Bezugsalternativen darstellen müssen, sondern je nach Phase des Innovationsprozesses und je nach Entwicklungsgegenstand durchaus auch *parallel* eingesetzt werden können.

Organisatorische Verankerung einer bewussten Auswahl von Technologiebezugsquellen

Unabhängig von dem im Einzelfall in einem Unternehmen zur Auswahl von Technologiebezugsquellen verwendeten Ansatz ist durch die **Organisation des Prozesses der Quellenauswahl** darauf hinzuwirken, dass ein großes Spektrum unternehmensinterner, aber auch und gerade alternativer -externer Quellen in den Bewertungsprozess einbezogen wird. Damit soll das Aufkommen einer *„Not Invented Here"-Mentalität*, also einer sachlich unbegründeten, pauschalen Ablehnung des Rückgriffs auf unternehmensexterne Technologiebezugsquellen vermieden werden (s.a. Kap. 4.2.2). Kernelement einer solchen Organisation der Auswahl von Bezugsquellen für technologische Innovationen ist die Einrichtung eines **Gremiums**, das (vgl. a. *Gerpott*, 1995a, 18; *Schneider*, 1991, 146-149)

- vor dem Beginn neuer F&E-/Innovationsvorhaben zur Vorbereitung von Make-or-Buy-Entscheidungen aus einer „neutralen" Sicht Bezugsquellenanalysen durchführt und auswertet, um zu einer Empfehlung zu gelangen, inwieweit eine Substitution, Erweiterung oder Ergänzung eigener F&E-Ressourcen durch Einbezug von F&E-Kapazität externer Partner oder durch Kauf von Technologien sinnvoll ist.
- mit Vertretern aus verschiedenen Organisationseinheiten eines Unternehmens besetzt ist (zumeist F&E, Einkauf, Controlling, Unternehmensentwicklung/-leitung und, sofern vorhanden, spezialisierte Stabseinheiten, die sich mit gewerblichen Schutzrechtsfragen beschäftigen).

Zur Förderung einer weniger eigeninteressengeleiteten und mehr sachorientierten Bewertung von technologiebeschaffungsoptionen bietet es sich an, **externe Experten** projektorientiert in dem Gremium mitarbeiten zu lassen, wenn diese Berater nachgewiesenermaßen über herausragendes Fach- und/oder Bewertungsmethodenwissen verfügen. Ein wesentlicher Treiber der Aufgabenmenge und -heterogenität für ein Make-or-Buy-Gremium ist die Unternehmensgröße: Typischerweise nimmt mit steigender Unternehmensgröße auch die Vorteilhaftigkeit der Einrichtung **mehrerer Gremien**, die über hierarchische Weisungsbeziehungen miteinander verknüpft sind (= *Gremienhierarchie*), zur Bezugsquellenanalyse zu. Diese organisatorischen Mechanismen zur Unterstützung einer sachrationalen Bezugsquellenwahl lassen sich ergänzen durch

- die Vorgabe von Checklisten, die den Gremienmitgliedern auf Basis der zuvor in diesem Kapitel dargestellten Auswahlansätze, wichtige Randbedingungen/Einflussgrössen der Technologiequellenvorteilhaftigkeit ins Gedächtnis rufen.
- den Einsatz von Informationstechnik (z.B. Electronic Mail/ File Transfer; s.o. Abb. 5-12) zur Kommunikationserleichterung zwischen unternehmensinternen und -externen Trägern von Wissen über innovative Technologien.

Im Folgenden werden die noch nicht in Kap. 2.2.3 eingeführten externen Technologiequellen kurz charakterisiert sowie wichtige TIM-Aufgaben bei der Nutzung der verschiedenen externen Quellen und situative Determinanten der Vorteils-Nachteils-Bilanz bestimmter externer Quellen (z.B. Vertrags-F&E) erwähnt.

5.4.2 Einbezug von F&E-Kapazität externer Partner

Nach zunehmendem *Ressourceneinsatz* eines Unternehmens geordnete Grundvarianten des Einbezugs von F&E-Kapazität externer Partner sind (vgl. a. oben Abb. 2-4):

- Gemeinschafts-F&E i.e.S.
- Vertrags- oder Kontrakt-F&E.
- F&E-Kooperation i.e.S.

Von diesen drei Varianten zeichnet sich aus der Perspektive des finanzierenden Unternehmens typischerweise die Vertrags-F&E durch den höchsten und die Gemeinschafts-F&E durch den niedrigsten Grad der *Verwertungsexklusivität* der erarbeiteten F&E-Ergebnisse aus. Weitere Erläuterungen zur inhaltlichen Abgrenzung der genannten drei Ansätze zur Ausweitung der F&E-Kapazität eines Unternehmens findet man oben in Kapitel 2.2.3.

Gemeinschafts-F&E
Bei der Beteiligung eines Unternehmens an **Gemeinschafts-F&E-Institutionen** sind wichtige TIM-Aufgaben (vgl. *Gerpott*, 1995a, 20; *Hauschildt*, 2004, 78):

- Einflussnahme auf die Besetzung von Schlüsselpositionen in derartigen Institutionen.
- Einflussnahme auf die Auswahl von F&E-Projekten.
- Mitarbeit bei der eindeutigen Spezifikation von Ergebnis-, Kosten- und Zeitzielen für Gemeinschafts-F&E-Projekte und bei der Überwachung der Zieleinhaltung, um die Servicefunktion von Gemeinschafts-F&E-Einrichtungen für die Mittelgeber zu sichern.
- Förderung von Lernprozessen durch zeitlich befristete Austauschprogramme von Wissenschaftlern und Ingenieuren aus Gemeinschafts-F&E-Institutionen und dem eigenen Unternehmen.

Vertrags-F&E
Bei der Abwicklung von **Vertrags-/Kontrakt-F&E-Projekten** hat das TIM vor allem folgende Aufgaben zu bewältigen (vgl. *Gerpott*, 1995a, 22; *Brockhoff*, 1999, 67f.; *Rüdiger*, 2000, 52-61 u. 417-421; *Hauschildt*, 2004, 75f.):

- Detaillierte inhaltliche und juristisch-formale Spezifikation des F&E-Auftrags (einschließlich seiner Abgrenzung, technologischen Leistungs- und wirtschaftlichen Kosten- und Zeit-(zwischen-)ziele) und der Kriterien zur Auswahl des Auftragnehmers.
- Beteiligung an der Auftragsnehmerauswahl und an der Gestaltung der rechtlichen Auftragseckpunkte (vgl. *Möffert*, 2001 zu F&E-Verträgen aus juristischer Sicht).
- Organisation einer „Nahtstelle" zwischen der eigenen Organisation und dem Auftragnehmer zur Unterstützung schneller Rückkopplungen zwischen Auftraggeber und -nehmer (z.B. durch Benennung von Projektpaten).

- Regelmäßige meilensteinorientierte Fortschrittskontrolle und inhaltliche Vorgehensabstimmung im Zug der Projektdurchführung.
- Integration der Auftragsergebnisse in übergeordnete Produktinnovationsprojekte.
- Evaluation der Leistung des Auftragnehmers.
- Etablierung längerfristiger Vertrags-F&E-Partnerschaften mit externen Dienstleistern, bei denen in der Vergangenheit abgewickelte Projekte überdurchschnittlich positiv verliefen.

In der Literatur wird häufiger unter Rückgriff auf die Markt-Hierarchie-Unterscheidung der Transaktionskostentheorie (s. Kap. 5.4.1 und dort insbesondere Abb. 5-15) ein Technologiebezug über Vertrags-F&E-Projekte als eine „marktgesteuerte" Fremdvergabe (= *Outsourcing*) ohne größere Anforderungen im Hinblick auf Integrationsprozesse zwischen Auftraggeber und -nehmer charakterisiert (s. für andere *Chiesa/Manzini*, 1998, 200f.; *Bürgel* et al., 1996, 338; *Schneider/Zieringer*, 1991, 47). Diese Darstellung ist m.E. irreführend, da sie die Notwendigkeit einer regelmäßigen engen Abstimmung der beteiligten Unternehmen im Projektverlauf zur Sicherung der Integrationsfähigkeit der technologischen Entwicklungsergebnisse in ein Gesamtprodukt übersieht. Entsprechend stellt angesichts der Funktionsweise von Gemeinschafts-F&E-Institutionen (s. Kap. 2.2.3) auch weniger die Vertrags-F&E als vielmehr die Beteiligung eines Unternehmens an Gemeinschafts-F&E-Einrichtungen die Organisationsform eines unternehmensexternen Technologiebezugs mit dem geringsten Integrationsgrad von unternehmensinternen und -externen Technologieentwicklungskapazitäten dar.

F&E-Kooperation

Unter dem Begriff der **F&E-Kooperation** (i.e.S.) wird ein weites Spektrum unterschiedlicher Formen der Zusammenarbeit zwischen wirtschaftlich unabhängigen Unternehmen zur *gemeinsamen* leistungsteiligen Bewältigung von F&E-Aufgaben subsumiert. Bei einer F&E-Kooperation erfolgt die Zusammenarbeit nicht aufgrund gesetzlicher Vorgaben, sondern freiwillig und kann von den beteiligten Unternehmen jeweils einseitig beendet werden. Die Vielfalt real beobachtbarer F&E-Kooperationen lässt sich systematisieren nach (vgl. *Gerpott*, 1995a, 23; *Chiesa/Manzini*, 1998, 202 u. 208; *Hauschildt*, 2004, 75-82 u. 256-268; *Oxley/Sampson*, 2004, 724-730; *Reuer/Zollo*, 2005, 103-107):

- Der **Position der Partner in der Wertschöpfungskette einer Branche**: Hier ist zwischen *vertikalen* Kooperationen mit Zulieferern oder Kunden, *horizontalen* Kooperationen mit Wettbewerbern und *diagonalen* (synonym: konglomeraten) Kooperationen mit Unternehmen aus verschiedenen Branchen oder unverbundenen Institutionen des Wissenschaftssystems zu unterscheiden.
- Der **Nationalität der Partner**: Bei *nationalen* Kooperationen haben die Partner ihren Stammsitz in demselben Land, bei *internationalen* Kooperationen nicht.
- Der **Zahl der Partner**: Hier wird zwischen *bilateralen* Kooperationen zwischen zwei Partnern und *multilateralen* Kooperationen mit mindestens drei Partnern differenziert, wobei man bei einer größeren Zahl von Partnern, die auf vielfältige Weise untereinander verflochten sind, auch von *F&E-/Technologienetzwerken* spricht.
- Dem **rechtlichen Formalisierungsgrad der Zusammenarbeit** und der damit negativ korrelierten **Kooperationsflexibilität** sowie der damit positiv korrelierten **Kooperationsintensität**: Wichtige Ausprägungen dieser Systematisierungsdimension sind:
  - Nicht-koordinierte Einzel-F&E mit Know-how-Austausch zwischen den beteiligten Unternehmen auf informaler Basis.
  - Nicht-koordinierte Einzel-F&E mit vertraglich geregelter Ergebnisweitergabe zwischen den beteiligten Unternehmen.
  - Koordinierte, arbeitsteilige Einzel-F&E mit vertraglich geregeltem Ergebnistransfer zwischen den beteiligten Unternehmen.
  - Vertraglich verankerte Bereitstellung von Ressourcen der beteiligten Unternehmen für gemeinsam durchgeführte F&E ohne formale Gründung eines Gemeinschaftsunternehmens (= „contractual joint venture“).

- Gesellschaftsvertraglich geregelte Ausgliederung von Ressourcen der beteiligten Unternehmen in ein F&E-Gemeinschaftsunternehmen mit eigener Rechtspersönlichkeit, dessen Eigentum in den Händen der kooperierenden Partner liegt und dessen Arbeitsergebnisse allen Anteilseignern zugänglich sind (= „equity joint venture").

Bei den beiden zuletzt genannten Kooperationsansätzen basiert der Wissenstransfer zwischen den Unternehmen auf einer Zusammenführung von F&E-Kapazitäten der Partner in einer Organisationseinheit, so dass hier auch von einer „Poolung von Ressourcen" (*Specht* et al., 2002, 402) gesprochen wird; bei den übrigen Kooperationsansätzen findet zwar ein Technologietransfer, aber keine Ressourcenpoolung statt.

– Der **Marktnähe der bearbeiteten Technologiethemen**: Bei *Forschungs*kooperationen erstreckt sich die Zusammenarbeit auf eher marktferne Themen, bei *Entwicklungs*kooperationen auf eher marktnahe Themen, die sich kurzfristig in den Leistungen der beteiligten Unternehmen niederschlagen.
– Der **Fristigkeit der Zusammenarbeit**: In Abhängigkeit davon, ob bei Beginn einer Zusammenarbeit bereits auch deren geplante Dauer festgelegt wird oder nicht, kann zwischen *befristeten* und *unbefristeten* Kooperationen unterschieden werden. Zudem ist nach der Plan- oder Ist-Dauer einer Zusammenarbeit zwischen *kurz-*, *mittel-* und *langfristigen* Kooperationen zu differenzieren. Dabei können Zeitspannen zur operationalen Abgrenzung dieser drei Fristigkeitsklassen nicht allgemein, sondern nur in Abhängigkeit von der Technologie- und Wettbewerbsdynamik auf den betroffenen Produkt-Markt-Feldern bestimmt werden.
– Dem **Umfang der Zusammenarbeit**: Hier ist zum einen zwischen auf *definierte Einzelprojekte bezogene* und *projektübergreifende* Kooperationen, die sich auf mindestens ein gesamtes Technologiefeld erstrecken, zu unterscheiden. Projektübergreifende und langfristig angelegte Kooperationen, die mit der Poolung erheblicher Ressourcen der beteiligten Partner verbunden sind und auf die Begründung nachhalti-

ger technologischer Wettbewerbsvorteile der Partner zielen, werden auch als **strategische** (F&E- oder Technologie-)**Allianzen** bezeichnet. Zum anderen kann hier zwischen reinen F&E-Kooperationen und Zusammenarbeitsvarianten, die neben der F&E-Funktion auch andere Unternehmensbereiche (z.B. Produktion, Vertrieb) umfassen, differenziert werden.

Ziele von F&E-Kooperationen mit Zulieferern, Kunden und anderen Unternehmen, mit denen das eigene Unternehmen z.T. auch im Wettbewerb steht, sind (vgl. *Rotering*, 1990, 79-84; *Kirchmann*, 1994, 20-36; *Teichert*, 1994, 27-43; *Sakakibara*, 1997, 145f.; *Oesterle*, 2003, 639-641; *Hauschildt*, 2004, 268-270):

- Die Verringerung des Ressourcenbedarfs und der Kosten eines Unternehmens für die Erstellung einer technologischen Innovation.
- Die qualitative Verbesserung und/oder beschleunigte Erarbeitung von F&E-Ergebnissen durch das Zusammenführen komplementärer Fähigkeiten der Kooperationspartner und dadurch initiierte Lernprozesse.
- Die Reduzierung von technologischen und wirtschaftlichen Risiken einer Innovation.
- Die Erleichterung der Durchsetzung von Standards oder eines dominanten Designs auf Absatzmärkten nach Abschluss der Technologieentwicklung.
- Die Vorbereitung der Erschließung neuer Absatzmärkte.
- Der Erschließung staatlicher Fördermittel aus Technologieprogrammen, die (internationale) unternehmens- und universitätsübergreifend angelegte F&E-Projekte voraussetzen.

Neben diesen *potenziellen* Vorteilen können F&E-Kooperationen natürlich auch **negative Effekte** haben. Hier kommen insbesondere in Betracht (vgl. *Rotering*, 1990, 85f.; *Specht* et al., 2002, 394; *Gerybadze*, 2004, 196f.):

- Erschwerung des Aufbaus, Erhalts oder Ausbaus eines eigenen Vorsprungs bei besonders wettbewerbsrelevanten Technologien (u.a. infolge eines „Durchsickerns“ zuvor exklusiven eigenen Technologiewissens zum Partner).
- Erhöhung der Abhängigkeit von anderen Unternehmen.

- Erhöhung der Kosten und der Zeitdauer eines Projektes infolge von Abstimmungserfordernissen zwischen den beteiligten Partnern.
- Verringerung der Ausrichtung von Technologieentwicklungen an den spezifischen Anforderungen des eigenen Unternehmens.

Zur Ausschöpfung der Vorteile bei gleichzeitiger Vermeidung der Nachteile von F&E-Kooperationen hat das TIM vor allem folgende **Aufgaben** zu übernehmen (vgl. *Specht* et al., 2002, 391-408; *Gerybadze*, 2004, 209-232; *Hauschildt*, 2004, 83f.; 247-254 u. 271-281):

- Klärung der **Kooperationsziele** verbunden mit einer Abgrenzung des Gegenstandsbereichs einer Kooperation: Hier geht es um eine Ableitung möglichst präzise formulierter Ergebnis-, Aufwands- und Zeitziele, die mit einer Kooperation erreicht werden sollen. Die Ziele bilden Orientierungsgrößen im Prozess der Bewertung und Auswahl von Partnerunternehmen (s.u.) und Maßstäbe zur Erfolgskontrolle während und nach Abschluss einer Kooperation.
- **Auswahl und Gewinnung von Kooperationspartnern**: Im Auswahlprozess sind potenzielle Partner (1) systematisch zu suchen und (2) im Hinblick auf ihr strategisches und unternehmenskulturelles Zusammenpassen (= „Fit") mit dem eigenen Unternehmen zu bewerten. Der Grad des **strategischen Fit** mit einem Partner steigt i.d.R., wenn (vgl. *Rotering*, 1990, 96-98; *Teichert*, 1994, 83-95; *Hoang/Rothaermel*, 2005, 339-342; *Reuer/Zollo*, 2005, 106 u. 111)
  - er nicht mit dem eigenen Unternehmen im Wettbewerb steht.
  - das eigene Unternehmen *und* der Partner *beide* erhebliche Vorteile aus einer Kooperation haben, so dass die Gefahr einer einseitigen „opportunistischen Ausbeutung" des eigenen Unternehmens durch Kooperationspartner gering ist (vgl. *Dutta/Weiss*, 1997, 345 u. 354).
  - der Partner über eine hohe Fachkompetenz auf dem für eine Kooperation zur Diskussion stehenden Technologiefeld verfügt.

- das eigene Unternehmen bereits in früheren Kooperationsprojekten mit dem potenziellen Partner und/oder anderen Unternehmen für das Management von Allianzen erforderliche Fähigkeiten entwickelt hat.

Der Grad des **kulturellen Fit** mit einem anderen Unternehmen steigt zum einen mit zunehmender Ähnlichkeit der Entscheidungsprozeduren und -geschwindigkeiten, der tolerierten Risiken im Rahmen des TIM sowie der jeweils unternehmenstypischen arbeitsbezogenen Werthaltungen (z.B. Pünktlichkeit) der potenziellen Partner. Zum anderen nimmt er mit der Fähigkeit und Bereitschaft der Partner zu, sich auf Kulturunterschiede in der Zusammenarbeit einzustellen (vgl. *Specht* et al., 2002, 398f. und oben Kap. 4.2.3). Der Auswahlprozess endet mit einer schriftlichen Fixierung der Kooperationsziele, -prozeduren und -ergebnisverwertungsregeln zwischen den beteiligten Partnern.

– **Organisation und Personalmanagement der Kooperation**: Im Mittelpunkt dieser Aufgabe stehen:
  - Die Auswahl, Entwicklung und Führung von Mitarbeitern in der Kooperation.
  - Die Formulierung von Zusammenarbeitsregeln zwischen dem engeren „Kooperationskern" und den „Restunternehmen" der Partner.
  - Die Gestaltung der Arbeitsteilung zwischen den Partnern und der damit verbundenen Vorgehensweise bei dem Einsatz von Ressourcen zur Erreichung der Kooperationsziele.
  - Die Konstruktion und personelle Besetzung von partnerübergreifenden Gremien zur strategischen Lenkung und Kontrolle der Kooperation während ihrer Laufzeit, also das „Governance-Design" (vgl. *Gerybadze*, 2004, 227-229).

Nach von *Reuer/Zollo* (2005) für eine Stichprobe von 53 „research alliances" von Pharma- und Biotechnologieunternehmen vorgelegten Befunden steigt bei F&E-Kooperationen der Erfolg, wenn sie so organisiert sind, dass (1) die Zahl der in einer Kooperationsvereinbarung abgedeckten Aktivitäten (z.B. Entwicklung oder Produktion) niedrig ausfällt, also die Zusammenarbeit stark fokussiert erfolgt, (2) die Arbeitsteilung zwischen den Partnern möglichst stark ausgeprägt ist und (3) „a board or committee overseeing the coordination of alliance activities" eingesetzt wird (s. *Reuer/Zollo*, 2005, 107-112; vgl. z.T. übereinstimmend auch *Wuyts* et al., 2004, 94-98).

Da im Zusammenhang mit der Systematisierung von Kooperationsvarianten nach ihrem rechtlichen Formalisierungsgrad und ihrer Intensität bereits die wesentlichen **Organisationsformen mit und ohne Ressourcenpoolung der Partner** genannt wurden, sind diesbezüglich hier keine weiteren Ausführungen erforderlich. Zu ergänzen ist lediglich, dass F&E-Kooperationen ohne Ressourcenpoolung gestaltet werden können als (vgl. *Clark/Fujimoto*, 1991, 136-146)

- „*Black Box Kooperationen*", bei denen die beteiligten Unternehmen ein Innovationsprojekt in weitgehend unabhängige Technologiemodule zerlegen und jeder Partner nach einer Abstimmung von technologischen Ergebnisanforderungen für die Module die von ihm zu verantwortenden Pakete *selbstständig* entwickelt und seine Ergebnisse weitergibt.
- *asymmetrische Kooperationen*, bei denen ein Unternehmen einem anderen Unternehmen einseitig detaillierte Vorgaben auch hinsichtlich der Umsetzung von Entwicklungsarbeiten macht und seinen Partner so mehr als „verlängerte Werkbank" nutzt.

Viele Vorteile einer unternehmensexternen Technologiebeschaffung sind bei der zuletzt angesprochenen asymmetrischen Kooperationsorganisation nur sehr schwer zu erschließen.

In besonderem Maß bei F&E-Kooperationen, deren Organisation eine Ressourcenpoolung beinhaltet, aber auch bei Kooperationen ohne Ressourcenpoolung hat das TIM gezielt vertrauensbildende Interaktionen und wechselseitige Abhängigkeiten zwischen den Partnern zu fördern, um den kulturellen und strategischen Fit der Partner und damit die Erfolgschancen der Zusammenarbeit zu erhöhen. Zur Bewältigung dieser Führungsaufgabe kommen u.a. regelmäßige, auch informale Abstimmungsgespräche zwischen Vertretern der beteiligten Unternehmen über den Kooperationsstand oder die Besetzung von Schlüsselpositionen in der Kooperation nur mit ausdrücklicher Zustimmung aller Partner in Betracht.

- **Finanzmanagement der Kooperation**: Hierzu gehören die Beibehaltung oder Veränderung von Finanzierungsanteilen der Partner im Lauf der Kooperation sowie die Entwicklung und Umsetzung von Budgetierungsverfahren und von Prozeduren zum Umgang mit möglichen Konflikten zwischen den Partnern bei der Bereitstellung oder Verwertung von Finanzmitteln im Zusammenhang mit der Kooperation.
- **Beendigung der Kooperation**: Wenn davon auszugehen ist, dass eine begonnene Kooperation aufgrund veränderter F&E- oder Wettbewerbsstrategien der Partner, hinreichender Lernerfolge mindestens eines Partners oder des Nicht-Erreichens technologischer Ergebnisse nicht mehr geeignet ist, um die Ziele eines Partners oder mehrerer Beteiligter zu erreichen, so ist rasch eine Entscheidung über einen Abschluss der Kooperation herbeizuführen. Falls die Kooperation eine Ressourcenpoolung der Partner beinhaltet, dann kommen zur Beendigung der Zusammenarbeit (1) eine Übernahme *sämtlicher* Ressourcen des Pools durch *einen* Partner, (2) eine Entflechtung und Rückführung von *Teilen* der gepoolten Ressourcen an die *verschiedenen* Partner, (3) ein Verkauf des Ressourcenpools an Dritte (= Verselbstständigung; Sell-off) und (4) ein Verzicht auf jegliche Weiternutzung des Ressourcenpools der Kooperation (= Stilllegung) in Betracht.

  Bei der Wahl einer Beendigungsform hat ein Unternehmen zu beachten, in welchem Ausmaß die in der Kooperation zum Entscheidungszeitpunkt verfügbaren F&E-Ergebnisse und Ressourcen geeignet sind, dauerhafte Wettbewerbsvorteile für das eigene Unternehmen und die Partner zu begründen: Je höher (niedriger) diese wettbewerbsstrategische Relevanz des Kooperationsfelds ausgeprägt ist, desto vorteilhafter (nachteiliger) ist es für das Unternehmen, (1) exklusive Verwertungsrechte an den Kooperationsergebnissen und -ressourcen zu erwerben und (2) zu verhindern, dass die anderen Partner diese Ergebnisse und Ressourcen übernehmen (vgl. *Bierich*, 1990, 82-83). In Abb. 5-18 werden aufbauend auf dieser Überlegung entsprechende Situationskonstellationen gezeigt, in denen bestimmte Ausstiegsformen von F&E-Kooperationen am vorteilhaftesten zu sein scheinen. So liegt es etwa in Situationen, in denen sich herausstellt, dass das Technologiefeld einer Kooperation für *beide* Partner einen hohen wettbewerbsstrategischen Stellenwert hat, nahe, die Beendigungsabsicht für eine Kooperation aufzugeben, da ansonsten mit einer Stilllegung der Kooperationsressourcen gerechnet werden muss. Unproblematischer ist hingegen eine Konstellation, in der das Technologiefeld einer Kooperation sich für beide Partner als wettbewerbsstrategisch wenig bedeutsam erweist: Hier kann ohne Konflikte zwischen den Partnern der Versuch eines Sell-offs der Kooperationsressourcen und -ergebnisse unternommen werden.

Empirische Relevanz und situative Vorteilhaftigkeitsdeterminanten der drei Varianten des Einbezugs von F&E-Kapazität externer Partner

Mehrere empirische Studien deuten darauf hin, dass Unternehmen in Deutschland von den drei Grundvarianten des Einbezugs von F&E-Kapazität unternehmensexterner Partner zur Beschaffung von Bausteinen für technologische Innovationen F&E-Kooperationen i.e.S., bei denen eine abgestimmte, arbeitsteilige Technologieentwicklung insbesondere mit Zulieferern erfolgt, am häufigsten realisieren (vgl. *Rotering*, 1990, 110; *Mordhorst*, 1994, 59 u. 63; *Hermes*, 1995, 110). F&E-Kooperationen, bei denen eine formelle Institutionalisierung der Zusammenarbeit über die Gründung von „equity joint ventures“ erfolgt und damit eine sehr hohe Bindungsintensität, eine eingeschränkte Flexibilität und ein hoher Ressourceneinsatz der Partner verbunden ist, waren in Deutschland zumindest bis zum Beginn der 90er Jahre eher Ausnahmen. Solche Ausnahmen waren sogar noch deutlich seltener als eine Technologiebeschaffung über Vertrags-F&E zu beobachten.

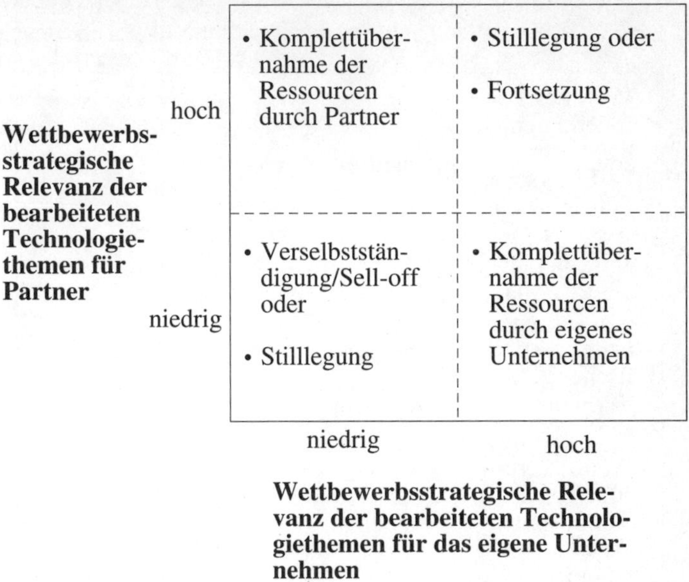

Quelle: In Anlehnung an Bierich, 1990, 83

Abb. 5-18: Beendigungsformen von F&E-Kooperationen in Abhängigkeit von der wettbewerbsstrategischen Relevanz der bearbeiteten Technologien

Aus Kap. 5.4.1 ist bekannt, dass bei der Wahl einer Variante des Einbezugs der F&E-Kapazität externer Partner *situative Faktoren* zu berücksichtigen sind, welche den Grad der Vorteilhaftigkeit der drei externen Technologiebezugsvarianten im Vergleich zu einer Technologiebeschaffung mittels unternehmensinterner/autonomer F&E beeinflussen. In Ergänzung zu den Überlegungen in Kap. 5.4.1 spezifiziert deshalb Abb. 5-19 für sechs Situationsmerkmale die Ausprägungen, bei deren Vorliegen die Wahrscheinlichkeit maximal sein dürfte, dass die jeweilige Bezugsoption gegenüber der internen F&E als Technologiequelle mindestens eine gleiche oder eine bessere Nutzen-Kosten-Bilanz aufweist.

Situationsmerkmal[a]	Gemeinschafts-F&E	Vertrags-/Kontrakt-F&E	F&E-Kooperationen (i.e.S.)
1. Verfügbarkeit freier unternehmensinterner F&E-Personal-/Finanzressourcen	niedrig	niedrig	mittel
2. Notwendigkeit der Konzentration auf unternehmensspezifische F&E-Kernkompetenzen	niedrig	hoch	mittel
3. Wettbewerbsstrategische Vorteilspotenziale der Technologie	niedrig	mittel	mittel
4. Technologisches Risiko bzw. Marktferne des Innovationsprojektes	hoch	niedrig	mittel
5. Opportunitätskosten eines relativ späten Markteintritts	niedrig	hoch	hoch
6. Teilbarkeit des Innovationsprojektes in unabhängige Module	niedrig	hoch	mittel

a) Die zweite bis vierte Spalte geben die Ausprägungen der sechs Situationsmerkmale an, bei deren Vorliegen die Nutzung der jeweils betrachteten unternehmensexternen Technologiequelle im Vergleich zu autonomer interner F&E mit hoher Wahrscheinlichkeit vorteilhaft sein dürfte.

Quelle: In Anlehnung an Gerpott, 1995a, 25

Abb. 5-19: Situative Einflussfaktoren auf die Vorteilhaftigkeit von drei Varianten des Einbezugs der F&E-Kapazität externer Partner zur Technologiebeschaffung

5.4.3 Erwerb von Rechten an technologischen Arbeitsergebnissen Anderer

Bei der unternehmensexternen Technologiebeschaffung durch Erwerb von Rechten an technologischen Arbeits*ergebnissen* anderer Organisationen und Personen ist zu unterscheiden zwischen (vgl. *Kern/Schröder*, 1977, 77f.; *Wolfrum*, 1991, 310f.; *Hauschildt*, 2004, 65):

- Dem Kauf von Eigentumsrechten (= *Technologiekauf*).
- Dem Kauf von Nutzungsrechten ohne Übergang von Eigentumsrechten (= *Lizenznahme*).

Technologiekauf

Ein **Technologiekauf** ist dann *möglich*, wenn eine andere Organisation/Person eine Technologie(anwendung) entwickelt, diese aber selbst nicht nutzen will oder kann und deshalb bereit ist, das Eigentum an der Technologie(anwendung) gegen eine Kompensationsleistung zu veräußern. *Attraktiv* ist ein Technologiekauf für ein Unternehmen, wenn es so rasch an F&E-Ergebnisse gelangt, die innerhalb des eigenen Unternehmens *und* bei anderen Unternehmen nicht verfügbar sind *und* die erhebliche wettbewerbsstrategische Differenzierungspotenziale für einen Erwerber eröffnen *und* wenn es gelingt, einen Kaufpreis zu vereinbaren, der möglichst deutlich unter dem „Wert" der Technologie für den Käufer liegt. Die Bewertung von Technologiekaufgegenständen ist der Auswahl von neuen, intern durchzuführenden F&E-Projekten sehr ähnlich. Folglich kann zur Eingrenzung des Maximalpreises, den ein Unternehmen bereit ist, für den Erwerb einer Technologie zu zahlen, auf die in Kap. 5.2.1 genannten Bewertungsverfahren zurückgegriffen werden. Bei der Obergrenzenschätzung für einen Kaufpreis unter Rückgriff auf die Kapitalwertmethode ist der Barwert der Auszahlungen oder Cash-Flows, die durch *alternative Quellen* für den Bezug einer *gleichwertigen* Technologie verursacht werden, analog zu dem Kalkül zu berücksichtigen, das unten für die Lizenznahme skizziert wird.

Liegt der Maximalpreis eines Kaufinteressenten unter der Mindestpreisforderung des Verkäufers, so dass ein Technologiekauf nicht zustande kommt, so ist noch die **Rekrutierung von an der Technologieentwicklung maßgeblich beteiligten Mitar-**

beitern des Technologieeigentümers in Betracht zu ziehen. Eine solche Ersatzkaufmaßnahme ist für das personalbeschaffende Unternehmen vor allem dann vorteilhaft, wenn eine Technologieverwertung nicht über Schutzrechte ausgeschlossen ist und das relevante Technologiewissen mehr an diese Mitarbeiter und weniger an materialisierte Arbeitsergebnisse gebunden ist.

Lizenznahme

Von größerer praktischer Bedeutung als der Technologiekauf ist die **Lizenznahme**. Dabei ist unter **Lizenz** zu verstehen (s. *Kern/Schröder*, 1977, 77-79; *Wolfrum*, 1991, 311; *Mordhorst*, 1994, 14; *Specht* et al., 2002, 253f.; *Gelbmann/Vorbach*, 2003, 149f.):

- Die einem Unternehmen (= *Lizenznehmer*) gegen eine Kompensationsleistung übertragene rechtsverbindliche Befugnis
- zur Nutzung eine Produktes, Produktteils oder Verfahrens,
- dessen *gewerbliches Schutzrecht* (Patent, Gebrauchsmuster, Geschmacksmuster, Marke) oder rechtlich ungeschütztes Know-how
- einer anderen juristischen oder natürlichen Person (= *Lizenzgeber*) gehört.

Die Vielzahl der in der Praxis beobachtbaren Lizenzvarianten lassen sich anhand der folgenden fünf, sich ergänzenden Kriterien systematisieren (vgl. *Kern/Schröder*, 1977, 79; *Mordhorst*, 1994, 112-115; *Specht* et al., 2002, 253-255):

- **Lizenzumfang**: Dieses Lizenzmerkmal hebt darauf ab, ob der Lizenznehmer die Nutzung eines einzelnen, definierten Schutzrechts oder Know-how-Bereichs vereinbart (= *Einzellizenz*) oder eine Gruppe von oft technologisch verwandten Schutzrechten erwirbt (= *Paketlizenz*).
- **Lizenzobjekt**: Hier ist zwischen (1) *Schutzrechts-* (s.o.) *oder Patentlizenzen*, (2) *Know-how-Lizenzen* zur Weitergabe und Verwertung von rechtlich nicht geschütztem Wissen und (3) *gemischten oder zusammengefassten Lizenzen*, die eine Kombination von Schutzrechts- und Know-how-Lizenzen umfassen, zu unterscheiden.
- **Lizenzexklusivität**: Wird *genau einem* Unternehmen unter Ausschluss von Wettbewerbern (*einschließlich* des Lizenzgebers) ein Nutzungsrecht an einer technologischen Invention erteilt, so liegt eine *Exklusivlizenz* vor; solche Lizenzen be-

inhalten oft für den Lizenznehmer auch das Recht, weitere (Unter-)Lizenzen zu vergeben oder die Exklusivlizenz einem Dritten zu übertragen. Wird dem Lizenznehmer *nicht* zugesichert, dass ausschließlich er ein Nutzungsrecht am Lizenzobjekt erhält, dann liegt eine *einfache oder nicht-exklusive* Lizenz vor. Zwischen Exklusiv- und Einfachlizenz einzuordnen sind so genannte *Alleinlizenzen*, bei denen der Lizenzgeber sich zwar verpflichtet, *nur eine* Lizenz zu erteilen, sich aber das Recht vorbehält, (im Wettbewerb zum Alleinlizenznehmer) die geschützte Invention auch selbst zu vermarkten.

– **Lizenzbeschränkung**: In Abhängigkeit davon, inwieweit mit einem Lizenznehmer räumliche, zeitliche oder sachliche Eingrenzungen bei der Nutzung einer Invention vereinbart werden, unterscheidet man zwischen *beschränkten* und *unbeschränkten* Lizenzen. Speziell die *Dauer* von Lizenzverträgen hat sich an gesetzlichen Vorgaben zur maximalen Laufzeit von Schutzrechten zu orientieren: So beläuft sich etwa für Patente in westeuropäischen Industriestaaten, Japan und den USA die Schutzrechtsdauer jeweils auf *höchstens 20 Jahre* ab dem Tag der Patentanmeldung (s. *Mordhorst*, 1994, 261; *Ernst*, 1996, 18; *Specht* et al., 2002, 245-249).
– **Lizenzentgelt**: Hier ist zwischen der Vereinbarung *monetärer* und *nicht-monetärer* Kompensationsleistungen des Lizenznehmers an den Lizenzgeber zu unterscheiden. Abb. 5-20 informiert darüber, wie diese beiden Lizenzentgeltvarianten in Abhängigkeit von der Art der Gegenleistung des Lizenznehmers weiter systematisiert werden können (vgl. a. *Mittag*, 1985, 235-237; *Mordhorst*, 1994, 265-289).

Strategische Ziele bzw. potenzielle Vorteile einer Lizenznahme zur Beschaffung unternehmensextern verfügbarer Technologien sind (vgl. *Mordhorst*, 1994, 69-74 u. 99; *Specht* et al., 2002, 261):

– Verkleinerung des Rückstands gegenüber technologisch führenden Unternehmen, um die *Zeitdauer bis zum Abschluss eigener F&E-Arbeiten zu verkürzen* und um sich die Option eines *früheren Markteintritts* zu verschaffen.

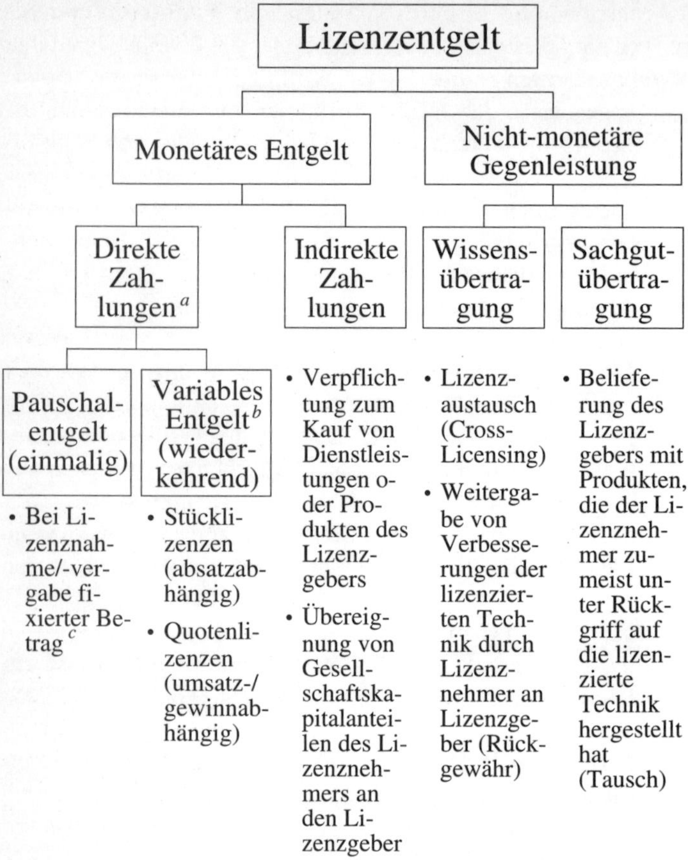

a) Mischformen aus Pauschalentgelt und variablem Entgelt werden nicht dargestellt, kommen aber ebenfalls in der Praxis vor.
b) Das variable Entgelt wird auch als „royalty" bezeichnet.
c) Der Betrag kann auch über mehrere Perioden verteilt gezahlt bzw. erhoben werden.

Abb. 5-20: Systematisierung von Lizenzentgeltarten

- Verringerung von F&E-/Innovationskosten und -fehlschlagsrisiken.
- Schließung von Lücken im eigenen Angebotsprogramm.
- Ausschluss von Lizenznahmen durch Konkurrenten (bei Erteilung von Exklusiv- oder Alleinlizenzen).

Diesen Vorteilen stehen als **potenzielle Nachteile einer Lizenznahme** gegenüber (vgl. *Mordhorst*, 1994, 75-77; *Specht* et al., 2002, 261):

- Bindung von Ressourcen zur Lizenzsuche, -bewertung und -verhandlung, die bei eigenen F&E-Projekten wirkungsvoller zum Einsatz gekommen wären (Opportunitätskosten).
- Vernachlässigung eigener F&E-Anstrengungen und damit langfristige Schwächung der technologischen Erfolgspotenziale des eigenen Unternehmens, da es keine technologische Führerposition (mehr) innehaben kann.
- Notwendigkeit einer aufwändigen Anpassung lizenzierter Technologien an die spezifischen Erfordernisse des eigenen Unternehmens, da zur wirksamen Lizenznutzung ein im eigenen Unternehmen nicht hinreichend vorhandenes Technikverständnis erforderlich ist, das kaum formal fixierbar und per Lizenz übertragbar ist (= unbewusst unterstelltes, kaum artikuliertes, erfahrungsabhängiges und oft verfahrensbezogenes Wissen, das sich durch einen hohen Grad an „tacitness and social complexity" auszeichnet (vgl. *Ranft/Lord*, 2002, 429; *Hauschildt*, 2004, 67f.).

Prinzipielles Anliegen des TIM bei Lizenznahmen ist es, die o.a. fünf Lizenzmerkmale so zu gestalten, dass die Vor- bzw. Nachteilspotenziale eines Lizenzerwerbs möglichst weitgehend erschlossen bzw. vermieden werden. Diesem Anliegen kann durch ein **zweistufiges Vorgehen** Rechnung getragen werden: In einem *ersten Schritt* ist zu analysieren, inwieweit eine Lizenznahme *grundsätzlich* in Abhängigkeit von den Ausprägungen der Unternehmens-, Technologie- und Wettbewerbsmerkmale in einer konkreten Entscheidungssituation als Technologiebezugsstrategie geeignet erscheint (s.a. Kap. 5.4.1). Fällt die Eignungsentscheidung positiv aus, dann hat das TIM in einem *zweiten Schritt* eine Detailplanung für die angestrebte Lizenzvereinbarung mit dem Technologiegeber vorzunehmen.

Mit Blick auf den *ersten Schritt* lassen sich konzeptionelle Überlegungen und empirische Befunde dahingehend zusammenfassen, dass eine Lizenznahme grundsätzlich dann an Vorteilhaftigkeit gewinnt, wenn sich die Lizenz auf Technologien bezieht (vgl. *Teichert*, 1994, 61; *Brockhoff*, 1999, 158-163; *Hauschildt*, 2004, 67f.),

- die *nicht* den technologischen Kernkompetenzfeldern des eigenen Unternehmens zuzuordnen sind.
- die in von dem eigenen Unternehmen bislang nicht angebotenen Produkten mit hohen Wachstumschancen und hohen Gewinnmargen eingesetzt werden.
- bei denen die eigene Technologiekompetenz relativ schlecht ist.
- bei denen es an eigenen F&E-Personal- oder Sachmittelkapazitäten oder an Finanzmitteln zur Weiterentwicklung bis zur Marktreife mangelt.
- deren Vermarktung über bereits vorhandene, aber nicht voll ausgelastete eigene Vertriebskapazitäten möglich ist.
- die in Produkten eingesetzt werden, deren „Vermarktungszeitfenster" eng begrenzt ist.

Für den *zweiten Schritt* der Detailplanung einer Lizenznahme lassen sich nur wenige allgemeine Gestaltungsempfehlungen geben; hier hat das TIM insbesondere (vgl. *Mordhorst*, 1994, 117-378):

- Lizenzumfang und -objekt möglichst präzise abzugrenzen. Bei dieser Abgrenzung ist zu beachten, dass mit zunehmender Technologiekompetenzlücke und Vermarktungsprogrammbreite des Lizenznehmers die Vorteilhaftigkeit eines *Paketlizenzerwerbs bzw. Einzellizenzerwerbs* tendenziell ebenfalls zunimmt bzw. abnimmt. Bei der Wahl des *Lizenzobjektes* hat der Erwerber vor allem seine eigene Technologieposition zu berücksichtigen: Je schlechter (besser) diese Position ausfällt, desto attraktiver wird der Erwerb von gemischten Lizenzen (reinen Patent- oder reinen Know-how-Lizenzen) für den Lizenznehmer.
- Sicherzustellen, dass die Zahl der weiteren Nutzer der lizenzierten technologischen Arbeitsergebnisse und Kenntnisse mit der eigenen Wettbewerbsstrategie kompatibel ist. Für eine Exklusiv- oder Alleinlizenz spricht aus Erwerbersicht die Möglichkeit der Erringung temporärer Monopolvorteile, dagegen jedoch zumeist das – relativ zur Einfachlizenz – hohe Lizenzentgelt. Eine Exklusiv- oder Alleinlizenz ist von

einem Erwerber vor allem dann anzustreben, wenn das Lizenzobjekt für ihn sehr attraktiv ist oder die Vereinbarung einer erfolgsvariablen Entgeltregelung einschließt, also Risiken (und Chancen) der Technologieverwertung nicht einseitig dem Lizenznehmer auferlegt. Der Lizenzkäufer kann umso eher damit rechnen, ohne Überschreitung seiner Preisobergrenzenvorstellungen zumindest eine Alleinlizenz zu erhalten, je größer dessen wirtschaftliche Macht im Vergleich zum Lizenzgeber und zu anderen Lizenzinteressenten und je niedriger die Konkurrenzintensität zwischen den beteiligten Unternehmen ausfällt.

– Das Lizenzentgelt situativ in Abhängigkeit vom Erwartungswert des Lizenznutzens, der Risikobereitschaft, der Finanzkraft (jeweils des Lizenzerwerbers) und der Symmetrie der Informationsverteilung zwischen Lizenzerwerber und -verkäufer zu regeln. D.h. es gibt aus Lizenznehmersicht (ebenso wie aus der Perspektive des Lizenzgebers; s.u. Kap. 5.5) *keine generell vorteilhafte* Art der Lizenzentgeltgestaltung. Beispielsweise ist für einen Lizenznehmer eine Vergütung über ein einmaliges Pauschalentgelt (s. Abb. 5-20) dann besonders akzeptabel, wenn er (1) über eine hohe Finanzkraft verfügt, (2) bereit ist, Risiken und Chancen der Inventionsverwertung allein zu tragen und (3) selbst kaum/keine eigenen Schutzrechte besitzt, die er im Tausch einem Lizenzgeber zur Verfügung stellen kann und/oder will. Hingegen ist eine Vergütung durch Wissensübertragung von dem Lizenznehmer an den Lizenzgeber (Cross-Licensing, Rückgewähr; s. Abb. 5-20) dann für den Lizenzkäufer besonders vorteilhaft, wenn er selbst (1) in erheblichem Umfang Schutzrechte besitzt, deren exklusive Nutzung für ihn nicht erfolgskritisch ist, (2) F&E betreibt und (3) durch finanzielle Liquiditätsengpässe in seinen Technologiebeschaffungsmöglichkeiten eingeschränkt wird.

Für eine Abschätzung der *Obergrenze* des aus Lizenznehmersicht maximal vertretbaren absoluten *Lizenzentgeltniveaus* sind die erwarteten Barwerte der Auszahlungen bei einer Technologiebeschaffung aus anderen Quellen (z.B. eigene F&E, F&E-Kooperation, Technologiekauf) zu ermitteln. Die

Obergrenze für die vom Käufer zu zahlenden Lizenzentgelte wird durch das *Minimum* der Auszahlungsbarwerte markiert, die jeweils bei der Nutzung alternativer Technologiequellen zu erwarten sind. Diese Vorgehensregel unterstellt, dass die technologiebedingten Einzahlungen unabhängig von der Technologiequelle sind, also alle Quellen *gleichwertige* Technologien hervorbringen.

Ist diese Annahme nicht sinnvoll, dann ist unter Einbezug sämtlicher Auszahlungen *und* Einzahlungen der Barwert für jede Bezugsquelle zu ermitteln. Für die Lizenznahme ist dann unter Zugrundelegung der vorläufigen Preisvorstellungen des Verkäufers zu ermitteln, ob ihr Barwert das Maximum aus den Barwerten für alle übrigen Technologiequellen übersteigt. Wenn ja (nein), dann wurde die Preisobergrenze nicht erreicht (überschritten). Bei einer Überschreitung der Preisobergrenze sind Niveau bzw. Zeitstruktur der vom Lizenznehmer zu zahlenden Entgelte so lange zu senken bzw. zu verändern, bis der Barwert einer Technologiebeschaffung über Lizenznahme mindestens dem Barwertmaximum aller übrigen Bezugsquellen entspricht (= Obergrenze für die von Lizenznehmer zu entrichtenden Entgelte).

In der Praxis sind die für ein Barwertkalkül notwendigen Inputdaten oft nicht vorhanden, so dass man sich mit analytisch nicht begründeten, intuitiven Schätzungen oder Preisen aus früheren Lizenzerwerbsfällen zur Bestimmung der Obergrenze für Lizenzentgeltzahlungen durch den Käufer begnügt.

Zur Vorbereitung von Lizenznahmeentscheidungen und -vertragsregelungen kommt mit zunehmender Unternehmensgröße die Einrichtung einer **spezialisierten Stabsstelle/-abteilung** in Betracht, die primär im Auftrag von Geschäftsfeldern, F&E-Einheiten oder eines Technologie-Make-or-Buy-Gremiums (s.o. Kap. 5.4.1) des Unternehmens tätig wird.

5.4.4 Erwerb von Eigenkapitalanteilen an anderen technologieorientierten Unternehmen

Mit einem Erwerb von Eigenkapitalanteilen an einem anderen, bereits existierenden oder in Gründung befindlichen Unternehmen (= **Erwerbsobjekt** oder **Zielunternehmen**) durch das eigene Unternehmen (= **Erwerbssubjekt** oder **Erwerber**) erhält der Käufer die Möglichkeit einer Einflussnahme auf die Weiterentwicklung und Verwertung technologischer Innovationsergebnisse und auf den Einsatz der F&E-Ressourcen des Erwerbsobjektes. Das Ausmaß des Einflusspotenzials wird dabei u.a. von der Höhe des erworbenen Eigenkapitalanteils bestimmt. Anders als bei einem Technologiekauf oder einer Lizenznahme (s. Kap. 5.4.3) ist mit einem Eigenkapitalanteilserwerb für den Käufer – außer bei einer Beteiligung an reinen F&E-Unternehmen ohne Produktion und Vertrieb – auch die Übernahme von nicht-technologiebezogenen Ressourcen (z.B. Vertriebsstätten) verbunden. Entsprechend sind der Finanzmittel- und Managementkapazitätseinsatz sowie die Bindungsintensität und -zeitdauer des kaufenden Unternehmens bei einem technologieorientierten Unternehmensbeteiligungserwerb typischerweise höher als bei einer kooperativen Technologiebeschaffung (s. Kap. 5.4.2), einem Technologiekauf oder einer Lizenznahme (s. Kap. 5.4.3).

Wann ein Eigenkapitalerwerb an einem *technologieorientierten* Unternehmen (= **technologieorientierte Unternehmensbeteiligung**) als Gegenstand des TIM und wann nur eine „sonstige Unternehmensbeteiligung“ vorliegt, lässt sich für *unternehmensexterne* Beobachter nicht mit letzter Sicherheit abgrenzen. Hilfsgrößen für eine solche Trennung sind absolut oder relativ zum Durchschnitt der Branche des Erwerbsobjektes gemessene F&E-Input- oder -Output-Indikatoren für das Erwerbsobjekt (vgl. *Pieper*, 1998, 43 u. 111f.; *Ruckman*, 2005, 90 sowie Kap. 3.3): Je höher diese Indikatoren ausgeprägt sind, desto wahrscheinlicher ist es, dass eine Unternehmensbeteiligung auch wesentlich durch die Möglichkeit der Beschaffung technologischer Innovationsressourcen und -ergebnisse motiviert wurde und damit als technologieorientiert zu klassifizieren ist. Aus Sicht *unternehmensinterner* Entscheider ist das Ausmaß der Technologieorientierung einer Beteiligungstransaktion natürlich leicht(er) anhand des Gewichts abzuschätzen, das der Beschaffung technologischer Innovationskompetenzen und -ergebnisse relativ zu anderen Kriterien (z.B. regionale Absatzgebietsausweitung) bei der Auswahlentscheidung für ein Erwerbsobjekt beigemessen wurde.

Varianten technologieorientierter Unternehmensbeteiligungen
Eine Differenzierung von *Varianten technologieorientierter Unternehmensbeteiligungen (TUB)* lässt sich anhand (1) der Höhe des an einem Unternehmen erworbenen Eigenkapitalanteils und (2) der Börsenfähigkeit des Zielunternehmens vornehmen (s. Abb. 5-21). Hinsichtlich der **Anteilshöhe** sind vereinfachend **Minder- und Mehrheitsbeteiligungen** am Gesellschaftskapital des Erwerbsobjektes zu trennen, wobei man bei Letzteren auch von *Unternehmenskäufen oder -akquisitionen* spricht (s. *Gerpott*, 1993, 22-40; *Pieper*, 1998, 10-18 und oben Abb. 5-16/5-17). Das hierbei zugrunde gelegte Trennkriterium eines Eigenkapitalanteils von 50% ist ein leicht ermittelbarer und deshalb für die Unternehmenspraxis plausibler Anhaltspunkt dafür, ob ein Erwerber technologische Innovationsprozesse des Zielunternehmens dominieren kann oder nicht. Allerdings ist es möglich, dass ein Erwerber auch bei Beteiligungsanteilen unter (50% + x) faktisch eine dominante Kontrollposition in einem Zielunternehmen erreicht, wenn die übrigen Eigenkapitalanteile auf zahlreiche andere Eigentümer weitgehend gleichmäßig gestreut sind und/oder der Erwerber aufgrund seines Unternehmensgrößenvorsprungs gegenüber dem Erwerbsobjekt erhebliche wirtschaftliche Macht ausüben kann.

Das zweite Systematisierungskriterium für TUB, die **Börsenfähigkeit des Erwerbsobjektes**, spiegelt indirekt das Überschreiten einer Tätigkeitsdauer- und/oder Größenschwelle durch das Zielunternehmen wider: Die Zulassung eines Unternehmens zum Handel an Wertpapierbörsen für Eigenkapital in Deutschland und anderen Staaten setzt nämlich den Nachweis einer Mindestgeschäftstätigkeitsdauer und eines Mindestunternehmenswerts voraus (s. *Schefczyk*, 2004, 62-65). *Nicht-börsenfähige* Erwerbsobjekte sind daher in einer vereinfachenden Betrachtung weitgehend identisch mit *neu gegründeten, jungen oder kleineren* Unternehmen, börsenfähige Zielunternehmen hingegen mit etablier-

		Höhe der Beteiligung am Eigenkapital des erworbenen Unternehmens[a]	
		Minderheit (< 50%)	**Mehrheit (> 50%)**
Börsenfähigkeit des erworbenen Unternehmens[b]	**Ja**	• Unternehmensbeteiligung i.e.S.	• Unternehmenskauf/-akquisition
	Nein	• Corporate Venture Capital-Investition	• Corporate Venture Nurturing-Investition oder • „Educational Acquisition“

a) Der Sonderfall einer paritätischen Beteiligung (50:50) wird nicht betrachtet.
b) Über die Börsenfähigkeit eines Unternehmens wird mittelbar dessen Alter/Geschäftstätigkeitsdauer seit Gründung und dessen Größe erfasst.

Abb. 5-21: Varianten technologieorientierter Unternehmensbeteiligungen

ten, größeren Unternehmen. Der Erwerb einer Minder- bzw. Mehrheitsbeteiligung an einem nicht börsenfähigen Unternehmen wird vielfach als **Corporate Venture Capital-Investition** (Venture Capital = Risiko- oder Wagniskapital) bzw. Corporate Venture Nurturing-Investition oder „Educational Acquisition“ bezeichnet (s. *Gaitanides/Wicher*, 1985, 418; *Roberts/Berry*, 1985, 8f.; *Afuah*, 2003, 367; *Schefczyk*, 2004, 21-23 und Abb. 5-21). Bei Corporate Venture-Beteiligungen kann das junge Unternehmen (unabhängig von der Beteiligungshöhe) zum Zeitpunkt des Anteilserwerbs durch ein anderes Unternehmen sich noch auf Produktentwicklungsarbeiten beschränken; hier handelt es sich um eine *Start-up Venture-Beteiligung*. Verfügt das junge Erwerbsobjekt hingegen über ein fertig entwickeltes Produkt, mit dessen Markteinführung es bereits begonnen hat, dann liegt eine *Expansion Venture-Beteiligung* vor.

Grundidee bzw. **Oberziel von technologieorientierten Corporate Venture-Beteiligungstransaktionen** ist es, Gründer-, Flexibilitäts-, Motivations-, Gemeinkosten- und Zeitvorteile von jungen Erwerbsobjekten mit den Ressourcen-, Erfahrungs-, Finanzierungs-, Image- und Skalenvorteilen großer Erwerber zusammenzuführen (s. *Gaitanides/Wicher*, 1985, 414f.). Speziell im Hinblick auf den Bezug neuer Technologien zielen *Corporate Venture Capital*-Engagements zumeist darauf, dem etablierten Käufer eine genauere Beobachtung von technologischen Innovationsaktivitäten und -ergebnissen des jungen Unternehmens zu erlauben. Aufgrund der so gewonnenen Erkenntnisse lassen sich dann für attraktive Technologiefelder relativ früh und aufwandsarm Innovationsaktivitäten beim Käufer initiieren, in die auch das Wissen aus der Minderheitsbeteiligung an dem jungen „Technology Venture" einfließt. Bei *Corporate Venture Nurturing*-Transaktionen steht weniger dieser „Horchposten-Ansatz" im Vordergrund als vielmehr das Anliegen, im Zielunternehmen neue Technologien ungestört von der bürokratischen Organisation des etablierten Erwerbers, aber gestützt auf die Bereitstellung komplementärer Ressourcen (z.B. Finanzmittel, aufwändige F&E-Laborausrüstung, Patentrechtsexperten, Zugang zu Vertriebskanälen) rasch und mit geringem Aufwand zur Anwendungsreife zu entwickeln und am Markt einzuführen. Aufgrund der *mehrheitlichen* Beteiligung bei Corporate Venture Nurturing-Investitionen ist es für den Erwerber eher als bei Corporate Venture Capital-Beteiligungen vorteilhaft, die Entwicklung technologischer Innovationen in das Zielunternehmen auszulagern, ohne dass der „normale Geschäfts- und F&E-Betrieb" in dem etablierten Mutterunternehmen angepasst werden muss. Die Verwertungschancen (und -risiken) für „ausgelagerte" F&E-/Innovationsvorhaben sind hier nämlich aufgrund des hohen eigenen Beteiligungsanteils in geringerem Ausmaß mit anderen Venture-Eigentümern zu teilen.

Das gesamte **Corporate Venture Capital-Investitionsvolumen** von etablierten Unternehmen in junge Anbieter belief sich, ungeachtet des Grads der Technologieorientierung der Minderheitsbeteiligungen, im Jahr 2002 in Deutschland auf ca. 0,6 Mrd. Euro (s. *Schefczyk*, 2004, 71). Dieser Betrag entspricht 1,6% bzw. 7,9% der internen bzw. externen F&E-Aufwendungen von Unternehmen der deutschen Wirtschaft in diesem Jahr (vgl. *Grenzmann* et al., 2004, 19). Folglich ist davon auszugehen, dass technologieorientierte Corporate Venture Capital-Beteiligungen in Deutschland, zumindest bis Ende 2002, im Vergleich zur internen Beschaffung innovativer Technologien oder zu anderen externen Bezugsquellen nur eine nachrangige Bedeutung hatten (s.a. *Haag*, 1995, 81 u. 142). Demnach könnten etablierte Unternehmen in Deutschland Potenziale zur externen Beschaffung attraktiver, risikoreicher Technologien über Eigenkapitalminderheitsbeteiligungen an jungen Unternehmen und damit verbundene Beratungs- und Wissenstransfermöglichkeiten infolge unzureichender Risikobereitschaft und unangemessener Arroganz gegenüber jungen „Technology Ventures“ nur unzureichend ausschöpfen.

Bei einer Technologiebeschaffung über **Minder- oder Mehrheitsbeteiligungen an etablierten, (theoretisch) börsenfähigen Unternehmen** (vgl. Abb. 5-21) wird allgemein eine Verbesserung der technologischen Innovationspotenziale und der Technologieposition des Erwerbers in zeitlicher, aufwandsbezogener oder qualitätsmäßiger Hinsicht angestrebt. Genauer geht es darum, durch eine Unternehmensbeteiligung i.e.S. oder -akquisition die Technologieposition des Erwerbers mittels Realisierung (vgl. *Pieper*, 1998, 43 u. 95-99)

- **technologischer Ergänzungseffekte** (= *Komplementär-* oder *Synergieeffekte*) zu verbessern, wenn Käufer und Erwerbsobjekt auf zwar unterschiedlichen Technologiefeldern Entwicklungsarbeiten aufweisen, aber diese Technologien zur Generierung überlegener Produkte miteinander verknüpfbar sind (z.B. Computer-Prozessoren und Software für Vermittlungsrechner in Telekommunikationsnetzen).
- **technologischer Ersatz- oder Transfereffekte** (= *Substitutionseffekte*) zu verbessern, wenn beide Unternehmen unterschiedliche, nicht kombinierbare Technologien für den gleichen Anwendungsbereich entwickeln, aber das Zielunternehmen relativ zum Erwerber die eindeutig leistungsfähigere Technologie vorantreibt (z.B. analoge vs. digitale Telefonnebenstellenanlagen für große Unternehmen) und das Wissen bezüglich der leistungsstärkeren Technologie vom

gekauften Unternehmen auf den Erwerber übertragen werden kann.

- **technologischer Parallelisierungseffekte** zu verbessern, wenn Erwerbssubjekt und Zielunternehmen unterschiedliche, nicht kombinierbare Technologien für den gleichen Anwendungsbereich entwickeln, ohne dass zum Beteiligungszeitpunkt genauer zu erkennen ist, welche Technologie sich als leistungsfähiger und wirtschaftlich erfolgversprechender erweisen könnte.
- **technologischer Erweiterungseffekte** (= *Diversifikationseffekte*) zu verbessern, wenn beide Unternehmen zwar auf unterschiedlichen, nicht verknüpfbaren Technologiefeldern für verschiedene Anwendungsgebiete arbeiten, aber ausgewählte Unterstützungsaktivitäten in Innovationsprozessen (z.B. Personalverwaltung, Patentschutz etc.) gemeinsam effizienter als bei getrennter Aufgabenwahrnehmung bewältigen können.

Empirische Studien, aus denen sich Hinweise auf die **Motivation von Käufern** im Zusammenhang mit technologieorientierten Unternehmensbeteiligungen gewinnen lassen, ergeben insgesamt kein klares Bild. Auf der einen Seite gibt es Befunde, die darauf hindeuten, dass Erwerber in den USA und Deutschland typischerweise solche Beteiligungen insbesondere an Objekten außerhalb des Käuferstammlands als *Ersatz* für die Durchführung eigener interner F&E des Akquisiteurs realisieren (s. *Ruckman*, 2005, 99; *Blonigen/Taylor*, 2000, 68f.; *Pieper*, 1998, 214; *Haag*, 1995, 134). Auf der anderen Seite liegen Analysen vor, die dafür sprechen, dass technologieorientierte (nationale) Unternehmensakquisitionen im Durchschnitt mit dem Ziel der *synergetischen Verbindung* von F&E-Fähigkeiten und -Ergebnissen des Käufers und des gekauften Unternehmens durchgeführt werden (vgl. *Ruckman* 2005, 99; *Hagedoorn/Duysters*, 2002, 78).

Auch im Hinblick auf die Frage, ob technologieorientierte Unternehmenskäufe im Mittel signifikante **Effekte auf technologische Innovationsleistungen des neuen Unternehmensverbunds** (gemessen anhand von Patentindikatoren oder Neuproduktbereitstellungshäufigkeiten) haben, sind die Resultate der empirischen Forschung ebenfalls mehrdeutig. Einige Untersuchungen weisen signifikant negative Innovationsleistungseffekte von Unternehmenakquisitionen aus (s. *Hitt* et al., 1991, 701-703; *Pieper*, 1998, 215-246; *Ernst/Vitt*, 2000, 113f.; *Jones* et al., 2000, 271-277), die auf risikovermeidende Verhaltensweisen und Arbeitsüberlastungen beim Management des Erwerbers verbunden mit dem Einsatz einengender innovationsfeindlicher, kurzfristig ausgerichteter finanzieller Kontrollsysteme und die transaktionsbedingte Fluktuation von wissenstragenden (Schlüssel-)Spezialisten zurückgeführt werden (s. *Gerpott* 1995c, 162; *Ahuja/Katila*, 2001, 198 und *Ranft/Lord*, 2002, 428-433 sowie die dort jeweils genannten Studien). Andere Arbeiten lassen erkennen, dass sich *nicht* die Durchführung eines technologieorientierten Unternehmenskaufs oder die bloße Zahl solcher Transaktionen, die ein Unternehmen in einem definierten Zeitabschnitt realisiert hat, *per se* signifikant auf unternehmensbezogene Innovationsleistungskriterien auswirken (s. *Cassiman* et al., 2005, 210-214; *Prabhu* et al., 2005, 122; *Hagedoorn/Duysters*, 2002, 77-79; *Ahuja/Katila*, 2001, 208-215). Vielmehr geht aus den vier zuletzt angeführten Arbeiten hervor, dass technologieorientierte Unternehmenskäufe nur unter bestimmten **Randbedingungen** geeignet sind, um innovationsrelevantes Technologiewissen zu beschaffen und vorteilhaft im neuen Unternehmensverbund zu verwerten. Demnach sind positive Effekte des Technologiebezugs über Unternehmensbeteiligungen eher dann zu erwarten, wenn

- das *Zielunternehmen* über eine *umfangreiche Technologiewissensbasis*, die in sich in Form von erteilten Patenten manifestiert, verfügt.
- das *Käuferunternehmen* selbst auch ein thematisch *breites* und zudem in den von ihm abgedeckten Fachgebieten auch *tiefes Patentportfolio* (= *technologisches Wissensfundament*) als Voraussetzung für eine sinnvolle Nutzung von erworbenen intangiblen technologischen Innovationskompetenzen aufweist.
- die von Käufer- und Zielunternehmen bearbeiteten F&E-/Technologieentwicklungsfelder einen *mittleren Ähnlichkeitsgrad* aufweisen oder sich ergänzen, also nicht weitgehend deckungsgleich, aber auch nicht hochgradig unverwandt sind.

Phasenorientierte TIM-Aufgaben bei technologieorientierten Akquisitionen

Insgesamt spricht die empirische Befundlage dafür, dass eine Technologiebeschaffung über Unternehmensakquisitionen sich *nicht automatisch* positiv auf die technologische Innovationseffektivität und -effizienz im neu entstehenden Unternehmensverbund auswirkt, weil in der Unternehmenspraxis offenbar erhebliche Schwierigkeiten bestehen, die im Vorfeld einer Beteiligung an einem etablierten Unternehmen identifizierten technologiebezogenen Wertsteigerungs*potenziale*/-ziele in *tatsächliche* Werterhöhungen umzusetzen. Diese Schwierigkeiten resultieren wiederum daraus, dass die in den typischen Phasen von **Unternehmensbeteiligungsprojekten zu bewältigenden TIM-Aufgaben** in der Praxis nicht hinreichend systematisch angegangen werden (vgl. *Ahuja/Katila*, 2001, 216; *Ranft/Lord*, 2002, 423f.; *Bannert/Tschirky*, 2004, 483-485). Zur strukturierten Verdeutlichung dieser Aufgaben ist es sinnvoll, technologieorientierte Unternehmenserwerbsprozesse in drei idealtypische Phasen zu untergliedern (s. *Gerpott*, 1995d, 880; *Baumöl*, 2003, 243f.):

– Phase der strategischen Vorbereitung einer Transaktion.
– Phase der technischen Abwicklung eines Kaufs bis zur offiziellen Bekanntgabe eines realisierten Vertragsabschlusses.
– Phase der Integration der F&E-Ressourcen der beteiligten Unternehmen nach der offiziellen Bekanntgabe des Zustandekommens eines Beteiligungsvertrags.

Im Rahmen der **strategischen Vorbereitung** von technologieorientierten Beteiligungen an bzw. Akquisitionen von börsenfähigen, etablierten Unternehmen, aber z.gr.T. auch von technologieorientierten Corporate Venture-Investitionen geht es zunächst darum, **klare Beteiligungsziele** mit Blick auf technologische Innovationsvorhaben des eigenen Unternehmens aus den eigenen Technologie- und Wettbewerbsstrategien abzuleiten. Als ein Beispiel für ein solches Ziel lässt sich anführen: Zeitgewinn von mindestens 12 Monaten infolge einer Substitution eigener F&E-Anstrengungen auf Technologiefeld x durch Zukauf von F&E-Ressourcen/-Ergebnissen eines Zielunternehmens mit einer Spitzenposition auf dem genannten Technologiefeld. Aus diesen Zielen sind dann **Vorauswahlkriterien** zur Bewertung von Erwerbskandidaten mit Bezug zu deren F&E-/Technologieposition abzuleiten. Einfache Beispiele für solche Kriterien sind die Zahl und Qualität der einem Unternehmen in einer bestimmten Periode erteilten Patente innerhalb definierter Themenklassen gemäß internationaler Patentklassifikation.

Anschließend ist eine **systematische Suche nach Zielunternehmen** zu initiieren, um die Beteiligungsentscheidung nicht zu schnell auf einen oder wenige Kandidaten einzuschränken bzw. attraktive potenzielle Erwerbsobjekte nicht zu übersehen. Sämtliche Beteiligungskandidaten sind dann grob im Hinblick auf ihre Eignung zur Erreichung der zuvor formulierten Ziele für einen Anteilserwerb zu bewerten. Dabei kann wieder auf Scoring-Methoden zurückgegriffen werden, deren Vorgehensprinzip bereits oben in Kap. 4.3 im Zusammenhang mit der Erläuterung von Technologie-Portfolios dargestellt wurde. Endergebnis der strategischen Vorbereitungsphase ist eine Liste mit wenigen potenziellen Erwerbsobjekten (= „short list"), die in der nächsten Beteiligungsprozessphase näher zu untersuchen sind.

Zur **Phase der technischen Abwicklung** einer technologieorientierten Beteiligung gehört zuerst eine *professionelle Kontaktaufnahme* des Kaufinteressenten mit dem Beteiligungskandidaten: Sie beinhaltet eine Präsentation der Beteiligungsmotivation des potenziellen Erwerbers und der Chancen sowie Risiken einer Verknüpfung und umfasst ferner eine Erkundung der Wahrscheinlichkeit des Zustandekommens einer Transaktion. Für Kandidaten, bei denen nach einer Kontaktaufnahme beiderseitig Beteiligungsinteressen festgestellt werden, ist dann eine *Detailbewertung* u.a. ihrer innovationsrelevanten Technologieressourcen und -ergebnisse sowie des strategischen und unternehmenskulturellen Zusammenpassens von Erwerbssubjekt und -objekt vorzunehmen (s.a. Kap. 5.4.2). Bei einer solchen Bewertung sind die oben in Abb. 4-12 zusammengefassten inhaltlichen Bereiche abzudecken, die ansonsten auch zur technologie- und innovationsorientierten Analyse des eigenen Unternehmens herangezogen werden.

In der wissenschaftlichen Literatur wurde so genannten „strategischen (Beteiligungs-)Kontextvariablen" besondere Beachtung als möglichen Anhaltspunkten zur Erfassung des „strategischen

Fit“ der potenziellen Transaktionspartner geschenkt. Dabei sind mit **strategischen Kontextvariablen** (1) solche absoluten Merkmale des erwerbenden Unternehmens oder des Erwerbskandidaten sowie (2) solche relativen Größen, die den Grad der Übereinstimmung von Charakteristika der beiden beteiligten Unternehmen abbilden, gemeint, von denen vermutet wird, dass sie die Wertsteigerungs*potenziale* einer TUB in quantitativer und qualitativer Hinsicht bestimmen. Strategische Kontextvariablen zeichnen sich dadurch aus, dass sie durch die Beteiligungspartner zumindest kurz- bis mittelfristig nicht gestaltbar sind. Ihnen wird in vielen Veröffentlichungen eine Filterfunktion für die Eingrenzung von Erwerbskandidaten zugewiesen, bei denen eine Beteiligung ein hohes Wertsteigerungspotenzial verspricht. Beispiele für strategische Kontextvariablen bei Beteiligungen sind die F&E-Intensität des Erwerbskandidaten, die Beteiligungserfahrung des Kaufinteressenten, das Größen-(= Umsatz)verhältnis von Erwerbssubjekt und -objekt, der Überlappungs- und Kombinierbarkeitsgrad der von beiden Unternehmen bearbeiteten Technologiefelder und der Ähnlichkeitsgrad der Unternehmenskulturen der Transaktionspartner (s. *Gerpott*, 1993, 4f. u. 245-247 sowie 1995c, 165; *Pieper*, 1998, 57-72; *Ernst/Vitt*, 2000, 115f.; *Ranft/Lord*, 2002, 433; *Cassiman* et al. 2005, 201f.).

Allerdings deutet eine empirische Studie einer Stichprobe von 92 nationalen Unternehmensakquisitionen, die in Deutschland im Jahr 1988 stattfanden, darauf hin, dass strategische Kontextvariablen keine signifikanten direkten Effekte auf den Grad der nach dem formalen Beteiligungsvollzug erreichten Integration der F&E-Funktionen von Käufer- und Zielunternehmen haben (*Gerpott*, 1995c, 166-174). Daher sollte den in der betriebswirtschaftlichen Forschung, vermutlich wegen ihrer einfachen Erfassbarkeit, häufig als Erfolgsdeterminanten untersuchten strategischen Kontextvariablen m.E. in der Praxis nur eine Erinnerungspostenfunktion zugebilligt werden. Ihre Erfassung ersetzt die notwendige detaillierte Bewertung der Ähnlichkeit und Verträglichkeit der Technologieressourcen der potenziellen Transaktionspartner nicht.

Wesentliches Element der technischen Abwicklungsphase von Beteiligungen ist schließlich die **Verhandlung eines Preises** für die zu erwerbenden Anteile des Zielunternehmens. Bei der Schätzung einer Kaufpreisobergrenze für den Erwerber sind der Barwert der zukünftigen Cash-Flows (= *Ertragswert*) und der Wiederbeschaffungswert des Vermögens (= *Substanzwert*) des Erwerbsobjektes sowie die Barwerte alternativer Technologiebezugsquellen analog zu dem Kalkül zu berücksichtigen, das in Kap. 5.4.3 bei der Preisgrenzenermittlung für Lizenznahmen beschrieben wurde. Die offizielle Bekanntgabe der erfolgten oder des Termins der geplanten formalen Kaufvertragsunterzeichnung nach Abschluss der Erwerbsverhandlungen markiert den Endpunkt der Abwicklungsphase.

Die letzte Phase von TUB-Prozessen, die **Integration** nach dem formalen Kaufvertragsabschluss, umfasst die Detailplanung und Umsetzung von Veränderungen in der Nutzung materieller und immaterieller Technologieressourcen und -ergebnisse der Beteiligungspartner. Ziel der Integration ist es, im Vorfeld der Beteiligung identifizierte technologische Wertsteigerungs*möglichkeiten* in *tatsächliche* Wertsteigerungen umzusetzen. Die inhaltlichen Veränderungsschwerpunkte (z.B. Zusammenführen der F&E-Ergebnisse auf den Feldern Satellitennavigation und Verkehrsdatenerfassung zur Vorbereitung von Verkehrstelematik-Innovationen) sollten sich aus den in der Vorbereitungsphase formulierten Beteiligungszielen ergeben. Zur Förderung eines bidirektionalen Transfers von Wissen zwischen Technologieexperten und -managern beider Seiten muss der Erwerber gezielt organisatorische sowie motivations- und qualifikationsbeeinflussende **Integrationsgestaltungsmaßnahmen** treffen. Solche Maßnahmen sind gleichermaßen vor und nach einer offiziellen Ankündigung des Zustandekommens einer TUB möglich und geboten (s. *Gerpott*, 1993, 127-130 u. 1995c, 164f.).

Beispiele für „antizipative" Managementaktionen im Vorfeld eines Erwerbs sind die systematische Erfassung der Qualifikationen und Motivation von Schlüsselpersonen in technologischen Innovationsprozessen des Erwerbskandidaten im Rahmen der Unternehmensbewertung oder der Einbezug dieser Schlüsselpersonen in Überlegungen zur sinnvollen inhaltlichen und organisatorischen Verknüpfung der technologischen Innovationsressourcen der Partner für den Fall des Zustandekommens einer Beteiligung bereits während der Vertragsverhandlungen. Beispiele für „begleitende" Managementmaßnahmen zur Integration nach der offiziellen Bekanntgabe einer TUB sind die Einrichtung von temporären Arbeitsgruppen („Task Forces"), die mit der Detaillierung und Umsetzung der inhaltlichen und administrativen Verknüpfung von F&E-Ressourcen der Partnerunternehmen beauftragt werden, oder systematische Informationskampagnen zur Vermittlung von geplanten und umgesetzten Veränderungen an die Mitarbeiter beider Unternehmen im Allgemeinen und an deren F&E-Mitarbeiter im Besonderen (s. *Gerpott*, 1993, 131-184 u. 333-388 sowie 1995d, 882-896; *Bannert/Tschirky*, 2004, 485-492).

Da hochwertige Technologiekompetenzen eines (akquirierten) Unternehmens sich oft dadurch auszeichnen, dass sie auf über viele Jahre stillschweigend angesammelten **unkodifiziertem Erfahrungswissen von (F&E-)Experten** beruhen, kommt nach technologieorientierten Akquisitionen zur Erschließung ihrer Vorteilspotenziale der systematischen Gestaltung von Integrationsmaßnahmen, die auf eine Sicherung des Verbleibs solcher Technologiekompetenzträger zielen, sehr große Bedeutung zu. Als Ansatzpunkte zur **Erhöhung der Verbleibensquote von Schlüsselmitarbeitern** gelten (vgl. *Ranft/Lord*, 2002, 429-438):

- Die Belassung von Entscheidungsspielräumen.
- Die Bereitstellung ergänzender Ressourcen (z.B. Finanzmittel, apparative Ausstattung).
- Die frühzeitige Information über geplante Personalbestandsveränderungen im Zielunternehmen, gegebenenfalls gekoppelt mit (zeitlich befristeten) Stellengarantien für Schlüsselpersonal.
- Der Verzicht auf die sofortige komplette Besetzung von technologischen Managementpositionen im Zielunternehmen ausschließlich durch Käufervertreter.
- Die Zahlung finanzieller (Zusatz-)Leistungen in Abhängigkeit von der Fortsetzung der Mitarbeit einzelner oder eines Teams von Schlüsselexperten im neuen Unternehmensverbund über einen definierten Zeitraum nach dem Eigentümerwechsel.
- Die Schaffung von Gelegenheiten zum persönlichen Informationsaustausch zwischen Technologieexperten des Käu-

fer- und des Zielunternehmens (z.B. durch gemeinsame Trainingsveranstaltungen/Workshops, wechselseitige Besuchs-/Job Rotation-Programme, räumliche Zusammenführung in einem Gebäude oder zumindest an einem Standort).

Empirische Untersuchungen sprechen dafür, dass systematische Integrationsgestaltungsmaßnahmen (1) sich signifikant auf das Ausmaß der erreichten Integration der F&E-Bereiche von Erwerber und Zielunternehmen auswirken und (2) in der deutschen Unternehmenspraxis im Mittel eher sporadisch eingesetzt werden (s. *Gerpott*, 1995c, 168-176; *Pieper*, 1998, 249). Damit werden Vorteils*potenziale* von TUB in Deutschland zu wenig in *tatsächliche* Vorteile umgesetzt.

Fazit: Situative Randbedingungen des Technologiebezugs über einen Beteiligungserwerb

Alles in allem verspricht ein Technologiebezug über den Erwerb von Eigenkapitalanteilen an technologieorientierten jungen oder reifen Unternehmen für den Käufer dann Vorteile gegenüber anderen Technologiebeschaffungsformen, wenn

- das Zielunternehmen auf Technologiefeldern mit hohen wettbewerbsstrategischen Vorteilspotenzialen tätig ist.
- die relative Technologieposition des Zielunternehmens sehr gut und die eigene Position mittelmäßig ist.
- kaum Ressourcen ohne Technologieinnovationsbezug (z.B. Fertigungsanlagen) erworben werden, für die der Käufer keine Verwendung hat.
- keine Redundanzen/Dopplungen bei Technologieressourcen hervorgerufen werden.
- eine Lizenznahme oder F&E-Kooperation nicht möglich ist.
- übernommene Technologien in explizit dokumentierter Form vorliegen, also weniger nur über die Erschließung des impliziten Wissens von Schlüsselexperten des akquirierten Unternehmens nutzbar sind.
- die Wissensträger im Zielunternehmen auch nach der Veränderung der Eigentumsverhältnisse an das Unternehmen gebunden werden können.
- der Erwerber über genügend Ressourcen und Erfahrungen verfügt, um eine Wissensweitergabe und gegebenenfalls

-kombination zwischen Schlüsselpersonen in technologischen Innovationsprozessen der beiden Unternehmen durch eine systematische Gestaltung der Integration insbesondere der F&E-Funktionen der Partner nach dem formalen Beteiligungsvertragsabschluss zu unterstützen.

5.5 Unternehmensexterne Verwertung eigener technologischer Innovationsergebnisse

5.5.1 Externe Technologievermarktung: Abgrenzung, Ursachen und Ziele

Unternehmen verwerten die Ergebnisse der von ihnen finanzierten F&E-Aktivitäten im Regelfall **intern** in von ihnen abgesetzten Produkten oder eingesetzten Prozessen. Darüber hinaus kann es unter bestimmten Randbedingungen sinnvoll sein, F&E-Ergebnisse und Technologie-Wissen als **eigenständige Erlösträger**

- **zusätzlich** zu einer internen Nutzung **auch unternehmensextern** wirtschaftlich zu verwerten oder
- **ausschließlich unternehmensextern** zu vermarkten.

Unternimmt ein Unternehmen systematisch Anstrengungen für Ergebnisse seiner technologischen Innovationsaktivitäten zur Erzielung von Umsatzerlösen unternehmensexterne Abnehmer zu finden, dann charakterisiert man dieses Vorgehen als **Technologiemarketing** (vgl. *Mittag*, 1985, 38-41; *Tschirky*, 1998, 302f.).

Ursachen für das Auftreten von F&E-/Technologieergebnissen und -ressourcen, die auch oder nur für eine unternehmensexterne Vermarktung in Frage kommen, sind:

- *Zufällige Ergebnisse* von F&E-Projekten, die in keinem Zusammenhang mit den geplanten Projektanwendungen stehen (so genannter *Serendipitätseffekt*; s. *Kern/Schröder*, 1977, 114; *Brockhoff*, 1999, 35; *Hauschildt*, 2004, 287 u. 378).
- *Nebenergebnisse* von F&E-Projekten, die zwar erwartet wurden (also *nicht* als *zufällig* zu klassifizieren sind), die man aber nicht selbst in eigenen Produkten verwenden will (so genannte „by-product- bzw. spin-off-technology"; *Mittag*, 1985, 132).

- *Fehleinschätzungen* der strategischen Relevanz von F&E-Projektergebnissen für die Erringung von Wettbewerbsvorteilen auf den von einem Unternehmen bearbeiteten Produkt-Markt-Feldern.
- Kurzfristige *Veränderungen* der Wettbewerbsstrategien der Geschäftsfelder eines Unternehmens, die erst mit Zeitverzögerung zur Neuzuordnung von F&E-Ressourcen bzw. zum Abbruch von F&E-Projekten führten.
- Zugang von mit der strategischen Ausrichtung der Geschäftsfelder eines Unternehmens nicht kompatiblen Technologien/F&E-Ergebnissen oder F&E-Ressourcen (Mitarbeiter, technische Anlagen, Gebäude etc.) im Zug von *Unternehmensbeteiligungen*.

In einer prozessorientierten Betrachtung lässt sich das Technologiemarketing von Unternehmen idealtypisch in folgende **sechs Schritte** gliedern (vgl. *Mittag*, 1985, 42-44):

- Formulierung von *Zielen* einer unternehmensexternen Technologievermarktung.
- *Auswahl von Technologien*, für die eine unternehmensexterne Technologievermarktung in einem definierten Zeitraum prinzipiell vorteilhaft sein dürfte.
- Bestimmung und Ansprache von *externen Zielgruppen*, bei denen eine Vermarktung eigener Technologien sinnvoll und möglich erscheint (z.B. Unternehmen, zu denen bereits enge vs. noch keine Geschäftsbeziehungen bestehen oder Konkurrenten vs. Anbieter aus anderen Branchen).
- *Verhandlung* bzw. Spezifikation einer aus Verkäufer- und Kundensicht zufriedenstellenden Variante der unternehmensexternen Technologieverwertung einschließlich der vom Kunden zu erbringenden Gegenleistungen bis hin zum Abschluss eines formalen Vertrags.
- *Umsetzung* der Übertragung von Technologien an den Kunden.
- *Kontrolle* der Zielerreichung einer unternehmensexternen Technologieverwertung.

Da die TIM-Literatur sich bislang primär auf die Beschreibung von Zielen, Auswahlkriterien und Varianten einer unternehmensexternen Technologievermarktung konzentriert hat (s.o.

Schritte 1, 2 und 4) gehe ich anschließend ebenfalls auf diese drei Aspekte des Technologiemarketing ein. Die Ausführungen werden hier bewusst kurz gehalten, da die Überlegungen im Zusammenhang mit einem Technologiebezug aus unternehmensexternen Quellen (s. Kap. 5.4) sinngemäß „mit umgekehrtem Vorzeichen" auch auf die externe Technologieverwertung übertragbar sind: Während beim Technologiebezug aus *Käufersicht* Handlungsoptionen und Gestaltungsempfehlungen diskutiert wurden, geht es beim Technologiemarketing um entsprechende Optionen und Empfehlungen aus *Verkäufersicht*.

Allgemeine Ziele einer unternehmensexternen Vermarktung von Technologien auf eine Art und Weise, dass der Anbieter selbst *nicht* auf Dauer davon ausgeschlossen wird, die Externen zugänglich gemachten F&E-Ergebnisse auch in eigene Produkte einfließen zu lassen, sind (vgl. *Mittag*, 1985, 65f. u. 71f.; *Wolfrum*, 1991, 326; *Mordhorst*, 1994, 77-89 u. 105f.; *Dutta/Weiss*, 1997, 345-347; *Specht* et al., 2002, 266):

– Verringerung der Zeitdauer und des Aufwands für die Verbreitung einer Produktkategorie bei potenziellen Nachfragern.
– Überwindung von eigenen Kapazitätsengpässen in der Produktion und im Vertrieb.
– Verhinderung von Umgehungsentwicklungen bzw. Beeinflussung der Anwendung einer neuen Technologie bei Konkurrenten.

Zudem werden sowohl bei einer parallel unternehmensextern und -intern als auch bei einer ausschließlich extern erfolgenden Vermarktung eigener innovativer Technologien sichere zusätzliche Einzahlungen zur Deckung von F&E-Auszahlungen angestrebt. Dieses vierte Ziel bekommt dann ein besonders hohes Gewicht, wenn ein Unternehmen die Verwertung von Technologien selbst gar nicht oder nur teilweise (z.B. in bestimmten Ländern) vornehmen kann oder/und will. **Hauptnachteil** einer externen Technologieverwertung ist der mögliche Verlust eines technologiebedingten Wettbewerbsvorsprungs des eigenen Unternehmens.

Eine unternehmensexterne Technologievermarktung ist für ein Unternehmen *nicht generell*, sondern *in bestimmten Situationen* besonders vorteilhaft bzw. nachteilig. Entsprechend ist bei der

(Vor-)Auswahl von intern verfügbaren innovativen Technologien, die zusätzlich auch oder exklusiv nur zur Verwertung durch Unternehmensexterne freigegeben werden sollen, eine *Situationsanalyse* durchzuführen. Hier haben insbesondere folgende Situationsmerkmale Einfluss auf die Nutzen-Kosten-Bilanz einer externen Technologievermarktung (vgl. *Ford/Ryan*, 1981, 117-125; *Mittag*, 1985, 142-158; *Wolfrum*, 1991, 323-333):

- Sicherheitsgrad hinsichtlich der Prognose der noch offenen Technologieentwicklungspotenziale.
- Bedeutung der Technologie für die Unterstützung der Wettbewerbsstrategien der eigenen Geschäftsfelder.
- Übereinstimmungsgrad zwischen den zur vollständigen Technologievermarktung benötigten und den unternehmensintern hierfür verfügbaren Ressourcen.
- Auswirkungen einer unternehmensexternen Technologieverwertung auf die Marktakzeptanz eigener Produkte bzw. der in ihnen eingesetzten Technologien.
- Schützbarkeit einer ausschließlichen Technologienutzung durch das eigene Unternehmen.
- Ausmaß der Einschränkungen einer internen Technologienutzung durch staatliche Vorgaben.
- Höhe der bei einer externen Technologievermarktung erzielbaren Erlöse, absolut und relativ zu den Erlösen, die bei ausschließlich interner Technologienutzung in eigenen Produkten zu erwarten sind.

Die Realisierung unternehmensexterner Technologieverwertungsvarianten ist um so eher sinnvoll,

- je sicherer die Technologieentwicklungspotenziale abgeschätzt werden können.
- je geringer die Technologierelevanz für eigene Wettbewerbsstrategien ausfällt.
- je größer die Ressourcenlücke zur vollständigen internen Technologieverwertung ist.
- je positiver sich eine externe Vermarktung von F&E-Ergebnissen auf die Akzeptanz eigener Produkte auswirkt (z.B. Durchsetzung der eigenen Technologie als Industriestandard).

- je weniger eine exklusive interne Technologienutzung durch das eigene Unternehmen durchsetzbar ist (z.B. aufgrund von Umgehungsentwicklungen oder Schutzrechtsverletzungen durch Wettbewerber).
- je mehr staatliche Eingriffe gegen einen Versuch, Technologien nur intern zu nutzen, zu erwarten sind (z.B. Genehmigung einer Unternehmensbeteiligung nur unter der Bedingung von Lizenzvergaben des Käufers für die erworbene Technologie).
- je höher die aus der externen Technologievermarktung erzielbaren Erlöse ausfallen.

5.5.2 Varianten externer Technologievermarktung

Unternehmen können Ergebnisse eigener F&E-Anstrengungen (1) intern, (2) gar nicht oder (3) partiell auch oder ausschließlich extern kommerziell verwerten. Bei der zuletzt genannten Option, der unternehmensexternen Technologieverwertung, lassen sich spiegelbildlich zu den in Kap. 5.4 diskutierten Technologiebezugsquellen **drei prinzipielle Varianten** unterscheiden (vgl. a. *Mittag*, 1985, 73-79; *Specht/Zörgiebel*, 1985, 171; *Wolfrum*, 1991, 320-334 u. 1995, 260f.; *Specht* et al., 2002, 107f. u. 265-267):

- Gemeinschaftliche Technologieverwertung mit anderen Unternehmen.
- Technologiefremdverwertung ohne oder mit Ausschluss einer Technologienutzung durch den Verkäufer.
- Verkauf des Unternehmens(teils), das (bzw. der) maßgeblich die bisherige Technologieentwicklung und -kommerzialisierung vorangetrieben hat.

Gemeinschaftliche Technologieverwertung mit anderen Unternehmen

Die gemeinschaftliche Technologieverwertung mit anderen Unternehmen ist dadurch gekennzeichnet, dass sowohl das eigene als auch andere Unternehmen *gleichzeitig* auf der eigenen Technologie beruhende Produkte oder Verfahren herstellen, vermarkten und jeweils *wirtschaftliche* Verwertungsrisiken tragen. Unterfälle dieser Technologievermarktungsvariante sind:

– Die auf vertraglicher Vereinbarung beruhende Zusammenarbeit von Unternehmen, ohne dass (1) eine ein- oder wechselseitige Kapitalbeteiligung an bestehenden oder neu gegründeten Unternehmen und (2) eine formelle Lizenzvergabe erfolgt.
– Die Gründung eines Gemeinschaftsunternehmens.
– Die Vergabe von Einfach- oder Alleinlizenzen (s. Kap. 5.4.3) ohne wesentliche weitere Kooperationsabreden.

Die gemeinsame Technologieverwertung eignet sich allgemein besonders zur Erreichung von *absatz- und finanzwirtschaftlichen Zielen* (Erschließung zusätzlicher Märkte bei gleichzeitiger Reduzierung des Kapitalbedarfs für eine Marktausweitung), wenn die beteiligten Unternehmen nicht in direktem Wettbewerb zueinander stehen oder bereits bei der *Entwicklung* einer innovativen Technologie kooperiert haben. Speziell durch die Vergabe von Einfachlizenzen kann ein Unternehmen nicht nur zusätzliche Entgelte von Lizenznehmern erwirtschaften (s. Abb. 5-20), sondern mittelbar auch die Marktakzeptanz eigener Produkte verbessern. Dies ist möglich, falls das eigene Unternehmen durch Lizenzierung anderer Anbieter erreicht, dass sein Produkt zur dominanten Plattform bzw. zum (Quasi-)Industriestandard wird (vgl. a. Kap. 5.2.2) und infolge dieser *Standardbildung* vermehrt komplementäre Produkte des lizenzgebenden Unternehmens nachgefragt werden. Beispielsweise wurden von Computer-Betriebssystemherstellern Lizenzen für die jeweils von ihnen entwickelten Betriebssysteme an andere Soft- und Hardwareunternehmen vergeben, um den Absatz weiterer betriebssystemkompatibler Softwareprodukte des Lizenzgebers zu fördern.

Technologiefremdverwertung

Bei einer Technologiefremdverwertung verzichtet ein Unternehmen zugunsten externer Partner gegen eine Kompensationsleistung *komplett* auf die interne Nutzung einer Technologie in eigenen Produkten. Dieser Nutzungsverzicht kann erfolgen

– für einen definierten Zeitraum, ohne dass ein Übergang von Eigentumsrechten an den Technologieergebnissen stattfindet (= **Vergabe einer Exklusivlizenz**).

- auf Dauer durch Abgabe sämtlicher Eigentumsrechte an bestimmten F&E-Ergebnissen (= **Technologieverkauf**).

Der zuletzt genannte *Technologieverkauf* bietet sich dann für den Eigentümer einer innovativen Technologie an, wenn

- er nicht über die Ressourcen (z.B. Produktionsanlagen) verfügt, die für eine breite Anwendung einer Technologie erforderlich sind.
- der gebotene Kaufpreis die Technologieerstellungskosten und die erwarteten Erlöse bei einer internen Verwertung weit übersteigt.
- die interne Verwertung nicht im Einklang mit den Wettbewerbsstrategien der Geschäftsfelder eines Unternehmens steht.

Die Vergabe einer *Exklusivlizenz* kommt für den Technologieeigentümer in Betracht, falls er zwar auf absehbare Zeit das wirtschaftliche Vermarktungsrisiko einer Technologie nicht tragen kann (Grund: Ressourcenmangel) oder will (Grund: Risikoscheu), er aber aufgrund hoher Unsicherheit bezüglich der langfristigen Technologiepotenziale oder einer erwarteten Änderung seiner Ressourcenbasis sich die Option einer internen Technologie(mit)-verwertung *nicht* durch einen Technologieverkauf dauerhaft verschließen will.

Unternehmens(teil)verkauf

Der **Verkauf eines technologieorientierten Unternehmens** zeichnet sich gegenüber einer Technologiefremdverwertung dadurch aus, dass nicht nur Eigentums- oder Nutzungsrechte an materialisierten, technologischen Innovationsergebnissen und an immateriellem Technologiewissen abgegeben werden. Vielmehr findet *zusätzlich* eine Übertragung der Verfügungsrechte über (1) *sämtliche* Vermögensgegenstände eines rechtlich unselbstständigen Unternehmensteils oder (2) das gesamte Eigenkapital oder mindestens die Mehrheit der Eigenkapitalanteile eines *rechtlich selbstständigen, aber wirtschaftlich unter gemeinsamer Leitung stehenden Unternehmens in einem Konzern* statt. Hier wird auch von einer technologieorientierten **Desinvestition** gesprochen.

In Abhängigkeit von der Beziehung des Käufers zum verkaufenden Unternehmen sind zwei **Desinvestitionsvarianten** zu differenzieren, nämlich die Veräußerung eines rechtlich unselbstständigen *Betriebs* eines Unternehmens per *Vermögensübertragung* oder eines rechtlich selbstständigen *Konzernunternehmens* per *Gesellschaftskapitalübertragung*

- an Mitarbeiter oder Führungskräfte dieses Unternehmens (teils): Hier spricht man auch von einer „**Sponsored Technology Spin-off-Ausgründung**" (vgl. *Gaitanides/Wicher*, 1985, 419), bei der bisherige Angestellte des Verkäufers zu selbstständigen Partnern mit eigener unternehmerischer Risikoübernahme werden.
- an rechtlich und wirtschaftlich unabhängige unternehmensexterne Nachfrager: Diese Transaktion wird als Verkauf i.e.S. oder „**Technology Sell-off**" bezeichnet.

Beide Desinvestitionsvarianten werden oft in zwei Schritten realisiert: In einem ersten Schritt erfolgt eine Unternehmensspaltung durch Gründung einer neuen Tochtergesellschaft, auf die Technologierechte/-ergebnisse und andere Ressourcen (Mitarbeiter, Anlagen, Gebäude, Grundstücke etc.) des spaltenden Unternehmens übertragen werden und dessen Kapitalanteile sowie Verfügungsgewalt bei dem ausgliedernden Unternehmen verbleiben (s. *Bühner*, 1998, 809f.). In einem zweiten Schritt wird die ausgegliederte Tochtergesellschaft vollständig oder zumindest mehrheitlich an neue Eigentümer verkauft. Eine Untersuchung von 34 Spaltungen diversifizierter Großunternehmen im Zeitraum von 1993 bis 1997 ergab allerdings, dass Spaltungen von F&E-intensiven Unternehmen zu keinen signifikanten Steigerungen des Börsenwerts des spaltenden Unternehmens führten (s. *Bühner*, 1998, 821-830). Dieser Befund ist ein Indiz dafür, dass der Kapitalmarkt *nicht* davon ausgeht, dass *allein* eine Spaltung *in jeder Situation* eine Steigerung der Innovationseffizienz in großen Unternehmen bewirkt. Hierfür ist vielmehr ein Verkauf des abgetrennten und rechtlich verselbstständigten Unternehmensteils eine zusätzlich notwendige, aber nicht hinreichende Voraussetzung: Erst ein solcher Verkauf führt nämlich – wie zahlreiche empirische Studien belegen (s. *Gerpott*, 1993, 67-69) – im Mittel zu signifikanten Vermögenszuwächsen bei den (früheren) Anteilseignern des veräußerten Unternehmens.

Auf die **Vorteilhaftigkeit** eines technologieorientierten Unternehmens(teil)verkaufs für den Veräußerer wirkt sich

- die Höhe der erzielbaren Veräußerungserlöse positiv aus.
- die Möglichkeit zur Sicherung der Weiterbeschäftigung der Mitarbeiter, deren Arbeitsverhältnisse auf den neuen Eigentümer übergehen, positiv aus.
- die Höhe des entgangenen Nutzens infolge der Nicht-Verfügbarkeit der veräußerten F&E-Outputs und -Inputs sowie sonstigen Ressourcen negativ aus.

Bei einem Verkauf von Unternehmen(steilen) kann das veräußernde Unternehmen sich darum bemühen, einen **Minderheitsanteil** am Kapital des an neue Eigentümer abgegebenen Unternehmens(teils) zu behalten. Speziell bei einer Sponsored Technology-Spin-off-Ausgründung soll dadurch ohne zu starke Einschränkung des unternehmerischen Handlungsspielraums der ehemaligen Beschäftigten des Minderheitseigentümers eine „Anschubfinanzierung" (= *Venture Capital-Finanzierung*) für das neu gegründete Unternehmen geleistet werden. Für einen Minderheitseigentümer ist diese Finanzierungsleistung dann sinnvoll, wenn er durch eine spätere Veräußerung seiner Eigenkapitalanteile an dem jungen Unternehmen eine angemessene Verzinsung seiner Investition erreicht oder der Nutzen anderweitiger Vorteile aus der Beteiligung (z.B. Gewinnung von Technologieinformationen) deren Finanzierungskosten übersteigt.

Sowohl bei Spin-off- als auch bei Sell-off-Veräußerungen mit einer Minderheitsbeteiligung des ehemaligen Alleineigentümers behält der Verkäufer noch die Möglichkeit, auf die Technologieentwicklung und -verwertung durch das Beteiligungsunternehmen Einfluss zu nehmen. Dabei ist die Einflussstärke des Verkäufers bei Spin-off-Beteiligungen tendenziell größer als bei Verkäufen von Unternehmen(steilen) an etablierte andere Unternehmen, da (1) Gründerunternehmer i.d.R. stärker von der Finanz- und Vermarktungsstärke ihres ehemaligen Arbeitgebers abhängen und (2) noch ein persönliches Beziehungsnetzwerk zwischen Technologieexperten des Veräußerers und ihren ehemaligen Kollegen, die in die Spin-off-Gesellschaft gewechselt sind, fortbesteht. Alles in allem eröffnen Unternehmens(teil)verkäufe unter Beibehaltung eines Minderheitsanteils damit simultan Technologievermarktungs- und -beschaffungsmöglichkeiten für den früheren Eigentümer.

Vermarktung freier F&E-Kapazität
Zusätzlich zu den drei skizzierten prinzipiellen Varianten einer unternehmensexternen Technologieverwertung besteht auch noch die Möglichkeit, Umsatzerlöse durch **Vermarktung freier F&E-Kapazität** (Personal, technische Anlagen) über den Abschluss von *Dienstleistungsverträgen* mit unternehmensexternen Kunden zu erzielen, also **Auftrags-F&E** zu übernehmen (s.o. Abb. 2-4). Diese Vermarktungsform wird in der TIM-Literatur oft *nicht* als Element des Technologiemarketing diskutiert: Sie unterscheidet sich nämlich von der gemeinschaftlichen Technologieverwertung, vom Technologie- und vom Unternehmens(teil)verkauf dadurch, dass bei der Auftrags-F&E nicht bereits vorliegende technologische Innovationsergebnisse einer unternehmensexternen Verwertung zugeführt werden, sondern F&E-Inputfaktoren ohne Ergebnisgarantie zeitlich begrenzt anderen Unternehmen zur Verfügung ge stellt werden.

Die Annahme von F&E-Aufträgen ist für ein Unternehmen dann tendenziell vorteilhaft, wenn

- es über Ressourcen verfügt, die für einen begrenzten Zeitraum für interne Innovationsvorhaben nicht eingesetzt werden können.
- die Opportunitätskosten einer Nicht-Nutzung von F&E-Kapazität für eigene Innovationsvorhaben *und* die Kosten der zur Verfügung gestellten Kapazität deutlich unter dem Preis liegen, den ein externer Kunde für die Inanspruchnahme von F&E-Dienstleistungen zahlt.
- es nicht in direktem Wettbewerb mit dem Auftraggeber steht.

Die Annahme von F&E-Aufträgen birgt allerdings auch bei Erfüllung dieser drei Bedingungen die Gefahr einer Verzettelung von Technologieressourcen, wenn die Vermarktung von F&E-Dienstleistungen nicht Kerngeschäft eines Unternehmens ist oder werden soll.

Organisation des Technologiemarketing
Um eine unternehmensexterne Verwertung von eigenen Technologien und F&E-Ergebnissen unter ganzheitlicher Berücksichti-

gung der Interessen *aller* Geschäftsfelder/Funktionen eines (divisionalisierten) Unternehmens zu fördern, ist in mittleren und großen Unternehmen eine angemessene organisatorische Institutionalisierung dieser Vermarktungsaufgabe erforderlich. Mögliche **Organisationslösungen** sind hier (vgl. *Mittag*, 1985, 82-90):

- *Ausgliederung* des Technologiemarketing in eine rechtlich selbstständige Tochtergesellschaft, die sich weitgehend losgelöst vom Kerngeschäft eines Unternehmens um die externe Verwertung von Technologieergebnissen des Unternehmens bemüht.
- Die Einrichtung einer *zentralen Stabsstelle oder -einheit* mit Informationsbeschaffungsrechten gegenüber allen innovationsrelevanten Unternehmensteilen, die sämtliche strategischen Entscheidungen der obersten Führungsebene zur externen Technologievermarktung vorzubereiten hat.
- Die *dezentrale Wahrnehmung* der externen Technologievermarktung in den einzelnen Geschäftsfeldern bzw. F&E- oder Marketing-Funktionen der Geschäftsfelder eines Unternehmens (teilzeitig oder vollzeitig durch eine spezialisierte Stelle für Technologiemarketing).

Eine Ausgliederung des Technologiemarketing setzt dauerhaft ein erhebliches Volumen an zu vermarktenden Technologien voraus. Bei einer zentralen oder dezentralen Organisation des Technologiemarketing ohne Ausgliederung liegt es angesichts der Ähnlichkeit von vielen Problemstellungen der externen Technologieverwertung und -beschaffung (s. Kap. 5.4) nahe, diese beiden Aufgabenfelder gemeinsam in einer Stelle/Organisationseinheit zusammenzufassen, um inhaltliche und administrative Verbundvorteile zu erschließen.

Wiederholungsfragen und -aufgaben

Kapitel 1

1.1 Nennen Sie wichtige Gründe für die hohe Bedeutung eines systematischen Technologie- und Innovationsmanagements für eine langfristige Bestandssicherung von Industrieunternehmen.

1.2 Beschreiben Sie Indikatoren zur unternehmensübergreifenden Erfassung der F&E-Anstrengungen von Industrieunternehmen. Wie haben sich diese Indikatoren in der deutschen Wirtschaft zwischen 1997 und 2003 entwickelt? Welche Branchen unternehmen vor allem hohe F&E-Anstrengungen?

1.3 Aktuell besonders erfolgreiche Unternehmen haben vielfach erhebliche Schwierigkeiten, technologisch innovativ zu bleiben. Diskutieren Sie Ursachen für diese Schwierigkeiten.

1.4 Fassen Sie die Forschungsergebnisse zur Frage zusammen, inwieweit relativ hohe F&E-Anstrengungen auch überdurchschnittlichen Unternehmenserfolg bewirken.

Kapitel 2

2.1 Halten Sie eine definitorische Unterscheidung zwischen Technologie und Technik aus betriebswirtschaftlicher Sicht für sinnvoll? Begründen Sie Ihre Stellungnahme.

2.2 Wie kann man Hoch- und Niedrigtechnologieunternehmen differenzieren?

2.3 Erläutern Sie Kriterien, anhand derer Technologiearten häufig systematisiert werden.

2.4 Wie kann man F&E-Anstrengungen der Unternehmen in verschiedenen Ländern miteinander quantitativ vergleichen? Welche Aussagekraft haben solche „Nationenvergleiche“?

2.5 Nennen Sie charakteristische Merkmale industrieller F&E-Aktivitäten. Beschreiben Sie die Phasen von F&E-Prozessen. Inwieweit lassen sich diese Phasen jeweils eindeutig gegeneinander abgrenzen?

2.6 Welche Gründe sprechen für und welche gegen ein Engagement von Industrieunternehmen in der Grundlagenforschung?

2.7 Beschreiben Sie unterschiedliche Träger industrieller F&E-Aktivitäten.

2.8 Welche Bedeutung kommt der Gemeinschafts-F&E für Industrieunternehmen in Deutschland relativ zu anderen F&E-Trägern/-Formen quantitativ und qualitativ zu?

2.9 Was ist unter (1) einer ergebnis- und (2) einer prozessorientierten Sicht von Innovationen zu verstehen?

2.10 Skizzieren Sie die Grundaussagen von Industrielebenszyklusmodellen. Welche Schlussfolgerungen lassen sich aus solchen Modellen für das Technologie- und Innovationsmanagement ableiten?

2.11 Wie kann der Neuheitsgrad von Produkten oder Prozessen bestimmt werden?

2.12 Welche Dimensionen des Neuheitsgrades von Produkten/Prozessen lassen sich unterscheiden?

2.13 In welche Phasen werden Innovationsprozesse typischerweise in der wissenschaftlichen Literatur untergliedert? Welche Kriterien werden dabei zur Phasenabgrenzung herangezogen? Wie beurteilen Sie die praktische Relevanz von Phasenmodellen für Innovationsprozesse?

2.14 Wie lassen sich Produktinnovationsprozesse im weitesten Sinn vom routinemäßigen Management etablierter Produkte unterscheiden?

2.15 Von Marketingpraktikern wird gelegentlich behauptet, dass nur „marktgetriebene" Produktinnovationen erfolgreich sein können und dass die „Techniker" sich deshalb an den Vorgaben des Marketing für neue Produkte zu orientieren hätten. Nehmen Sie kritisch zu diesen Behauptungen Stellung.

2.16 Zeigen Sie Überschneidungen und Unterschiede zwischen einem Innovations-, F&E- und Technologiemanagement in Industrieunternehmen auf.

2.17 Unter welchen Randbedingungen kann in einer Branche Technologie- und Innovationsmanagement zur Erschließung von Erfolgspotenzialen beitragen?

2.18 Beschreiben Sie Ziele und wichtige Aufgabenfelder des Technologie- und Innovationsmanagements in Industrieunternehmen.

2.19 Technologie- und Innovationsmanagement wird vielfach als „Querschnittsaufgabe“ in einem Unternehmen bezeichnet. Was ist damit gemeint? Diskutieren Sie kritisch die Vor- und Nachteile der Einrichtung einer Querschnittsorganisationseinheit „Technologie- und Innovation“ in einem Unternehmen des verarbeitenden Gewerbes.

2.20 Durch welche Besonderheiten zeichnen sich Aufgaben des Technologie- und Innovationsmanagements gegenüber anderen Dispositionsaufgaben in Unternehmen aus?

Kapitel 3

3.1 Skizzieren Sie Grundprobleme betriebswirtschaftlich ausgerichteter Messungen von technologischen Innovationsaktivitäten und -erfolgen.

3.2 Welche Ziele können für Innovationsaktivitäts- und -erfolgsmessungen differenziert werden?

3.3 Beschreiben Sie die wichtigsten Bezugsebenen für Innovationsmessungen.

3.4 Diskutieren Sie Vor- und Nachteile von input-, prozess- und outputorientierten Kriterien bei der Erfassung technologischer Innovationen.

3.5 Stellen Sie Varianten von F&E-Intensitätsmaßen dar und diskutieren Sie jeweils deren Eignung als Indikator für die Bereitschaft von Unternehmen, sich nachhaltig für eigene technologische Innovationen einzusetzen.

3.6 Was ist der Unterschied zwischen der Durchlaufzeit und dem Zeitaufwand eines Innovationsvorhabens?

3.7 Wie kann man die Termintreue, die Kostentreue und den Prozessfortschritt von Innovationsvorhaben quantitativ erfassen?

3.8 Erläutern Sie die Differenzierung von technologischen Innovationsoutputs und wirtschaftlichen Innovationserfolgen/„Outcomes“.

3.9 Erläutern Sie Unterschiede zwischen der Effektivität und der Effizienz von technologischen Innovationsvorhaben. Wie kann man diese beiden Output-Aspekte von Innovationen quantitativ näherungsweise erfassen?

3.10 Was versteht man unter der Produktinnovationsrate eines Unternehmens? Nehmen Sie zur Aussagekraft dieses Indikators (1) bei brancheninternen und (2) bei branchenübergreifenden Unternehmensvergleichen Stellung.

3.11 Welche Schwierigkeiten treten bei der Messung von Innovationsoutputs generell (also weitgehend unabhängig von dem im Einzelfall verwendeten Indikator) auf? Wie kann man diese Schwierigkeiten teilweise überwinden?

3.12 Welche Kriterienfelder schlägt das Balanced Scorecard Konzept zur Messung von Innovationsaktivitäten und -erfolgen vor?

3.13 In welcher Hinsicht kann das Balanced Scorecard Konzept die Auswahl von Innovationsmesskriterien unterstützen?

3.14 Stellen Sie wichtige Aspekte der Messmethodik für Innovationskriterien strukturiert dar.

3.15 Der F&E-Controller eines Unternehmens behauptet, dass man sehr erfolgreich gewesen sei, weil die eigene Produktinnovationsrate von 3,7% vor zwei Jahren auf 4,1% im aktuellen Berichtsjahr gestiegen sei. Nehmen Sie zu dieser Aussage des Controllers kritisch Stellung.

3.16 Welche Personenkreise kommen für Innovationsmessungen in Betracht? Diskutieren Sie Vor- und Nachteile des Einbezugs der von Ihnen unterschiedenen Personenkreise.

3.17 Nehmen Sie Stellung zu der These, dass Kunden nur insofern für die Messung des Erfolgs von Produktinnovationen von Bedeutung sind, als dass man aus deren Nachfragemenge die Marktakzeptanz einer Innovation erkennen kann.

3.18 Entwickeln Sie einen Vorschlag für ein Konzept zur Messung der Entwicklungsaktivitäten und -erfolge eines Herstellers von digitalen Mobiltelefonen.

Kapitel 4

4.1 Skizzieren Sie die wesentlichen Schritte bei der Entwicklung technologieorientierter Unternehmensstrategien.

4.2 Erläutern Sie Gemeinsamkeiten und Unterschiede zwischen Technologieexploration und -überwachung im Rahmen der technologischen Früherkennung von Unternehmen.

4.3 Systematisieren Sie Informationsquellen für die technologische Früherkennung und -prognose. Diskutieren Sie jeweils Vor- und Nachteile der von Ihnen unterschiedenen Kategorien von Quellen.

4.4 Was versteht man unter Bibliometrie?

4.5 Diskutieren Sie die Aussagekraft von Patentanalysen für die technologische Früherkennung von Unternehmen.

4.6 In der technologischen Früherkennung werden häufig Interoperabilitäts- und Portabilitätsaspekte von Standards analysiert. Was versteht man unter diesen Aspekten? Warum betrachtet man sie?

4.7 Was streben Technologieprognosen an, und welche Verfahren können zur Fundierung solcher Prognosen eingesetzt werden?

4.8 Welche Anliegen werden mit den Konzepten der Technologiefolgen-Abschätzung bzw. des „Technology Foresight" verfolgt und inwiefern haben diese Ansätze auch für Unternehmen Bedeutung?

4.9 Erläutern Sie am Beispiel der Ausbreitung von GSM- und UMTS-Mobilfunkanschlüssen in Deutschland, warum Technologieprognosen oft ungenau sind. Was schlagen Sie vor, um die Treffsicherheit von Technologieprognosen zu erhöhen?

4.10 Arbeiten Sie Unterschiede zwischen endogenen und exogenen Modellen technologischer Entwicklung heraus.

4.11 Zeigen Sie die grundlegenden Annahmen von leistungszyklusbezogenen Ansätzen zur Technologieprognose auf.

4.12 Stellen Sie das Technologielebenszyklus-Konzept der Unternehmensberatung A.D. Little und das S-Kurven-Konzept von McKinsey vergleichend und jeweils kritisch hinsichtlich der praktischen Brauchbarkeit dar. Welche Schlussfolgerungen lassen sich aus den beiden Konzepten für das Technologie- und Innovationsmanagement von Unternehmen ableiten?

4.13 Womit beschäftigt sich die betriebswirtschaftliche Diffusionsforschung? Warum hat diese Forschungsrichtung erhebliche Bedeutung für die Technologiefrüherkennung und -prognose von Unternehmen?

4.14 Erläutern Sie den Verlauf einer normalverteilten Adoptions- und einer logistischen Diffusionskurve.

4.15 Erläutern Sie den von *Fisher/Pry* (1971) vorgeschlagenen substitutiven Diffusionsfunktionstyp.

4.16 Bestimmen Sie unter Rückgriff auf die in Kap. 4.1.1 entwickelte CD-Diffusionsfunktion und die Daten in Abb. 4-8 Prognosewerte für den prozentualen CD-Marktanteil in den Jahren 1988, 1990 und 1992. Wie groß ist der mittlere Fehler der Prognosefunktion in Abb. 4-8 im Zeitraum von 1983 bis 1997?

4.17 Beschreiben Sie Eigenschaften von technologischen Innovationen, die in der Literatur übereinstimmend als besonders adoptionsrelevant gelten.

4.18 Stellen Sie Ziele und Schritte der technologischen Konkurrentenanalyse dar.

4.19 Welche Leitfragen liegen technologie- und innovationsorientierten Unternehmensanalysen typischerweise zugrunde?

4.20 Zeigen Sie die Hauptunterschiede zwischen der Technologie- und der Innovationspositionsbewertung für ein Unternehmen auf.

4.21 Erklären Sie die Vorgehensschritte bei der Bewertung der Technologieposition eines Unternehmens.

4.22 Wie kann man feststellen, über welche Kernkompetenztechnologien ein Unternehmen verfügt?

4.23 Diskutieren Sie Zusammenhänge zwischen der mittlerweile „klassischen" Differenzierung mechanistischer und organischer Unternehmenskulturen einerseits und der Innovationsposition von Unternehmen andererseits.

4.24 Analysieren Sie die Aussagekraft von Listen, die Eigenschaften innovationsfördernder Unternehmenskulturen aufzählen.

4.25 Was versteht man unter innovationsfeindlichen Syndromen in einem Unternehmen?

4.26 Welche methodischen Aspekte sind bei der Gestaltung empirischer Untersuchungen zu beachten, die Zusammenhänge zwischen Innovationskultur- und -erfolgsaspekten von Unternehmen in wissenschaftlich aussagekräftiger Weise analysieren sollen?

4.27 Nehmen Sie kritisch zu folgender These Stellung: Je innovationsfähiger die Kultur von Unternehmen ist, desto positiver ausgeprägt ist auch das wirtschaftliche Erfolgsniveau von Unternehmen.

4.28 Welche Analysezwecke werden mit Technologie-Portfolios verfolgt? Welche Grundstrukturen weisen nahezu sämtliche Technologie-Portfolio-Konzepte auf?

4.29 Wie lassen sich Technologie- und Markt-Portfolio-Analysen integrieren?

4.30 Welche Vorteile und Probleme sind typischerweise mit dem Einsatz von Technologie-Portfolios bei der Entwicklung von Technologiestrategien verbunden?

Kapitel 5

5.1 Skizzieren Sie alternative Ansätze zur Ableitung technologischer Innovationsstrategietypen für Unternehmen. Welche Vor- und Nachteile hat die Beschreibung technologischer Innovationsstrategien mit Hilfe von Strategietypologien?

5.2 Wie kann die Höhe des jährlichen F&E-Budgets eines Unternehmens begründet festgelegt werden?

5.3 Im Zusammenhang mit der Auswahl von F&E-Projekten wird eine Vielzahl von Bewertungsmethoden diskutiert. Wie lassen sich diese Methoden systematisieren?

5.4 Zeigen Sie Vor- und Nachteile quantitativer, semiquantitativer und qualitativer Verfahren zur Bewertung von F&E-Projekten auf.

5.5 Diskutieren Sie, inwieweit F&E-Projekte mit Hilfe von Verfahren der dynamischen Investitionsrechnung ausgewählt werden können.

5.6 Welche Argumente lassen sich gegen eine Bewertung und Auswahl von F&E-Vorhaben anhand von Projektkapitalwerten anführen?

5.7 Kommt man bei der Auswahl von F&E-Projekten anhand (1) ihres Kapitalwertes und (2) ihrer Kapitalwertrate stets zu identischen Entscheidungen? Verwenden Sie ein Zahlenbeispiel zur Illustration Ihrer Anwort.

5.8 Welche Entscheidungsalternativen bzw. (Real-)Optionsarten stehen dem Management nach dem Beginn eines F&E-Projektes bezüglich der weiteren Projektbearbeitung i.d.R. zur Verfügung?

5.9 Was versteht man unter „stage-gate process“ Managementsystemen für F&E-Projekte?

5.10 Erläutern Sie anhand eines Beispiels das grundsätzliche Vorgehen bei Entscheidungsbaumanalysen zur Vorbereitung der Auswahl von F&E-Projekten.

5.11 Was ist mit der Forderung gemeint, dass Entscheidungsbaumanalysen bei der F&E-Projektauswahl um ein „Denken in Optionen“ erweitert werden müssen? Welche Konsequenzen hat diese Optionsperspektive für (das Management von) F&E-Projektauswahlentscheidungen?

5.12 Welche Schwächen haben Entscheidungsbaumanalysen bei der F&E-Projektbewertung?

5.13 Erklären Sie Gemeinsamkeiten und Unterschiede von Finanz- und Realoptionen.

5.14 Beschreiben Sie die bei Anwendung des Binomialmodells von *Cox* et al. zur Berechnung des (Kauf-)Optionswertes eines F&E-Projektes erforderlichen Schritte.

5.15 Bestimmen Sie mittels des Binomialmodells den Realoptionswert für das in Abb. 5-3 und 5-4 enthaltene F&E-Projektbeispiel, wenn die Standardabweichung der erwarteten Vermarktungsrückflüsse (1) 0,7 und (2) 0,3 beträgt. Welche Schlussfolgerungen ergeben sich aus Ihren Berechnungsergebnissen im Hinblick auf die Wirkung des

Ausmaßes von Unsicherheit bezüglich der Vermarktungsrückflüsse bei F&E-Projekten auf deren Optionswert?

5.16 Konstruieren Sie ein Beispiel, welches zeigt, dass der statisch-passive Kapitalwert eines F&E-Projektes niedriger ausfällt als dessen dynamisch-aktiver Kapitalwert, wenn im Projektverlauf Handlungsoptionen zur Nutzung von Vermarktungschancen und zur Begrenzung des weiteren finanziellen Engagements bei einer potenziellen Produktinnovation bestehen.

5.17 Erläutern Sie Unterschiede zwischen herkömmlichen Entscheidungsbaumanalysen und ökonomisch korrigierten Entscheidungsbaumanalysen, die auf dem Binomialmodell zur Bepreisung von Optionen beruhen.

5.18 Für ein F&E-Projekt sind folgende Daten bekannt: P = 85 Mio. Euro; PV(EX) = 85 Mio. Euro; S = 0,3; t = 4 Jahre. Berechnen Sie den (Kauf-)Optionswert des Projekts mittels des *Black/Scholes*-Optionspreismodells und erläutern Sie die Bedeutung der genannten vier Parameter.

5.19 Welche Variablen haben nach der *Black/Scholes*-Preisgleichung für Optionen positive bzw. negative Effekte auf den Wert von Finanzoptionen? Gelten diese Wirkungszusammenhänge uneingeschränkt auch bei als (Kauf-)Realoptionen interpretierten F&E-Projekten?

5.20 Welche Gemeinsamkeiten und Unterschiede bestehen zwischen Abbruchs- und Auswahlentscheidungen für F&E-Projekte?

5.21 Stellen Sie dar, wie bei einem empirisch-induktiven Vorgehen abzubrechende F&E-Projekte identifiziert werden können.

5.22 Diskutieren Sie die Vor- und Nachteile einer Begründung von Abbruchs- oder Auswahlentscheidungen für F&E-Projekte durch empirische Erfolgsfaktorstudien.

5.23 Welche Managementmaßnahmen halten Sie für sinnvoll, um der Tendenz entgegenzuwirken, Projektabbruchsentscheidungen zu spät zu treffen?

5.24 Skizzieren Sie das Eigenschaftsprofil für ein Bewertungsverfahren zur F&E-Projektauswahl, das sich durch sehr gute praktische Einsetzbarkeit auszeichnet. Illustrieren Sie jede Eigenschaft anhand eines Beispiels.

5.25 Wie kann die Akzeptanz von systematischen Bewertungsverfahren für die F&E-Projektauswahl bei Entscheidern in der Unternehmenspraxis erhöht werden?

5.26 Beschreiben Sie idealtypische Strategieoptionen, die Unternehmen im Hinblick auf das von ihnen angestrebte Abdeckungsniveau von Technologiefeldern offen stehen. Charakterisieren Sie die dargestellten Optionen bezüglich ihrer wirtschaftlichen Vorteilhaftigkeit.

5.27 Bei technologischen Hochleistungsstrategien versuchen Unternehmen oft die „dominante Plattform“ bzw. das „dominante Design“ in einer Branche zu prägen. Was ist hier mit dominanter Plattform bzw. dominantem Design gemeint? Illustrieren Sie Ihre Ausführungen mit Beispielen.

5.28 Welche Faktoren sind neben der technologischen Wettbewerbsposition eines Unternehmens zu analysieren, um begründet abschätzen zu können, wie groß die Erfolgsaussichten sind, dass ein Unternehmen mit einer technologischen Hochleistungsstrategie auch eine dominante Plattform etablieren kann?

5.29 Mit welchen zwei wesentlichen Zeitpunktentscheidungen hat sich das Technologie- und Innovationsmanagement auseinander zu setzen? Erläutern Sie die Entscheidungsthemen.

5.30 Umreißen Sie Strategieoptionen des Inventions-Timing und des Innovations-Timing für Industrieunternehmen.

5.31 Fassen Sie Chancen und Risiken (1) einer F&E-Führerstrategie und (2) einer Markteintritts-Folgerstrategie zusammen.

5.32 Erläutern Sie das Konzept der Markteintrittsbarrieren. Welche Bedeutung haben Markteintrittsbarrieren für die Wahl des Markteintritts-Timing?

5.33 Welche Zusammenhänge bestehen zwischen dem Markteintritts-Timing und dem typischen Erfolgsniveau von Produktinnovationen?

5.34 Skizzieren Sie das Profil einer Situation, in der ein Markteintritt als Pionierunternehmen besonders erfolgversprechend ist.

5.35 Schlagen Sie ein allgemeines Vorgehensmuster für das Technologie- und Innovationsmanagement zur Begründung von Timing-Entscheidungen vor.

5.36 Diskutieren Sie Aspekte der Zeitzuverlässigkeit von Innovationsprozessen.

5.37 Entwickeln Sie Vorschläge, wie die Motivation von Mitarbeitern, Termine in Innovationsprozessen einzuhalten, durch ein Unternehmen gezielt gesteigert werden kann.

5.38 Kapitalmarktreaktionen auf die Zeitzuverlässigkeit bzw. -unzuverlässigkeit von Unternehmen bei Produktinnovationen sind oft „asymmetrisch". Was ist hier mit Asymmetrie gemeint und wie lässt sie sich erklären?

5.39 Zeigen Sie wichtige Randbedingungen dafür auf, dass Unternehmen durch Produktvorankündigungen den Erfolg von Innovationen verbessern können.

5.40 Was versteht man unter „Leapfrogging Behavior" von Nachfragern innovativer Produkte?

5.41 Vielfach wird behauptet, dass die Lebenszyklen von Produkten in den 90er Jahren im Mittel deutlich kürzer ausfallen als etwa 10–20 Jahre zuvor. Nehmen Sie zur wissenschaftlichen Fundierung dieser These kritisch Stellung.

5.42 Wie können Unternehmen Timing-Flexibilität in technologischen Innovationsprozessen erreichen?

5.43 Beschreiben Sie in strukturierter Weise Maßnahmen, mit denen die Dauer von Produktinnovationsvorhaben gezielt durch das Management beeinflusst werden kann.

5.44 Stellen Sie zwei Ansätze zur Erklärung der Vorteilhaftigkeit einer Wahl unternehmensexterner vs. -interner Technologiequellen für ein Unternehmen dar. Gehen Sie dabei insbesondere auch auf Stärken und Schwächen der beiden Ansätze ein.

5.45 Profilieren Sie eine idealtypische Situation, in der ein Rückgriff auf unternehmensexterne Quellen zum Bezug neuer Technologien für ein Unternehmen besonders nachteilig sein dürfte.

5.46 Schlagen Sie einen Ansatz zur organisatorischen Unterstützung der bewussten Auswahl von Technologiebezugsquellen für ein Unternehmen vor. Begründen Sie Ihren Vorschlag.

5.47 Ordnen Sie Ihnen bekannte Varianten des Einbezugs von F&E-Kapazität externer Partner als Technologiebezugsquellen auf dem Markt-Hierarchie-Kontinuum ein, das bei transaktionskostentheoretischen Analysen zugrunde gelegt wird.

5.48 Erläutern Sie Kriterien zur Systematisierung der Vielfalt von F&E-Kooperationsvarianten, die in der Unternehmenspraxis zu beobachten sind.

5.49 In welchen Situationen dürfte das Eingehen einer horizontalen F&E-Kooperation mit einem direkten Konkurrenten besonders erfolgversprechend für ein Unternehmen sein?

5.50 Arbeiten Sie wichtige Unterschiede zwischen einem Technologiekauf und einer Lizenznahme aus Sicht von technologiebeschaffenden Unternehmen heraus.

5.51 Welche Ziele sowie Vor- und Nachteile sind mit der Lizenznahme einer Technologie für technologiebeschaffende Unternehmen verbunden? Skizzieren Sie die Merkmale einer Situation, in der eine Lizenznahme für ein Unternehmen besonders vorteilhaft sein dürfte.

5.52 Beschreiben Sie die Hauptaufgaben des Technologie- und Innovationsmanagements bei der Planung einer Lizenznahme.

5.53 Wie kann ein Unternehmen die Preisobergrenze für eine Lizenz, deren Erwerb sich „wertsteigernd" für das Unternehmen auswirken soll, bestimmen?

5.54 Systematisieren Sie Varianten technologieorientierter Unternehmensbeteiligungen.

5.55 Welche Ziele verfolgen etablierte Industrieunternehmen mit technologieorientierten Corporate Venture-Beteiligungstransaktionen?

5.56 Grenzen Sie Komplementär-, Substitutions-, Parallelisierungs- und Diversifikationseffekte bei technologieorientierten Beteiligungstransaktionen an etablierten Unternehmen gegeneinander ab. Verwenden Sie Beispiele zur Illustration Ihrer Überlegungen.

5.57 Welche Randbedingungen erhöhen die Wahrscheinlichkeit, dass von technologieorientierten Unternehmensakquisitionen positive Wirkungen auf die F&E-Effektivität und -Effizienz des neu entstandenen Unternehmensver-bundes ausgehen?

5.58 Stellen Sie die Hauptaufgaben des Technologie- und Innovationsmanagements bei technologieorientierten Unternehmensbeteiligungen gegliedert nach einem idealtypischen Phasenschema für solche Transaktionen dar.

5.59 Erläutern Sie Gegenstand und Phasen eines „Technologiemarketing" von Unternehmen.

5.60 Beschreiben Sie Varianten der Technologiefremdverwertung für ein Unternehmen. Gehen Sie dabei auch auf die Randbedingungen ein, von denen die ökonomische Vorteilhaftigkeit dieser Varianten abhängt.

5.61 Arbeiten Sie Gemeinsamkeiten und Unterschiede von Technology Spin-off- und Technology Sell-off-Desinvestitionen heraus. Welche Schritte werden typischerweise von Unternehmen bei der Realisierung solcher Desinvestitionen unternommen?

5.62 In welchen Situationen sollten Unternehmen auf die Vermarktung freier F&E-Kapazität über den Abschluss von Dienstleistungsverträgen mit Dritten eher verzichten? Begründen Sie Ihre Antwort.

5.63 Zeigen Sie prinzipielle Möglichkeiten zur aufbauorganisatorischen Eingliederung des Technologiemarketing in ein Unternehmen auf.

Abkürzungsverzeichnis

A.	Auflage
a.	auch
Abb.	Abbildung
ABS	Anti-Blockier-System
BIP	Bruttoinlandsprodukt
BMBF	Bundesministerium für Bildung und Forschung
BMFT	Bundesministerium für Forschung und Technologie
BSC	Balanced Scorecard
bzw.	beziehungsweise
CAD	Computer Aided Design
CAE	Computer Aided Engineering
CD	Compact Disk
DFMA	Design for Manufacture and Assembly
d.h.	das heißt
DVD	Digital Versatile Disk
EBA	Entscheidungsbaumanalyse
ERP	Enterprise Resource Planning
etc.	et cetera
et al.	et alii
EU	Europäische Union
F&E	Forschung & Entwicklung
FMEA	Fehlermöglichkeits- und Einflussanalyse
ggf.	gegebenenfalls
GmbH	Gesellschaft mit beschränkter Haftung
GSM	Global System for Mobile Communication
Hg.	Herausgeber
i.d.R.	in der Regel
i.d.S.	in dem Sinn
i.e.S.	im engeren Sinn
IP	Innovationsprozess
i.S.	im Sinn
i.w.S.	im weiteren Sinn
i.V.	in Verbindung
Jg.	Jahrgang
KKT	Kernkompetenztechnologien

LCD	Liquid Crystal Display
LP	Langspielplatte
LZM	Leistungszyklusbezogenes Modell
Kap.	Kapitel
m.E.	meines Erachtens
Mio.	Millionen
Mrd.	Milliarden
NZM	Nachfragezyklusbezogenes Modell
o.a.	oben angeführt
o.ä.	oder ähnlich
OECD	Organization for Economic Co-operation and Development
PC	Personal Computer
PK	Projektkapitalwert
PKW	Personenkraftwagen
PLZ	Produktlebenszyklus
QFD	Quality Function Deployment
R&D	Research & Development
RegTP	Regulierungsbehörde für Telekommunikation und Post
ROI	Return on Investment
s.	siehe
S.	Seite
s.a.	siehe auch
s.o.	siehe oben
s.u.	siehe unten
TFEP	Technologiefrüherkennung und -prognose
TIM	Technologie- und Innovationsmanagement
TIS	Technologische Innovationsstrategie(n)
TKA	Technologische Konkurrentenanalyse
T-P	Technologie-Portfolio
Tsd.	Tausend
TUB	technologieorientierte Unternehmensbeteiligung
TUI	technologie- und innovationsorientiert
u.	und/unten
u.a.	unter anderem
UMTS	Universal Mobile Telecommunications System

v.	von
vgl.	vergleiche
vs.	versus
z.gr.T.	zum größten Teil
z.B.	zum Beispiel
z.T.	zum Teil
ZZV	zeitorientierte Zusatzvergütung

Literaturverzeichnis

Afuah, A. (2003): Innovation Management, 2. A., New York 2003.

Ahuja, G./Katila, R. (2001): Technological acquisitions and the innovation performance of acquiring firms: A longitudinal study. In: Strategic Management Journal, 22. Jg., 2001, S. 197-220.

Albach, H./Pay, D. de/Rojas, R. (1991): Quellen, Zeiten und Kosten von Innovationen. In: Zeitschrift für Betriebswirtschaft, 61. Jg., 1991, S. 309-324.

Ashton, W.B./Stacey, G.S. (1995): Technical intelligence in business: Understanding technology threats and opportunities. In: International Journal of Technology Management, 10. Jg., 1995, S. 79-104.

Backhaus, K./Baumeister, C./Mühlfeld, K. (2005): Kundenbindung im Industriegütermarketing. In: *Bruhn, M./Homburg, C.*, Hg., Handbuch Kundenbindungsmanagement, 5. A., Wiesbaden 2005, S. 199-228.

Bain, J.S. (1956): Barriers to New Competition, Cambridge 1956.

Balachandra, R. (1994): Bestimmungsfaktoren für den Abbruch von Forschungs- und Entwicklungsprojekten. In: Die Betriebswirtschaft, 54. Jg., 1994, S. 449-460.

Balachandra, R./Friar, J.H. (1997): Factors for success in R&D projects and new product innovation: A contextual framework. In: IEEE Transactions on Engineering Management, 44. Jg., 1997, S. 276-287.

Bannert, V./Tschirky, H. (2004): Integration planning for technology intensive acquisitions. In: R&D Management, 34. Jg., 2004, S. 481-494.

Baumöl, U. (2003): Business Engineering. In: *Wurl, H.-J.*, Hg., Industrielles Beteiligungscontrolling, Stuttgart 2003, S. 241-260.

Bausch, A./Rosenbusch, N. (2005): Does innovation really matter? A meta-analysis on the relationship between innovation and company performance, Beitrag zur 67. Wissenschaftlichen Jahrestagung des Verbandes der Hochschullehrer für Betriebswirtschaft e.V., Kiel 19. Mai 2005 (hektographiertes Manuskript, 17 S.).

Bayus, B.L. (1998): An analysis of product lifetimes in a technologically dynamic industry. In: Management Science, 44. Jg., 1998, S. 763-775.

Bergner, H. (1986): Das System des deutschen Findungsschutzes. In: *Zahn, E.*, Hg., Technologie- und Innovationsmanagement, Berlin 1986, S. 183-283.

Bierich, M. (1990): Strategische Allianzen in der Elektroindustrie. In: Schmalenbachs Zeitschrift für betriebswirtschaftliche Forschung, Sonderheft 27•1990, S. 77-84.

Black, F./Scholes, M. (1973): The pricing of options and corporate liabilities. In: Journal of Political Economy, 81. Jg., 1973, S. 637-654.

Bleicher, K. (1995): Technologiemanagement und organisationaler Wandel. In: *Zahn, E.*, Hg., Handbuch Technologiemanagement, Stuttgart 1995, S. 579-596.

Blonigen, B.A./Taylor, C.T. (2000): R&D intensity and acquisitions in high-technology industries: Evidence from the US electronic and electrical equipment industries. In: Journal of Industrial Economics, 48. Jg., 2000, S. 47-70.

BMFT (1982) (Hg.): Die Messung wissenschaftlicher und technischer Tätigkeiten – „Frascati-Handbuch" 1980, Bonn 1982.

Bockemühl, M. (2001): Realoptionstheorie und die Bewertung von Produktinnovationen, Wiesbaden 2001.

Boer, F.P. (1999): The Valuation of Technology, New York 1999.

Booz•Allen & Hamilton (1983): Technology Management Presentation Summary, New York 1983.

Booz•Allen & Hamilton (1995): Mobilfunk, Frankfurt 1995.

Brealey, R.A./Myers, S.C. (2003): Principles of Corporate Finance, 7.A., Boston 2003.

Bremser, W.G./Barsky, N.P. (2004): Utilizing the balanced scorecard for R&D performance measurement. In: R&D Management, 34. Jg., 2004, S. 229-238.

Brockhoff, K. (1985): Die Produktinnovationsrate als Instrument der strategischen Unternehmensplanung. In: Zeitschrift für Betriebswirtschaft, 55. Jg., 1985, S. 451-476.

Brockhoff, K. (1986): Spitzentechnik. In: Wirtschaftswissenschaftliches Studium, 15. Jg., 1986, S. 431-435.

Brockhoff, K. (1989): Schnittstellen-Management, Stuttgart 1989.

Brockhoff, K. (1991): Competitor technology intelligence in German companies. In: Industrial Marketing Management, 20. Jg., 1991, S. 91-98.

Brockhoff, K. (1997): Steuerung der Forschung in Unternehmen durch abgestimmten Potentialaufbau. In: Zeitschrift für Betriebswirtschaft, 67. Jg., 1997, S. 453-469.

Brockhoff, K. (1998): Technology management as part of strategic planning – Some empirical results. In: R&D Management, 28. Jg., 1998, S. 129-138.

Brockhoff, K. (1999): Forschung und Entwicklung, 5. A., München 1999.

Brockhoff, K. (2000): Problems of evaluating R&D projects as real options. In: *Frenkel, M./Hommel, U./Rudolf, M.*, Hg., Risk Management: Challenges and Opportunities, Berlin 2000, S. 203-212.

Brockhoff, K./Pearson, A.W. (1998): R&D budgeting reactions to a recession. In: Management International Review, 38. Jg., 1998, S. 363-376.

Brockhoff, K./Urban, C. (1988): Die Beeinflussung der Entwicklungsdauer. In: Schmalenbachs Zeitschrift für betriebswirtschaftliche Forschung, Sonderheft 23•1988, S. 1-42.

Brockhoff, K./Zanger, C. (1993): Meßprobleme des Neuheitsgrades. In: Schmalenbachs Zeitschrift für betriebswirtschaftliche Forschung, 45. Jg., 1993, S. 835-851.

Buchholz, W. (1996): Time-to-Market Management, Stuttgart 1996.

Buchholz, W. (1998): Timingstrategien – Zeitoptimale Ausgestaltung von Produktentwicklungsbeginn und Markteintritt. In: Schmalenbachs Zeitschrift für betriebswirtschaftlice Forschung, 50. Jg., 1998, S. 21-40.

Bühner, R. (1998): Unternehmensspaltung – Motive und Aktienmarktreaktionen. In: Schmalenbachs Zeitschrift für betriebswirtschaftliche Forschung, 50. Jg., 1998, S. 809-840.

Bullinger, H.-J. (1990): IAO-Studie F&E – heute: Industrielle Forschung und Entwicklung in der Bundesrepublik Deutschland, Stuttgart 1990.

Bullinger, H.-J. (1994): Einführung in das Technologiemanagement, Stuttgart 1994.

Bürgel, H.D./Haller, C./Binder, M. (1996): F&E-Management, München 1996.

Burgelman, R.A./Maidique, M.A./Wheelwright, S.C. (1995): Strategic Management of Technology and Innovation, 2. A., Chicago 1995.

Burns, T./Stalker, G.M. (1961): The Management of Innovation, London 1961.

Calantone, R.J./Cavusgil, S.T./Zhao, Y. (2002): Learning orientation, firm innovation, and firm performance. In: Industrial Marketing Management, 31. Jg., 2002, S. 515-524.

Capon, N./Farley, J.U./Hoenig, S. (1990): Determinants of financial performance: A meta-analysis. In: Management Science, 36. Jg., 1990, S. 1143-1159.

Cassiman, B./Colombo, M.G./Garrone, P./Veugelers, R. (2005): The impact of M&A on the R&D process: An empirical analysis of the role of technological- and market-relatedness. In: Research Policy, 34. Jg., 2005, S. 195-220.

Chiesa, V./Manzini, R. (1998): Organizing for technological collaborations: A managerial perspective. In: R&D Management, 28. Jg., 1998, S. 199-212.

Clark, K.B./Fujimoto, T. (1991): Product Development Performance, Boston 1991.

Clement, M./Litfin, T./Vanini, S. (1998): Ist die Pionierrolle ein Erfolgsfaktor? In: Zeitschrift für Betriebswirtschaft, 68. Jg., 1998, S. 205-226.

Collis, D.J./Montgomery, C.A. (1995): Competing on resources: Strategy in the 1990s. In: Harvard Business Review, 73. Jg., 1995, Nr. 4, S. 118-128.

Coombs, R./McMeekin, A./Pybus, R. (1998): Toward the development of benchmarking tools for R&D project management. In: R&D Management, 28. Jg., 1998, S. 175-186.

Cooper, R.G. (2001): Winning at New Products, 3. A., Cambridge 2001.

Cox, J.C./Ross, S.A./Rubenstein, M. (1979): Option pricing: A simplified approach. In: Journal of Financial Economics, 7. Jg., 1979, S. 229-263.

Cuhls, K. (2003): From forecasting to foresight processes: New participative foresight activities in Germany. In: Journal of Forecasting, 22. Jg., 2003, S. 93-111.

Dahan, E.J./Hauser, J.R. (2002): The virtual customer. In: Journal of Product Innovation Management, 19. Jg., 2002, S. 332-353.

Damanpour, F. (1991): Organizational innovation: A meta-analysis of effects of determinants and moderators. In: Academy of Management Journal, 34. Jg., 1991, S. 555-590.

Dierkes, M./Mützel, S. (1995): Methoden der Technologiefolgen-Abschätzung. In: *Zahn, E.*, Hg., Handbuch Technologiemanagement, Stuttgart 1995, S. 645-662.

Domsch, M./Gerpott, T.J. (1988): Akzeptanz von Zeitkontrollen in der industriellen Forschung und Entwicklung. In: Schmalenbachs Zeitschrift für betriebswirtschaftliche Forschung, Sonderheft 23•1988, S. 86-111.

Dussauge, P./Hart, S./Ramanantsoa, B. (1992): Strategic Technology Management, Chichester 1992.

Dutta, S./Weiss, A.M. (1997): The relationship between a firm's level of technological innovativeness and its pattern of partnership agreements. In: Management Science, 43. Jg., 1997, S. 343-356.

Eggers, O. (1997): Funktionen und Management der Forschung in Unternehmen, Wiesbaden 1997.

Ericsson Consulting (2000): Market Study UMTS – Perspectives and Potentials, Düsseldorf 2000.

Ernst, H. (1996): Patentinformationen für die strategische Planung von Forschung und Entwicklung, Wiesbaden 1996.

Ernst, H. (2002): Success factors of new product development: A review of the empirical literature. In: International Journal of Management Reviews, 4. Jg., 2002, S. 1-40.

Ernst, H. (2003): Unternehmenskultur und Innovationserfolg – Eine empirische Analyse. In: Schmalenbachs Zeitschrift für betriebswirtschaftliche Forschung, 55. Jg., 2003, S. 23-44.

Ernst, H./Soll, J.H. (2003): An integrated portfolio approach to support market-oriented R&D planning. In: International Journal of Technology Management, 26. Jg., 2003, S. 540-560.

Ernst, H./Vitt, J. (2000): The influence of corporate acquisitions on the behaviour of key inventors. In: R&D Management, 30. Jg., 2000, S. 105-119.

Ettlie, J.E. (1998): R&D and global manufacturing performance. In: Management Science, 44. Jg., 1998, S. 1-11.

Faulkner, T.W. (1996): Applying 'options thinking' to R&D valuation. In: Research Technology Management, 39. Jg., 1996, Nr. 3, S. 50-56.

Faust, K. (1996): Internationale Patentstatistik: Technologische Positionen und strukturelle Probleme der deutschen Industrieforschung. In: IFO Schnelldienst, o. J., 1996, Nr. 12, S. 8-23.

Fisher, J.C./Pry, R.H. (1971): A simple substitution model of technological change. In: *Cetron, M.J./Ralph, C.A.*, Hg., Industrial Applications of Technological Forecasting, New York 1971, S. 290-307.

Ford, D./Ryan, C. (1981): Taking technology to market. In: Harvard Business Review, 59. Jg., 1981, Nr. 2, S. 117-126.

Gaitanides, M./Wicher, H. (1985): Venture Management – Strategien und Strukturen der Unternehmungsentwicklung. In: Die Betriebswirtschaft, 45. Jg., 1985, S. 414-426.

Gaynor, G.H. (1996) (Hg.): Handbook of Technology Management, New York 1996.

Gebhardt, A. (2000): Rapid Prototyping, 2. A., München 2000.

Gelbmann, U./Vorbach, S. (2003): Strategisches Innovations- und Technologiemanagement. In: *Strebel, H.*, Hg., Innovations- und Technologiemanagement, Wien 2003, S. 93-209.

Gemünden, G. (1993): Zeit – Strategischer Erfolgsfaktor in Innovationsprozessen. In: *Domsch, M./Sabisch, H./Siemers, S.H.*, Hg., F&E-Management, Stuttgart 1993, S. 67-118.

Gentner, A. (1994): Entwurf eines Kennzahlensystems zur Effektivitäts- und Effizienzsteigerung von Entwicklungsprojekten, München 1994.

Gerpott, T.J. (1988): Karriereentwicklung von Industrieforschern, Berlin 1988.

Gerpott, T.J. (1993): Integrationsgestaltung und Erfolg von Unternehmensakquisitionen, Stuttgart 1993.

Gerpott, T.J. (1994a): Intelligentes Benchmarking als Mittel zur Neuausrichtung an Wettbewerb und Markt. In: *Booz • Allen & Hamilton*, Hg., Gewinnen im Wettbewerb, Stuttgart 1994, S. 51-78.

Gerpott, T.J. (1994b): Lernprozesse im Zeitwettbewerb. In: *Simon, H./Schwuchow, K.*, Hg., Management-Lernen und Strategie, Stuttgart 1994, S. 57-77.

Gerpott, T.J. (1995a): Organisation der Forschung und Entwicklung (F&E) industrieller Unternehmen. In: *Franz, O.,* Hg., RKW-Handbuch Führungstechnik und Organisation, Berlin 1995, Nr. 5402, S. 1-54.

Gerpott, T.J. (1995b): Kommunikation als Erfolgsfaktor der F&E von Unternehmen. In: *Zahn, E.*, Hg., Handbuch Technologiemanagement, Stuttgart 1995, S. 553-577.

Gerpott, T.J. (1995c): Successful integration of R&D functions after acquisitions: An exploratory empirical study. In: R&D Management, 25. Jg., 1995, S. 161-178.

Gerpott, T.J. (1995d): Mitarbeiterorientierte Informationspolitik bei der Integration von Akquisitionen. In: *Lonsert, M./Preuß, K.-J./Kucher, E.*, Hg., Handbuch Pharma-Management, Wiesbaden 1995, S. 875-898.

Gerpott, T.J. (2003a): Unternehmenskooperationen in der Telekommunikationswirtschaft. In: *Zentes, J./Swoboda, B./Morschett, D.*, Hg., Kooperationen, Allianzen und Netzwerke, Wiesbaden 2003, S. 1087-1110.

Gerpott, T.J. (2003b): Wettbewerbsstrategien von Geschäftsbereichen industrieller Unternehmen. In: *Peske, T./Schrank, R.*, Hg., Strategie, Innovation und Internationalisierung, Lohmar 2003, S. 15-41.

Gerpott, T.J. (2005a): Prognose des Markterfolgs von Produktinnovationen. In: *Albers, S./Gassmann, O.*, Hg., Handbuch Technologie- und Innovationsmanagement, Wiesbaden 2005, im Druck.

Gerpott, T.J. (2005b): Erfolgsfaktoren von industriellen Neuprodukt-Entwicklungsprojekten: Eine Bestandsaufnahme der empirischen Forschung. In: *Amelingmeyer, J./Harland, P.E.*, Hg., Technologiemanagement und Marketing, Wiesbaden 2005, im Druck.

Gerpott, T.J./Walter, A. (1999): Internationale Diversifikation, F&E-Intensität und Erfolg von Industrieunternehmen. In: Schmalenbachs Zeitschrift für betriebswirtschaftliche Forschung, 51. Jg., 1999, S. 1100-1122.

Gerpott, T.J./Winzer, P. (1996): Simultaneous Engineering: Kritische Analyse eines Planungs- und Organisationsansatzes zur Erfolgsverbesserung industrieller Produktinnovationen. In: Zeitschrift für Planung, 7. Jg., 1996, S. 131-150.

Gerpott, T.J./Wittkemper, G. (1991): Verkürzung von Produktentwicklungszeiten. In: *Booz•Allen & Hamilton*, Hg., Integriertes Technologie- und Innovationsmanagement, Berlin 1991, S. 117-145.

Gerybadze, A. (2004): Technologie- und Innovationsmanagement, München 2004.

Geschka, H. (1993): Wettbewerbsfaktor Zeit, Landsberg 1993.

Geschka, H. (1995): Methoden der Technologiefrühaufklärung und der Technologievorhersage. In: *Zahn, E.*, Hg., Handbuch Technologiemanagement, Stuttgart 1995, S. 623-644.

Godener, A./Söderquist, K.E. (2004): Use and impact of performance measurement results in R&D and NPD: An exploratory study. In: R&D Management, 34. Jg., 2004, S. 191-219.

Godin, B. (2004): The obsession for competitiveness and its impact on statistics: The construction of high-technology indicators. In: Research Policy, 33. Jg., 2004, S. 1217-1229.

Golder, P.N./Tellis, G.J. (1993): Pioneer advantage: Marketing logic or marketing legend? In: Journal of Marketing Research, 30. Jg., 1993, S. 158-170.

Green, S.G./Welsh, M.A./Dehler, G.E. (2003): Advocacy, performance, and threshold influences on decisions to terminate new product development. In: Academy of Management Journal, 46. Jg., 2003, S. 419-434.

Grenzmann, C./Marquardt, R. (2005): Forschung in den Unternehmen: FuE-Aufwendungen steigen nur leicht. In: FuE-Info des Stifterverbandes für die Deutsche Wissenschaft – Wissenschaftsstatistik, o. Jg. 2005, Nr. 1, S. 2-9.

Grenzmann, C./Marquardt, R./Revermann, C./Wudtke, J. (1997): Forschung und Entwicklung in der Wirtschaft 1995 bis 1997, Essen 1997.

Grenzmann, C./Marquardt, R./Revermann, C./Wudtke, J. (2004): Forschung und Entwicklung in der Wirtschaft – Bericht über die FuE-Erhebungen 2001 und 2002, Essen 2004.

Griffin, A./Page, A.L. (1993): An interim report on measuring product development success and failure. In: Journal of Product Innovation Management, 10. Jg., 1993, S. 291-308.

Griffin, A./Page, A.L. (1996): PDMA success measurement project: Recommended measures for product development success and failure. In: Journal of Product Innovation Management, 13. Jg., 1996, S. 478-496.

Griliches, Z. (1995): R&D and productivity: Econometric results and measurement issues. In: *Stoneman, P.*, Hg., Handbook of the Economics of Innovation and Technological Change, Oxford 1995, S. 52-89.

Grupp, H. (1997): Messung und Erklärung des Technischen Wandels, Berlin 1997.

Grupp, H./Hohmeyer, O./Kollert, R./Legler, H. (1987): TECHNOMETRIE – Die Bemessung des technisch-wirtschaftlichen Leistungsstandes, Köln 1987.

Haag, T.A. (1995): Beteiligungsstrategien zur Erschließung von Innovationen, Wiesbaden 1995.

Hafeez, K./Zhang, Y./Malak, N. (2002): Core competence for sustainable competitive advantage: A structured methodology for identifying core competence. In: IEEE Transactions on Engineering Management, 49. Jg., 2002, S. 28-35.

Hagedoorn, J./Duysters, G. (2002): The effect of mergers and acquisitions on the technological performance of companies in a high-tech environment. In: Technology Analysis & Strategic Management, 14. Jg., 2002, S. 67-85.

Haley, G.T./Goldberg, S.M. (1995): Net present value techniques and their effects on new product research. In: Industrial Marketing Management, 24. Jg., 1995, S. 177-190.

Hartmann, M. (1998): Theorie und Praxis technologischer Unternehmensbeurteilung. In: Zeitschrift für Betriebswirtschaft, 68. Jg., 1998, S. 1009-1027.

Hauschildt, J. (1993): Innovationsmanagement – Determinanten des Innovationserfolges. In: *Hauschildt, J./Grün, O.*, Hg., Ergebnisse empirischer betriebswirtschaftlicher Forschung, Stuttgart 1993, S. 295-326.

Hauschildt, J. (2004): Innovationsmanagement, 3. A., München 2004.

Hauser, J.R./Zettelmeyer, F. (1997): Metrics to evaluate R, D&E. In: Research Technology Management, 40. Jg., 1997, Nr. 4, S. 32-38.

Henard, D.H./Szymanski, D.M. (2001): Why some new products are more successful than others. In: Journal of Marketing Research, 38. Jg., 2001, S. 362-375.

Hendricks, K.B./Singhal, V.R. (1997): Delays in new product introductions and the market value of the firm: The consequences of being late to the market. In: Management Science, 43. Jg., 1997, S. 422-436.

Hermes, M. (1995): Eigenerstellung oder Fremdbezug neuer Technologie, Diss. Kiel 1995.

Herstatt, C./Lettl, C. (2004): Management of 'technology push' development projects. In: International Journal of Technology Management, 27. Jg., 2004, S. 155-175.

Hill, C.W./Rothaermel, F.T. (2003): The performance of incumbent firms in the face of radical technological innovation. In: Academy of Management Review, 28. Jg., 2003, S. 257-274.

Hippel, E.v. (1988): The Sources of Innovation, New York 1988.

Hitt, M.A./Hoskisson, R.E./Ireland, R.D./Harrison, J.S. (1991): Effects of acquisitions on R&D inputs and outputs. In: Academy of Management Journal, 34. Jg., 1991, S. 693-706.

Hoang, H./Rothaermel, F.T. (2005): The effect of general and partner-specific alliance experience on joint R&D project performance. In: Academy of Management Journal, 48. Jg., 2005, S. 332-345.

Höcherl, I. (2000): Das S-Kurven-Konzept im Technologiemanagement, Frankfurt 2000.

Höft, U. (1992): Lebenszykluskonzepte, Berlin 1992.

Hommel, U./Lehmann, H. (2001): Die Bewertung von Investitionsprojekten mit dem Realoptionsansatz – Ein Methodenüberblick. In: *Hommel, U./Scholich, M./Vollrath, R.*, Hg., Realoptionen in der Unternehmenspraxis, Berlin 2001, S. 113-129.

Jägle, A.J. (1999): Shareholder value, real options, and innovation in technology-intensive companies. In: R&D Management, 29. Jg., 1999, S. 271-287.

Janney, J.J./Dess, G.G. (2004): Can real-option analysis improve decision-making? Premises and pitfalls. In: Academy of Management Executive, 18. Jg., 2004, Nr. 4, S. 60-75.

Jones, G.K./Lanctot, A./Teegen, H.J. (2000): Determinants and performance impacts of external technology acquisition. In: Journal of Business Venturing, 16. Jg., 2000, S. 255-283.

Kaplan, R.S./Norton, D.P. (1992): The Balanced Scorecard: Measures that drive performance. In: Harvard Business Review, 70. Jg., 1992, Nr. 1, S. 71-79.

Karshenas, M./Stoneman, P. (1995): Technological diffusion. In: *Stoneman, P.*, Hg., Handbook of the Economics of Innovation and Technological Change, Oxford 1995, S. 265-297.

Kauffman, R.J./Li, X. (2005): Technoloy competition and optimal investment timing: A real options perspective. In: IEEE Transactions on Engineering Management, 52. Jg., 2005, S. 15-29.

Kerin, R.A./Varadarajan, P.R./Peterson, R.A. (1992): First-mover advantage: A synthesis, conceptual framework, and research propositions. In: Journal of Marketing, 56. Jg., 1992, Nr. 4, S. 33-52.

Kern, W./Schröder, H.-H. (1977): Forschung und Entwicklung in der Unternehmung, Reinbek 1977.

Kerssens-van Drongelen, I.D./Cook, A. (1997): Design principles for the development of measurement systems for research and development processes. In: R&D Management, 27. Jg., 1997, S. 345-357.

Kerssens-van Drongelen, I.D./Nixon, B./Pearson, A. (2000): Performance measurement in industrial R&D. In: International Journal of Management Reviews, 2. Jg., 2000, S. 111-143.

Kessler, E.H./Bierly, P.E. (2002): Is faster really better? An empirical test of the implications of innovation speed. In: IEEE Transactions on Engineering Management, 49. Jg., 2002, S. 2-12.

Kessler, E.H./Chakrabarti, A.K. (1996): Innovation speed: A conceptual model of context, antecedents, and outcomes. In: Academy of Management Review, 21. Jg., 1996, S. 1143-1191.

Kirchmann, E.M. (1994): Innovationskooperation zwischen Herstellern und Anwendern, Wiesbaden 1994.

Kleinaltenkamp, M. (1994): Technische Standards als Signale im Marktprozeß. In: *Zahn, E.*, Hg., Technologiemanagement und Technologien für das Management, Stuttgart 1994, S. 197-226.

Krcmar, H. (1992): Computer Aided Team: Ein Überblick. In: Information Management, 7. Jg., 1992, Nr. 1, S. 6-9.

Krubasik, E. (1982): Technologie: Strategische Waffe. In: Wirtschaftswoche, 36. Jg., 1982, Nr. 25, S. 28-30, 33.

Lange, E.C. (1993): Abbruchentscheidung bei F&E-Projekten. Wiesbaden 1993.

Lange, V. (1994): Technologische Konkurrenzanalyse, Wiesbaden 1994.

Langerack, F./Hultink, E.J. (2005): The impact of new product development acceleration approaches on speed and profitability: Lessons for pioneers and fast followers. In: IEEE Transactions on Engineering Management, 52. Jg., 2005, S. 30-42.

Lint, O./Pennings, E./Natter, M. (1999): Optionsmanagement in F&E: Eine Fallstudie. In: Schmalenbachs Zeitschrift für betriebswirtschaftliche Forschung, 51. Jg., 1999, S. 990-1006.

Linton, J.D./Thongpapanl, N. (2004): PERSPECTIVE: Ranking the technology innovation management journals. In: Journal of Product Innovation Management, 21. Jg., 2004, S. 123-139.

Lowe, P. (1995): The Management of Technology, London 1995.

Mahajan, V./Muller, E./Bass, F.M. (1990): New product diffusion models in marketing: A review and directions for research. In: Journal of Marketing, 54. Jg., 1990, Nr. 1, S. 1-26.

Maier, F. (1995): Die Integration wissens- und modellbasierter Konzepte zur Entscheidungsunterstützung im Innovationsmanagement, Berlin 1995.

Marquardt, R./Wudtke, J. (2004): Stagnierende Industrieforschung. In: FuE-Info des Stifterverbandes für die Deutsche Wissenschaft – Wissenschaftsstatistik, o. Jg., 2004, Nr. 1, S. 2-10.

McGrath, R.G. (1997): A real options logic for initiating technology positioning investments. In: Academy of Management Review, 22. Jg., 1997, S. 974-996.

McGrath, R.G./MacMillan, I.C. (2000): Assessing technology projects using real options reasoning. In: Research Technology Management, 43. Jg., 2000, Nr. 4, S. 35-49.

Meade, N./Islam, T. (1998): Technological forecasting: Model selection, model stability, and combining models. In: Management Science, 44. Jg., 1998, S. 1115-1130.

Michel, K. (1987): Technologie im strategischen Management, Berlin 1987.

Milling, P./Maier, F. (1996): Invention, Innovation und Diffusion, Berlin 1996.

Mitchell, G.R./Hamilton, W.F. (1988): Managing R&D as a strategic option. In: Research Technology Management, 31. Jg., 1988, Nr. 3, S. 15-22.

Mittag, H. (1985): Technologiemarketing, Bochum 1985.

Möffert, F.-J. (2001): Der Forschungs- und Entwicklungsvertrag, 2. A., München 2001.

Möhrle, M.G. (1988): Das FuE-Programm-Portfolio: Ein Instrument für das Management betrieblicher Forschung und Entwicklung. In: Technologie & Management, 37. Jg., 1988, Nr. 4, S. 12-19.

Möhrle, M.G./Voigt, I. (1993): Das FuE-Programm-Portfolio in praktischer Erprobung. In: Zeitschrift für Betriebswirtschaft, 63. Jg., 1993, S. 973-992.

Mone, M.A./McKinley, W./Barker, V.L. (1998): Organizational decline and innovation: A contingency framework. In: Academy of Management Review, 23. Jg., 1998, S. 115-132.

Montoya-Weiss, M.M./Calantone, R. (1994): Determinants of new product performance: A review and meta-analysis. In: Journal of Product Innovation Management, 11. Jg., 1994, S. 397-417.

Moorman, C./Slotegraaf, R.J. (1999): The contingency value of complementary capabilities in product development. In: Journal of Marketing Research, 36. Jg., 1999, S. 239-257.

Mordhorst, C.F. (1994): Ziele und Erfolg unternehmerischer Lizenzstrategien, Wiesbaden 1994.

Morris, P.A./Teisberg, E.O./Kolbe, L.A. (1991): When choosing R&D projects, go with long shots. In: Research Technology Management, 34. Jg., 1991, Nr. 1, S. 35-40.

Mueller, D.C. (1997): First-mover advantages and path dependence. In: International Journal of Industrial Organization, 15. Jg., 1997, S. 827-850.

Müller, J. (2001): Bewertung von Markteintrittsoptionen unter Berücksichtigung des Wettbewerbs – dargestellt am Beispiel des polnischen Retail-Banking Markts. In: *Hommel, U./Scholich, M./Vollrath, R.*, Hg., Realoptionen in der Unternehmenspraxis, Berlin 2001, S. 303-324.

Murmann, P. (1994): Zeitmanagement für Entwicklungsbereiche im Maschinenbau, Wiesbaden 1994.

Newton, D.P./Pearson, A.W. (1994): Application of option pricing theory to R&D. In: R&D Management, 24. Jg., 1994, S. 83-89.

OECD (2002): Frascati Manual 2002 – The Measurement of Scientific and Technological Activities, 6. A., Paris 2002.

Oesterle, M.-J. (2003): Kooperationen in Forschung und Entwicklung. In: *Zentes, J./Swoboda, B./Morschett, D.*, Hg., Kooperationen, Allianzen und Netzwerke, Wiesbaden 2003, S. 631-658.

Ossadnik, W. (2003): Controlling, 3. A., München 2003.

Oxley, J.E./Sampson, R.C. (2004): The scope and governance of international R&D alliances. In: Strategic Management Journal, 25. Jg., 2004, S. 723-749.

Patel, P./Pavitt, K. (1995): Patterns of technological activity: Their measurement and interpretation. In: *Stoneman, P.*, Hg., Handbook of the Economics of Innovation and Technological Change, Oxford 1995, S. 14-51.

Perillieux, R. (1995): Technologietiming. In: *Zahn, E.*, Hg., Handbuch Technologiemanagement, Stuttgart 1995, S. 267-284.

Perl, E. (2003): Grundlagen des Innovations- und Technologiemanagements. In: *Strebel, H.* Hg., Innovations- und Technologiemanagement, Wien 2003, S. 15-48.

Perlitz, M./Löbler, H. (1985): Brauchen Unternehmen zum Innovieren Krisen? In: Zeitschrift für Betriebswirtschaft, 55. Jg., 1985, S. 424-450.

Perlitz, M./Peske, T./Schrank, R. (1999): R&D options valuation: The new frontier in R&D project evaluation? In: R&D Management, 29. Jg., 1999, S. 255-269.

Pfeiffer, W./Dögl, R. (1999): Das Technologie-Portfolio-Konzept zur Beherrschung der Schnittstelle Technik und Unternehmensstrategie. In: *Hahn, D./Taylor, B.*, Hg., Strategische Unternehmungsplanung – Strategische Unternehmungsführung, 8. A., Heidelberg 1999, S. 440-468.

Pfeiffer, W./Metze, G./Schneider, W./Amler, R. (1991): Technologie-Portfolio zum Management strategischer Zukunftsgeschäftsfelder, 6. A., Göttingen 1991.

Pfeiffer, W./Weiß, E. (1995): Methoden zur Analyse und Bewertung technologischer Alternativen. In: *Zahn, E.*, Hg., Handbuch Technologiemanagement, Stuttgart 1995, S. 663-679.

Picot, A./Dietl, H./Franck, E. (2005): Organisation, 4. A., Stuttgart 2005.

Pieper, U. (1998): Wirkungen von Unternehmensakquisitionen auf Forschung und Entwicklung, Wiesbaden 1998.

Pillai, A.S./Joshi, A./Rao, K.S. (2002): Performance measurement of R&D projects in a multi-project, concurrent engineering environment. In: International Journal of Project Management, 20. Jg., 2002, S. 165-177.

Poh, K.L./Ang, B.W./Bai, F. (2001): A comparative analysis of R&D project evaluation methods. In: R&D Management, 31. Jg., 2001, S. 63-75.

Pohl, A. (1996): Leapfrogging bei technologischen Innovationen, Wiesbaden 1996.

Popp, W. (1988): Zur Planung von F&E-Projekten. In: Die Betriebswirtschaft, 48. Jg., 1988, S. 735-749.

Porter, M.E. (1980): Competitive Strategy, New York 1980.

Prabhu, J.C./Chandy, R.K./Ellis, M.E. (2005): The impact of acquisitions on innovation: Poison pill, placebo, or tonic? In: Journal of Marketing, 69. Jg., 2005, Nr. 1, S. 114-130.

Preukschat, U.D. (1993): Vorankündigung von Neuprodukten, Wiesbaden 1993.

Pritsch, G. (2000): Realoptionen als Controllinginstrument, Wiesbaden 2000.

Putten, A.B. van/MacMillan, I.C. (2004): Making real options really work. In: Harvard Business Review, 82. Jg., 2004, Nr. 6, S. 134-140.

Ranft, A.L./Lord, M.D. (2002): Acquiring new technologies and capabilities: A grounded model of acquisition implementation. In: Organization Science, 13. Jg., 2002, S. 420-441.

Reid, D./Bussiere, D./Greenaway, K. (2001): Alliance formation issues for knowledge-based enterprises. In: International Journal of Management Reviews, 3. Jg., 2001, S. 79-100.

Reitzig, M. (2002): Die Bewertung von Patentrechten, Wiesbaden 2002.

Reuer, J.J./Zollo, M. (2005): Termination outcomes of research alliances. In: Research Policy, 34. Jg., 2005, S. 101-115.

Roberts, E.B./Berry, C.A. (1985): Entering new businesses: Selecting strategies for success. In: Sloan Management Review, 26. Jg., 1985, Nr. 3, S. 3-17.

Roberts, E.B./Liu, W.K. (2001): Ally or acquire? In: Sloan Management Review, 43. Jg., 2001, Nr. 1, S. 26-34.

Rogers, E.M. (2003): Diffusion of Innovations, 5. A., New York 2003.

Römer, E. (1988): Konkurrenzforschung. In: Zeitschrift für Betriebswirtschaft, 58. Jg., 1988, S. 481-501.

Rößler, S. (2004): FuE-Ausgaben – das 3-%-Ziel der EU. In: FuE-Info des Stifterverbandes für die Deutsche Wissenschaft – Wissenschaftsstatistik, o. Jg., 2004, Nr. 2, S. 2-7.

Rotering, C. (1990): Forschungs- und Entwicklungskooperationen zwischen Unternehmen, Stuttgart 1990.

Ruckman, K. (2005): Technology sourcing through acquisitions: Evidence from the US drug industry. In: Journal of International Business Studies, 36. Jg., 2005, S. 89-103.

Rüdiger, M. (2000): Forschung und Entwicklung als Dienstleistung, Wiesbaden 2000.

Saad, K.N./Roussel, P.A./Tiby, C. (1991): Management der F&E-Strategie, Wiesbaden 1991.

Sakakibara, M. (1997): Heterogeneity of firm capabilities and cooperative research and development: An empirical examination of motives. In: Strategic Management Journal, 18. Jg., 1997 (special issue), S. 143-164.

Salavou, H. (2004): The concept of innovativeness: Should we need to focus? In: European Journal of Innovation Management, 7. Jg., 2004, S. 33-44.

Salomo, S. (2003): Konzept und Messung des Innovationsgrades – Ergebnisse einer empirischen Studie zu innovativen Entwicklungsvorhaben. In: *Schwaiger, M./Harhoff, D.*, Hg., Empirie und Betriebswirtschaft, Stuttgart 2003, S. 399-427.

Saren, M.A. (1984): A classification and review of models of the intra-firm innovation process. In: R&D Management, 14. Jg., 1984, S. 11-24.

Schefczyk, M. (2004): Erfolgsstrategien deutscher Venture Capital-Gesellschaften, 3. A., Stuttgart 2004.

Schilling, M.A. (1998): Technological lockout: An integrative model of the economic and strategic factors driving technology success and failure. In: Academy of Management Review, 23. Jg., 1998, S. 267-284.

Schilling, M.A./Hill, C.W. (1998): Managing the new product development process: Strategic imperatives. In: Academy of Management Executive, 12. Jg., 1998, Nr. 3, S. 67-81.

Schmalen, H./Pechtl, H. (1996): Die Rolle der Innovationseigenschaften als Determinanten im Adoptionsverhalten. In: Schmalenbachs Zeitschrift für betriebswirtschaftliche Forschung, 48. Jg., 1996, S. 816-836.

Schmelzer, H.J./Friedrich, W. (1997): Integriertes Prozeß-, Produkt- und Projektcontrolling. In: Controlling, 9. Jg., 1997, S. 334-344.

Schneider, D. (1991): Controlling von F&E zwischen Eigenerstellung („Make") und Fremdbezug („Buy") als strategische Herausforderung für die Unternehmensführung. In: Controller Magazin, 16. Jg., 1991, S. 84-88 (Teil I) und S. 141-149 (Teil II).

Schneider, D./Zieringer, C. (1991): Make-or-Buy-Strategien für F&E, Wiesbaden 1991.

Schröder, H.-H. (1996): Technologiemanagement. In: *Kern, W./Schröder, H.-H./Weber, W.*, Hg., Handwörterbuch der Produktion, 2. A., Stuttgart 1996, Sp. 1994-2011.

Schröder, H.-H. (1999): Technologie- und Innovationsplanung. In: *Corsten, H./Reiß, M.*, Hg., Betriebswirtschaftslehre, 3. A., München 1999, S. 985-1114.

Servatius, H.-G. (1985): Methodik des strategischen Technologie-Managements, Berlin 1985.

Shankar, V./Carpenter, G.S./Krishnamurthi, L. (1998): Late mover advantage: How innovative late entrants outsell pioneers. In: Journal of Marketing Research, 35. Jg., 1998, S. 54-70.

Sharma, A./Lacey, N. (2004): Linking product development outcomes to market valuation of the firm: The case of the U.S. pharmaceutical industry. In: Journal of Product Innovation Management, 21. Jg., 2004, S. 297-308.

Sharpe, P./Keelin, T. (1998): How Smithkline Beecham makes better resource-allocation decisions. In: Harvard Business Review, 76. Jg., 1998, Nr. 2, S. 45-57.

Sheremata, W.A. (2004): Competing through innovation in network markets: Strategies for challengers. In: Academy of Management Review, 29. Jg., 2004, S. 359-377.

Souder, W.E. (1987): Managing New Product Innovations, Lexington 1987.

Specht, D./Möhrle, M.G. (2002) (Hg.): Gabler Lexikon Technologiemanagement, Wiesbaden 2002.

Specht, G./Beckmann, C./Amelingmeyer, J. (2002): F&E-Management, 2. A., Stuttgart 2002.

Specht, G./Perillieux, R. (1988): Erfolgsfaktoren technischer Führer- und Folgerpositionen auf Investitionsgütermärkten. In: Schmalenbachs Zeitschrift für betriebswirtschaftliche Forschung, 40. Jg., 1988, S. 204-226.

Specht, G./Zörgiebel, W.W. (1985): Technologieorientierte Wettbewerbsstrategien. In: Marketing, 7. Jg., 1985, S. 161-172.

Staudt, E. (1983): Mißverständnisse über das Innovieren. In: Die Betriebswirtschaft, 43. Jg., 1983, S. 341-356.

Stickel, E. (2001): Einsatz der Optionspreistheorie zur Bewertung von Softwareprojekten. In: *Hommel, U./Scholich, M./ Vollrath, R.*, Hg., Realoptionen in der Unternehmenspraxis, Berlin 2001, S. 231-249.

Stifterverband (2004): FuE-Info 2/2004 des Stifterverbandes für die Deutsche Wissenschaft, Essen 2004.

Stummer, C./Günther, M. (2002): Zum Einsatz betriebswirtschaftlicher Modelle bei der F&E-Projektauswahl. In: Die Betriebswirtschaft, 62. Jg., 2002, S. 289-304.

Strebel, H. (2003) (Hg.): Innovations- und Technologiemanagement, Wien 2003.

Suarez, F.F. (2004): Battles for technological dominance: An integrative framework. In: Research Policy, 33. Jg., 2004, S. 271-286.

Suarez, F./Lanzolla, G. (2005): The half-truth of first-mover advantage. In: Harvard Business Review, 83. Jg., 2005, Nr. 4, S. 121-127.

Szymanski, D.M./Troy, L.C./Bharadwaj, S.G. (1995): Order of entry and business performance: An empirical synthesis and reexamination. In: Journal of Marketing, 59. Jg., 1995, Nr. 4, S. 17-33.

Teichert, T.A. (1994): Erfolgspotential internationaler F&E-Kooperationen, Wiesbaden 1994.

Terwiesch, C./Loch, C.H. (1999): Measuring the effectiveness of overlapping development activities. In: Management Science, 45. Jg., 1999, S. 455-465.

Thoma, W. (1989): Beurteilung von FuE-Projekten. In: Controlling, 1. Jg., 1989, S. 166-171.

Trigeorgis, L. (1999): Real Options, 4. Nachdruck, Cambridge 1999.

Tschirky, H. (1998): Konzept und Aufgaben des Integrierten Technologie-Managements. In: *Tschirky, H./Koruna, S.,* Hg., Technologie-Management, Zürich 1998, S. 193-394.

Tschirky, H./Koruna, S. (1998) (Hg.): Technologie-Management, Zürich 1998.

Tushman, M.L./O'Reilly, C.A. (1997): Winning Through Innovation, Boston 1997.

Tyll, A. (1989): Forschung und Entwicklung im strategischen Management industrieller Unternehmen, Berlin 1989.

Urban, G.L./Hauser, J.R. (1993): Design and Marketing of New Products, 2. A., Englewood Cliffs 1993.

Utterback, J.M. (1994): Mastering the Dynamics of Innovation, Boston 1994.

Vahs, D./Burmester, R. (2005): Innovationsmanagement, 3. A., Stuttgart 2005.

VanderWerf, P.A./Mahon, J.F. (1997): Meta-analysis of the impact of research methods on findings of first-mover advantage. In: Management Science, 43. Jg., 1997, S. 1510-1519.

Walther, S. (2004): Erfolgsfaktoren von Innovationen in mittelständischen Unternehmen, Frankfurt 2004.

Weber, J./Schäffer, U. (2000): Balanced Scorecard & Controlling, 3. A., Wiesbaden 2000.

Weber, J./Schäffer, U./Hoffmann, D./Kehrmann, T. (2000): Technology Assessment, Wiesbaden 2000.

Weiber, R. (1992): Diffusion von Telekommunikation, Wiesbaden 1992.

Weisenfeld-Schenk, U. (1995): Marketing- und Technologiestrategien: Unternehmen der Biotechnologie im internationalen Vergleich, Stuttgart 1995.

Weiß, E. (1989): Management diskontinuierlicher Technologie-Übergänge, Göttingen 1989.

Werner, B.M. (2002): Messung und Bewertung der Leistung von Forschung und Entwicklung im Innovationsprozeß, Diss. TU Darmstadt 2002.

Werner, B.M./Souder, W.E. (1997a): Measuring R&D performance – State of the art. In: Research Technology Management, 40. Jg., 1997, Nr. 2, S. 34-42.

Werner, B.M./Souder, W.E. (1997b): Measuring R&D performance – U.S. and German practices. In: Research Technology Management, 40. Jg., 1997, Nr. 3, S. 28-32.

Wolfrum, B. (1991): Strategisches Technologiemanagement, Wiesbaden 1991.

Wolfrum, B. (1995): Alternative Technologiestrategien. In: *Zahn, E.*, Hg., Handbuch Technologiemanagement, Stuttgart 1995, S. 243-265.

Wuyts, S./Dutta, S./Stremersch, S. (2004): Portfolios of interfirm agreements in technology-intensive markets: Consequences for innovation and profitability. In: Journal of Marketing, 68. Jg., 2004, Nr. 2, S. 88-100.

Zahn, E. (1986): Innovations- und Technologiemanagement. In: *Zahn, E.*, Hg., Technologie- und Innovationsmanagement, Berlin 1986, S. 9-48.

Zahn, E. (1995): Gegenstand und Zweck des Technologiemanagements. In: *Zahn, E.*, Hg., Handbuch Technologiemanagement, Stuttgart 1995, S. 3-32.

Zahra, S.A./Covin, J.G. (1993): Business strategy, technology policy and firm performance. In: Strategic Management Journal, 14. Jg., 1993, S. 451-478.

Zotter, K.-A. (2003): Modelle des Innovations- und Technologiemanagements. In: *Strebel, H.*, Hg., Innovations- und Technologiemanagement, Wien 2003, S. 49-91.

Stichwortverzeichnis